Adobe After Effects CC 2018 经典教程

[美] 布里 · 根希尔德（Brie Gyncild） 丽莎 · 弗里斯玛（Lisa Fridsma）著
郝记生 译

人民邮电出版社
北京

图书在版编目（C I P）数据

Adobe After Effects CC 2018经典教程 / (美) 布里·根希尔德 (Brie Gyncild) , (美) 丽莎·弗里斯玛 (Lisa Fridsma) 著 ; 郝记生译. -- 北京 : 人民邮电出版社, 2020.6（2023.1重印）
ISBN 978-7-115-52721-9

Ⅰ. ①A… Ⅱ. ①布… ②丽… ③郝… Ⅲ. ①图象处理软件－教材 Ⅳ. ①TP391.413

中国版本图书馆CIP数据核字(2019)第267095号

版权声明

◆ 著　[美] 布里·根希尔德（Brie Gyncild）
　[美] 丽莎·弗里斯玛（Lisa Fridsma）
译　郝记生
责任编辑　傅道坤
责任印制　王　郁　焦志炜

◆ 人民邮电出版社出版发行　北京市丰台区成寿寺路 11 号
邮编　100164　电子邮件　315@ptpress.com.cn
网址　https://www.ptpress.com.cn
固安县铭成印刷有限公司印刷

◆ 开本：800×1000　1/16
印张：24.25　2020 年 6 月第 1 版
字数：565 千字　2023 年 1 月河北第 9 次印刷
著作权合同登记号　图字：01-2017-9192 号

定价：69.00 元

读者服务热线：(010) 81055410　印装质量热线：(010) 81055316
反盗版热线：(010) 81055315
广告经营许可证：京东市监广登字20170147号

内容提要

本书由 Adobe 公司的专家编写，是 Adobe After Effects CC 软件的官方指定培训教材。

本书共分为 15 课，每一课先介绍重要的知识点，然后借助具体的示例进行讲解，步骤详细、重点明确，手把手教你如何进行实际操作。本书是一个有机的整体，涵盖了 After Effects 的工作流程、用特效和预设创建基本动画、文本动画、处理形状图层、多媒体演示动画、对图层进行动画处理、蒙版的使用、用操控工具对对象进行变形处理、使用 Roto 笔刷工具、色彩校正、创建运动图形模板、使用 3D 特性、使用 3D 摄像机跟踪器、高级编辑技术，以及渲染和输出等内容，并在适当的地方穿插介绍了 After Effects CC 版本中的新功能。

本书语言通俗易懂，并配以大量图示，特别适合 After Effects 新手阅读；有一定 After Effects 使用经验的用户也可以通过本书学到大量高级功能和 After Effects CC 的新增功能。本书也可作为相关培训班的教材。

前　言

After Effects CC 提供了一套完整的 2D 和 3D 工具，动态影像专业人员、视频特效艺术家、网页设计人员以及电影和视频专业人员都可以用这些工具创建合成图像、动画和特效。After Effects 广泛应用于电影、视频、DVD 以及 Web 的后期数字制作之中。After Effects 可以以多种方式合成图层，应用和组合复杂的视频和音频特效，对对象和特效进行动画处理。

关于本书

本书是 Adobe 图形和出版软件系列官方培训教材中的一本，由 Adobe 产品专家指导撰写。本书中的课程设计有利于你自己掌握学习进度。如果你刚接触 After Effects，可以了解其基本概念和需要掌握的软件功能。如果你已经是 Adobe After Effects 老手，你将发现本书还介绍了许多高级功能，包括该软件新版本提供的技巧和技术。

虽然本书各课提供按部就班的操作指南，用于创建特定项目，但你仍可以自由地探索和体验。你既可以按书中的课程顺序从头到尾阅读，也可以只阅读感兴趣或需要的课程。各课都包含一个复习小节，对该课内容进行总结。

准备

开始使用本书前，请确认系统已正确设置，并确认已安装了所需的软件和硬件。你需要具备计算机和操作系统方面的使用知识，应该知道怎样使用鼠标、标准菜单和命令，以及怎样打开、保存和关闭文件。如果你需要复习这些技术，请参见 Microsoft Windows 或 Apple macOS 软件的印刷或联机文档。

要完成本书的学习，需要安装 Adobe After Effects CC 2018 版本和 Adobe Bridge CC。本书中的练习基于 After Effects CC 2018 版本。

安装 After Effects 和 Bridge

本书并不包含 Adobe After Effects CC 软件，你必须从 Adobe Creative Cloud 单独购买该软件。关于安装该软件的系统需求和详细指南，请参阅 https://helpx.adobe.com/after-effects/system-requirements.html。请注意，After Effects CC 要求安装在 64 位操作系统上。要在 macOS 上查看 QuickTime 影片，还必须在系统上安装 Apple QuickTime 7.6.6 或更高版本。

本书中的很多课程需要使用 Adobe Bridge。After Effects 和 Bridge 需要分别安装，必须从 Adobe Creative Cloud（Adobe 官网）上下载并安装这些程序到本地硬盘上，安装时请按照屏幕上的提示进行操作。

优化性能

影片文件的创建非常耗费计算机的内存。After Effects CC 2018 版至少需要 8GB 内存。After Effects 可使用的内存数量越大，程序的运行速度就越快。更多关于 After Effects 内存、缓存或其他配置的优化信息，请参考 After Effects 帮助文档中的“Improve performance”（性能提升）部分。

恢复默认参数

After Effects 的参数文件控制着它的用户界面在屏幕上的显示方式。本书介绍工具、选项、窗口、面板等控件的外观时，都假定你所看到的是软件的默认界面。因此，最好先恢复其默认参数，如果你是 After Effects 新手的话更需如此。

每次退出 After Effects 时，面板的位置和一些命令设置被记录在参数文件中。如果要恢复原来的默认设置，启动 After Effects 时请按住 Ctrl+Alt+Shift（Windows）或 Command+Option+Shift（macOS）组合键即可（下次启动程序时，如果系统中不存在参数文件，After Effects 将创建一个新的参数文件）。

如果对 After Effects 进行过自定义设置，那么恢复默认参数就显得特别有用。如果未使用过 After Effects，那么这些参数文件则不存在，所以就不需要恢复默认参数。

重要提示：如果想保存当前设置，则可以将参数文件重命名，而不是删除它。这样，当你要恢复先前设置时，恢复该参数文件名，并确认该文件保存在正确的参数文件夹内即可。

1. 导航到计算机上的 After Effects 参数文件夹。
   - 在 Windows 下该文件夹是：...Users\< 用户名 >\AppData\Roaming\Adobe\AfterEffects\15.0。
   - 在 macOS 下该文件夹是：... /Users/< 用户名 >/Library/Preferences/Adobe/After Effects/15.0。
2. 重命名所有需要保存的参数文件，然后重启 After Effects。

注意：在 macOS 中，默认情况下隐藏了用户库文件夹。如果需要查看，在 Finder 中，选择 Go > Go To Folder 命令。在 Go To Folder 对话框中输入～ /Library，然后单击 Go 按钮。

关于影片例子文件和项目文件

我们将在本书一些课程中创建和渲染一个或多个影片。Sample_Movies 文件夹中的文件是影片例子，查看它可以了解每课练习最终生成的结果，并可以将它和你自己创建的效果相比较。

End_Project_File 文件夹中的文件是各课完成后的项目例子。如果你想将自己创作的作品与用于生成影片例子的项目文件做比较，则可以参考这些文件。

怎样使用本书

本书各课将逐步指导你怎样创建实际项目中的一个或多个特定元素。有些以前面的课程所构建的项目为基础。所有课程在概念和技巧上都是相互关联的，所以学习本书的最佳方式是按顺序学习各课。本书中，有些技巧和方法仅在前几次操作过程中才会详细解释和描述。

After Effects 应用程序的许多功能可以由多种操作方法实现，如菜单命令、按钮、拖曳以及键盘快捷键等。而在本书中仅介绍其中的一两种实现方法，所以，即使执行前面已经执行过的任务，也可以学到不同的操作方法。

本书在编排上是面向设计，而不是面向功能。以图层和特效为例，这意味着我们会在许多课程的实际设计项目中使用图层和特效。

资源与支持

本书由异步社区出品，社区（https://www.epubit.com/）为您提供相关资源和后续服务。

配套资源

本书提供如下资源：

- 完成本书课程所需的素材文件。

要获得以上配套资源，请在异步社区本书页面中单击 配套资源 ，跳转到下载界面，按提示进行操作即可。注意：为保证购书读者的权益，该操作会给出相关提示，要求输入提取码进行验证。

提交勘误

作者和编辑尽最大努力来确保书中内容的准确性，但难免会存在疏漏。欢迎您将发现的问题反馈给我们，帮助我们提升图书的质量。

当您发现错误时，请登录异步社区，按书名搜索，进入本书页面，单击“提交勘误”，输入勘误信息，单击“提交”按钮即可，如下图所示。本书的作者和编辑会对您提交的勘误进行审核，确认并接受后，您将获赠异步社区的 100 积分。积分可用于在异步社区兑换优惠券、样书或奖品。

扫码关注本书

扫描下方二维码，您将会在异步社区微信服务号中看到本书信息及相关的服务提示。

与我们联系

我们的联系邮箱是 contact@epubit.com.cn。

如果您对本书有任何疑问或建议，请您发邮件给我们，并请在邮件标题中注明本书书名，以便我们更高效地做出反馈。

如果您有兴趣出版图书、录制教学视频，或者参与图书翻译、技术审校等工作，可以发邮件给我们；有意出版图书的作者也可以到异步社区在线提交投稿（直接访问 www.epubit.com/selfpublish/submission 即可）。

如果您所在的学校、培训机构或企业，想批量购买本书或异步社区出版的其他图书，也可以发邮件给我们。

如果您在网上发现有针对异步社区出品图书的各种形式的盗版行为，包括对图书全部或部分内容的非授权传播，请您将怀疑有侵权行为的链接发邮件给我们。您的这一举动是对作者权益的保护，也是我们持续为您提供有价值的内容的动力之源。

关于异步社区和异步图书

“异步社区”是人民邮电出版社旗下 IT 专业图书社区，致力于出版精品 IT 技术图书和相关学习产品，为作译者提供优质出版服务。异步社区创办于 2015 年 8 月，提供大量精品 IT 技术图书和电子书，以及高品质技术文章和视频课程。更多详情请访问异步社区官网 https://www.epubit.com。

“异步图书”是由异步社区编辑团队策划出版的精品 IT 专业图书的品牌，依托于人民邮电出版社近 30 年的计算机图书出版积累和专业编辑团队，相关图书在封面上印有异步图书的 LOGO。异步图书的出版领域包括软件开发、大数据、AI、测试、前端、网络技术等。

异步社区

微信服务号

目 录

第1课 工作流程

课程概述

本课介绍的内容包括：

- 创建项目和导入素材；
- 创建合成图像和排列各图层；
- 在 Adobe After Effects 界面内导航；
- 使用项目、合成和时间轴面板；
- 转换图层属性；
- 应用基本特效；
- 创建关键帧；
- 预览作品；
- 自定义工作区；
- 调整与用户界面相关的参数；
- 查找使用 After Effects 的其他资源。

本课大约要用 1 小时完成。启动 After Effects 之前，请先将本书的课程资源下载到本地硬盘中，并进行解压。在学习本课时，将覆盖相应的课程文件。建议先做好原始课程文件的备份工作，以免后期用到这些原始文件时，还需重新下载。

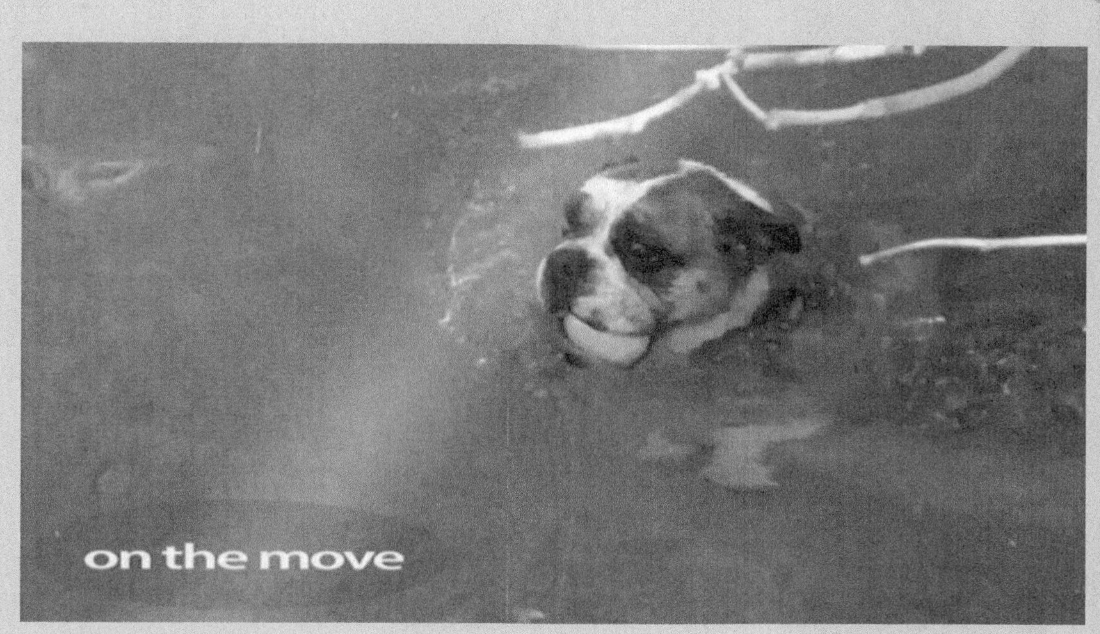

PROJECT: TITLE SEQUENCE

无论你只是使用 After Effects 创作简单的 DVD 片头动画，还是创建复杂的特效，通常都要按照相同的基本工作流程进行操作。After Effects 界面可以使你的工作更加顺利，它适用于项目制作的各个阶段。

After Effects工作区

After Effects提供灵活的自定义工作区。程序的主窗口称为应用程序窗口。面板排列在这个窗口内，其组合称为工作区。默认的工作区包含堆叠面板和独立的面板，如图1.1所示。

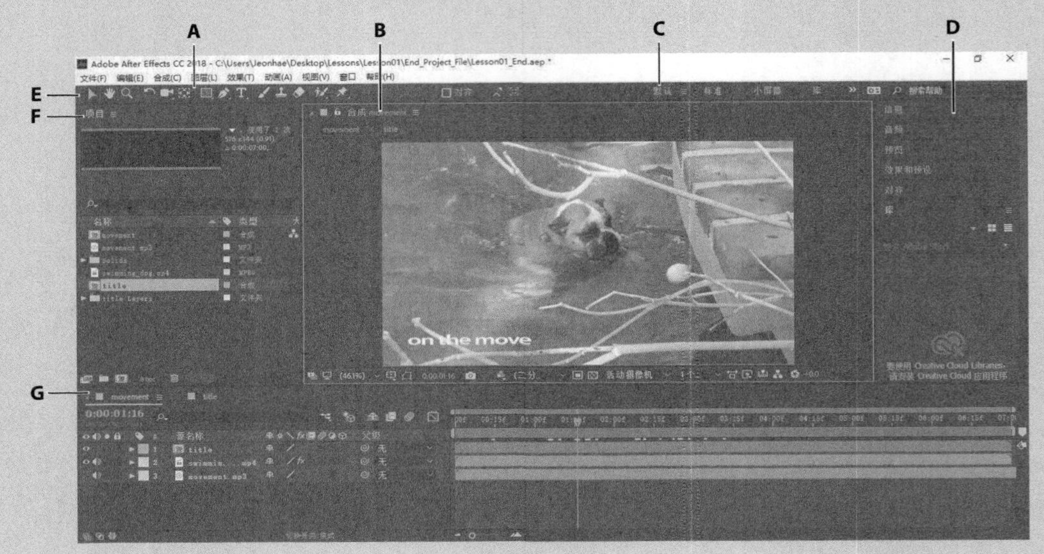

图1.1

A. 应用程序窗口 B. 合成图像面板 工作栏 C. 工作栏 D. 堆叠面板 E. 工具面板 F. 项目面板 G. 时间轴面板

用户可以通过拖放面板来自定义工作区，使其最适合自己的工作风格。还可以将面板拖放到新的位置，更改堆叠面板的顺序，将面板拖进或拖离一个组，使面板排列整齐，对面板进行堆叠，或者将面板拖出使其浮动在应用程序窗口之上的新窗口内。在重新调整面板时，其他面板将自动调整大小，以适合窗口的尺寸。

拖动面板选项卡重新定位它时，可以放置面板的区域（被称作放置区域）将高亮显示。放置区域决定面板在工作区中的插入位置，以及插入方式。将面板拖放到放置区域将使它停靠或分组，或堆叠到该区域。

将面板放置在其他面板、面板组或窗口的边缘时，它将紧挨原有的组“停靠”，并重新调整所有组的尺寸，以容纳新面板。

如果将面板拖放到另一面板或面板组中间，或拖放到另一面板的标签区域，它将被添加到该组，并被置于该堆叠面板组的顶部。对面板进行分组不会引起其他组的尺寸变化。

还可以在浮动窗口中打开面板。要实现这一操作，请选择该面板，从面板的菜单中选择“脱离面板”或“脱离框架”命令，或者将面板或组拖出应用程序窗口。

1.1 开始

After Effects 基本工作流程包括以下 6 个步骤：导入和组织素材、创建合成图像和组织图层、添加特效、对元素做动画处理、预览作品、渲染和输出最终合成图像以供他人观看。本课将采用上述工作流程创建一个简单的视频动画，在创建动画过程中将介绍 After Effects 的界面。

首先，预览最终影片，以查看本课将要创建的效果。

1. 确认硬盘上的 Lessons\Lesson01 文件夹中存在以下文件。
    - Assets 文件夹内：movement.mp3、swimming_dog.mp4、title_psd。
    - Sample_Movie 文件夹内：Lesson01.avi 和 Lesson01.mov。
2. 使用 Windows Media Player 打开并播放影片示例文件 Lesson01.avi，或者使用 QuickTime Player 打开并播放影片示例文件 Lesson01.mov，以查看本课将创建的效果。播放完后，关闭 Windows Media Player 或 QuickTime Player。如果硬盘空间有限，也可以将影片示例文件从硬盘中删除。

1.2 创建项目并导入素材

在每课开始之前，最好先恢复 After Effects 的默认参数设置（参见前言中的“恢复默认参数”），这可以用键盘快捷键实现。

1. 启动 After Effects 时立即按下 Ctrl+Alt+Shift（Windows）或 Command+Option+Shift（macOS）组合键，以恢复默认参数设置。如果系统提示是否要删除你的参数文件，请单击“确定”按钮。
2. 关闭“开始”窗口，如图 1.2 所示。

图1.2

打开 After Effects 后显示一个空的无标题项目，如图 1.3 所示。

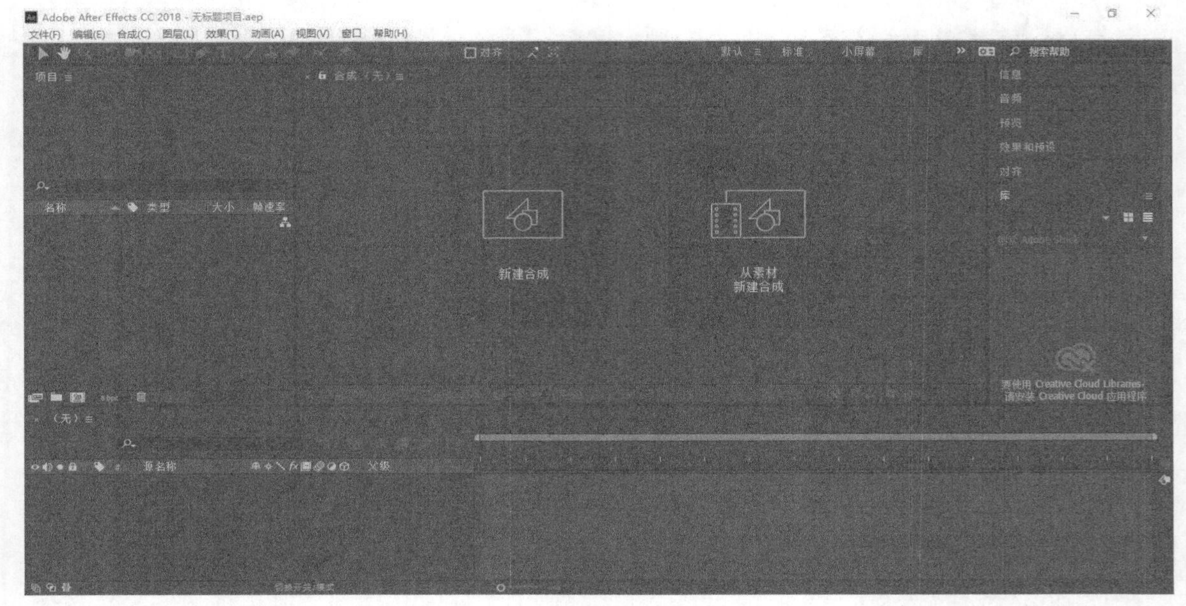

图1.3

After Effects 项目是单个文件，该文件中存储了项目中所有素材项的引用。项目同时还包含合成图像（composition），这是用来组合素材、应用特效以及最终生成输出的单个容器。

提示：在 Windows 中恢复默认参数可能会比较棘手，需要在双击应用程序图标之后，在 After Effects 列出活动文件之前按下按钮。或者，也可以选择“编辑” > “你的 Creative Cloud 账户名” > “清除设置”命令，然后重启程序。

提示：双击面板选项卡，面板迅速最大化。再次双击选项卡可使面板恢复到原来尺寸。

开始一个项目时，首先要完成的工作就是将素材导入项目。

3. 选择“文件” > “导入” > “文件”命令。

4. 导航到 Lessons\Lesson01 文件夹中的 Assets 文件夹，按下 Shift 键同时单击选择 movement.mp3 和 swimming_dog.mp4 文件，然后单击“导入”或“打开”按钮，如图 1.4 所示。

素材项是 After Effects 项目的基本单位。用户可以导入的素材项包含多种类型，包括活动图像文件、静态图像文件、静态图像序列、音频文件、Adobe Photoshop 和 Adobe Illustrator 产生的图层文件、其他 After Effects 项目，以及在 Adobe Premiere Pro 中创建的项目。用户可以随时导入素材项。

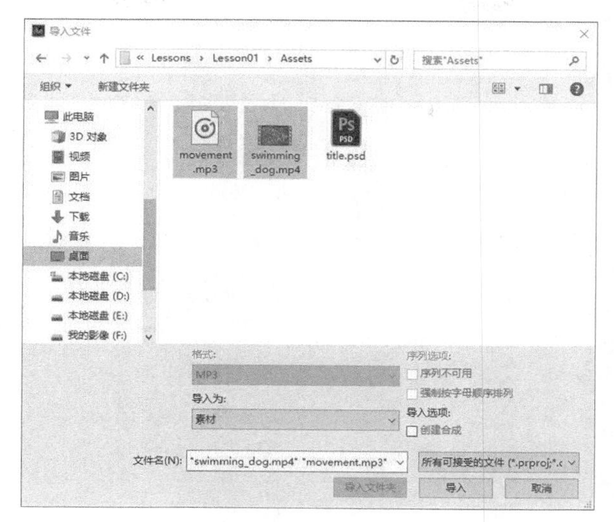

图1.4

导入素材时，After Effects 的“信息”面板将显示导入进程。

因为本项目导入的素材项中有一个是多图层 Photoshop 文件，所以它将单独作为一个合成图像导入。

提示： 我们还可以执行“文件” > “导入” > “多个文件”命令，选择位于不同文件夹中的文件，或者从资源管理器或 Finder 窗口中拖放文件。还可以用 Adobe Bridge 搜索、管理、预览和导入素材。

5. 双击“项目”面板底部（见图 1.5），打开“导入文件”对话框。

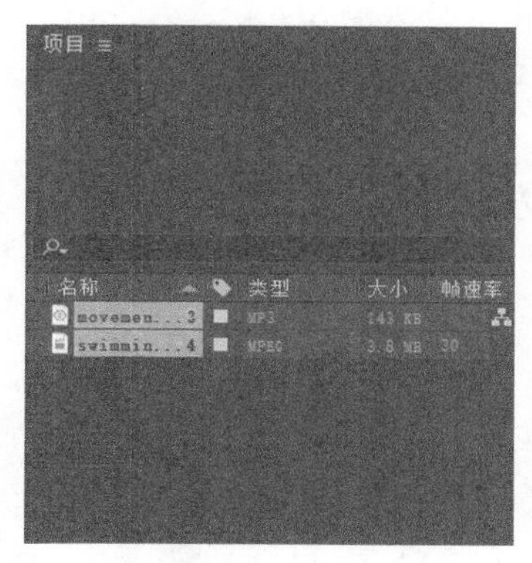

图1.5

6. 再次导航到 Lesson01/Assets 文件夹，并选择 title.psd 文件。从“导入为”菜单中选择“合成”命令，然后单击“导入”或“打开”按钮，如图 1.6 所示（在 macOS 中，可能需要单击“选项”才能看到“导入为”菜单）。

图1.6

After Effects 打开另一个对话框，显示当前所导入文件的选项。

7. 在 title.psd 对话框中，从“导入种类”下拉列表中选择“合成”，将 Photoshop 图层文件导入为合成图像。在“图层选项”区域选择“可编辑的图层样式”，然后单击“确定”按钮，如图 1.7 所示。

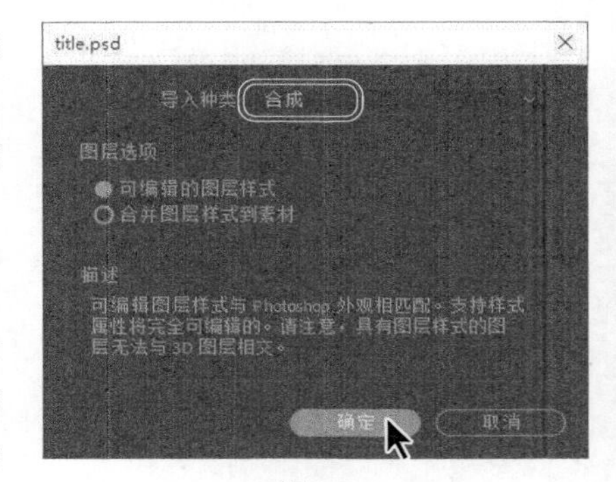

图1.7

项目面板中将显示出素材项。

8. 在“项目”面板中，单击选择不同的素材项，此时“项目”面板的顶部将显示缩览图预览。“项目”面板栏中还将显示各素材项的文件类型、大小及其他信息，如图 1.8 和图 1.9 所示。

图1.8

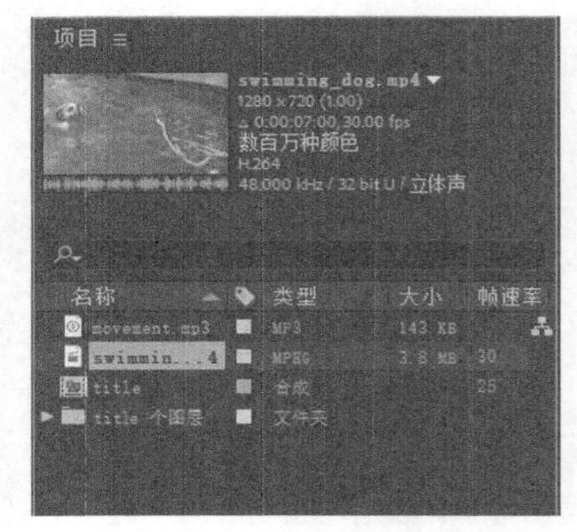

图1.9

导入文件时，After Effects 并不将视频和音频数据本身复制到项目中，只是在 Project 面板创建一个源文件的引用链接。如果 After Effects 需要获取音视频数据，将从源文件中读取。这可以使项目文件占用较小的空间，并允许其他应用程序修改源素材，而不必修改项目。

如果文件被移动或者 After Effects 不能访问文件的位置，将会报告文件丢失。选择“文件”>“依赖”>“查找丢失素材”命令，可以查找丢失的文件。用户也可以在项目面板中的搜索框内输入“丢失素材”查找丢失的素材。

为了节省时间，并降低项目的大小和复杂程度，即使在一个合成图像中多次使用一个素材时，也可以仅将其导入一次。但有些情况下，也许需要多次导入同一个素材项，例如当需要以两种不同的帧速率使用素材项时。

完成素材导入后，就可以保存项目了。

提示：通过同样的方式也可以定位丢失的字体或特效。选择“文件”>“依赖”命令，然后选择“查找丢失字体”或“查找丢失特效”。或者在“项目”面板中的搜索框内输入“丢失字体”或“丢失特效”。

9. 选择“文件”>“保存”命令，在“另存为”对话框中，导航到 Lessons\Lesson01\Finished_Project 文件夹，将项目命名为 Lesson01_Finished.aep，然后单击“保存”按钮。

1.3 创建合成图像和组织图层

工作流程的下一步就是创建合成图像。用户可以在合成图像中创建所有动画、图层和特效。After Effects 合成图像同时具有空间维度和时间维度（时长）。

合成图像包含一个或多个图层，它们排列在“合成图像”面板和“时间轴”面板中。添加到合成图像中的任何素材项（例如静态图像、动态图像文件、音频文件、灯光图层、摄像机图层甚至是其他合成图像）将成为一个新的图层。简单项目可能仅包含一个合成图像，而一个精心制作的项目则可能包含几个合成图像，用以组织大量的素材或复杂的特效序列。

创建合成图像时，将素材项拖放到“时间轴”面板，After Effects 将创建相应图层。

1. 在 Project 面板中，按住 Shift 键并单击选择 movement.mp3、swimming_dog.mp4 和 title 素材。不要选择 title 图层文件夹。

提示：在导入素材时，如果要使用该素材创建合成图像，可以在“导入文件”对话框中选择“创建合成”。

2. 将选择的素材项拖放到“时间轴”面板，系统弹出“基于所选项新建合成”对话框，如图 1.10 所示。

After Effects 新创建的合成图像的尺寸是由所选素材的尺寸决定的。本例中，所有素材尺寸相同，所以可以采用默认设置。

3. 在“使用尺寸来自”菜单中选择 swimming_dog.mp4，然后单击“确定”按钮创建新合成图像，如图 1.11 所示。

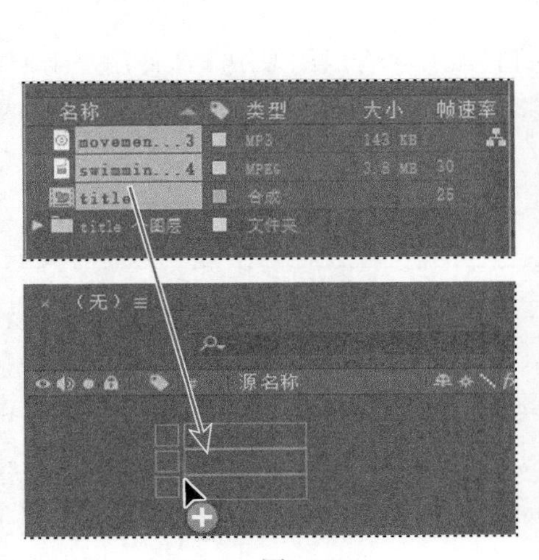

图1.10

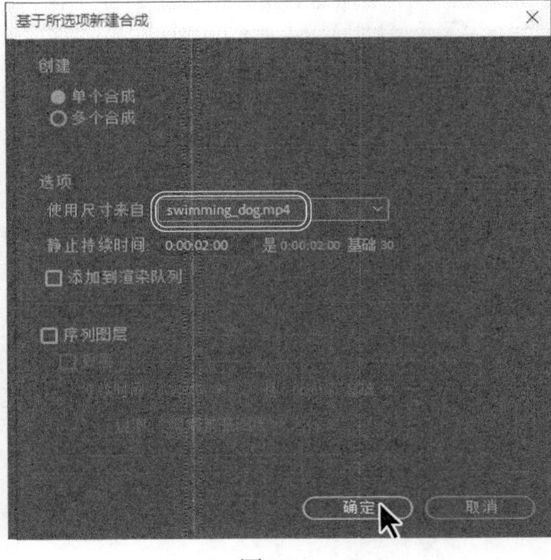

图1.11

素材项作为图层显示在“时间轴”面板内，After Effects 在“合成”面板内显示出名为 swimming_dog 的合成图像，如图 1.12 和图 1.13 所示。

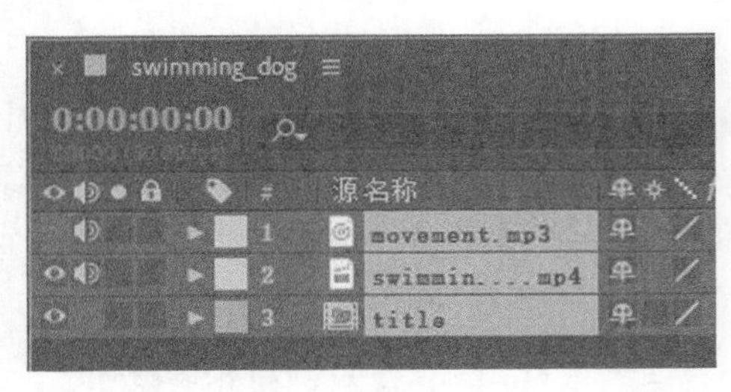

图1.12

图1.13

向合成图像添加素材项时，这些素材成为新图层的源素材。合成图像可以包含任意多个图层，也可以将合成图像作为图层包含在另一个合成图像内，这称作嵌套。

有些素材比其他素材更长，但我们希望所有素材仅当游泳的小狗出现在屏幕上时才显示。因此可以将整个合成图像的时长调整为 7:00，使它们与小狗相匹配。

4. 选择“合成” > “合成设置”命令。

5. 在“合成设置”对话框中，将合成图像重命名为 movement，在“持续时间”字段输入

7:00，然后单击“确定”按钮，如图 1.14 所示。

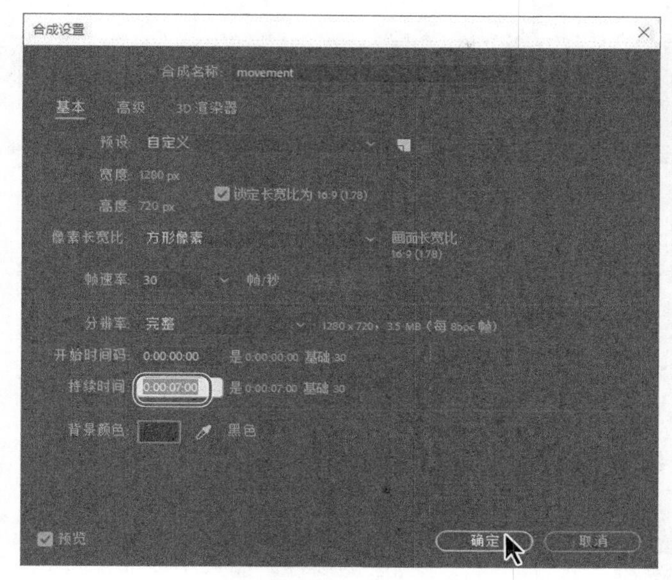

图1.14

“时间轴”面板为所有图层显示相同的时长。

该合成图像中有 3 个素材项，所以“时间轴”面板中有 3 个图层。用户计算机中的图层堆栈可能与图 1.12 不同，这取决于导入这些素材时选择素材项的顺序。但是，添加特效和动画时需要图层以一定的顺序堆放。所以，现在我们要重新组织图层。

关于图层

图层是构成合成图像的组件，添加到合成图像的所有项——如静态图像、动态图像文件、音频文件、灯光图层、摄像机图层甚至是另一个合成图像——都将成为新图层。如果没有图层，合成图像将仅包含一个空帧。

使用图层，在合成图像中处理某些素材项时就不会影响到其他任何素材。例如，可以移动、旋转一个图层或绘制图层的蒙版，而不影响该合成图像中的其他图层，还可以在多个图层中使用同一素材，每次使用的方法也不同。一般情况下，Timeline面板中图层的顺序与Composition面板内的堆栈顺序对应。

6. 单击“时间轴”面板中的空白区域，取消选择图层，如果 title 图层不在图层堆栈的顶部，请将它拖放到顶部，然后将 movement.mp3 图层拖放到图层堆栈的底部，如图 1.15 和图 1.16 所示。

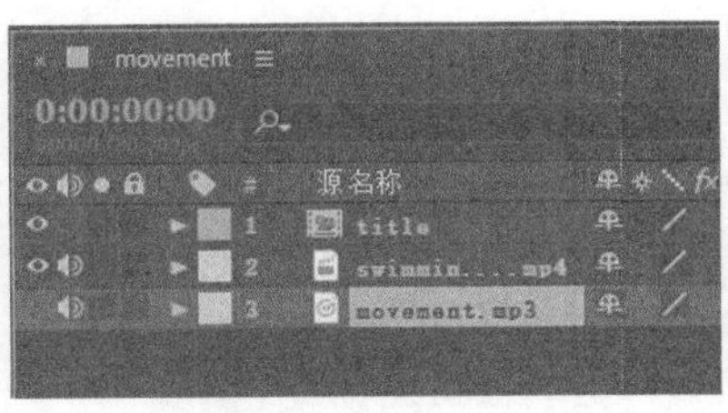

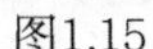
图1.15

图1.16

> Ae **注意：**选择单个图层之前，可能需要先单击 Timeline 面板中的空白区域，或按 F2 功能键取消选择所有图层。

7. 选择“文件”>“保存”命令，将目前的项目保存。

1.4 添加特效、修改图层属性

现在合成图像已经准备完毕，接下来可以开始有趣的工作——应用特效、产生变换和添加动画。用户可以添加任意特效的组合，修改任意图层的属性，如大小、位置和不透明度。使用特效可以修改图层的外观或声音，甚至可以从零起步创建视觉元素。最简单的方法就是应用 After Effects 提供的几百种特效中的任意一种。

> **注意：**这个练习展示的仅仅是 After Effects 强大功能的冰山一角。第 2 课及本书其余课程中，将介绍更多有关特效和预设动画的知识。

1.4.1 转换图层属性

当前 title 位于屏幕的中央位置，遮盖住了小狗，也容易让我们分心。下面将它移动到左下角，它仍然是可见的，但不会再产生干扰。

1. 在“时间轴”面板选择第一个图层——title，注意到在“合成”面板中 title 图层的周围出现了图层手柄，如图 1.17 和图 1.18 所示。

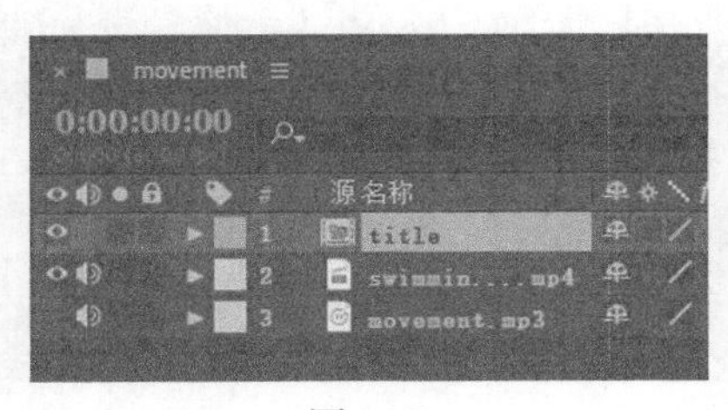

图1.17

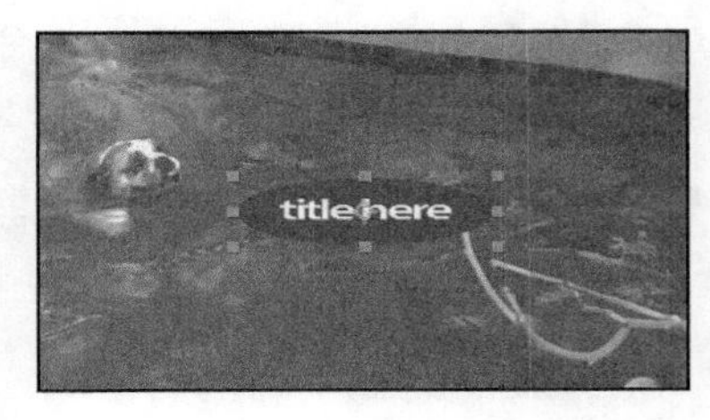

图1.18

2. 单击图层编号左边的三角形，展开图层，然后展开图层的“交换”属性：“锚点”“位置”“缩放”“旋转”和“不透明度”，如图 1.19 所示。

3. 如果没有看到这些属性，可将“时间轴”面板右侧的滚动条向下滚动。更好的做法是再次选择 title 图层名，然后按 P 键，如图 1.20 所示。

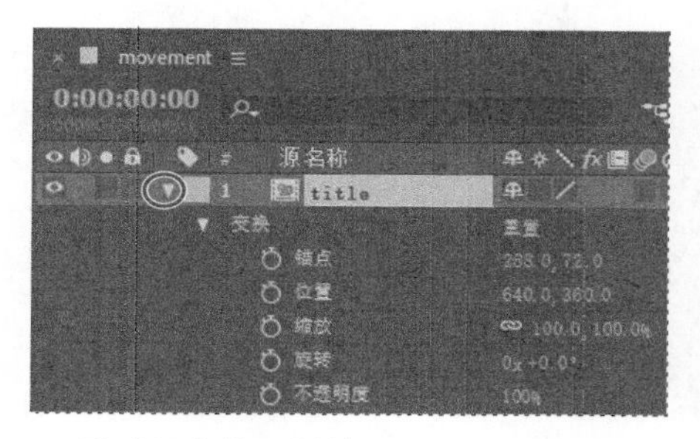
展开“交换”属性，查看所有属性

图1.19

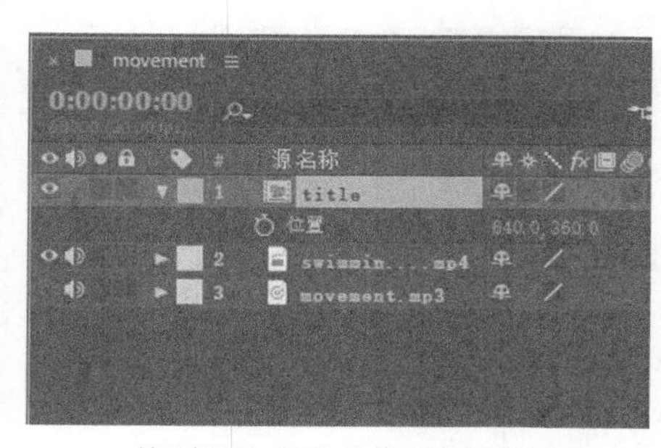
按P键只查看“位置”属性

图1.20

这个键盘快捷键只显示“位置”属性，这也是在当前练习中唯一一个需要修改的属性。接下来将 title 图层移动到左下角。

4. 将“位置”属性的坐标修改为（265.0，635.0）。或者使用“选取”工具将 title 图层拖放到屏幕左下角，如图 1.21 和图 1.22 所示。

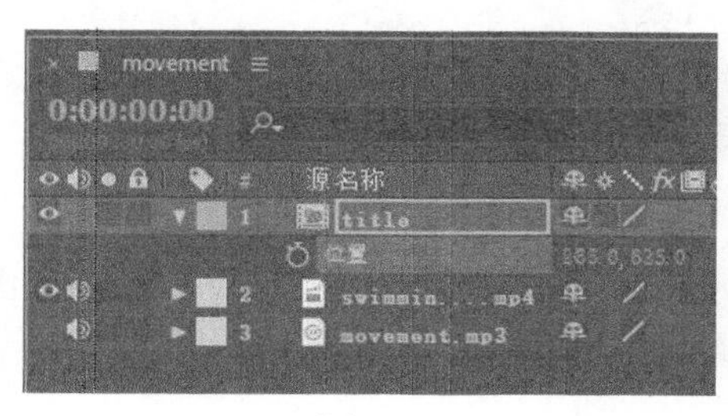
图1.21

图1.22

5. 再次按 P 键隐藏“位置”属性，保持“时间轴”面板的简洁。

1.4.2 添加特效来校正颜色

After Effects 中包含的多个特效可以用来校正或修改项目中的颜色。用户将使用“自动对比度”特效来调整视频剪辑中的整体对比度，然后增强水的颜色。

1. 在“时间轴”面板中选择 swimming_dog 图层。

> **注意：**如果在“时间轴”面板中双击一个图层，After Effects 将在“图层面板”中打开该图层。要回到“合成”面板，请单击“合成”选项卡。

2. 单击“效果和预设”面板将其打开（该面板位于应用程序窗口右侧的面板堆栈中），然后在搜索框中输入“对比度”，如图 1.23 和图 1.24 所示。

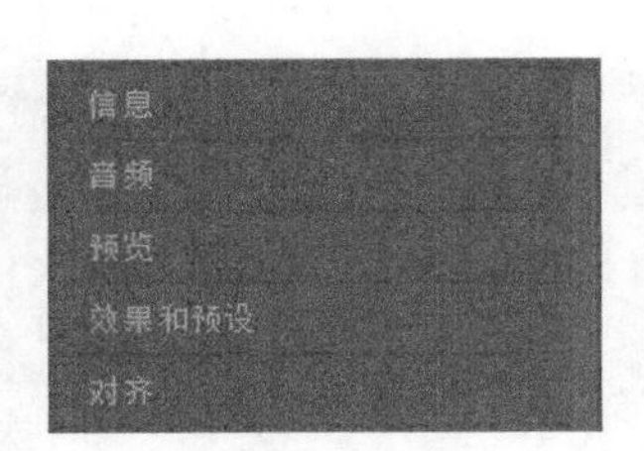

图1.23

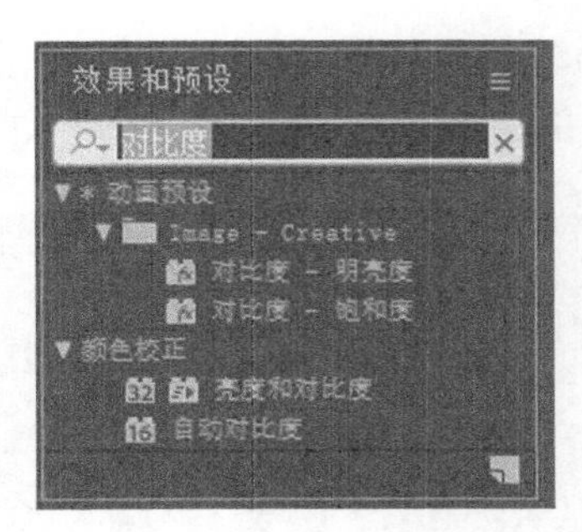

图1.24

After Effects 将搜索包含输入字符的特效和预设，并以交互方式显示出结果。在输入完成之前，“自动对比度”特效（位于“颜色校正”类中）就在该面板中显示出来。

3. 将“自动对比度”特效拖放到“时间轴”面板中的 swimming_dog 图层上，如图 1.25 所示。

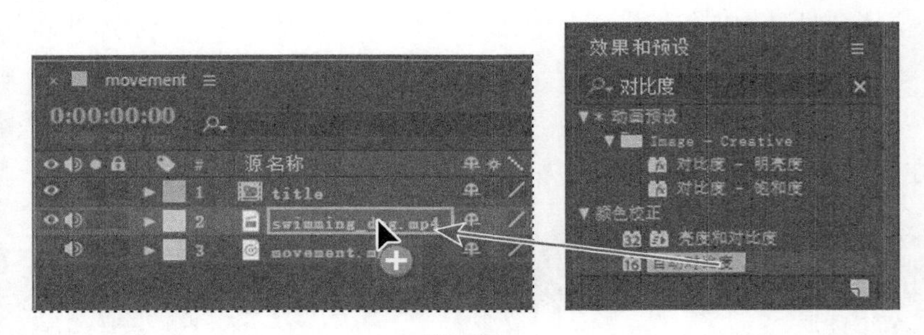

图1.25

After Effects 将应用该特效，并自动在工作区的左上方打开“效果控件”面板，如图 1.26 和图 1.27 所示。

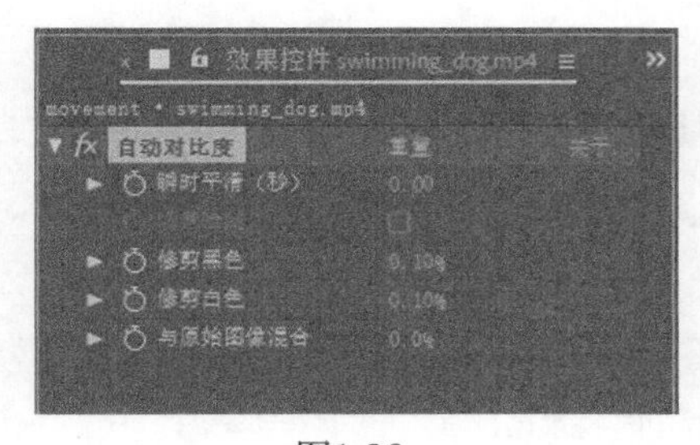

图1.26

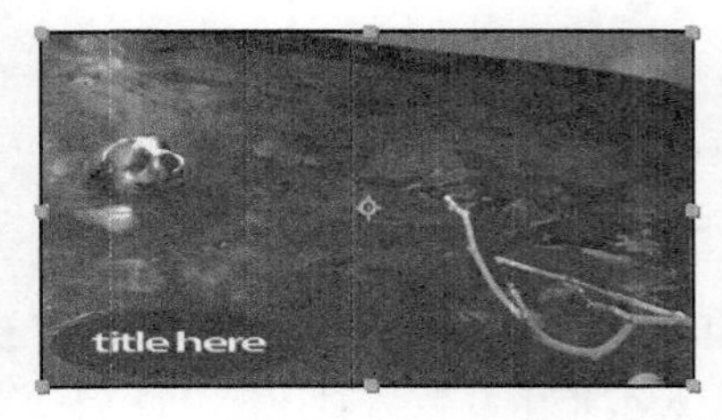

图1.27

“自动对比度”特效对颜色进行了增强，但是高于我们的预期。现在，我们将自定义设置，以降低对比度。

4. 在“效果控件”面板中，单击与“原始图像混合”选项后面的数字，输入 20%，如图 1.28 所示。然后按 Enter 或 Return 键接受该值，结果如图 1.29 所示。

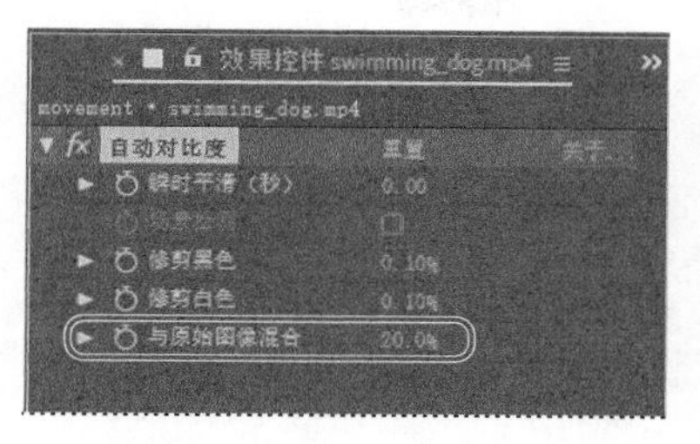

图1.28

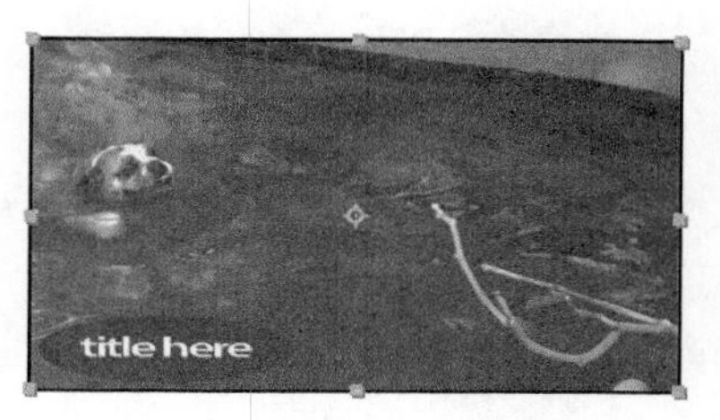

图1.29

1.4.3 添加文体特效

After Effects 包含很多文体特效。接下来在视频剪辑中添加一束光，以添加文体特效。通过改变该特效的设置，从而修改光束的角度和强度。

1. 单击“效果和预设”面板中的“×”按钮清除搜索框，然后用下述任一种方法找到 CC Light Sweep 特效。
   - 在搜索框中输入 CC Light，如图 1.30 所示。
   - 单击“生成”分类旁的三角形，按字母顺序展开分类列表，如图 1.31 所示。

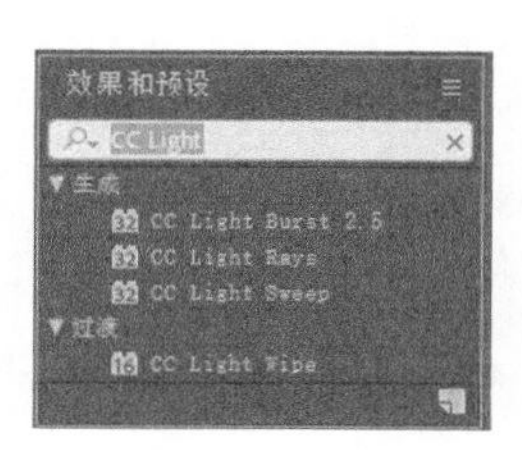

图1.30

图1.31

2. 将“生成”分类中的 CC Light Sweep 特效拖放到“时间轴”面板中的 swimming_dog 图层名上。After Effects 将在“自动对比度”特效下的“效果控件”面板中增加 CC Light Sweep 设置。
3. 在“效果控件”面板中，单击“自动对比度”特效旁的三角形，折叠这些设置，这样可以更方便地查看 CC Light Sweep 设置，如图 1.32 和图 1.33 所示。

首先，我们来修改光束的角度。

4. 在 Direction 中输入 37°。
5. 在 Shape 菜单中选择 Smooth，将光束变宽变柔和。
6. 在 Width 中输入 68，稍微增加光束的宽度。

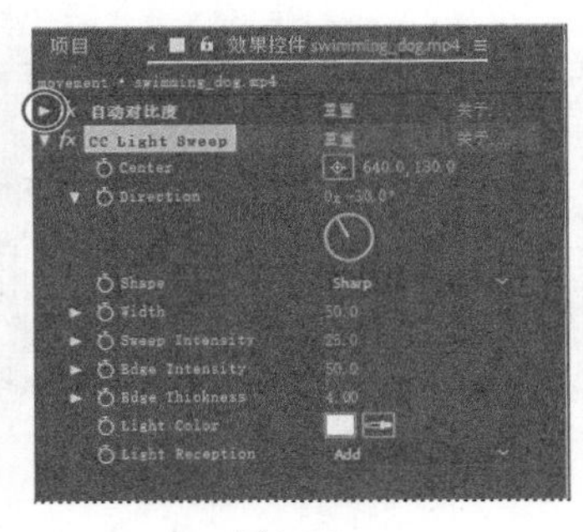

图1.32

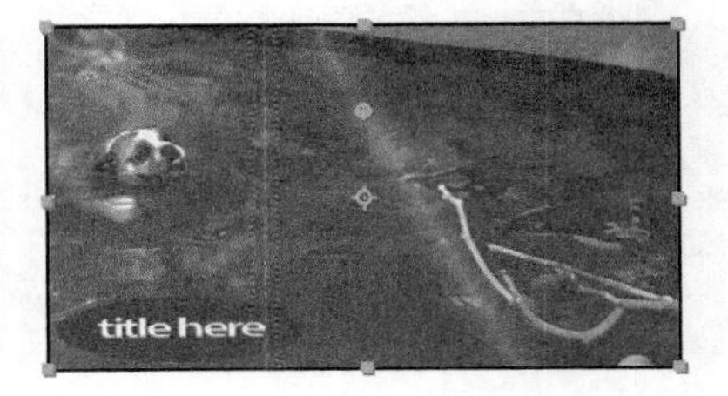

图1.33

7. 将 Sweep Intensity 的值修改为 20，如图 1.34 所示，使光束更加美妙一些，结果如图 1.35 所示。

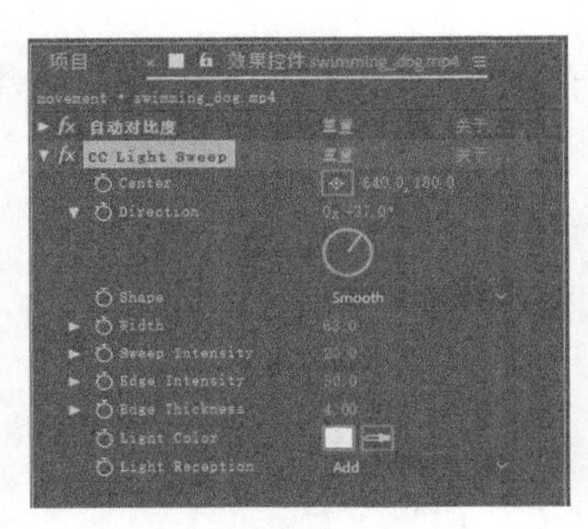

图1.34

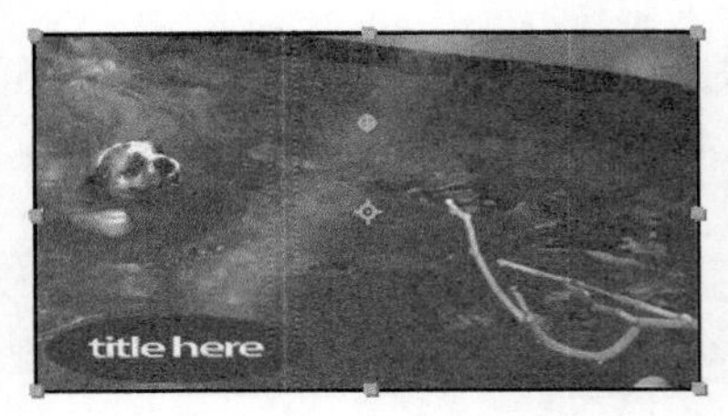

图1.35

8. 选择“文件”>“保存”命令，保存作品。

1.5　对合成图像做动画处理

目前为止，我们已经着手执行一个项目，创建了合成图像，导入了素材，并且应用了一些特效。一切都在掌握之中。但是之前我们仅应用了静态特效，下面就来尝试加入一些动画效果吧。

在 After Effects 中，可以使用传统的关键帧、表达式或者关键帧助手使图层的多个属性随时间的变化而改变。通过本书的课程，用户将体验多种这类方法。在本练习中，用户将应用一个动画预设，将字幕引入到屏幕上，而且还让字幕的颜色随着时间而发生变化。

1.5.1　准备文字合成图像

在这个练习中，用户将处理一个单独的从 Photoshop 图层文件导入的合成图像。

1. 选择“项目”选项卡，显示出“项目”面板，然后双击 title 合成图像，使它作为一个合成图像在自己的“时间轴”面板中打开。

> Ae **注意：**如果“项目”选项卡不可见，可选择“窗口”>“项目”命令打开“项目”面板。

该合成图像是导入的 Photoshop 图层文件，它包含的两个图层（Title Here 和 Ellipse 1）显示在“时间轴”面板中。Title Here 图层包含在 Photoshop 中创建的占位符文本，如图 1.36 和图 1.37 所示。

图1.36

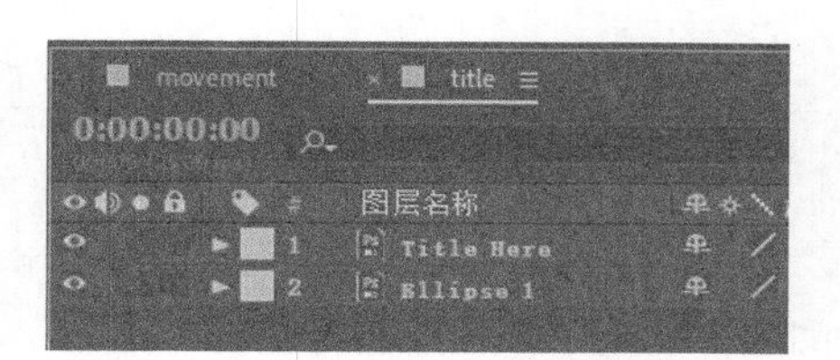

图1.37

“合成”面板的顶部是“合成图像导航条”，它显示出主合成图像（movement）与当前合成图像（title）之间的关系，当前合成图像嵌套在主合成图像中，如图 1.38 所示。

图1.38

用户可以把多个合成图像相互嵌套在一起。“合成图像导航条”显示整个合成图像路径。合成图像名之间的箭头指示信息流动的方向。

在替换文本前，要先使图层的状态变为可编辑。

2. 在“时间轴”面板中选择 Title Here 图层（图层 1），然后选择“图层”[①]>“转换为可编辑

① 译者注：在 Adobe After Effects CC 2018 中文版的界面中，这里需要选择的命令为“创建”。

文字”命令，如图 1.39 和图 1.40 所示。

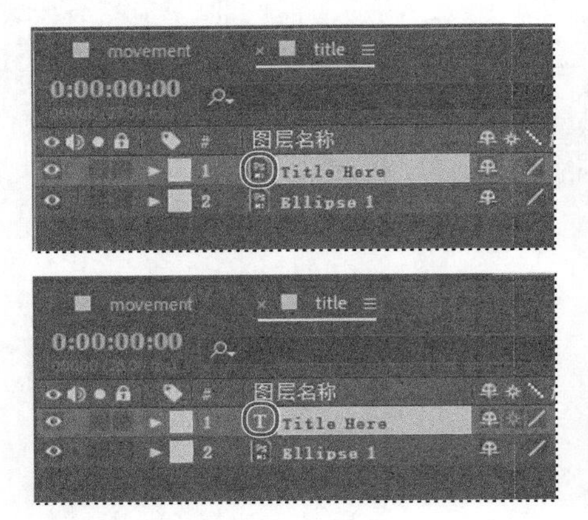

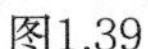

图1.39　　　　图1.40

Ae **注意：**如果程序警告无法找到相应字体或图层依赖，请单击“确定”按钮。

“时间轴”面板中该图层名称旁将显示一个 T 图标，这表明它现在是一个可编辑的文本层。同时在“合成”面板中该图层也被选中，允许对其进行编辑。

“合成”面板的顶部、底部和两边都有一些蓝色线条，这些线条是用来标识字幕安全区和动作安全区的。电视机将放大显示视频图像，允许视频图像的部分外部边缘被屏幕边缘切割掉，这就是所谓的溢出扫描。不同电视机的溢出扫描的数值是不同的，所以必须保证视频中的重要部分（如动作或字幕）保留在安全区内。要使文本处于里面的蓝线内，以确保其位于字幕安全区内；同时还要使重要的场景内容位于外面的蓝线内，以确保其位于动作安全区内。

1.5.2 编辑文本

先使用真实的文本来替换占位符文本，然后进行格式化处理，以具备更好的显示效果。

1. 在“工具”面板中选择“横排文字”工具（T），在“合成”面板中的占位符文本上拖动，将其选中，然后输入“on the move”，如图 1.41 所示。

图1.41

关于Tools（工具）面板

一旦创建合成图像，After Effects应用程序窗口左上角“工具”面板中的工具将处于可用状态。After Effects包含的工具用于修改合成图像中的元素。如果使用过Adobe的其他产品，例如Photoshop，你应该熟悉其中的一些工具，如“选取”工具和“手形”工具；而另一些工具则是新的，如图1.42所示。

图1.42

A. 选取工具 B. 手形工具 C. 缩放工具 D. 旋转工具 E. 统一摄像机工具 F. 向后平移（锚点）工具 G. 蒙版和形状工具 H. 钢笔工具 I. 文字工具 J. 画笔工具 K. 仿制图章工具 L. 橡皮擦 M. Roto笔刷和优化边缘工具 N. 操控点（Puppet）工具

2. 再次选择文本，然后在“字符”面板（该面板位于屏幕右侧）中将文本大小修改为100px，将字间距修改为 −50，如图 1.43 和图 1.44 所示。

图1.43

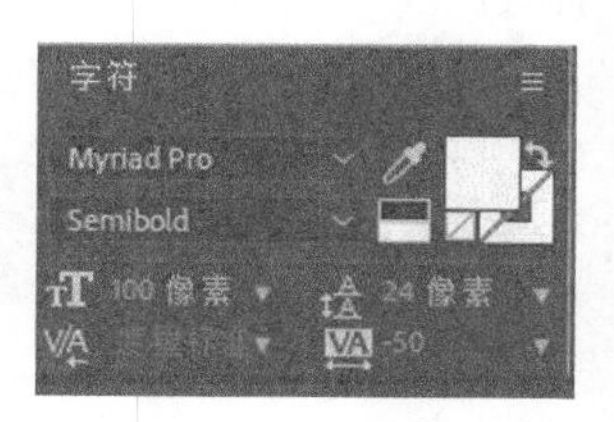

图1.44

> **注意：**After Effects 提供了强大的字符和段落格式控件，但是默认设置（任意一种字体）对本项目来说就已足够了。第 3 课将详细讲解字体。

1.5.3 用动画预设对文本进行动画处理

现在我们对文本已经进行了格式化处理，接下来可以为其应用动画特效了。使用“解码淡入”预设，这样单词将随着时间依次出现。

1. 再次选择“时间轴”面板中的 Title Here 图层，执行以下操作之一，以确保当前处在动画的第一帧，如图 1.45 所示。
   - 将当前时间指示器沿着时间标尺向左侧拖动，直到 0:00 位置。
   - 按键盘上的 Home 键。

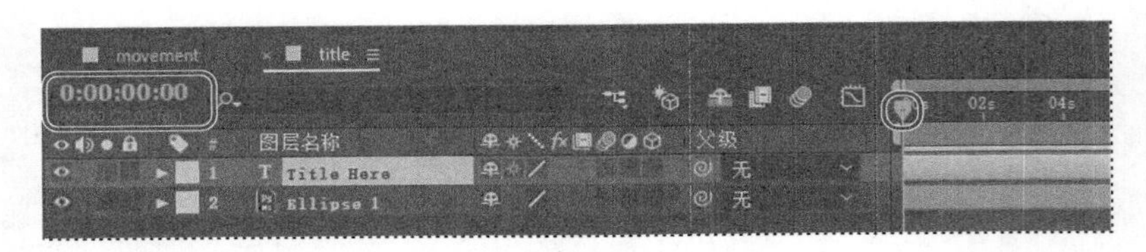

图1.45

2. 选择“效果和预设”选项卡，显示该面板，然后在搜索框中输入“解码淡入”。

3. 在Animate In分类中选择“解码淡入”特效，并将其拖放到“合成”面板中on the move文字上面，如图1.46所示。

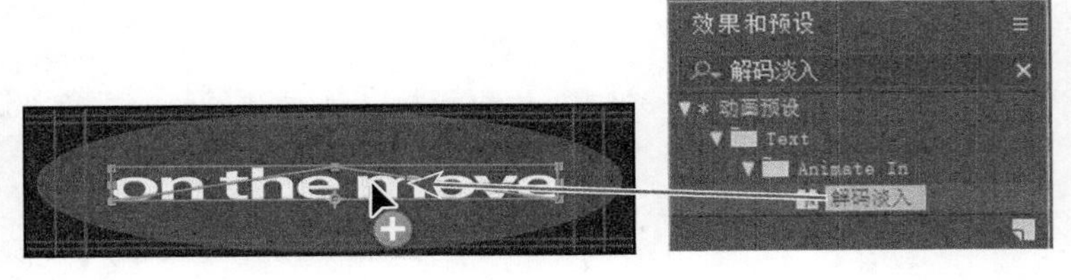

图1.46

After Effects添加该特效。因为这是一个简单的特效，因此在“效果控件”面板中没有任何设置。

4. 将当前时间指示器从0:00位置拖动到1:00位置，手动预览特效。单词逐个淡入，直到1:00时所有单词都出现在屏幕上，如图1.47所示。

图1.47

时间码和持续时间

与时间相关的重要概念就是持续时间，或称时长。项目中任何素材项、图层和合成图像都有其持续时间，这反映在“合成”“图层”和“时间轴”面板内时间标尺上显示的开始和结束时间上。

在After Effects中查看和指定时间的方式取决于采用的时间显示方式，即度量单位，也就是描述时间的单位。After Effects默认的时间显示方式是SMPTE（Society of Motion Picture and Television Engineers，电影电视工程师协会）时间码：时、分、秒和帧。请注意，在After Effects界面中显示的时间数字之间用分号分隔，表示drop-frame（丢帧）时间码（用于实时帧速率调整），而本书的时间显示是以冒号分隔的，表示non-drop-frame（非丢帧）时间码。

如要了解何时以及怎样将时间码显示改成其他时间显示系统，如以帧、英尺或胶片帧为计时单位等，请参见“帮助”文档。

关于“时间轴”面板

可以使用Timeline面板动态改变图层的属性并设置图层的入、出点（入点和出点是合成图像中一个图层的开始点和结束点）。“时间轴”面板的许多控件是按功能分栏组织的。默认情况下，“时间轴”面板包含一些栏和控件，如图1.48所示。

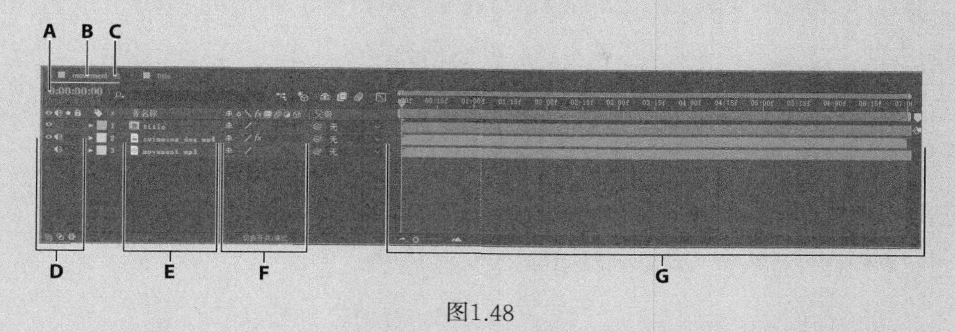

图1.48

A. 当前时间　B. 合成图像名　C. “时间轴”面板菜单　D. 音/视频开关栏　E. 源文件名/图层名栏　F. 图层开关　G. 时间曲线/曲线编辑区域

理解时间曲线

“时间轴”面板中的时间曲线图部分（右边）包含一个时间标尺，用来指示合成图像中图层的具体时间和时长条，如图1.49所示。

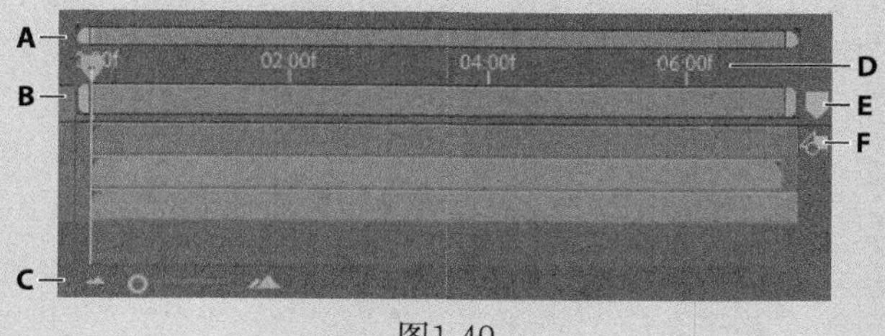

图1.49

A. 时间导航条开始和结束标记　B. 工作区域开头和结尾标记　C. 时间缩放滑块　D. 时间标尺　E. 合成标记素材箱　F. 合成按钮

在深入介绍动画前，理解一些控件是有帮助的。时间曲线上直观地显示出合成图像、图层或素材项的时长，时间标尺上的当前时间指示器指示当前所查看或编辑的帧，同时在“合成”面板上显示当前帧。

工作区开始和结束标记指出将为预览或最终输出而渲染的部分合成图像。处理合成图像时，我们可能只想渲染其中的一部分，这可以通过将一段合成图像的时间标尺指定为工作区来实现。

“时间轴”面板的左上角显示合成图像的当前时间。如果需要移动到不同时间点，请拖动时间标尺上的“当前时间”指示器，或者单击“时间轴”面板或“合成”面板上的“当前时间”字段，输入一个新时间，然后按下Enter或Return键，或单击“确定”按钮。

关于“时间轴”面板的更多信息，请查看“帮助”文档。

1.5.4 使用关键帧对特效进行动画处理

下面对文字图层添加一个特效，但是这一次将使用关键帧来动态修改其设置。

1. 执行以下任一种操作，移动到时间标尺的开始位置。

- 将当前时间指示器拖动到时间标尺的左侧，直到位于 0:00 时为止。
- 在“时间轴”面板或“合成”面板的“当前时间”字段上单击，然后输入 00。如果单击的是“合成”面板中的“当前时间”字段，单击“确定”按钮，关闭对话框。

2. 在“效果和预设”面板中的搜索框中输入“通道模糊”。

3. 将“通道模糊”特效拖动到“时间轴”面板中 Title Here 图层的上面。

After Effects 在该图层上添加了通道模糊特效，并在“效果控件”面板中显示其设置。通道模糊特效分别对图层中的红色、绿色、蓝色和 Alpha 通道进行模糊处理。它将为字幕创建一种有趣的外观。

4. 在“效果控件”面板中，将“红色通道模糊度”“绿色通道模糊度”“蓝色通道模糊度”和“Alpha 模糊度”的值设置为 50。

5. 在每个被更改过的设置旁有一个秒表图标（ ），分别单击它们，创建初始关键帧。在文本首次出现时将被模糊处理。

关键帧用来创建和控制动画、特效、音频属性和其他很多随时间改变的属性。关键帧标记一个时间点，我们在该点指定一个数值，如空间位置、不透明度或音量等。关键帧之间的值用插值法计算。用关键帧创建随时间变化的动画时，必须至少使用两个关键帧：一个作为动画开始时的状态，另一个作为动画结束状态。

6. 从“模糊方向”菜单中选择“垂直”选项，如图 1.50 所示。

7. 定位到时间轴的 1:00 位置。

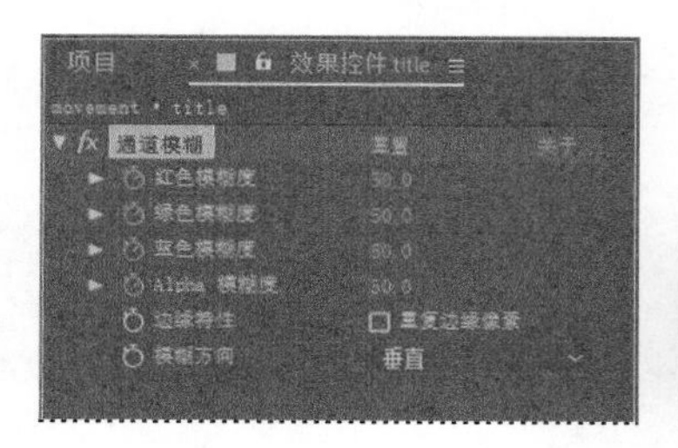

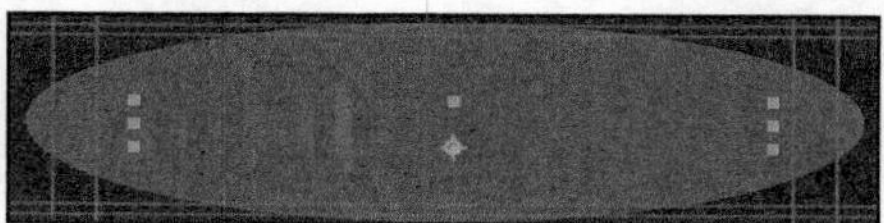

图1.50

8. 根据图 1.51 修改各值。

- 红色模糊度：0.0。
- 绿色模糊度：0.0。
- 蓝色模糊度：0.0。
- Alpha 模糊度：0.0。

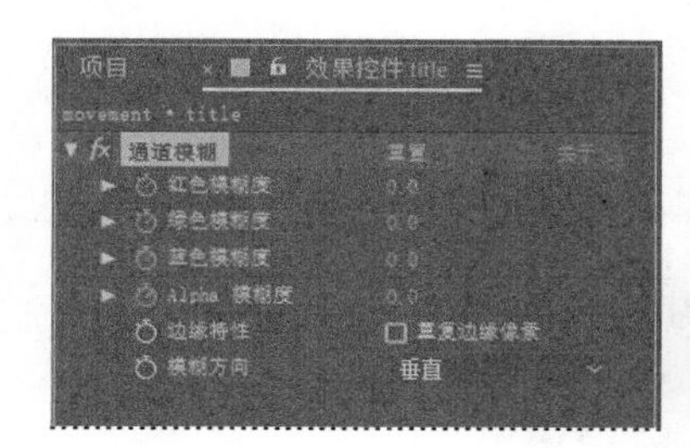

图1.51

9. 将当前时间指示器从 0:00 移动到 1:00，手动预览特效，结果如图 1.52 所示。

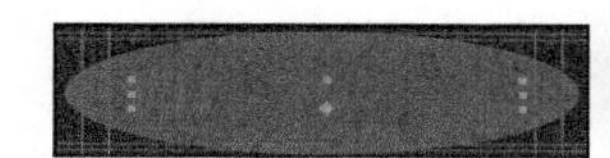

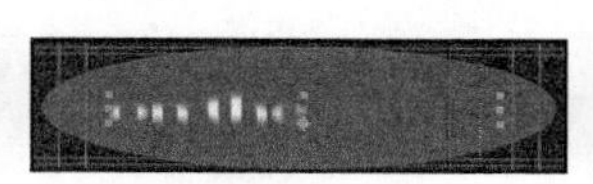

图1.52

1.5.5　修改背景的不透明度

字幕看起来不错，但是椭圆形太亮了。接下来修改椭圆形的不透明度，以便视频中的水面能够透过椭圆形显示出来。

1. 在“时间轴”面板中，选择 Ellipse 1 图层，如图 1.53 所示。

2. 按下 T 键，显示图层的“不透明度”属性。

3. 将不透明度的值修改为 20%，结果如图 1.54 所示。

> Ae | **提示：**可以将“不透明度”属性的键盘快捷键 T 看作 transparency（透明度）的首字母来帮助记忆。

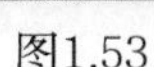

图1.53

图1.54

> **提示：**可以单击“时间轴”面板中的 movement 选项卡查看字母是如何透过水面显示出来的。

1.6　预览你的作品

也许你急切地想看到作品的效果，可以使用“预览”面板预览合成图像，该面板位于默认工作区应用程序窗口右侧的堆叠面板中。要预览作品，单击预览面板中的“播放 / 停止”按钮（▶），或者按下键盘上的空格键。

1. 在字幕“时间轴”面板中，隐藏所有图层的属性，然后取消选中所有图层。
2. 确保选中了想要预览的图层的“视频”开关（👁），这里想要预览的图层是 Title Here 和 Ellipse 1 图层。
3. 按下 Home 键，移动到时间标尺的起始位置。
4. 执行下面任一操作：
   - 单击预览面板中的“播放 / 停止”按钮（▶），如图 1.55 所示；
   - 按下键盘上的空格键。

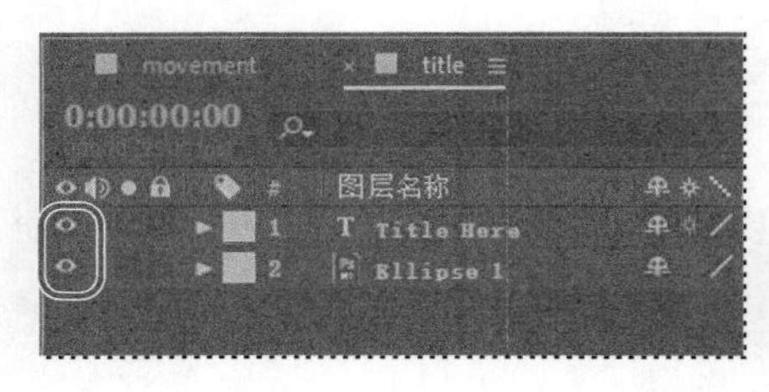

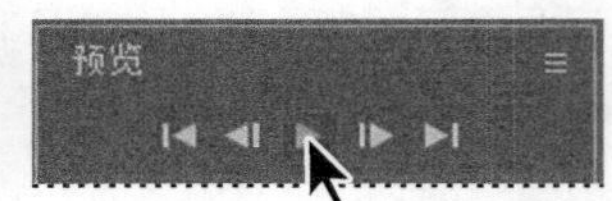

图1.55

5. 要停止预览，可以执行下面的任一操作：
   - 单击预览面板中的“播放 / 停止”按钮（▶）；
   - 按下键盘上的空格键。

最终结果如图 1.56 所示。

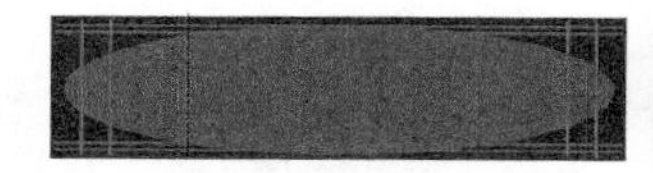

图1.56

提示：要确保工作区的开始和结束标记包含了要预览的所有帧。

你已经预览了一个简单的动画，而且这个动画很有可能是实时播放的。

在按下空格键或者单击“播放 / 停止”按钮时，After Effects 会缓存合成图像，然后分配足够的内存，并按照系统允许的速率播放预览（带有音频），系统允许的速率最大值为合成图像的帧速率。播放的帧数量取决于 After Effects 可以使用的内存数量。通常情况下，只有在 After Effects 已经缓存了所有帧之后，才会实时播放预览。

在“时间轴”面板中，预览的播放时间可能是你指定为工作区的时间跨度，也可能是从时间标尺的开始位置播放。在“图层”和“素材”面板中，预览只播放未修剪的素材。在进行预览之前，要检查一下哪些帧被指定为工作区。

现在，你将预览整个合成图像——带有图形效果的文本动画。

6. 在“时间轴”面板中单击 movement 选项卡，将它放到前面。

7. 确保合成图像中除了音频图层之外的所有图层都打开了“视频”开关（ ），然后按 F2 键取消选中所有图层，如图 1.57 所示。

8. 将当前时间指示器拖放到时间标尺的开始位置，或者直接按下 Home 键，结果如图 1.58 所示。

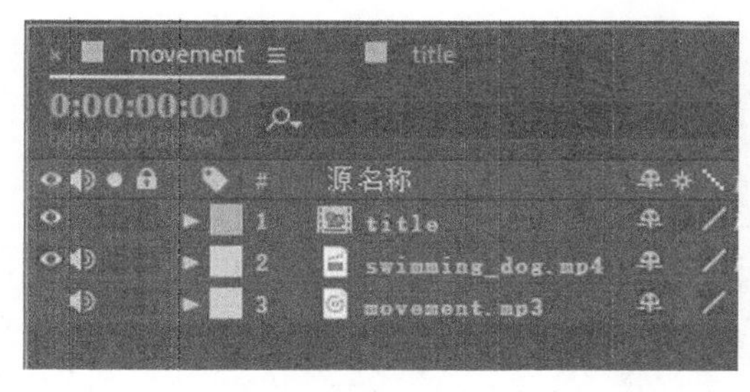

图1.57

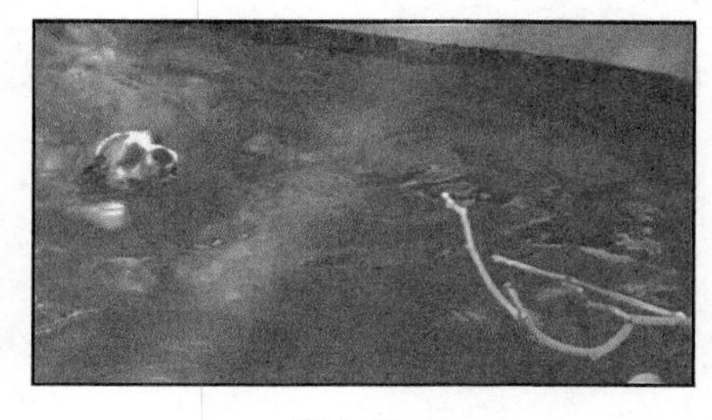

图1.58

9. 要开始预览，可以单击预览面板中的“播放 / 停止”按钮，或者按下键盘上的空格键。最终结果如图 1.59 所示。

绿色的进度条指示哪些帧被缓存到内存中，如图 1.60 所示。当工作区中的所有帧都被缓存之后，预览将实时播放。在所有的帧被缓存之前，预览的播放速率可能会慢一些，而且音频可能会有延迟。

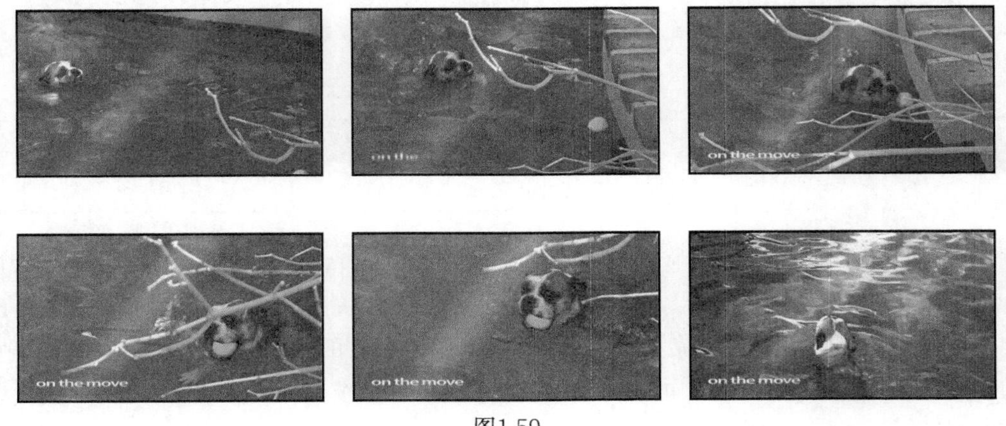

图1.59

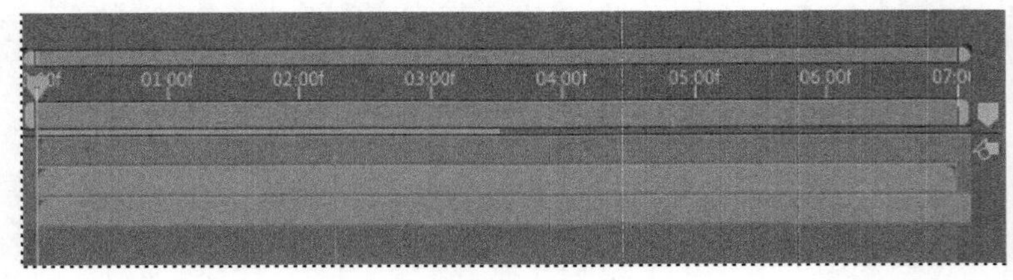

图1.60

如果想进行更为详细和精确的预览，则需要更多的内存。通过修改合成图像的分辨率、放大倍数和预览质量，可以控制显示的细节量。通过关闭某些图层的视频开关，也可以限制预览图层的数量；通过调整合成图像的工作区，也可以限制预览的帧数量。

10. 按下空格键停止预览。

11. 选择“文件”>“保存”命令保存你的项目。

1.7 After Effects 性能优化

After Effects 及计算机的配置决定了 After Effects 渲染项目的速度。复杂的合成图像需要大量内存来渲染，而渲染的影片则需要大量的硬盘空间来存储。在 After Effects 帮助中搜索“提升性能”，可以找到用来配置系统、After Effects 首选项以及项目的技巧，以获得更好的性能。

默认情况下，After Effects 会为特效、图层动画以及可以充分利用性能增强的其他功能启用 GPU 加速。Adobe 建议启用 GPU 加速。如果在启用 GPU 加速时，系统显示一个错误，或者如果用户的系统 GPU 与 After Effects 不兼容，则需要将 GPU 加速禁用，可选择“文件”>“项目设置”，然后在“视频渲染和效果”选项卡中选择“仅 Mercury 软件”。

1.8 渲染和导出合成图像

作品完成后（现在已经完成了），可以以你选择的质量设置进行渲染和导出，以指定的文件格式生成电影文件。在后续的课程（尤其是第 15 课）中会介绍更多导出合成图像方面的知识。

1.9 自定义工作区

在本项目中，某些面板的尺寸或位置也许发生了改变，或者打开了其他面板。当工作区被修改时，After Effects 将保存这些修改。再打开该项目时，将使用最近版本的工作区。但是，任何时候都可以选择“窗口”>“工作区”>“将‘默认’重置为已保存”的布局命令，恢复系统原始的工作区。

此外，如果用户发现自己经常使用的面板不在“默认”工作区中，或者想针对不同类型的项目调整面板尺寸或对面板进行分组，则可以根据需求自定义工作区，这样可以节省时间。用户可以保存任何工作区配置，也可以使用 After Effects 自带的预设工作区。这些预定义的工作区适合不同类型的工作流程，如制作动画或应用特效。

1.9.1 使用预定义的工作区

我们来体验一下 After Effects 中的预定义工作区。

1. 如果已关闭了 Lesson01_Finished.aep 项目，请打开它（或任何其他项目）来体验工作区。
2. 在靠近“工具”面板的工作栏中单击“动画”选项。单击双箭头（»），查看没有显示在工作栏中的工作区，如图 1.61 所示。

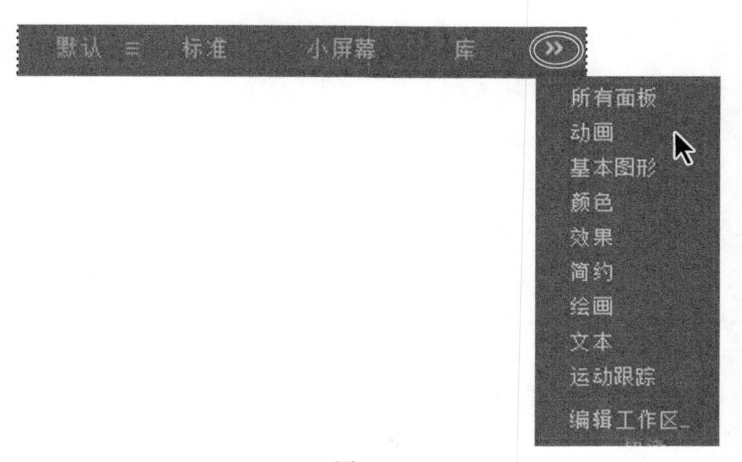

图1.61

After Effects 将在应用程序窗口右侧打开以下面板:“信息”“预览”“效果和预设”“动态草图”“摇摆器”“平滑器”和“音频”。

用户也可以使用“工作区”菜单更改工作区。

3. 选择“窗口”>“工作区”>运动跟踪。

这将打开不同的面板。在用户需要重点关注合成图像中的跟踪对象时,可以使用“信息”“预览”和“跟踪器”面板的工具和控件达到目的。

1.9.2 保存自定义工作区

用户可以在任何时候将任一工作区保存成自定义工作区。一旦保存后，新的被编辑过的工作区将出现在“窗口”>“工作区”子菜单以及应用程序窗口顶部的“工作区”菜单中。如果一个使用自定义工作区的项目在另一个系统中打开（而不是创建该项目所使用的系统），After Effects 将寻找一个名字与其匹配的工作区。如果 After Effects 找到了匹配的工作区（并且显示器配置也相同），则使用该工作区；如果未找到（或者显示器配置不符），则使用当前的本地工作区打开该项目。

1. 从面板菜单中选择“关闭面板”命令，关闭该面板，如图 1.62 所示。

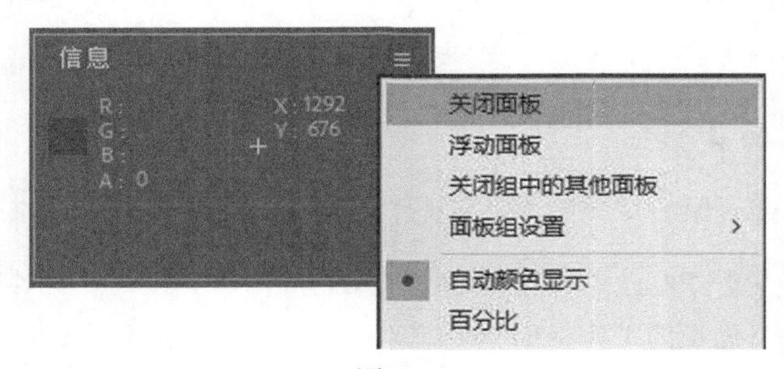

图1.62

2. 选择“窗口”>“效果和预设”命令，打开“效果和预设”面板。

“效果和预设”面板将添加到面板堆栈中。

3. 选择“窗口”>“工作区”>“另存为新工作区”命令。输入工作区的名字，单击“确定”按钮保存；如果不打算保存，则可以单击“取消”按钮。

4. 从“工作区”菜单中选择“默认”。

1.10 控制用户界面的亮度

After Effects 的用户界面可以调亮或调暗，改变亮度首选项将影响面板、窗口和对话框的显示。

1. 选择“编辑”>“首选项”>“外观”（Windows）命令或 After Effects CC >“首选项”>“外观”（macOS）命令。

2. 向左或向右拖动“亮度”滑块，观察屏幕的变化，如图 1.63 所示。

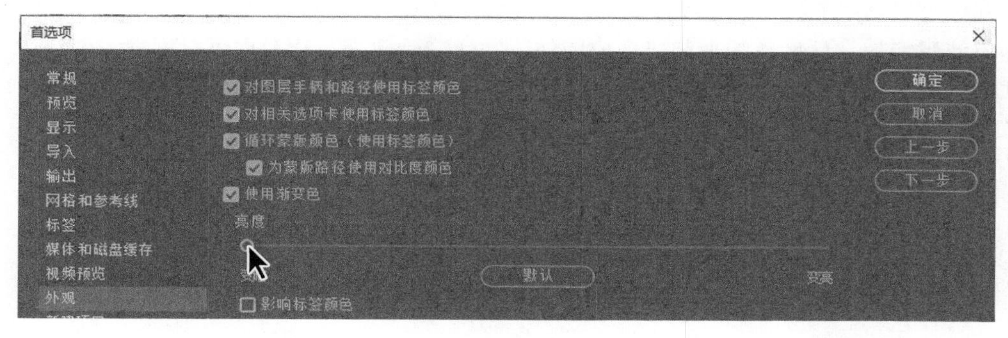

图1.63

> **注意**：默认情况下，After Effects 的用户界面比较暗。在本书中，我们将使用较亮的界面来显示图像，这样界面中的文本在打印时也是可见的。如果使用默认的用户界面亮度，则用户面板和对话框的亮度将比本书中的要暗一些。

3. 单击“确定”按钮保存新的亮度设置，或单击“取消”按钮保持原来的首选项不变，还可以单击“默认”按钮恢复默认亮度设置。

4. 不做任何修改，关闭文件。

1.11 寻找 After Effects 使用方面的资源

关于使用 After Effects 面板、工具以及应用程序其他功能方面完整的、最新的信息，请访问 Adobe 网站。如果要在 After Effects 帮助、支持文档，以及与 After Effects 用户相关的其他网站中查找信息，只需在应用程序窗口右上方的“搜索帮助”框中输入搜索关键词。还可以将搜索范围缩小到仅显示 Adobe 帮助或支持文档中的相关信息。

打开 After Effects 应用程序时出现的“开始”窗口，提供了访问视频教程和其他信息的方法，可以帮助用户高效使用 After Effects。

如果需要其他资源，例如提示与技巧，以及最新的产品信息，请访问 After Effects 帮助与支持页面。

恭喜你已经学完了第 1 课。现在我们已经熟悉了 After Effects 工作区，接下来可以进入第 2 课，学习如何使用特效、预设动画来创建合成图像，并让它动起来。读者也可以根据需要选择学习本书的其他课程。

1.12 复习题

1. After Effects 工作流程包含哪些基本步骤？
2. 什么是合成图像？
3. 如何查找丢失的素材？
4. 如何在 After Effects 中预览自己的作品？
5. 怎样自定义 After Effects 工作区？

1.13 复习题答案

1. 大多数 After Effects 工作流程包括以下步骤：导入和组织素材、创建合成图像和组织图层、添加特效、对元素做动画处理、预览作品、渲染和输出最终合成图像。
2. 合成图像用来创建所有动画、图层和特效。After Effects 合成图像同时具有空间维度和时间维度。合成图像包含一个或多个图层——视频、音频、静态图像，它们排列在“合成”面板和“时间轴”面板中。简单的项目可能仅包含一个合成图像，而一个精心制作的项目则可能包含多个合成图像，用以组织大量的素材或复杂的特效序列。
3. 可以通过选择“文件”>“依赖”>“查找丢失素材”命令，或者在项目面板中的搜索字段内输入“丢失素材”，定位丢失素材。
4. 在 After Effects 中，可以通过移动当前时间指示器来手动预览作品，也可以按下空格键或者预览面板中的“播放 / 停止”按钮，从当前时间指示器的位置开始预览，直到合成图像的终点。After Effects 会分配足够的内存，并按照系统允许的速率播放预览（带有音频），系统允许的速率最大值为合成图像的帧速率。
5. 可以通过拖放面板来自定义工作区，使其最适合用户的工作风格。用户可以将面板拖放到新的位置，将面板拖进或拖离一个组，使面板排列整齐，对面板进行堆叠，还可以将面板拖出使其浮动在应用程序窗口之上。当重新调整面板时，其他面板将自动调整大小，以适合应用程序窗口。选择“窗口”>“工作区”>“另存为新工作区”命令，可以保存自定义的工作区。

第2课 用特效和预设创建基本动画

课程概述

本课介绍的内容包括：

- 使用 Adobe Bridge 预览和导入素材项；
- 处理导入的 Adobe Illustrator 文件图层；
- 应用投影和浮雕特效；
- 应用文字动画预设；
- 调整文字动画预设的时间范围；
- 预合成图层；
- 应用溶解变换特效；
- 调整图层的透明度；
- 渲染用于播出的动画。

本课大约要用 1 小时完成。启动 After Effects 之前，请先将本书的课程资源下载到本地硬盘中，并进行解压。在学习本课时，将覆盖相应的课程文件。建议先做好原始课程文件的备份工作，以免后期用到这些原始文件时还要重新下载。

PROJECT: ANIMATED LOGO

After Effects 的各种特效和动画预设非常出色，使用它们可以快速简便地创建绚丽的动画效果。

2.1 开始

在本课中，我们将进一步熟悉 Adobe After Effects 项目的工作流程。我们将为虚构的 Destinations 有线网络的“Travel Europe”旅游节目创建简单的一个节目标志图形，并对旅游节目标志进行动画处理，以便在播放其他电视节目时，该标志淡出为一个水印，显示在屏幕的右下角，然后，导出这个标志用于播出。

首先来看最终的项目文件，以了解将要执行的操作。

1. 确认硬盘上的 Lessons\Lesson02 文件夹中存在以下文件。
   - Assets 文件夹：destinations_logo.ai、ParisRiver.jpg。
   - Sample_Movies 文件夹：Lesson02.avi、Lesson02.mov。
2. 使用 Windows Media Player 打开并播放影片示例文件 Lesson02.avi，或者使用 QuickTime Player 打开并播放影片示例文件 Lesson02.mov，以查看本课将创建的效果。播放完后，关闭 Windows Media Player 或 QuickTime Player。如果硬盘空间有限，也可以将影片示例文件从硬盘中删除。

开始本课之前，请恢复 After Effects 应用程序的默认设置。详情请参见前言中的“恢复默认参数”。

3. 启动 After Effects 时请立即按住 Ctrl + Alt + Shift（Windows）或 Command + Option + Shift（macOS）组合键，准备恢复默认的参数设置。系统询问是否删除参数文件时，单击“确定”按钮。
4. 在“开始”窗口中，选择“新建项目”选项。

After Effects 打开后显示一个空白的无标题项目。

5. 选择“文件”>“保存为”>“另存为”命令。
6. 在“另存为”对话框中，导航到 Lessons\Lesson02\Finished_Project 文件夹。
7. 将该项目命名为 Lesson02_Finished.aep，然后单击“保存”按钮。

2.2 使用 Adobe Bridge 导入素材

在第 1 课中使用了“文件”>“导入”>“文件”命令导入素材，也可以使用 Adobe Bridge 导入素材。Adobe Bridge 是一个灵活强大的工具，可以用来组织、浏览和定位用于打印、网页、电视、DVD、电影及移动设备的媒体文件。Adobe Bridge 可以很容易地访问 Adobe 文件（如 PSD 和 PDF 文件）与非 Adobe 应用程序文件。用户可以根据需要将媒体文件拖放到版面、项目和合成图像内；可以预览媒体文件，甚至还可以向媒体文件添加元数据（文件信息），使文件更易于寻找。

Adobe Bridge 并不随 After Effects CC 一起自动安装，所以需要单独安装。如果没有安装

Bridge，在选择“文件” > “在 Bridge 中显示”命令时，系统将提示你进行安装。

本练习将使用 Adobe Bridge 导入静态图像，把它作为合成图像的背景。

1. 选择“文件” > “在 Bridge 中显示”命令，如果提示信息显示“启用到 Adobe Bridge 的一个扩展”，请单击“是”按钮。

Adobe Bridge 打开后，会显示出一系列面板、菜单和按钮。

提示：用户可以单独使用 Adobe Bridge 来管理文件。要直接打开 Adobe Bridge，请从“开始”菜单中选择 Adobe Bridge 命令（Windows）或双击 Applications/Adobe Bridge 文件夹内的 Adobe Bridge 图标（macOS）。

2. 单击 Adobe Bridge 左上角的“文件夹”选项卡。

3. 在“文件夹”面板中，导航到 Lessons\Lesson02\Assets 文件夹。单击箭头可以打开嵌套的文件夹，也可以双击“内容”面板内的文件夹缩览图，如图 2.1 所示。

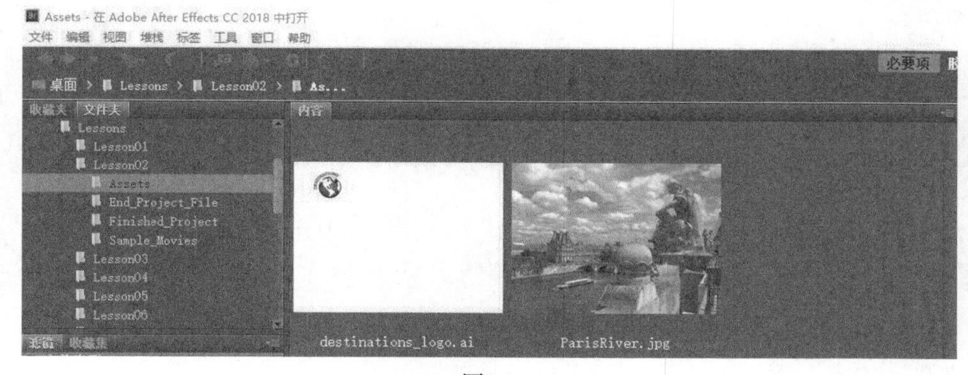

图2.1

注意：当前使用的是“基本”工作区，这是 Bridge 的默认工作区。

“内容”面板交互式更新。例如，当选择“文件夹”面板中的 Assets 文件夹时，“内容”面板将显示该文件夹内容的缩览图预览。Adobe Bridge 可显示多种图像文件的预览，如 PSD、TIFF 和 JPEG 格式文件，还有 Illustrator 矢量文件、多页 Adobe PDF 文件、QuickTime 电影文件等。

4. 拖动 Adobe Bridge 窗口底部的缩览图滑块可以放大缩览图预览，如图 2.2 所示。

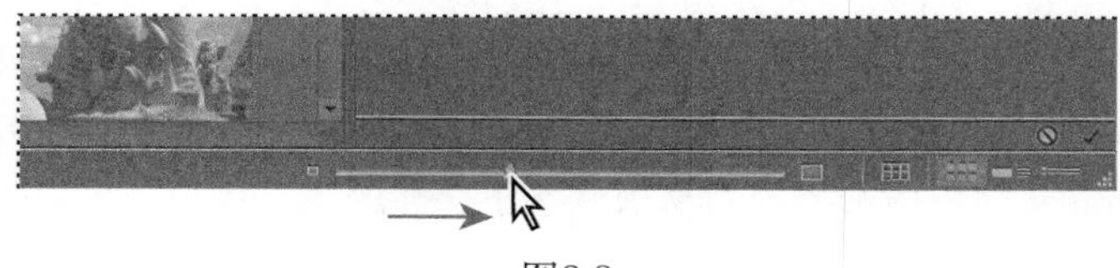

图2.2

> **提示**：为了在 Adobe Bridge 内按重要性排列不同的信息，请修改工作区：选择“窗口”>“工作区”命令，然后选择一个工作区。关于自定义 Adobe Bridge 工作区方面的相关知识，请查阅 Adobe Bridge 帮助。

5. 选中“内容”面板中的 ParisRiver.jpg 文件，请注意该文件将同时显示在“预览”面板内。而且该文件的相关信息，包括创建日期、位深度以及文件大小，将显示在“元数据”面板内，如图 2.3 所示。

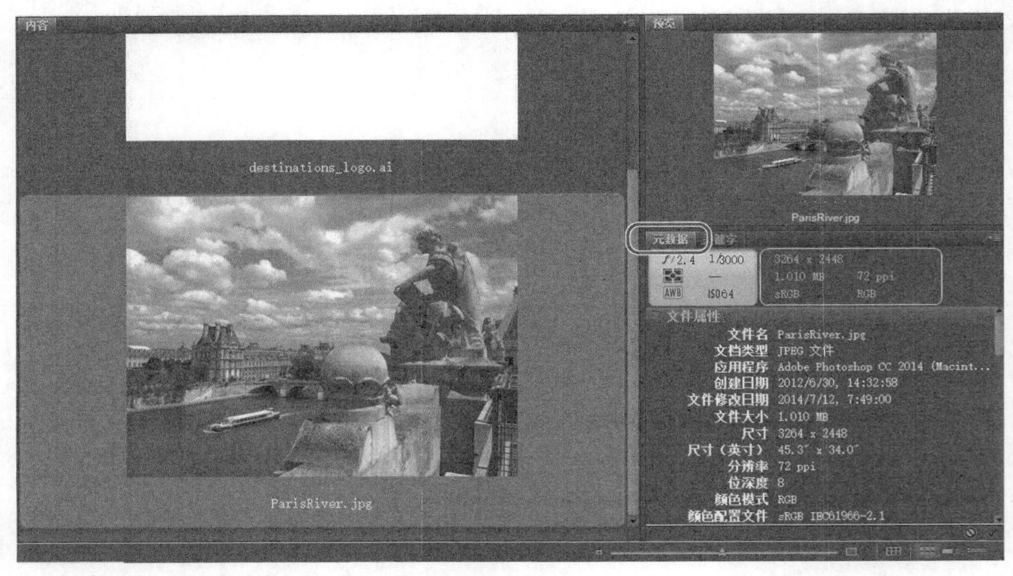

图2.3

6. 双击“内容”面板中 ParisRiver.jpg 文件的缩览图，将该文件放置于 After Effects 项目中。也可以将 ParisRivers.jpg 缩览图拖放到 After Effects 的“项目”面板，如图 2.4 所示。

7. 如果当前没在 After Effects 中，请返回到 After Effects。

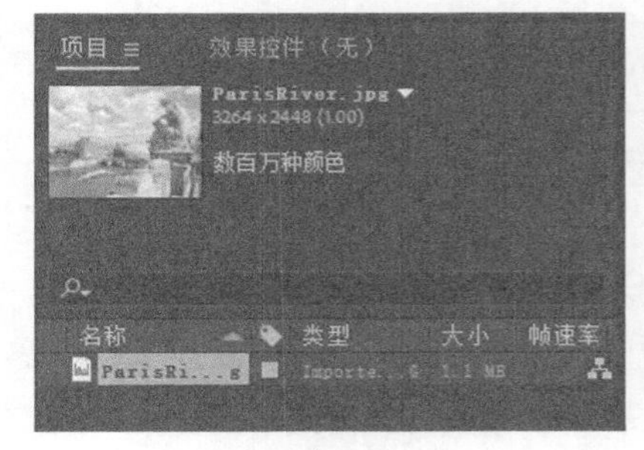

图2.4

本课后面的内容不再需要 Adobe Bridge，因此可以将其关闭。

2.3 创建新合成图像

按照第 1 课中学习的 After Effects 工作流程，创建旅游节目标志的下一步工作是创建新的合成图像。第 1 课基于 Project 面板中选择的素材项创建了合成图像。用户也可以先创建空的合成图像，然后再向它添加素材项。

1. 采用下述任一步骤创建新的合成图像。
    - 单击“项目”面板底部的“新建合成”按钮（）。
    - 在“合成”面板中单击“新建合成”按钮。
    - 选择“合成”>“新建合成”命令。
    - 按 Ctrl + N（Windows）或 Command + N（macOS）组合键。
2. 在“合成设置”对话框中完成以下操作，如图 2.5 所示。
    - 将合成图像命名为 Destinations。
    - 从“预设”下拉列表中选择 NTSC D1。NTSC D1 是美国及其他一些国家（地区）采用的标清电视分辨率。该预设自动将合成图像的宽度、高度、像素长宽比和帧速率设成 NTSC 标准。
    - 在“持续时间”字段内输入 300，即指定片长为 3 秒。
    - 单击“确定”按钮。

After Effects 在“合成”面板和“时间轴”面板中显示一个名为 Destinations 的空合成图像。接下来，我们添加背景。

3. 将 ParisRiver.jpg 素材项从“项目”面板拖放到“时间轴”面板，将其添加到 Destinations 合成图像中，如图 2.6 所示。

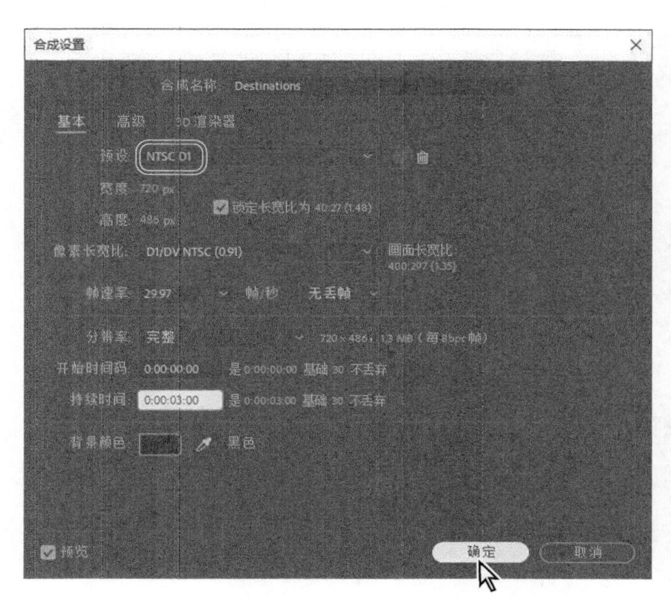

图2.5

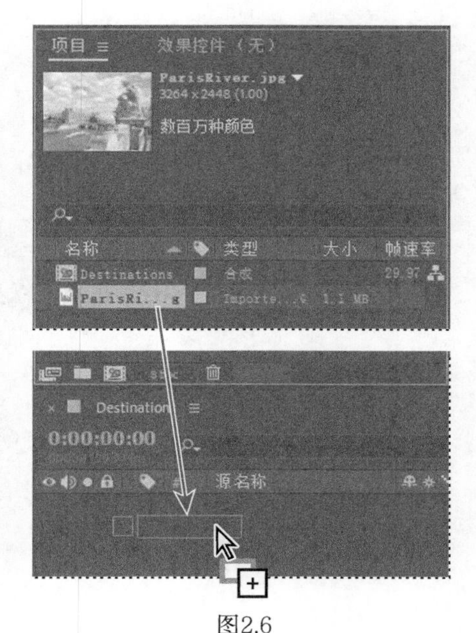

图2.6

4. 在选中“时间轴”面板中的 ParisRiver 图层之后，再选择“图层”>“变换”>“适合合成”命令，把背景图像缩放到与合成图像相同的尺寸，如图 2.7 和图 2.8 所示。

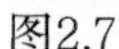

图2.7

图2.8

提示：将一个图层大小缩放到合成图像尺寸的键盘快捷键是 Ctrl + Alt + F（Windows）或 Command + Option + F（macOS）。

2.3.1 导入前景元素

背景制作完成了。我们将要使用的前景对象是在 Illustrator 中创建的带图层的矢量图形。

1. 选择“文件” > “导入” > “文件”命令。
2. 在“导入文件”对话框中，选择 Lessons/Lesson02/Assets 文件夹中的 destinations_logo.ai 文件（如果文件扩展名被隐藏了，则该文件将显示为 destinations_logo）。
3. 从“导入为”菜单中选择“合成”（在 macOS 中，可能需要单击“选项”来显示“导入为”菜单），然后单击“导入”或“打开”按钮，如图 2.9 所示。

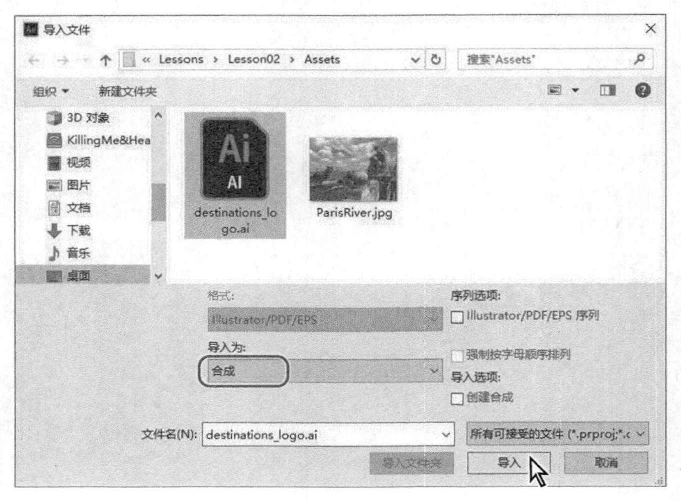

图2.9

这个 Illustrator 文件就被添加至“项目”面板，成为名为 destinations_logo 的合成图像，这时也出现了一个名为 destinations_logo Layers 的文件夹，该文件夹下包含 Illustrator 文件 3 个单独的图层。可以单击三角形展开该文件夹，查看其内容。

4. 将 destinations_logo 合成图像文件从“项目”面板拖放到“时间轴”面板内的 ParisRiver 图层上方，如图 2.10 和图 2.11 所示。

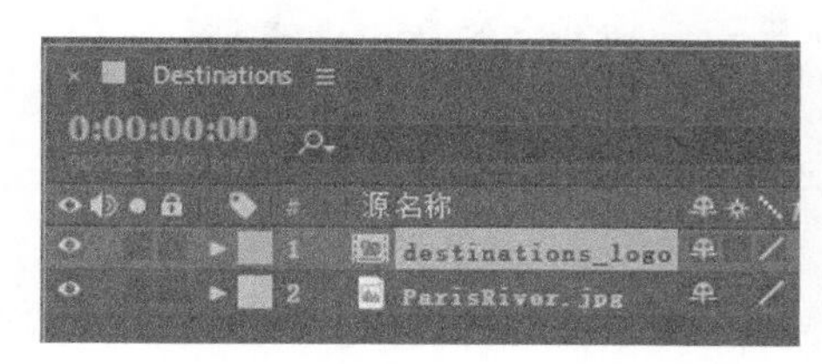

图2.10

图2.11

现在，背景图和台标图像应该同时出现在“合成”面板和“时间轴”面板中了。

2.4 处理导入的 Illustrator 图层

destinations_logo 图形是用 Illustrator 创建的，After Effects 的任务是添加文字并对它进行动画处理。为了独立于背景素材处理 Illustrator 文件的图层，需要在 destinations_logo 合成图像的“时间轴”面板和“合成”面板中打开它。

1. 双击“项目”面板中的 destinations_logo 合成图像，如图 2.12 所示。

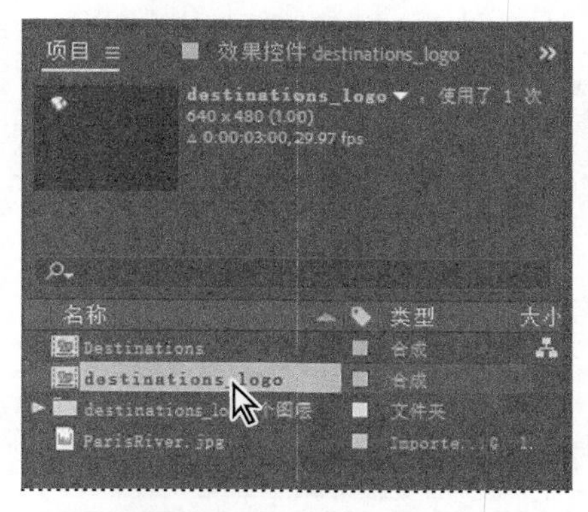

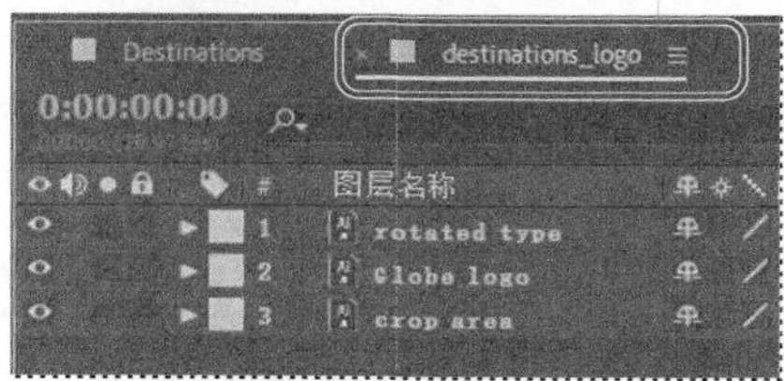

图2.12

这样就在它自己的“时间轴”面板和“合成”面板中打开了该合成图像。

2. 在“工具”面板中选择“横排文字”工具（T），然后在“合成”面板中单击。

3. 输入大写的 TRAVEL EUROPE，然后选择刚才输入的所有文字，如图 2.13 所示。

图2.13

4. 在“字符”面板中，选择一种无衬线字体，如 Myriad Pro，并将字体大小改变为 24 像素。单击“字符”面板中的吸管工具（），然后单击标志上旋转的 DESTINATIONS 文字，以选取绿色，如图 2.14 所示。After Effects 将该颜色应用到你输入的文字上。“字符”面板中的其他所有选项保留默认值不变。

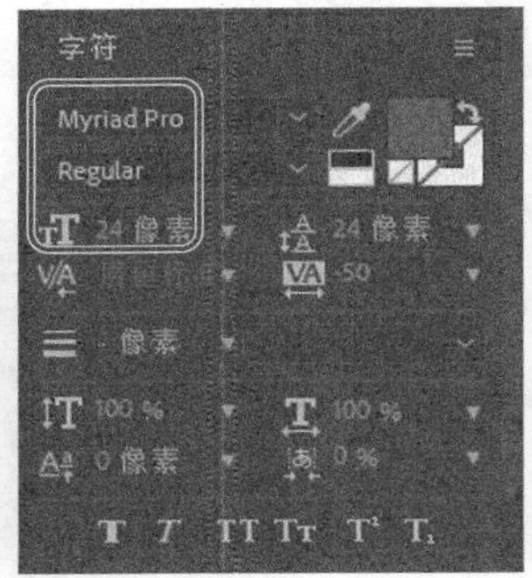

图2.14

第 3 课将介绍更多关于文字处理方面的内容。

> Ae | **注意**：如果“字符”面板未打开，请选择“窗口”>“字符”命令。你可能需要扩展面板宽度，才能看到吸管工具。

5. 选择“选取”工具（▶），然后在“合成”面板中拖放文字，使其位置如图 2.15 所示。请注意，当切换到“选取”工具时，“时间轴”面板中通用的图层名 Text1 将改名为 TRAVEL EUROPE，即用户刚输入的文字。

> Ae | **提示**：选择“视图”>“显示网格”命令可显示出非打印网格，这将有助于定位对象。再次选择“视图”>“显示网格”命令可隐藏网格。

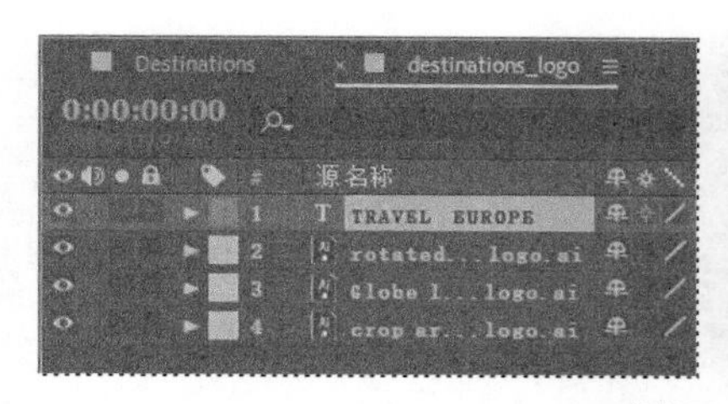

图2.15

2.5　对图层应用特效

现在回到主合成图像 Destinations，向 destinations_logo 图层应用特效，该特效将对嵌套在 destinations_logo 合成图像内的所有图层都起作用。

1. 单击“时间轴”面板中的 Destinations 选项卡，选择 destinations_logo 图层，如图 2.16 所示。

接下来创建的特效将仅应用于节目标志元素，而不应用于河流的背景图像。

2. 选择“效果”>“透视”>“投影”命令。

“合成”面板中 destinations_logo 图层的嵌套层（标志图形、旋转文字以及 Travel Europe 这个词）后面将出现柔边阴影，如图 2.17 所示。应用特效时，“效果控件”面板显示在“项目”面板之上，我们可以用该面板自定义特效。

图2.16

图2.17

3. 在“效果控件”面板中，将阴影的“距离”减小到 3.0，“柔和度”增大到 4.0，如图 2.18 所示。可以单击字段直接输入数值，也可以通过拖动蓝色数值改变设置。结果如图 2.19 所示。

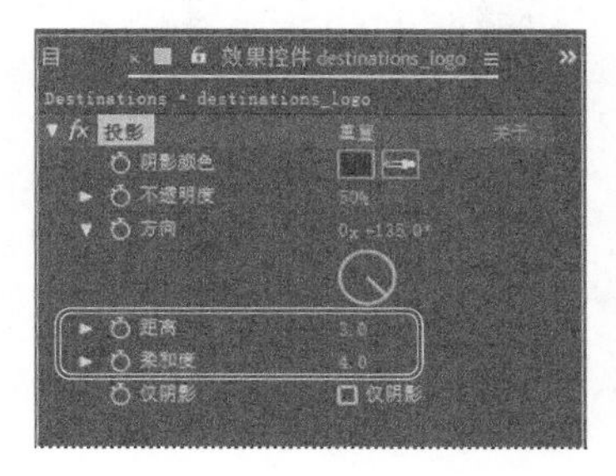

图2.18

图2.19

应用及控制特效

任何时候都可以添加或删除特效。对图层应用特效后，为了突出合成图像的其他方面，我们可以暂时关闭图层中的一个或所有特效。被关闭的特效不会显示在“合成”面板中，并且预览或渲染该图层时通常不包含这些特效。

默认情况下，如果对图层应用特效，该特效在图层存在期间都有效。但是，你可以使特效在指定的时间开始和停止，也可以使特效随时间的变化增强或减弱。第5课和第6课将更详细地介绍使用关键帧或表达式创建动画。

就像处理其他图层一样，我们可以对调整层应用和编辑特效。但对调整层应用特效时，该特效将应用到“时间轴”面板中该调整层以下的所有图层。

特效也可以作为动画预设被存储、浏览和应用。

现在投阴影效果看起来还不错，但如果再添加浮雕效果，台标将更突出。你可以使用Effect菜单或“效果和预设”面板查找并应用特效。

4. 单击“效果和预设”选项卡，将该面板调到前方。然后单击“风格化”旁的三角形展开分类。
5. 选择“时间轴”面板中的destinations_logo图层，将“彩色浮雕”特效拖放到“合成”面板中，如图2.20所示。

彩色浮雕特效锐化图层中对象的边缘，而不抑制原来的颜色。“效果控件”面板将彩色浮雕特效及其设置显示在“投影”特效的下方。

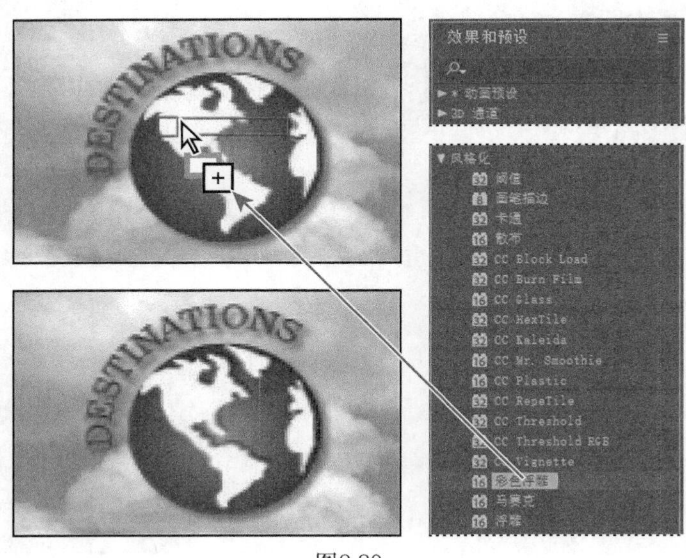

图2.20

6. 选择“文件”>“保存”命令保存工作。

2.6 应用动画预设

我们已经定位好标志，并且对其应用了一些特效，现在该添加一些动画了。第 3 课将介绍添加文字动画的几种方法，现在将用简单的动画预设使 TRAVEL EUROPE 文字淡入到屏幕上的台标旁。我们需要对 destinations_logo 合成图像进行处理，以便仅对 TRAVEL EUROPE 文字图层应用动画。

1. 单击“时间轴”面板中的 destinations_logo 选项卡，并选择 TRAVEL EUROPE 图层，如图 2.21 所示。

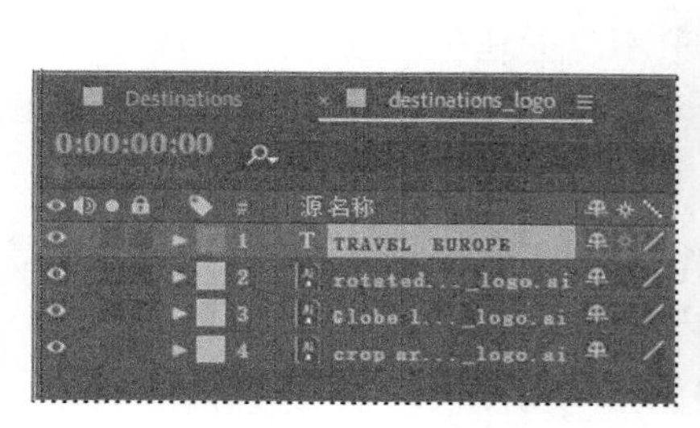

图2.21

2. 将当前时间指示器移动到 1:10，我们希望文字从这时开始淡入。

3. 在“效果和预设”面板中，选择“动画预设”>Text>Blurs 命令。

4. 将“子弹头列车”动画预设拖放到“时间轴”面板的 TRAVEL EUROPE 图层上或“合成”面板中的 TRAVEL EUROPE 文字上，如图 2.22 所示。此时文字将从“合成”面板中消失，但不用担心，你现在看到的是动画的第 1 帧，它正好是空画面。

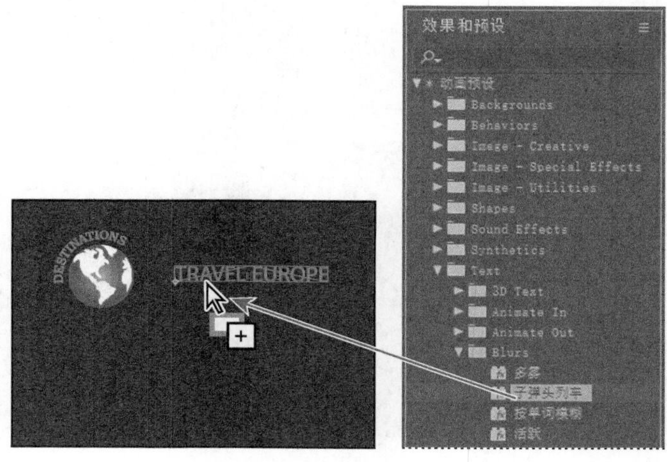

图2.22

5. 单击“时间轴”面板中的空白区域，取消选中 TRAVEL EUROPE 图层，然后将当前时间指示器拖放到 2:00，手动预览文字动画。可以看到字母逐个飞入，直到 2:00 时 TRAVEL EUROPE 才全部显示在屏幕上，如图 2.23 所示。

图2.23

2.6.1 为新动画预合成图层

旅游节目标志看起来还不错，你可能已经迫不急待地想预览全部动画了。但是，在此之前，我们将向文字 TRAVEL EUROPE 之外的其他所有标志元素添加溶解特效。为此，需要预合成 destinations_logo 合成图像的其他 3 个图层：rotated type、Globe logo 和 crop area。

预合成是一种把多个图层嵌套在一个合成图像中的方法。预合成将把多个图层移动到新的合成图像内，新合成图像将取代被选中的图层。当你想改变图层组件的渲染顺序时，预合成是一种快速的方法，它可以在现有层次中创建出中间嵌套层次。

1. 按住 Shift 键的同时单击 destinations_logo Timeline 面板中 rotated type、Globe logo 和 crop area 这 3 个图层，将它们全部选中。

2. 选择“图层” > “预合成”命令。

3. 在“预合成”对话框中，将新合成图像命名为 Dissolve_logo。确保“将所有属性移动到新合成”选项为选中状态，然后单击“确定”按钮，如图 2.24 所示。

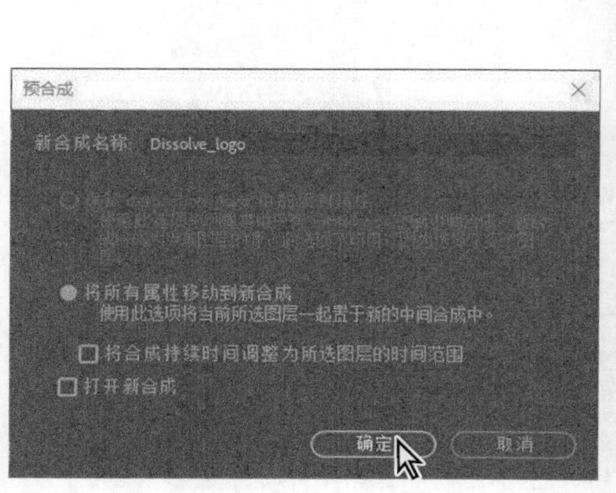

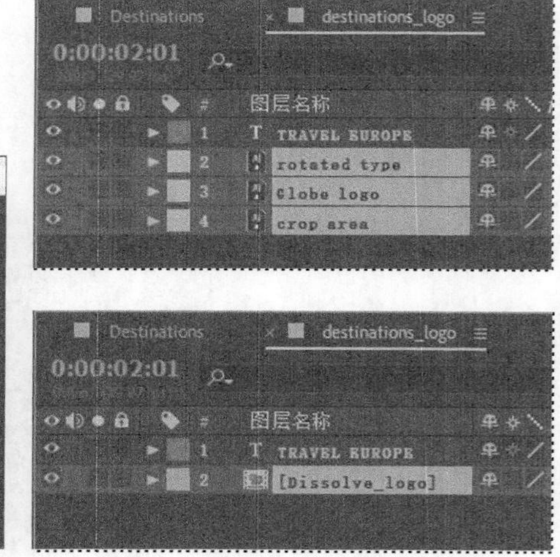

图2.24

现在，destinations_logo“时间轴”面板中的这 3 个图层被单个图层所取代：Dissolve_logo。这个预合成的新图层包含了第 1 步中选择的 3 个图层，你可以对该图层应用溶解特效，这不会影响 TRAVEL EUROPE 文字图层及其“子弹头列车”动画。

4. 确认“时间轴”面板中的 Dissolve_logo 图层已被选中，按 Home 键或将当前时间指示器拖放到 0:00 位置。

5. 在“效果和预设”面板中选择“动画预设”>“变换—蒸发”命令，然后将“蒸发—溶解”动画预设拖放到“时间轴”面板中的 Dissolve_logo 图层上，或拖放到“合成”面板上。

> **提示：**在“效果和预设”面板中的搜索框内输入 vap，可以快速定位到 Dissolve-Vapor（蒸发—溶解）预设。

“蒸发—溶解”动画预设包括 3 个组件：溶解主控、Box Blur 和 Solid Composite。所有这些组件都显示在“效果控件”面板内。默认设置完全满足该项目的需要，如图 2.25 所示。

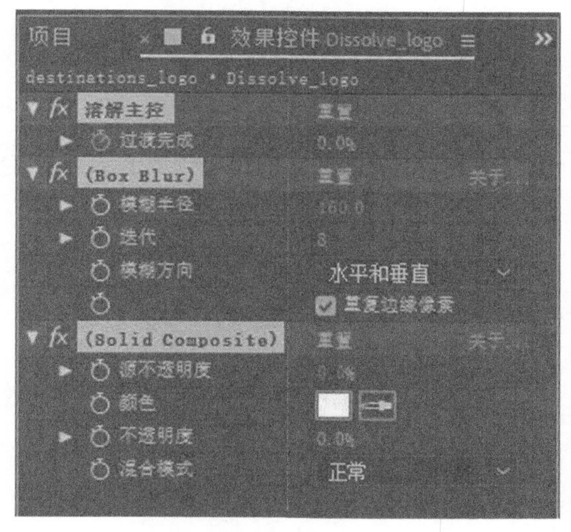

图2.25

6. 选择“文件”>“保存”命令保存目前的工作。

2.7 预览特效

现在可以预览所有特效组合后的效果了。

1. 单击“时间轴”面板中的 Destinations 选项卡，切换到主合成图像。按 Home 键或将当前时间指示器拖放到时间标尺的开始点。

2. 确认 Destinations“时间轴”面板中两个图层的“视频”开关（ ）均被选中。

3. 单击“预览”面板中的“播放”按钮（▶）或按空格键查看预览。再次按空格键可以停止播放，如图 2.26 所示。

图2.26

2.8 添加透明特效

许多电视台会在节目画面的角落显示半透明台标，以强调品牌。我们将通过降低台标的不透明度来达到这种效果。

1. 确认当前还处在 Destinations“时间轴”面板内，并将时间定位于 2:24。

2. 选择 destinations_logo 图层，按 T 键显示其“不透明度”属性。默认情况下，“不透明度”为 100%（完全不透明）。按下秒表图标（⏱），在该点设置“不透明度”关键帧，如图 2.27 和图 2.28 所示。

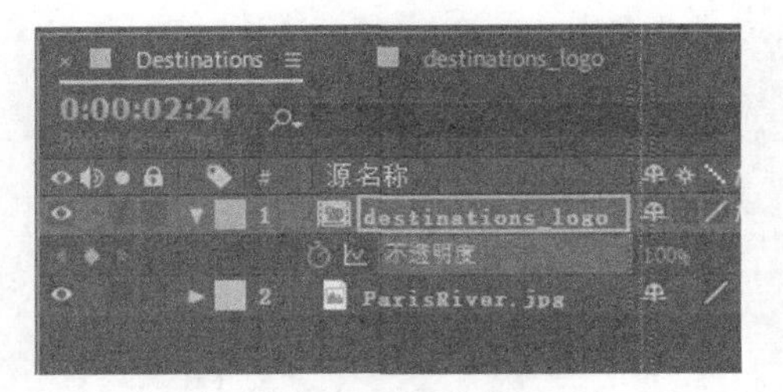

图2.27

图2.28

3. 按 End 键或将当前时间指示器移动到时间标尺的结束点（2:29），将“不透明度”设为40%，After Effects 将在该点添加关键帧，如图 2.29 和图 2.30 所示。

图2.29

图2.30

目前的效果是台标显示在屏幕上，TRAVEL EUROPE 文字飞入，其不透明度逐渐减退到 40%。

4. 单击“预览”面板中的“播放”按钮（▶），或者按下空格键，或者按下数字键盘中的 0 键，预览合成图像。预览完成时按空格键则停止播放。

5. 选择“文件” > “保存”命令保存项目。

2.9 渲染合成图像

现在准备输出旅游节目标志。创建输出文件时，合成图像的所有图层，以及每个图层的蒙版、特效和属性都被逐帧渲染到一个或多个输出文件，或者渲染为一系列连续的文件（当需要渲染为图像序列时）。

将最终合成图像制成电影文件可能需要几分钟或几小时，这取决于合成图像的画面尺寸、质量、复杂度以及压缩方式。将合成图像置于“渲染队列”后即成为渲染项，它将按照设置被渲染。

After Effects 提供多种用于渲染输出的文件格式和压缩类型，采用何种格式取决于将来播放最终输出文件的媒介，或者说取决于你的硬件需求，如视频编辑系统。

注意：第 15 课将介绍更多关于输出格式和渲染方面的内容。

渲染并导出合成图像，使其可用于电视播出。

注意：要以最终交付的格式进行输出，可以使用 Adobe Media Encoder，它在安装 After Effects 时就已经安装了。在第 15 课将介绍更多关于 Adobe Media Encoder 的内容。

1. 要将合成图像添加到渲染队列，可采用下述任一方法。
   - 选中项目面板中的 Destinations 合成图像，然后选择“合成”>“添加到渲染队列”命令。系统自动打开“渲染队列”面板。
   - 选择“窗口”>“渲染队列”命令，打开“渲染队列”面板，然后将 Destinations 合成图像从“项目”面板拖放到“渲染队列”面板上。
2. 双击“渲染队列”选项卡，使该面板最大化充满应用程序窗口，如图 2.31 所示。

提示：让面板组最大化的键盘快捷键是重音标记字符（`），该字符与波浪字符（～）共用同一按键。

3. 单击“渲染设置”选项旁的三角形展开相应选项。默认情况下，After Effects 采用“最佳质量”和“完全分辨率”渲染合成图像。默认设置完全能够满足本项目的需要。

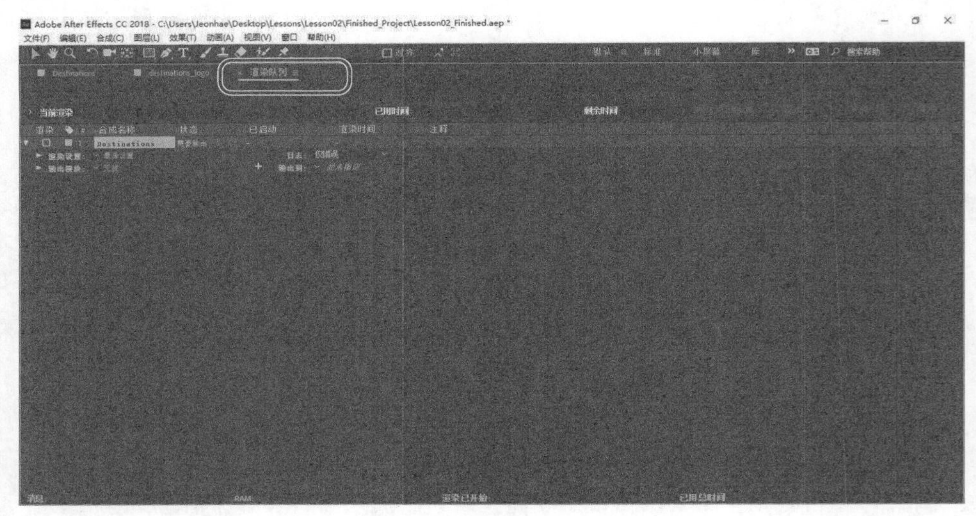

图2.31

4. 单击“输出模块”选项旁的三角形展开相应选项。默认情况下，After Effects 使用无损压缩方法将渲染的合成图像编码为影片文件，这能够满足本项目的要求，但需要指定文件的存储路径。

5. 单击“输出到”下拉列表旁的蓝色文字“尚未指定”，如图 2.32 所示。

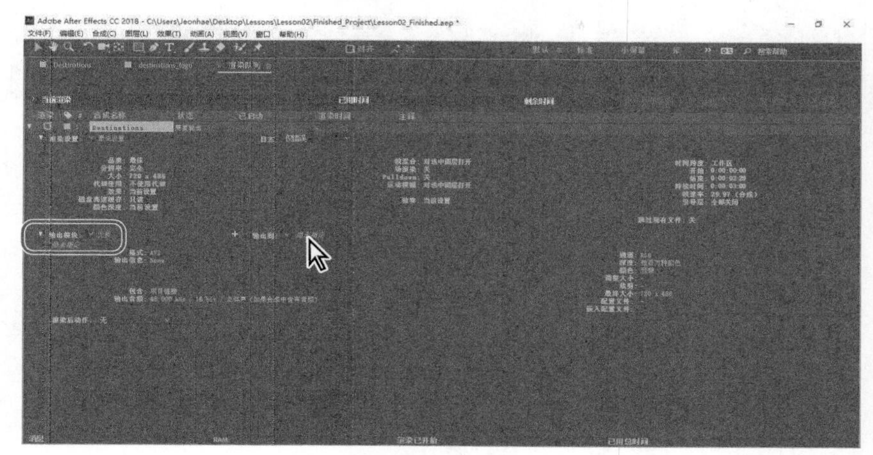

图2.32

6. 在弹出的“输出影片至”对话框中，采用默认影片名（Destinations），选择 Lessons\Lesson02\Finished_Project 文件夹作为文件存储路径，然后单击“保存”按钮。

7. 现在回到“渲染队列”面板，单击“渲染”按钮，如图 2.33 所示。

编码文件期间，After Effects 会在“渲染队列”面板中显示一个进度条。当“渲染队列”中所有项目渲染并编码完成后，After Effects 将发出提示音。

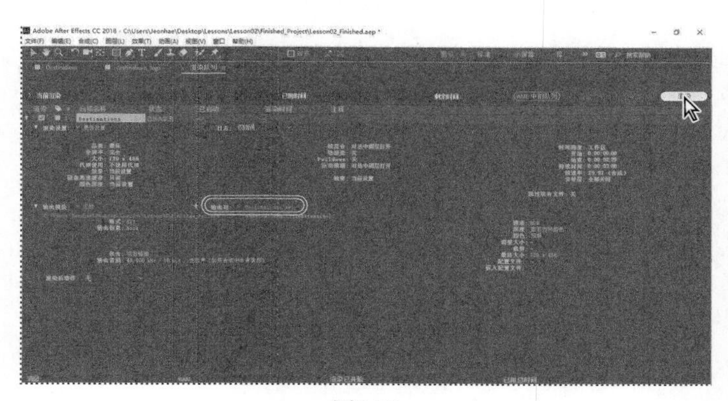

图2.33

8. 影片渲染完成后，双击“渲染队列”选项卡，恢复工作区。

9. 如果要观看最终的影片，双击 Lessons/Lesson02/Finished_Project 文件夹中的 Destinations.avi 或 Destinations.mov 文件，影片将在 Windows Media Player 或 QuickTime 中打开，播放该文件，结果如图 2.34 所示。

图2.34

10. 保存并关闭项目文件，然后退出 After Effects。

恭喜！你已成功创建了一个适合播出的旅游节目标志。

2.10 复习题

1. 怎样用 Adobe Bridge 预览和导入文件？
2. 什么是预合成？
3. 怎样自定义特效？
4. 怎样修改合成图像中图层的透明度？

2.11 复习题答案

1. 选择“文件” > “在 Bridge 中显示”命令，从 After Effects 切换到 Adobe Bridge。如果没有安装 Bridge，系统将提示你下载并安装。在 Adobe Bridge 中可以搜索和预览图像素材。当找到你想在 After Effect 项目中使用的素材后，双击它或将其拖放到“项目”面板。
2. 预合成是一种把多个图层嵌套在一个合成图像中的方法。预合成将把多个图层移动到新的合成图像内，新合成图像将取代被选中的图层。当你想改变图层组件的渲染顺序时，预合成是一种快速的方法，它可以在现有层次中创建出中间嵌套层次。
3. 对合成图像中的图层应用特效后，可以在“效果控件”面板中自定义其属性。应用特效时将自动打开“效果控件”面板。你也可以随时选择带有特效的图层，再选择“窗口” > “效果控件”命令打开该面板。
4. 为了修改图层的透明度，可以减小其不透明度。在“时间轴”面板中选中图层，按 T 键显示其“不透明度”属性，然后输入一个小于 100% 的数值。

第3课 文本动画

课程概述

本课介绍的内容包括：

- 创建文本图层，并对文本进行动画处理；
- 使用“字符”和“段落”面板格式化文本；
- 应用和自定义文本动画预设；
- 在 Adobe Bridge 中预览动画预设；
- 使用 Adobe Typekit 安装字体；
- 使用关键帧创建文本动画；
- 应用父化关系对图层进行动画处理；
- 编辑导入的 Adobe Photoshop 文本并制作动画；
- 使用一个文本动画组对图层中选中的字符做动画处理。

本课大约要用 2 小时完成。启动 After Effects 之前，请先将本书的课程资源下载到本地硬盘中，并进行解压。在学习本课并按步骤执行相关操作时，相应的课程文件将被覆盖。建议先做好原始课程文件的备份工作，以免后期用到这些原始文件时还要重新下载。

PROJECT: MOVIE TITLE SEQUENCE

本课将介绍 After Effects 中几种文本动画的制作方法，包括专门适用于文本图层的快速方法。

3.1 开始

Adobe After Effects 提供了多种文本动画处理方法，可以通过以下方法对文本图层应用动画：在“时间轴”面板中手动创建关键帧；使用动画预设；或者使用表达式。甚至可以对文本图层中的单个字符或词应用动画。本课将为动画纪录片 *Road Trip* 设计开场演职人员名单字幕，这里将使用几种不同的动画技术，其中包括一些文本所特有的动画方法，还将使用 Adobe Typekit 安装在项目中使用的字体。

与在其他项目中一样，先预览要创建的影片，然后打开 After Effects。

1. 确认硬盘上的 Lessons\Lesson03 文件夹中存在以下文件。
   - Assets 文件夹：background_movie.mov、car.ai、compass.swf、credits.psd。
   - Sample_Movie 文件夹：Lesson03.mov、Lesson03.avi。
2. 使用 Windows Media Player 打开并播放影片示例文件 Lesson03.avi，或者使用 QuickTime Player 打开并播放影片示例文件 Lesson03.mov，以查看本课将创建的效果。播放完后，关闭 Windows Media Player 或 QuickTime Player。如果硬盘空间有限，也可以将影片示例文件从硬盘中删除。

开始本课之前，请恢复 After Effects 应用程序的默认设置。详情请参见前言中的“恢复默认参数”。

3. 启动 After Effects 时请立即按住 Ctrl + Alt + Shift（Windows）或 Command + Option + Shift（macOS）组合键，准备恢复默认的参数设置。系统询问是否删除参数文件时，单击“确定”按钮。
4. 关闭“开始”窗口。

After Effects 打开后显示一个空白的无标题项目。

5. 选择“文件”>“保存为”>“另存为”命令，导航到 Lessons\Lesson03\Finished_Project 文件夹。
6. 将该项目命名为 Lesson03_Finished.aep，然后单击“保存”按钮。

3.1.1 导入素材

开始本课前需要导入两个素材项。

1. 双击“项目”面板中的空白区域，打开“导入文件”对话框。
2. 导航到硬盘上的 Lessons\Lesson03\Assets 文件夹，按住 Ctrl 键单击（Windows）或按住 Command 键单击（macOS），选择 background_movie.mov 和 compass.swf 文件，再单击“导入”或“打开”按钮。

After Effects 可以导入包含 Adobe Photoshop、Adobe Illustrator 以及 QuickTime 和 AVI 文件在内的多种文件格式。这使得 After Effects 成为一种功能强大的合成与运动图形处理工具。

3.1.2 创建合成图像

现在我们将创建合成图像。

1. 在“合成”面板中单击“新建合成”按钮，创建一个新合成图像，如图 3.1 所示。

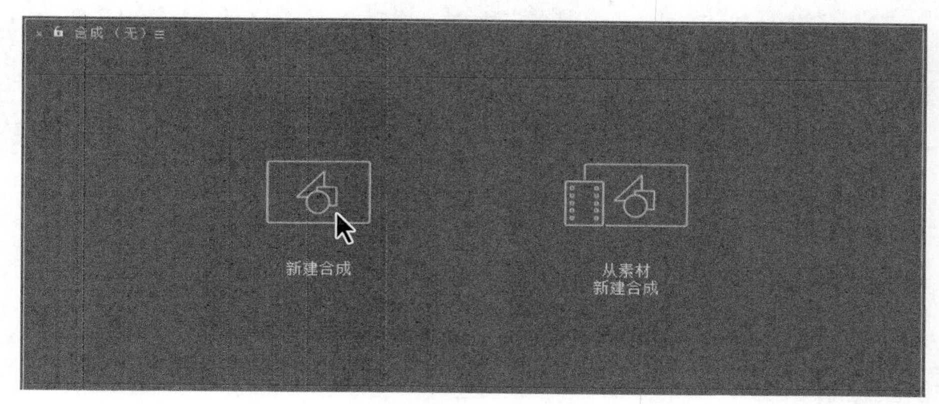

图3.1

2. 在“合成设置”对话框中，将合成图像命名为 Title_Sequence，从“预设”菜单中选择 NTSC DV，并将“持续时间”设为 10:00，这是背景影片的时间长度。然后单击“确定”按钮，如图 3.2 所示。

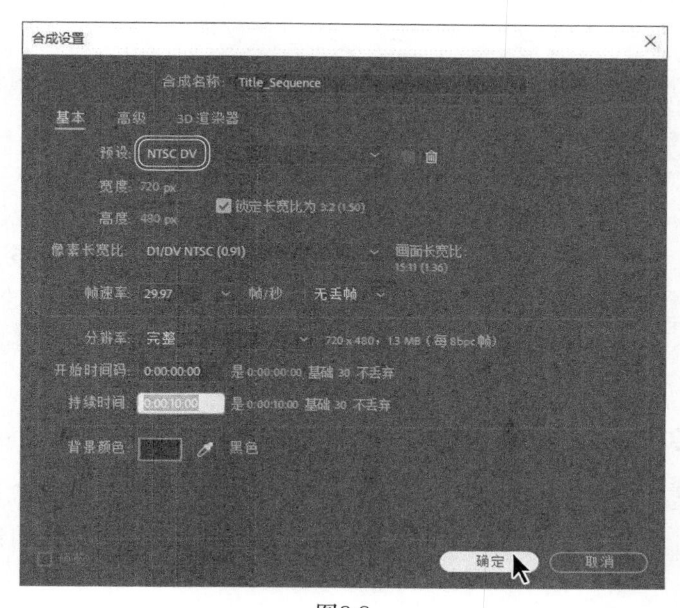

图3.2

3. 将“项目”面板中的 background_movie.mov 和 compass.swf 素材项拖放到“时间轴”面板。调整图层，使 compass.swf 在图层堆栈中位于 background_movie.mov 图层的上方，如图 3.3 所示。

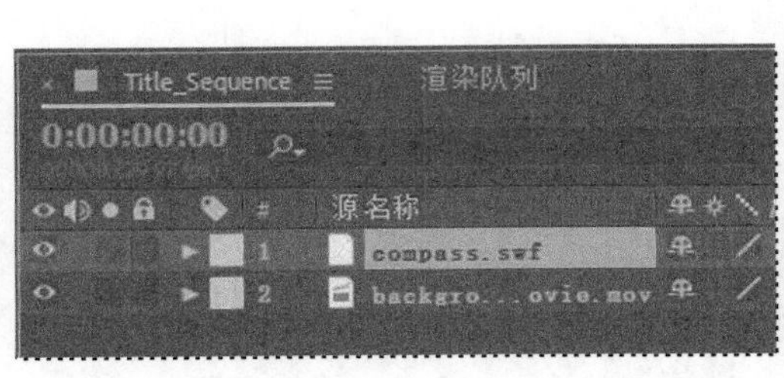

图3.3

4. 选择“文件” > “保存”命令。

接下来准备向合成图像添加字幕文本。

3.2 文本图层

在 After Effects 中，用户可以灵活、精确地添加文本。“工具”“字符”以及“段落”面板包含大量的文本控件。在“合成”面板中，可以直接在屏幕上创建和编辑横排或竖排文本，快速改变文本的字体、风格、大小和颜色。用户可以修改单个字符，也可以设置整个段落的格式选项，包括文本对齐方式、边距和自动换行。除了所有这些风格特性外，After Effects 还提供了可以方便地对指定字符和属性（如文字的不透明度和色相）进行动画处理的工具。

After Effects 使用两种类型的文本：点阵文本和段落文本。点阵文本适用于输入单个单词或一行字符；段落文本适用于输入和格式化一段或多段文本。

在很多方面，文本图层和 After Effects 内的其他图层类似。用户可以对文本图层应用特效和表达式，对其进行动画处理，将其指定为 3D 图层，并且可以在编辑 3D 文本时以多种角度查看。与从 Illustrator 导入的图层一样，文本图层也被栅格化，所以在缩放图层或调整文本大小时，它保持与分辨率无关的清晰边缘。文本图层和其他图层的主要区别是，无法在文本图层自己的“图层”面板中打开它，用户可以在文本图层中用特殊的文本动画属性和选择器对文本进行动画处理。

3.3 使用 Typekit 安装字体

Adobe Typekit 提供了数百种字体，它包含在一个 Adobe Creative Cloud 成员中。用户可以使用 Typekit 来安装适用于字幕文本的字体。当在系统中安装 Typekit 字体后，就可以在任何应用程序中使用它们了。

1. 选择“文件”>“从 Typekit 添加字体”命令。

Adobe 将使用你的默认浏览器打开 Adobe Typekit 页面。

2. 确保已经登录到 Creative Cloud 中。如果没有，单击屏幕顶部的 Sign In，然后输入 Adobe ID。

3. 确保选中了 My Library 选项卡，以便能看到所有字体，如图 3.4 所示。

> Ae | **注意**：如果没有登录到 Creative Cloud 中，则将看到 Full Library 和 Limited Library 选项卡。

4. 在示例文本字段中输入 Road Trip，然后拖动滑块减小示例文本的大小，以便能看到完整的文本，如图 3.4 所示。

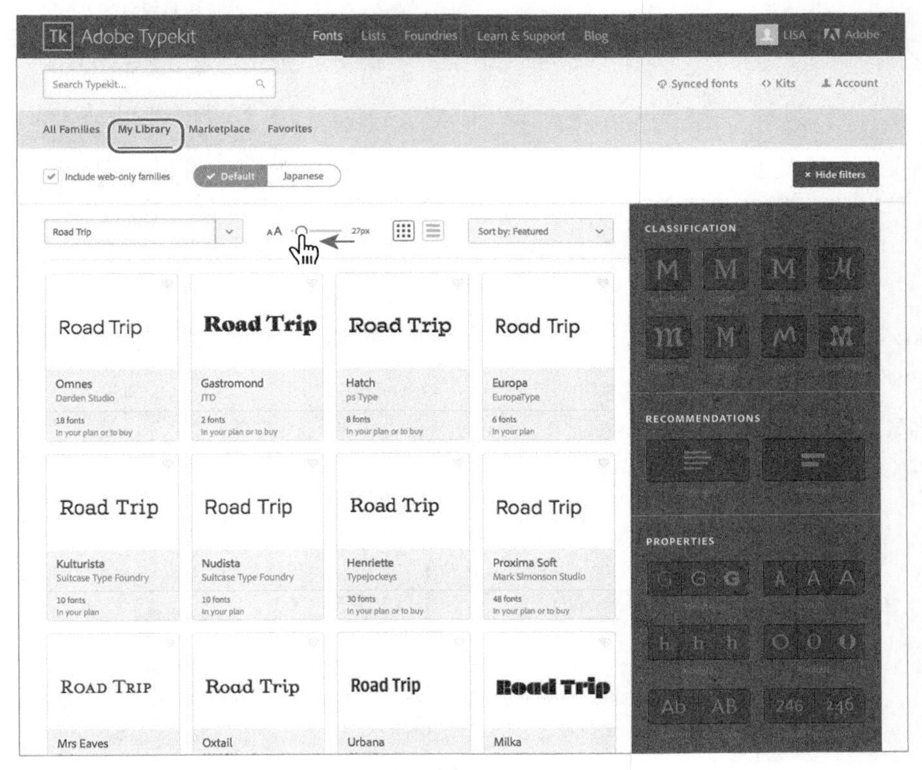

图3.4

将用户的文本作为示例文本，可以获悉这种字体是否适用于用户的项目。

用户可以在 Adobe Typekit 网站上浏览字体，但是鉴于字体太多，通常更高效的做法是对字体进行筛选或搜索特定的字体。你可以筛选字体，以查看满足你需求的那些。

5. 从右上角的弹出菜单中选择“Sort By: Name”（按名字排序），然后取消选中 Include web-only families。然后在页面的右侧，在 CLASSIFICATION 区域中单击 Sans Serif 按钮。在

PROPERTIES 区域中，选用那些中等字重、中等宽度、中等高度、低对比度和标准大写的按钮，如图 3.5 所示。

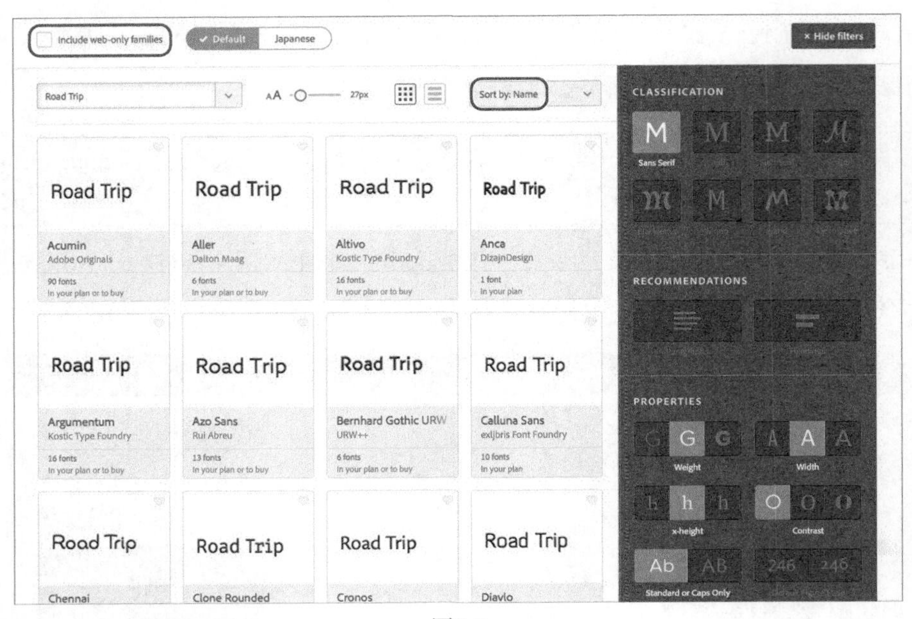

图3.5

Typekit 显示满足你特定需求的几种字体。用户可以预览这些字体，以发现看起来最好的那些。Calluna Sans 看起来不错。

6. 将鼠标指针悬停到 Calluna Sans 上，直到出现一个绿色的覆盖层。然后单击它（如果看不到 Calluna Sans，单击 Next Page，直到看到为止；或者选择一种不同的字体家族），如图 3.6 所示。

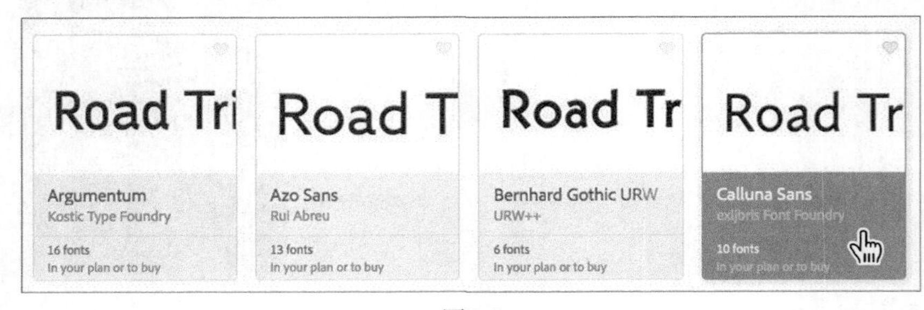

图3.6

Typekit 会显示已选中的字体家族中的所有字体的示例文本，以及有关该字体的附加信息。

7. 单击 Regular 版本和 Bold 版本字体旁边的 SYNC，如图 3.7 所示。

> Ae **注意：**Typekit 可能需要花费几分钟的时间来同步字体，具体时间将取决于你的系统和网络连接。

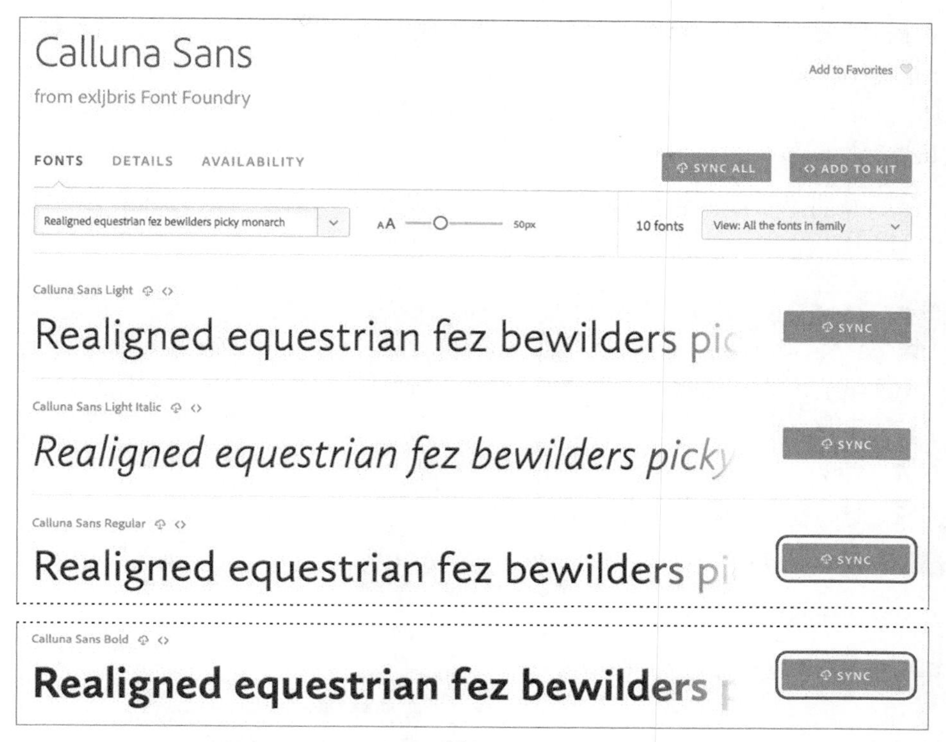

图3.7

选中的字体将自动添加到用户的系统中，然后用户就可以在任何应用程序（包括 After Effects）中使用了。在同步字体之后，可以关闭 Typekit 和浏览器。

3.4 创建并格式化点阵文本

输入点阵文本时，文本的每一行都是独立的。编辑文本时，行的长度会增加或减少，但不会换到下一行。你输入的文本显示在新的文本图层中。I 型光标中间的短线标注文本的基线位置。

1. 在“工具”面板中选择“横排文字”工具（T）。

注意：如果按普通键盘而不是数字键盘上的 Enter 或 Return 键，将开始一个新段落。

2. 在“合成”面板内任意位置单击，然后输入“Road Trip”，再按数字键盘上的 Enter 键退出文本编辑模式，然后选中“合成”面板中的文本图层，还可以选中图层名以退出文本编辑模式。

3.4.1 使用“字符”面板

“字符”面板提供了格式化字符的选项。如果文本是高亮显示的，则在“字符”面板中所做的更改仅影响高亮显示的文本。如果不存在高亮显示的文本，则在“字符”面板中所做的更改将影响被选中的文本图层以及该文本图层选中的“源文本”关键帧（如果存在的话）。如果不存在高亮显示的文本，同时也没有任何文本图层被选中，则在“字符”面板中所做的更改将成为下次文本输入的默认设置。

After Effects 将显示每种字体的示例文本，也可以过滤字体，显示 Typekit 字体或用户喜欢的字体。

提示：要单独打开“字符”和“段落”面板，可以选择“窗口”>“字符或窗口”>“段落”命令。如果要同时打开这两个面板，请选择“横排文字”工具，再单击“工具”面板中的“切换字符和段落面板”按钮。

1. 选择“窗口”>“工作区”>“文本”命令，显示处理文本时所需的面板。
2. 选择“时间轴”面板中的 Road Trip 文本图层。
3. 在“字符”面板中，从“字体家族”下拉列表中选择 Calluna Sans Bold 字体。
4. 将“字体大小”设为 90 像素。
5. 其他选项保留默认设置，如图 3.8 所示。

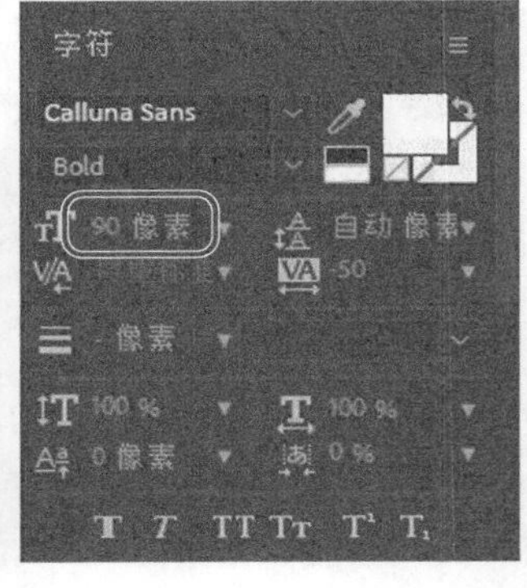

图3.8

提示：要快速地选择字体，可以在“字体家族”框内输入字体名称。“字体家族”下拉列表将跳转到系统中与所输入的字符匹配的第一种字体。如果已经选择了文本图层，新选择的字体将被应用到“合成”面板中的文字。

3.4.2 使用“段落”面板

用户可以使用“段落”面板设置应用到整个段落的选项，如对齐方式、缩进和行距。对于点阵文本，每一行都是一个单独的段落。用户可以使用“段落”面板设置单个段落、多个段落或文本图层中所有段落的格式化选项。对于合成图像的字幕文本，只需在“段落”面板中调整一项参数即可。

1. 在 Paragraph 面板中单击“居中对齐文本”按钮，这将使横排文本置于该文本图层的中央，而不是合成图像的中央，如图 3.9 所示。

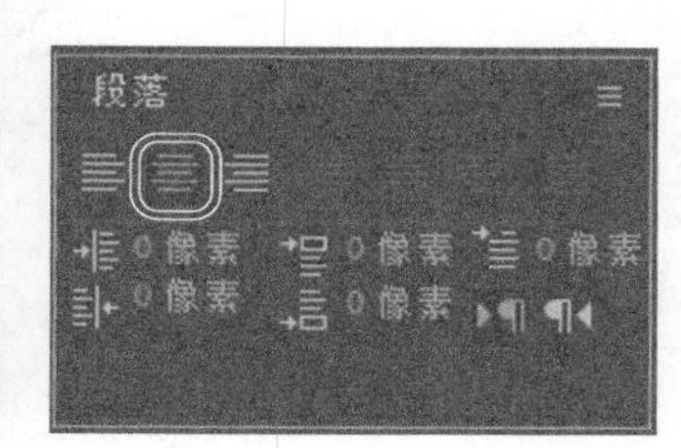

图3.9

2. 其他选项保留默认设置。

注意：你开始输入的位置可能会导致你的屏幕看起来与示例不同。

3.4.3 定位文本

要准确定位图层，如你现在正在操作的文本图层，则可以在“合成”面板中显示标尺、参考线和网格，最终渲染生成的影片内不包含这些可视化的参考工具。

1. 确保“时间轴”面板中的 Road Trip 文本图层被选中。
2. 选择“图层”>“转换”>“适合合成宽度”命令，将该图层缩放到适合于合成图像宽度。

现在，可以用网格定位文本图层了。

3. 选择“视图”>“显示网格”命令，再选择“视图”>“对齐到网格”命令。
4. 使用“选取”工具（▶），在“合成”面板中向上拖动文本直到字符基线位于合成图像正中的水平网格线上为止。开始拖动时按住 Shift 键能限制移动方向，这有助于定位文本，如图 3.10 所示。

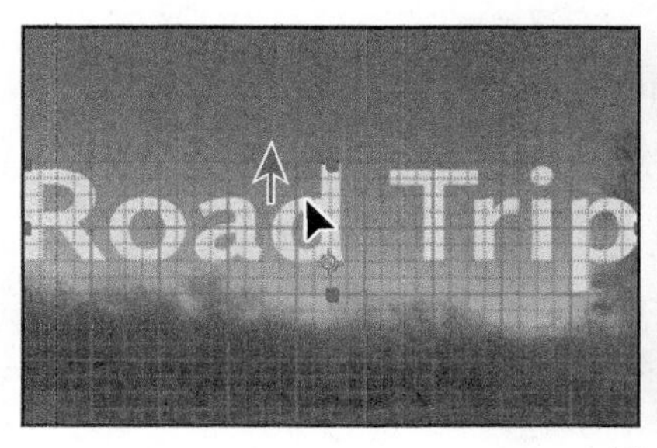

图3.10

5. 定位好文本图层后，再次选择“视图” > “显示网格”命令，隐藏网格。

本项目不打算用于电视节目播出，所以允许字幕文本在动画开始时超出合成图像的字幕安全区和动作安全区。

6. 从应用程序窗口顶部的“工作区”菜单栏中单击“默认”选项，回到“默认”工作区（如果“默认”选项没有出现在“工作区”菜单栏中，请单击双箭头将其显示出来）。

7. 选择“文件” > “保存”命令，保存项目。

3.5 使用文本动画预设

现在准备对字幕应用动画。最简单的方式就是使用 After Effects 自带的多种动画预设之一。应用动画预设后，你可以自定义和保存它，以便在其他项目中再次使用。

1. 按 Home 键或移动到 0:00，确保当前时间指示器处于时间标尺的开始位置。

After Effects 从当前时间点开始应用动画预设。

2. 选择 Road Trip 文本图层。

3.5.1 浏览动画预设

在第 2 课中我们已经使用“效果和预设”面板应用过动画预设。但是，如果无法确定想要应用哪种动画预设该怎么办？为了帮助用户在项目中选择适当的动画预设，可以在 Adobe Bridge 中进行预览。

> Ae **注意**：如果没有安装 Bridge，在选择“在 Bridge 中显示”选项时，系统会提示你进行安装。更多信息，请访问前言中的相应内容。

1. 选择“动画” > “浏览预设”命令，Adobe Bridge 将打开并显示 After Effects “预设”文件夹中的内容。

2. 在“内容”面板中双击“文本”文件夹，再双击“模糊”文件夹。

3. 单击选择第一个预设“按单词模糊”。Adobe Bridge 将在“预览”面板中播放该动画示例。

4. 选择其他几个预设，并在“预览”面板中查看它们。

5. 预览“蒸发”预设，再双击其缩览图，如图 3.11 所示。也可以右键单击（Windows）或按住 Command 键单击（macOS）缩览图，然后选择“置于 After Effects CC 2018”选项。

After Effects 会把该预设应用到选中的图层，即 Road Trip 图层。这时合成图像没有明显变化。这是因为当前处于 0:00，即动画的第一帧，字母还没有表现出蒸发效果。

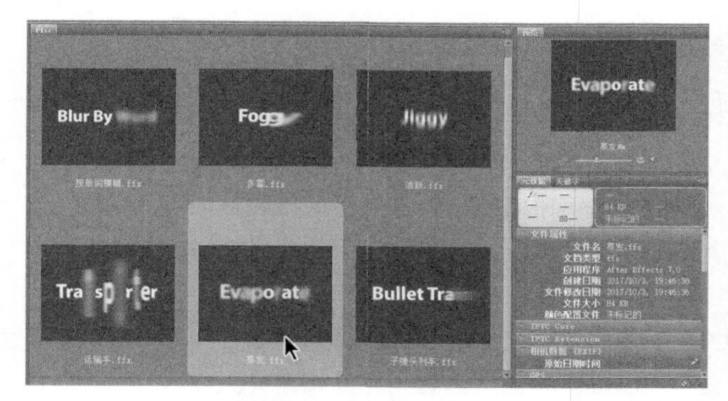

图3.11

Ae **注意**：让 Adobe Bridge 继续在后台运行，后续操作还要使用它。

3.5.2 预览指定范围内的帧

现在预览动画。虽然该合成图像长达 10 秒，但我们只需要预览具有文本动画特效的前几秒。

1. 在“时间轴”面板中，将当前时间指示器拖放到 3:00，然后按 N 键设置工作区的结束点，如图 3.12 所示。

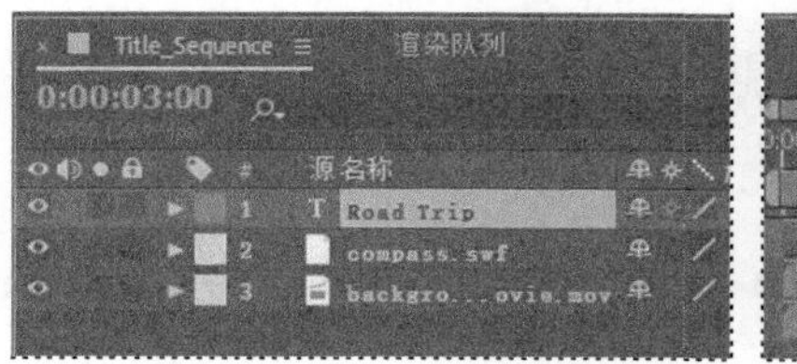

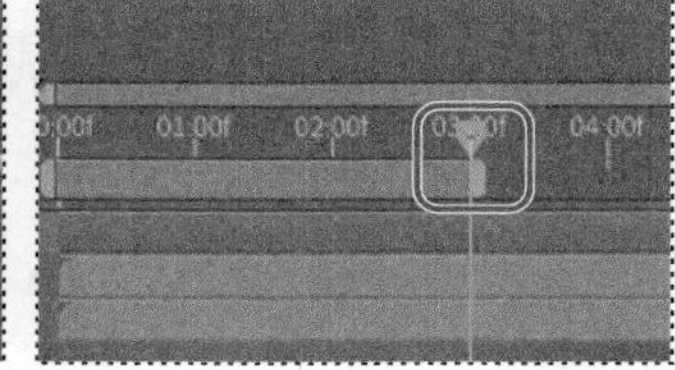

图3.12

2. 按下键盘上的空格键，预览动画，如图 3.13 所示。

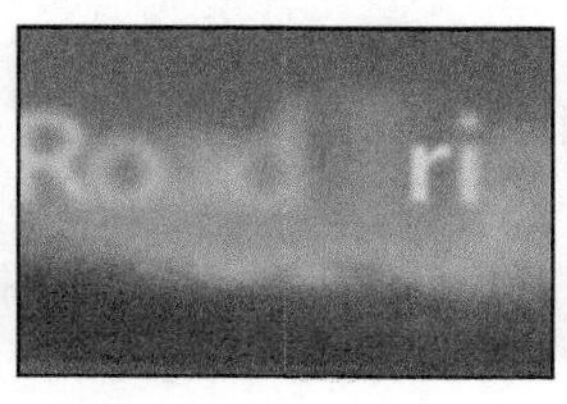
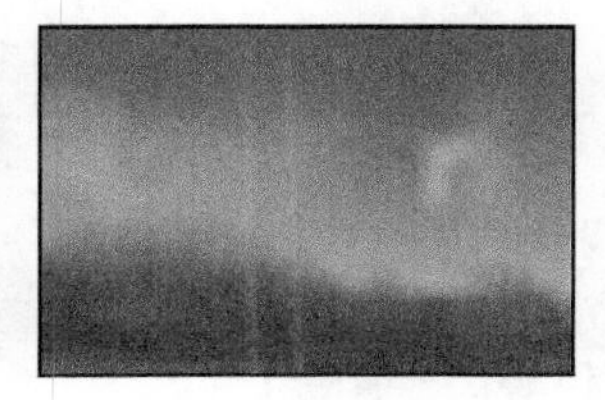

图3.13

文本好像蒸发到背景中，效果看起来很不错，但我们想使文本淡入并保留在屏幕上，而不是从屏幕上消失。这就需要自定义该预设，以满足我们的需要。

3. 按空格键停止预览，再按 Home 键将当前时间指示器移动回 0:00。

3.5.3　自定义动画预设

对图层应用动画预设后，“时间轴”面板中将显示出其所有的属性和关键帧。我们将使用这些属性自定义预设。

1. 在“时间轴”面板中选择 Road Trip 文本图层，并按 U 键。

U 键有时称为 *Überkey*，它是显示图层所有动画属性的快捷键。

> **提示：**如果按两次 U 键（UU），After Effects 将显示该图层所有更改过的属性，而不是只显示动画属性。再次按 U 键将隐藏所有图层属性。

2. 单击“偏移”属性名，以选中它的两个关键帧，如图 3.14 所示。

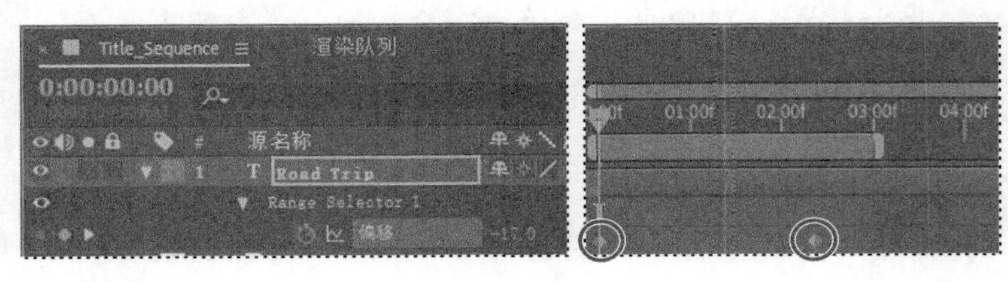

图3.14

“偏移”属性指定了选区开始和结束点的偏移量。

3. 选择“动画”>“关键帧辅助”>“时间反向关键帧”命令。

该命令用于对调这两个“偏移”关键帧的顺序，使得合成图像开始时隐藏文本，然后再将文本淡入到屏幕上。

4. 将当前时间指示器从 0:00 拖放到 3:00，以便手动预览编辑过的动画，如图 3.15 所示。

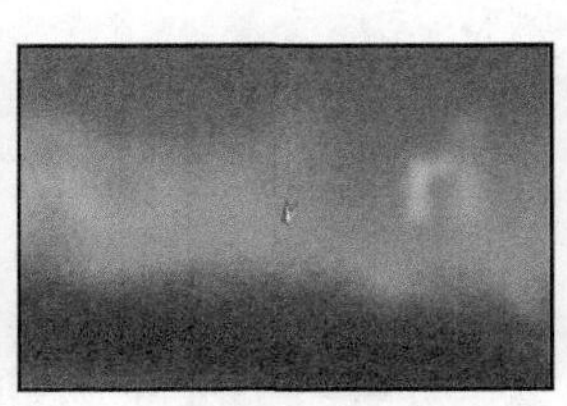

图3.15

现在文本不是从合成图像中消失，而是淡入到合成图像中。

5. 按 U 键隐藏图层属性。

6. 按 End 键将当前时间指示器移动到时间标尺的结束点，然后按 N 键设置工作区的结束点。

7. 选择“文件”>“保存”命令保存项目。

3.6 通过缩放关键帧制作动画

我们在前面应用“适合合成宽度”命令时，文本图层被放大到接近200%。现在将对该图层的缩放比例应用动画特效，使文本逐渐缩小到其原来的尺寸。

1. 在“时间轴”面板中，将当前时间指示器移动到3:00。
2. 选择Road Trip文本图层，并按S键显示其“缩放”属性。
3. 单击秒表图标（⏱），在当前时间（3:00）处添加“缩放”关键帧，如图3.16所示。

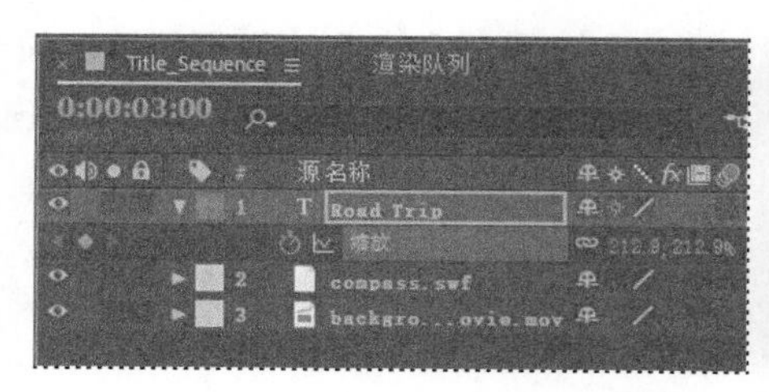

图3.16

4. 将当前时间指示器移动到5:00。
5. 将该图层的“缩放”值减小到（100.0,100.0%），After Effects在当前时间点添加一个新的“缩放”关键帧，如图3.17所示。

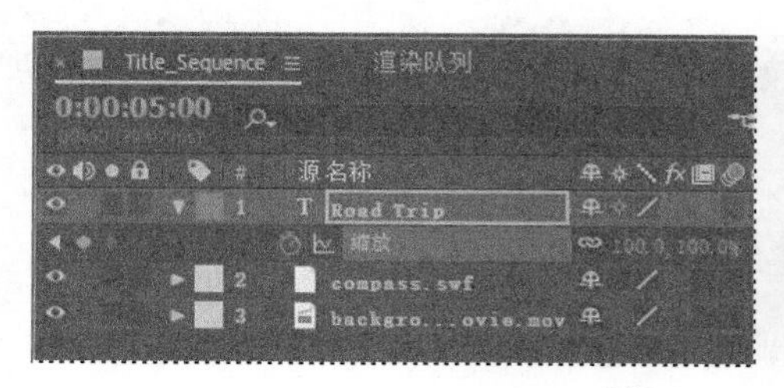

图3.17

3.6.1 预览缩放动画

现在来预览一下修改后的动画效果。

1. 将当前时间指示器移动到5:10处，并按N键设置工作区结束点，使缩放动画在5:10之前附近结束。
2. 按空格键从0:00处预览该动画，至5:10结束，可以看到影片的字幕先是淡入，然后缩小到较小的尺寸，如图3.18所示。
3. 查看完动画后，请按空格键停止播放。

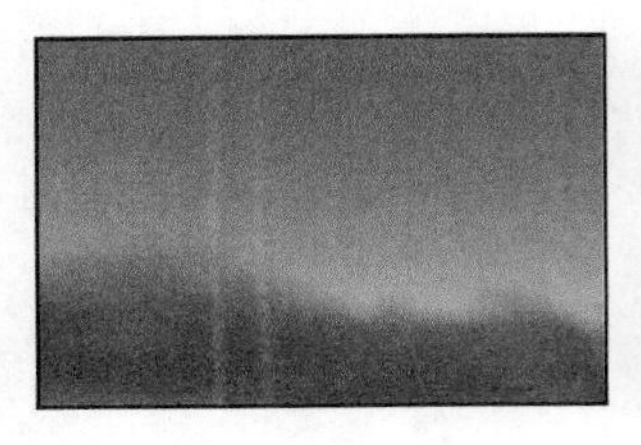

图3.18

3.6.2　添加缓入缓出特效

上述缩放动画的开始和结束显得很生硬，而实际中是不会出现这种突然停止的现象的。相反，对象应该是逐渐地淡入到起始点，再在结束点逐渐地淡出。我们将使用“缓入缓出”特效使动画更平滑一些。

1. 右键单击（Windows）或按住 Control 键单击（macOS）3:00 处的“缩放”关键帧，再选择“关键帧辅助”>“缓出”命令。这个关键帧将变为指向左边的图标。
2. 右键单击（Windows）或按住 Control 键单击（macOS）5:00 处的“缩放”关键帧，再选择“关键帧辅助”>“缓入”命令。这个关键帧将变为指向右边的图标，如图 3.19 所示。

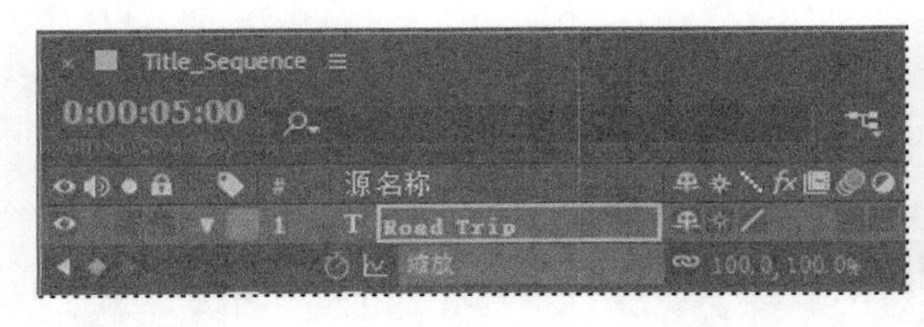

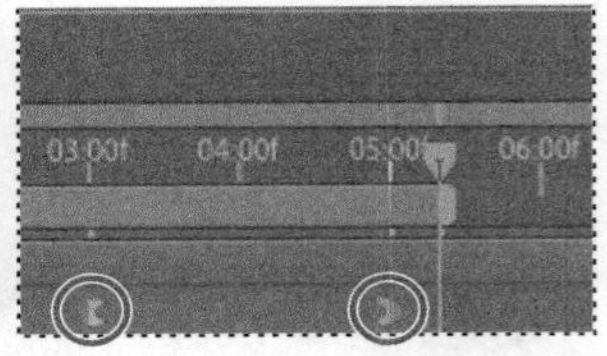

图3.19

3. 预览效果。预览完成后请按空格键停止播放。
4. 选择“文件”>“保存”命令保存项目。

3.7　应用父化关系进行动画处理

接下来要模拟摄像机变焦离开合成图像的效果。刚才应用的文本缩放动画完成了任务的一半，但还需要对指南针缩放设置动画。我们可以对 compass 图层进行手动动画处理，但更简单的方法是应用 After Effects 中的父化关系。

1. 按 Home 键或拖动当前时间指示器到时间标尺的起点。
2. 在“时间轴”面板内，单击 compass 图层的“父级”下拉列表，并选择 1.Road Trip。

将 Road Trip 文本图层设置为 compass 图层的父图层，反过来讲，compass 图层成为 Road Trip 图层的子图层。

作为子图层，compass 图层继承了其父图层（Road Trip）的“缩放”关键帧，这不仅可以对指南针进行快速动画处理，而且还确保 compass 图层与文本图层的缩放速率和缩放比例相同。

3. 在“时间轴”面板中，将 compass 图层移动到 Road Trip 文本图层的上方，如图 3.20 所示。

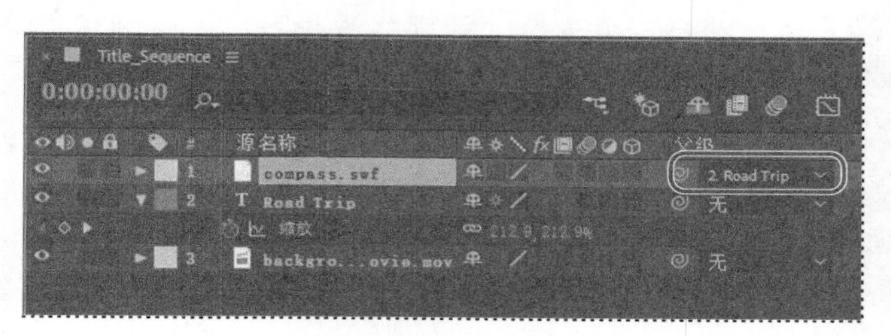

图3.20

> **注意：**移动 compass 图层时，其父图层变为 2.Road Trip。因为这时 Road Trip 成为第二个图层。

4. 将当前时间指示器移动到 9:29，以便在“合成”面板中可以清楚地看到指南针。

5. 在“合成”面板中，拖动指南针使其锚点位于单词 Trip 中字母 i 的上方。也可以在合成面板中选择指南针，然后按 P 键显示其“位置”属性，然后输入（124，−62），如图 3.21 所示。

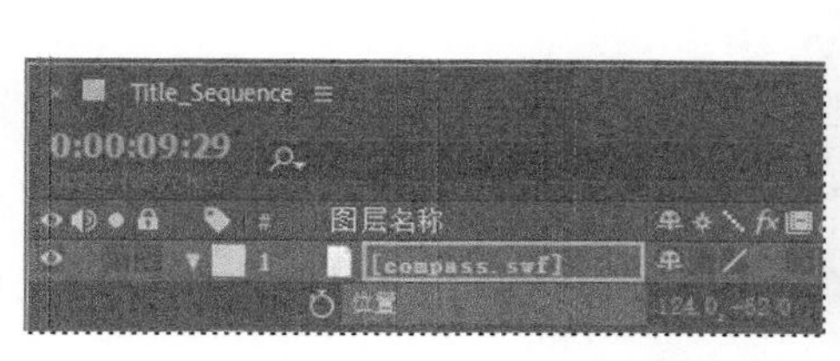

图3.21

6. 将当前时间指示器从 3:00 移动到 5:00，以手动预览缩放效果。可以看到文本和指南针的尺寸同时缩小，看起来像是摄像机被拉离场景，如图 3.22 所示。

图3.22

7. 按 Home 键返回 0:00 处，再将工作区的结束标志拖动到时间标尺的结束点。

8. 选择 Timeline 面板中的 Road Trip 图层，按 S 键隐藏其“缩放”属性。如果输入了指南针的“位置”值，则请选择 compass 图层，按 P 键隐藏其“位置”属性。然后选择“文件”>“保存”命令。

父图层和子图层

父化关系将对一个图层所做的变换传递给另一图层，这个图层称为子图层。在图层间建立父化关系后，对父图层所作的修改将影响子图层相应属性值（除不透明度外）发生同步改变。例如，如果父图层从起始位置向右移动5个像素，那么子图层也将从起始位置向右移动5个像素。一个图层只能有一个父图层，但一个图层可以是同一合成图像中任意多个2D或3D图层的父图层。父化图层适用于创建复杂动画，如木偶的提线运动，或描述太阳系中行星的运动轨道等。

关于父图层和子图层的更多介绍，请参阅After Effects的帮助文档。

3.8 为导入的 Photoshop 文本制作动画

如果所有文本动画都只包含两个短词，如 Road Trip，那么事情就简单了。但现实生活中可能不得不和更长的文本打交道，手动输入这些文字可能很乏味。幸运的是，After Effects 允许从 Photoshop 或 Illustrator 导入文本。在 After Effects 中可以保留这些文本图层，对它们进行编辑，并制作动画。

3.8.1 导入文本

该合成图像中剩余的一些文本位于一个 Photoshop 图层文件中，现在将导入该文件。

1. 单击“项目”选项卡，将其放到前面显示，然后双击“项目”面板内的空白区域，打开“导入文件”对话框。

2. 选择 Lessons\Lesson03\Assets 文件夹内的 credits.psd 文件。命令从“导入为”下拉列表内选择“合成图像 - 保留图层大小”命令，然后单击“导入”或“打开”按钮。注意，在 macOS 中，可能需要单击“选项”才能看到“导入为”下拉列表。

3. 在 credits.psd 对话框中，选择“可编辑的图层样式”，并单击“确定”按钮。

After Effects 可以导入 Photoshop 图层样式，并保留导入图层的外观。被导入的文件作为合成图像添加到“项目”面板，其图层被添加到一个单独的文件夹内。

4. 将 credits 合成图像从“项目”面板拖放到“时间轴”面板，将它置于图层椎栈的顶部，如图 3.23 所示。

因为将 credits.psd 文件作为合成图像导入时，其所有图层信息被完整地保留下来，所以我们可以在“时间轴”面板中操作它，独立地对其图层进行编辑和动画处理。

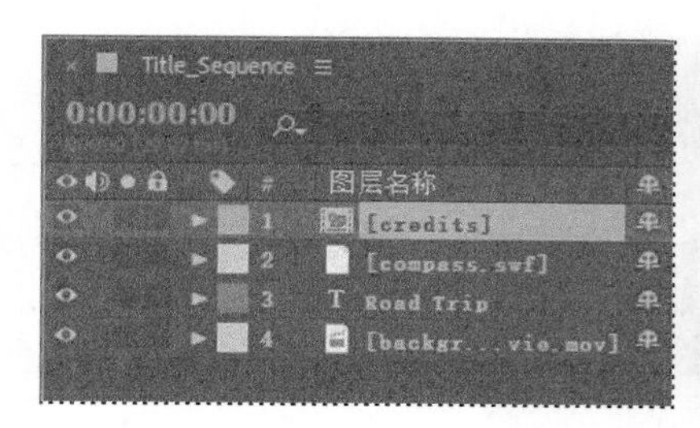

图3.23

3.8.2 编辑导入的文本

导入的文本当前还无法在 After Effects 中进行编辑，需要改变其属性，才能编辑文本并进行动画处理。导入的文本中还有些输入错误，所以首先要改正这些错误。

1. 双击“项目”面板中的 credits 合成图像，在其“时间轴”面板中打开它，如图 3.24 所示。

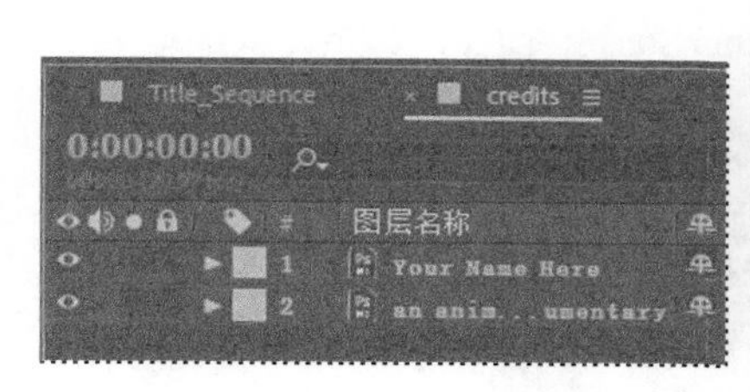

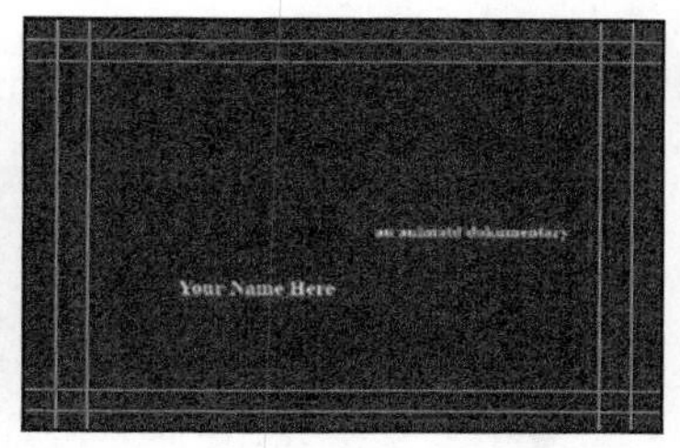

图3.24

2. 按住 Shift 键单击选择 credits“时间轴”面板中的两个图层，然后选择“图层”>“转换为可编辑文字”命令，如图 3.25 所示。如果 After Effects 提示不存在相应字体，请单击“确定”按钮。

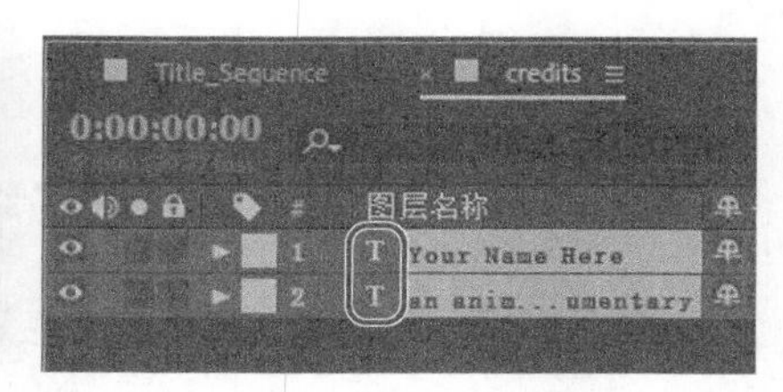

图3.25

现在，文本图层进入编辑状态，可以对输入错误进行更正了。

3. 取消选中这两个图层。然后双击 Timeline 面板中的第 2 个图层，以选择文本并自动切换到“横排文字”工具（T）。

4. 在 *animated* 单词中的 t 和 d 之间输入 e。然后将 *dokumentary* 单词中的 k 改为 c，如图 3.26 所示。

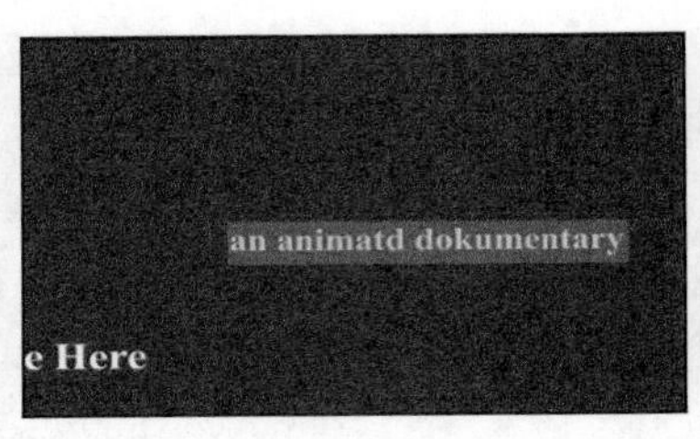

图3.26

> **注意：**在纠正图层中的拼写错误时，“时间轴”面板中的图层名并未变化。这是因为原有图层名是在 Photoshop 中创建的。如果要更改图层名，请在“时间轴”面板中选择该图层，按 Enter 或 Return 键，输入新的图层名，再次按 Enter 或 Return 键。

5. 切换到“选择”工具（▶），退出文字编辑模式。

6. 按住 Shift 键，单击选择“时间轴”面板中的这两个图层。

7. 如果“字符”面板未打开，请选择“窗口”>“字符”命令，打开“字符”面板。

8. 选择与 Road Trip 文本相同的字体：Calluna Sans Regular，其余设置保留不变，如图 3.27 所示。

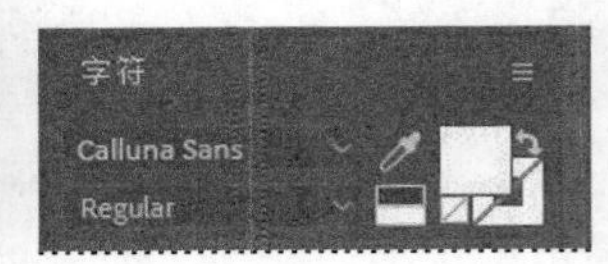

图3.27

9. 单击“时间轴”面板中的空白区域，取消选中这两个图层，然后重新选择第 2 个图层。

10. 在“字符”面板中，单击“填充颜色”框。然后在“文本颜色”对话框中，选择一种绿色。我们采用的绿色的 RGB 值为（R=66，G=82，B=42），如图 3.28 所示。

图3.28

3.8.3 为副标题制作动画

我们希望屏幕上的副标题“*an animated documentary*”能在影片标题下面自左而右淡入显示。

最简单的方法就是应用另一个文本动画预设。

1. 移动到时间轴的 5:00 处，该点是标题和指南针已经缩放到它们最终尺寸的时间点。
2. 选择“时间轴”面板中的副标题图层（第 2 个图层）。
3. 按 Ctrl + Alt + Shift + O（Windows）或 Command + Option + Shift + O（macOS）组合键切换到 Adobe Bridge。
4. 导航到 Presets/Text/Animate In 文件夹。
5. 选择“字符渐强”动画预设，并在“预览”面板内观看。文本逐渐显示出来，效果不错。
6. 双击 Fade Up Characters 预设，将它应用到 After Effects 中的副标题图层。
7. 选中 Timeline 面板内的副标题图层，按两次 U 键查看被动画预设修改的属性。在“范围选择器 1”起始中可以看到两个关键帧：一个位于 5:00；另一个位于 7:00，如图 3.29 所示。

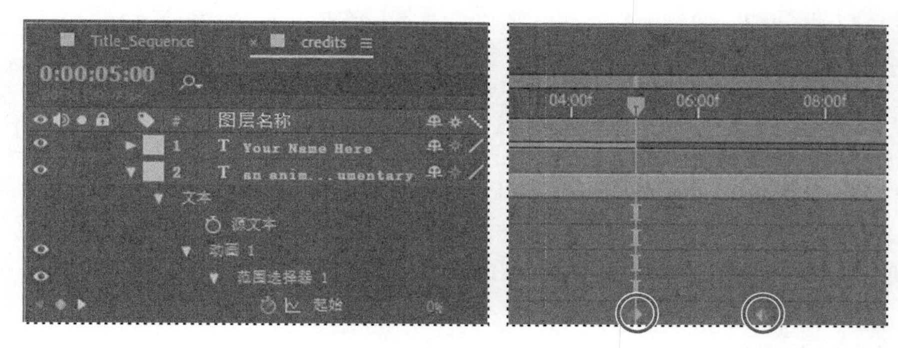

图3.29

该合成图像还需要制作多个动画，所以需要将此特效提早 1 秒结束。

8. 移动到 6:00，然后将第 2 个“范围选择器 1”起始关键帧拖放到 6:00，如图 3.30 所示。

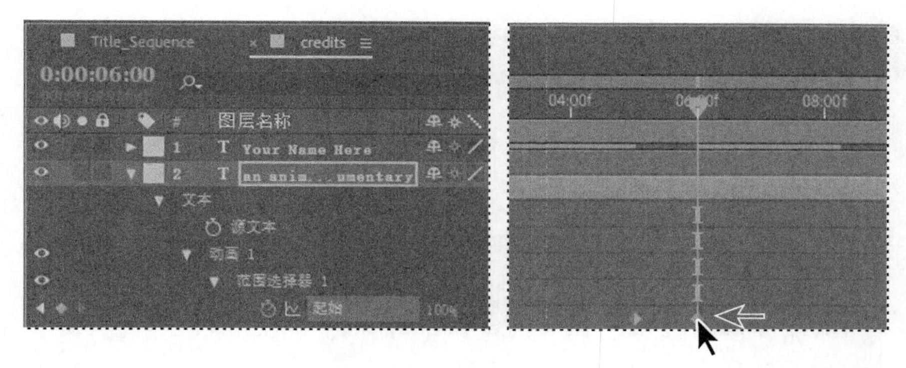

图3.30

9. 将当前时间指示器沿时间标尺的 5:00 ～ 6:00 拖动，查看文本淡入效果。

10. 完成上述操作后，选择副标题图层，按 U 键隐藏修改过的属性。然后选择“文件”>“保存”命令保存所做的修改。

3.9 制作文本追踪动画

接下来要在合成图像中对导演名字的显示做动画处理，这里将使用文本动画追踪预设。使用动画追踪，可以使单词在屏幕上向外扩展，就好像它们是从中心点出现并显示到屏幕上一样。

3.9.1 自定义占位符文本

现在，导演名字只是用图层中的占位文本 Your Name Here 代替。在应用动画前，要把它改为你自己的名字。

1. 切换到“时间轴”面板中的 credits 时间轴，然后选择 Your Name Here 图层。

> **注意：**编辑该图层中的文本时，当前时间指示器的位置并不重要。当前，文本始终显示在合成图像中。一旦应用动画后它将发生改变。

2. 选择“横排文字”工具（T），然后将“合成”面板中“Your Name Here”替换为自己的名字。在示例中，我们使用的英文名包含名字、中间名和姓氏，这种长字符串适合应用文本动画。完成上述操作后单击图层名。图层名没有发生变化，因为它是在 Photoshop 中命名的。

3.9.2 应用追踪预设

现在对导演的名字应用追踪预设，使“*an animated documentary*”文本完全显示到合成图像上后不久，屏幕上开始显示导演的名字。

1. 移动到 7:10。

2. 选择“时间轴”面板中的 Your Name Here 图层。

3. 在“效果和预设”面板的搜索框中输入“增加字符间距”，找到该预设后双击它，将它应用到 Your Name Here 图层。

4. 将当前时间指示器沿时间标尺在 7:10 ～ 9:10 拖动，以手动预览追踪动画，如图 3.31 所示。

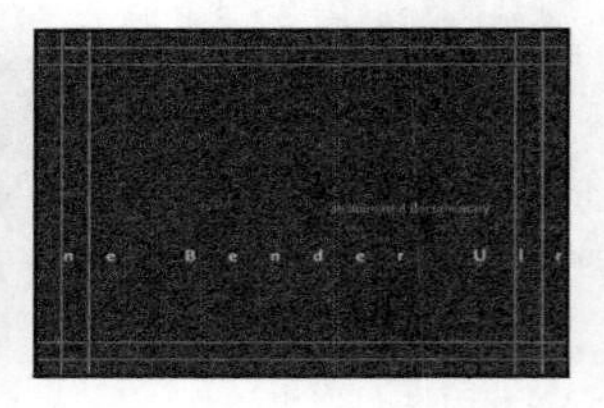

图3.31

3.9.3 自定义追踪动画预设

现在的效果是文本扩展开，但我们希望的动画效果是，开始时字符互相紧靠在一起，然后扩展到便于阅读的合理距离，而且还希望加快动画的速度。下面将调整字“字符间距大小”以达到这两个目的。

1. 在“时间轴”面板中选择 Your Name Here 图层，按两次 U 键以显示修改过的属性。
2. 移动到 7:10。
3. 在 Animator 1 下，将“字符间距大小”修改为 –5，这样字母就挤压到一起，如图 3.32 所示。

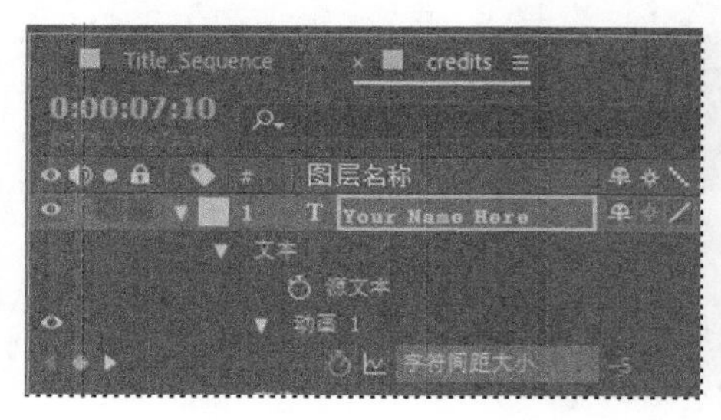

图3.32

4. 单击“字符间距大小”属性的“转到下一个关键帧”箭头（▶），然后将其数值更改为 0，如图 3.33 所示。

图3.33

5. 将当前时间指示器在时间标尺的 7:10 ～ 8:10 之间拖动，可以看到文本显示在屏幕上时字母间距逐渐扩展，然后动画在最后一个关键帧处停止。

3.10 对文本不透明度做动画处理

接下来，我们来对导演的名字增加动画特效，使其在字母展开时淡入到屏幕上。要实现该动画，需要对图层的“不透明度”属性进行动画处理。

1. 选择 credits 时间轴上的 Your Name Here 图层。
2. 按 T 键，只显示该图层的“不透明度”属性。

3. 移动到 7:10，将“不透明度”值设为 0%。然后单击秒表图标（⏱），设置一个“不透明度”关键帧。

4. 移动到 7:20，将“不透明度”值设为 100%。After Effects 添加另一个关键帧。

现在，导演的名字在屏幕上展开时应该具有淡入效果。

5. 将当前时间指示器在时间标尺的 7:10 ～ 8:10 拖动，可以看到导演的名字淡入并展开在屏幕上，如图 3.34 所示。

图3.34

6. 右键单击（Windows）或按住 Control 键单击（macOS）不透明度结束关键帧，再选择“关键帧辅助” > “缓入”命令。

7. 选择“文件” > “保存”命令。

3.11 使用文本动画组

文本动画组可以对图层中一段文本内的单个字符分别进行动画处理。你将使用文本动画组仅对名字的中间名的字符进行动画处理，而不影响该图层内名字其他部分的追踪和不透明度动画。

1. 在“时间轴”面板中移动到 8:10。

2. 隐藏 Your Name Here 图层的“不透明度”属性。然后展开该图层，查看其“文本”属性组名称。

3. 单击“文本”属性旁边的“动画”下拉列表，选择“倾斜”命令，如图 3.35 所示。

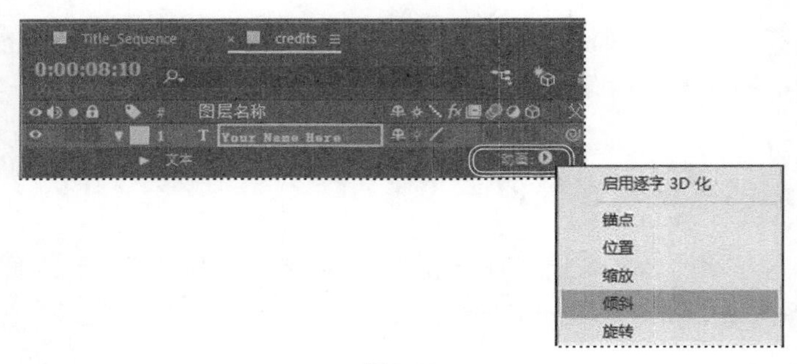

图3.35

该图层的“文本”属性中会出现一个名为 Animator 2 的属性组。

4. 选择 Animator 2，按 Enter 或 Return 键，将其更名为 Skew Animator。然后再次按 Enter 或 Return 键接受新名字，如图 3.36 所示。

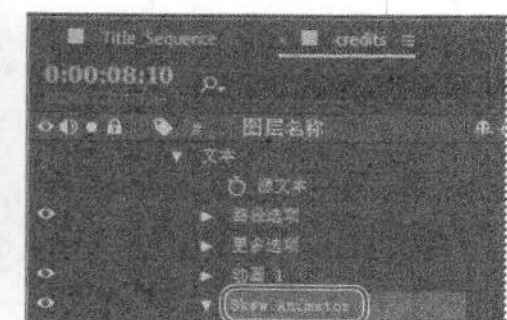

图3.36

现在我们准备定义倾斜的字符范围。

5. 展开 Skew Animator 的“范围选择器 1”属性。

每个动画组都包含一个默认的范围选择器。范围选择器将动画处理限制在文本图层内特定的几个字母上。用户可以向动画组增加额外的范围选择器，也可以对同一范围选择器应用多个动画属性。

6. 一边查看“合成”面板，一边调高 Skew Animator 的“范围选择器 1”的起始值（向右拖动），直到左边的选择器指示器（▶）刚好位于中间名的第一个字母前（本例中指的是 *Bender* 中的 *B*）为止。

7. 减小 Skew Animator 的“范围选择器 1”的结束值（向左拖动），直到它在“合成”面板中的指示器（◀）刚好位于中间名的最后一个字母后（本例中，指的是 *Bender* 中的 *r*）为止，如图 3.37 所示。

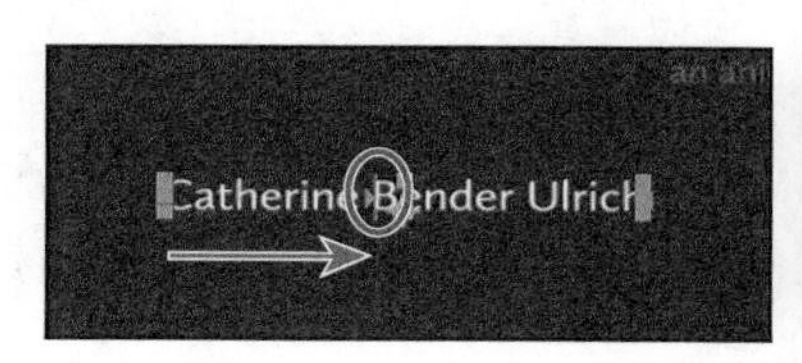

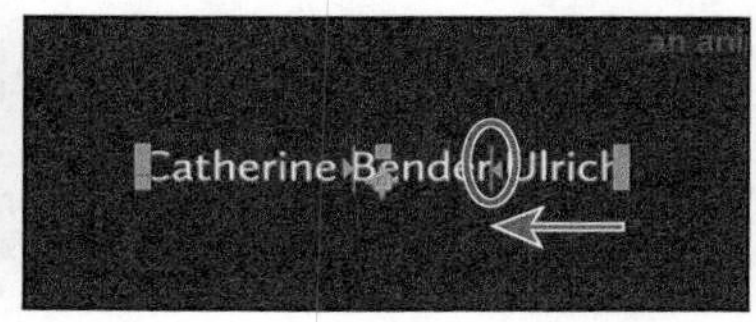

图3.37

现在，用 Skew Animator 任何属性制作的动画特效都将只影响用户选中的中间名。

文本动画组

文本动画组包括一个或多个选择器以及一个或多个动画属性。选择器的功能与蒙版相似，它指定动画属性影响文本图层的哪些字符或哪一部分。使用选择器可以定义一定比例的文本、文本中的特定字符或一定范围的文本。

组合使用动画属性和选择器可以创建原本需要多个关键帧才能实现的复杂文本动画。大多数文本动画仅要求对选择器的值（而不是属性值）做动画处理。因此，即使是复杂的动画，文本动画也只需使用少量的关键帧。

关于文本动画组的更多内容，请参阅After Effects的帮助文档。

3.11.1 倾斜一定范围的文本

现在，通过设置“倾斜”关键帧使中间名摇摆晃动。

1. 左右拖动 Skew Animator 的“倾斜”值，请注意只有中间名在摇摆，而该行文本中名字的其他部分保持不动。
2. 将 Skew Animator 的“倾斜”值设为 0。
3. 移动到 8:05，单击“倾斜”的秒表图标（ ），向该属性添加一个关键帧，如图 3.38 所示。

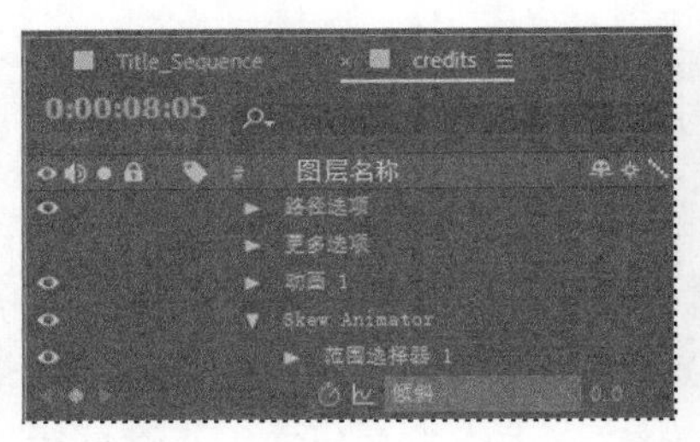

图3.38

4. 移动到 8:08，将“倾斜”值设置为 50。After Effects 将添加一个关键帧，如图 3.39 所示。

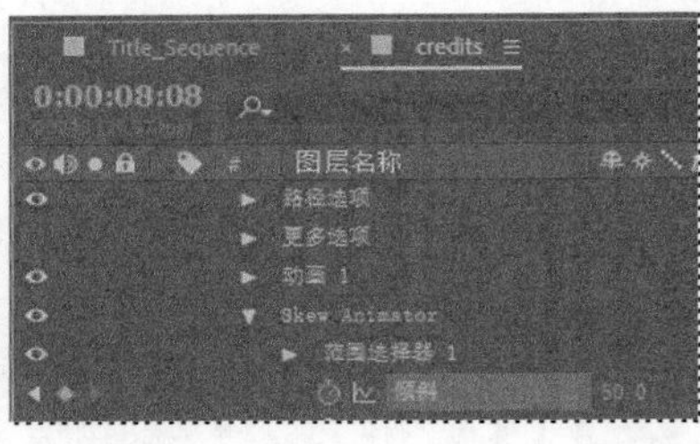

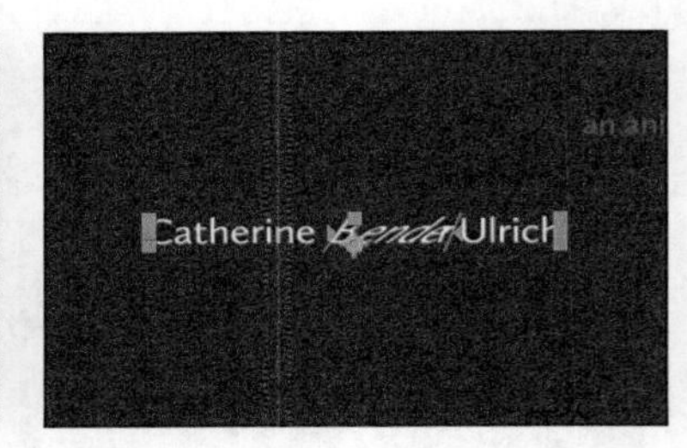

图3.39

5. 移动到 8:15，将“倾斜”值修改为 −50。After Effects 会添加另一个关键帧，如图 3.40 所示。

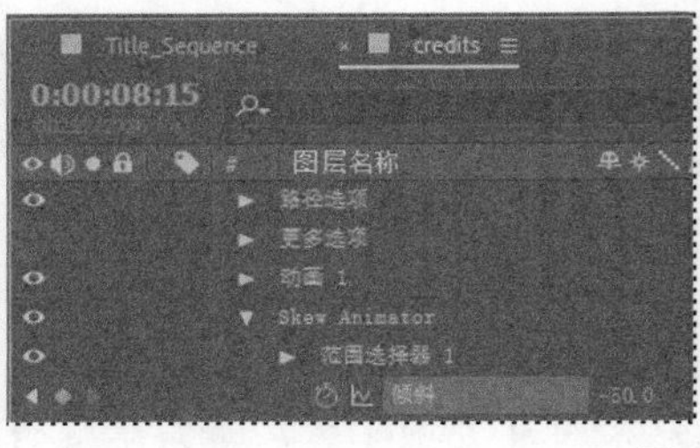

图3.40

6. 移动到 8:20，将“倾斜”值改为 0，设置最后一个关键帧，如图 3.41 所示。
7. 单击“倾斜”属性名，选择所有“倾斜”关键帧，然后选择“动画”>“关键帧辅助”>“淡入淡出”命令，对所有关键帧添加“淡入淡出”特效。

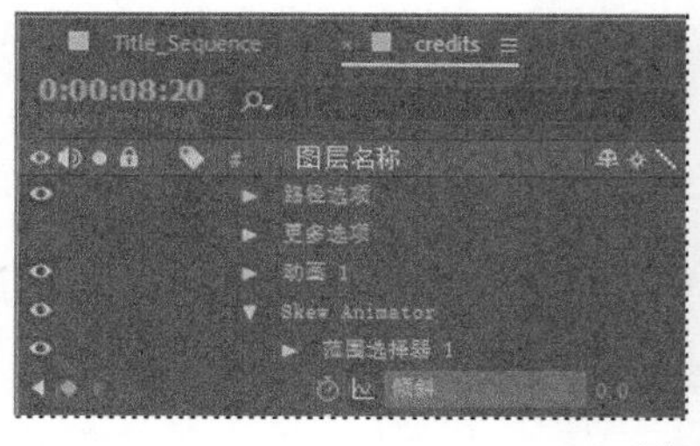

图3.41

> **提示：**要从文本图层中快速地删除所有文本动画，可以在“时间轴”面板中选择该层，之后再选择“动画”>“删除所有的文本动画”命令。如果只想删除某个动画，则在“时间轴”面板中选择该动画名，再按 Del 键。

8. 拖动当前时间指示器在时间标尺的 7:10 ～ 8:20 移动，查看导演的名字在屏幕上怎样淡入、扩展，以及中间名怎样摆动，而名字其他部分不受影响。

9. 隐藏“时间轴”面板中 Your Name Here 图层的属性。

10. 选择 Title_Sequence 选项卡，打开其时间轴。

11. 按 Home 键，或者将当前时间指示器移动到 0:00，然后预览整个合成图像。

12. 按空格键停止播放，然后选择“文件”>“保存”命令保存工作。

3.12 对图层的位置进行动画处理

你的朋友会对你使用的几个文本动画预设赞叹不已。接下来添加一个更简单的特效，对文本图层的“变换”属性进行动画处理，如同对其他任何图层进行动画处理一样。

当前，你的名字出现的屏幕上，但是却没有上下文。接下来我们将添加单词 directed by，然后对其进行动画处理，当你的名字出现在屏幕上时，它们显示在你名字的上面。

1. 在 Title_Sequence“时间轴”面板中，移动到项目的结束为止，也就是 9:29 处。

此时，其他所有的文本都已经出现在屏幕上，所以你可以精确地放置 directed by 的位置。

2. 选择“横排文字”工具。

3. 确保没有选中任何图层，然后单击“合成”面板。确保你单击的位置没有覆盖一个现有的文本图层。

> **提示：**要确保没有选中任何图层，可以单击“时间轴”面板中的空白区域，或者按 F2 键，或者选择“编辑”>“取消选中所有图层”命令。

4. 输入“directed by”。

5. 选择 directed by 图层，然后在“字符”面板中，从“字体家族”菜单中选择 Minion Pro Regular。

6. 将“字体大小”设置为 20 像素。

7. 在“字符”面板中，单击“颜色填充”框，然后在“文本颜色”对话框中选择白色，然后单击“确定”按钮。其他选项保持默认设置。

8. 选择“选择”工具，然后拖动 directed by 图层，使文本位于你名字的正上方，如图 3.42 所示。

图3.42

9. 按 P 键显示图层的“位置”属性，单击秒表图标为图层创建一个初始关键帧。

10. 移动到 7:00 位置，此时 documentary 刚显示完毕，而你的名字还没有开始显示。

11. 将 directed by 图层拖离“合成”窗口的左边缘，在拖动时按住 Shift 键，创建一条直线路径。

12. 预览动画，如图 3.43 所示，然后隐藏“位置”属性。

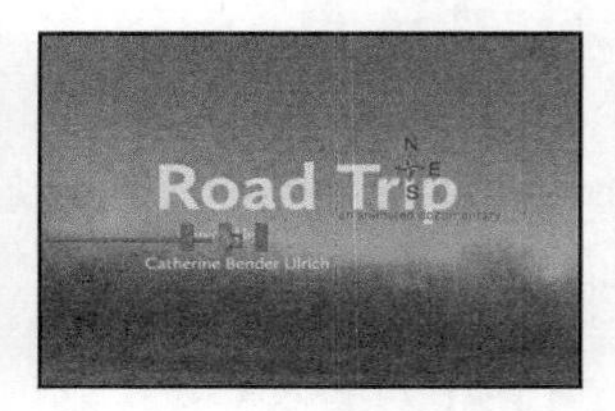

图3.43

这个动画很简单，但是效果很好。文本从左侧进入，然后在你名字的正上方停下来。要使文本在进入时更有趣一些，你可以添加一个汽车图形，使得看起来是这辆汽车将文本拖动到屏幕上。

3.13 对图层动画进行定时

接下来对这个简单的汽车图形进行动画处理，使得文本看起来像是跟在汽车后面显示在屏幕上。文本应该跟随着汽车出来，最后停留在你的名字上方。与此同时，汽车继续驶出屏幕。为了使文本和汽车保持同步，需要对定时进行一些调整。

首先，导入汽车图形，然后添加到合成图像中。

1. 双击“项目”面板的空白区域，打开“导入文件”对话框。
2. 在 Lessons\Lesson03\Assets 文件夹中选择 car.ai 文件，在“导入为”菜单中选择“合成”–“合成 - 保持图层大小”，然后单击“导入”或“打开”按钮。
3. 将汽车合成图像从“项目”面板拖放到 Title_Sequence“时间轴”面板中图层堆栈的顶部。
4. 移动到 6:25 位置，该位置正好是 directed by 文本开始移动的时间点。
5. 选择 car 图层，按 P 键显示“位置”属性。
6. 将汽车拖离合成窗口的左侧，以便覆盖 directed by 文本。
7. 单击图层“位置”属性的秒表图标，创建一个初始关键帧。
8. 移动到 9:29 位置，这是合成图像结束的时间点。
9. 将汽车拖离“合成”窗口的右侧，使屏幕上不显示汽车。在拖动时按住 Shift 键可以创建一条直线路径。
10. 手动预览 6:25 ～ 9:29 的动画，如图 3.44 所示。

图3.44

文本尾随着汽车出现，但是汽车的速度太快，因此很难明显地看出是它拖着文本出现的。我们将调整汽车的定时时间，降低汽车的速度，直到文本就位为止。

11. 移动到 8:29 位置。
12. 直接将汽车移动到文本的右侧。
13. 再次预览动画。

这次汽车的定时时间好多了，但是汽车在开始位置覆盖住了文本，需要再一次进行调整。

14. 移动到 7:19 位置。
15. 将汽车向前拉，使其刚好位于文字前面。
16. 再次预览动画，如图 3.45 所示。

图3.45

现在能够清楚地看到汽车拉着文字出来，并且在合成图像结束播放之前，汽车加速驶离屏幕。如果想要更为精确地控制动画，可以添加更多的关键帧。

17. 隐藏所有图层的属性，然后选择“文件” > “保存”命令保存作品。

3.14 添加运动模糊

运动模糊是指当物体运动时产生的模糊效果。我们将应用运动模糊特效，使合成图像看起来更精美，移动效果更自然。

1. 在“时间轴”面板中，单击 background_movie 和 credits 图层之外所有图层的“运动模糊”开关（ ）。

接下来，对 credits 合成图像中的图层应用运动模糊。

2. 切换到 credits “时间轴”面板，并启用其两个图层的运动模糊。
3. 切换回 Title_Sequence “时间轴”面板，并选取 credits 图层的“运动模糊”开关。然后单击“时间轴”面板顶部的“启用运动模糊”按钮（ ）。这样，在“合成”面板中就能看到运动模糊。
4. 预览完成后的动画。
5. 选择“文件” > “保存”命令保存项目。

恭喜你，已经完成了复杂文本动画的制作。如果想把合成图像以影片文件导出，请参考第 15 课。

3.15　复习题

1. 在 After Effects 中，文本图层和其他类型的图层有什么相似和不同之处？
2. 怎样预览一个文本动画预设？
3. 怎样把对一个图层所做的变换传递给另一个图层？
4. 什么是文本动画组？

3.16　复习题答案

1. After Effects 的文本图层和任何其他图层在许多方面都是相同的。用户可以对文本图层应用特效和表达式，对其进行动画处理，将其设为 3D 图层，还可以在以多种视图方式查看 3D 文字时编辑它。但是，与形状图层相似，这两种图层都无法在自己的“图层”面板中打开，因为它们都是包含矢量图形的综合图层。用户可以用特殊的文本动画属性和选择器对文本图层中的文本进行动画处理。
2. 可以在 Adobe Bridge 中选择“动画”>“浏览预设”命令预览文本动画预设。Adobe Bridge 打开并显示 After Effects 预设文件夹中的内容。导航到包含各种文本动画预设（如 Blurs 或 Paths）的文件夹，然后在“预览”面板中观看动画预设示例。
3. 在 After Effects 中可以使用父化关系将对一个图层所做的变换传递给另一个图层（除了不透明变换之外）。当一个图层成为另一个图层的父图层时，另一个图层被称作子图层。在图层间建立父化关系后，对父图层所作的修改将影响子图层相应属性值（除不透明度外）发生同步改变。
4. 使用文本动画组能对文本图层内单个字符的属性进行动画处理。文本动画组包含一个或多个选择器。选择器的功能与蒙版类似：它指出动画属性影响文本图层的哪些字符或哪一部分。使用选择器可以定义一定比例的文本、文本的特定字符或一定范围的文本。

第4课 处理形状图层

课程概述

本课介绍的内容包括：

- 创建自定义形状；
- 自定义形状的填充和描边；
- 使用路径操作变换形状；
- 形状的动画处理；
- 图层对齐；
- 使用“从路径创建空对象”面板。

本课大约要用 1 小时完成。启动 After Effects 之前，请先将本书的课程资源下载到本地硬盘中，并进行解压。在学习本课并按步骤执行相关操作时，相应的课程文件将被覆盖。建议先做好原始课程文件的备份工作，以免后期用到这些原始文件时还要重新下载。

PROJECT: ANIMATED ILLUSTRATION

使用形状图层功能可以方便地创建富有表现力的背景或是增强效果。我们可以对形状进行动画处理，应用动画预设，将动画预设连接到其他形状，以增强它们的效果。

4.1 开始

当使用任意绘图工具绘制形状时，After Effects 将自动创建形状图层。我们可以对单个形状或其整个图层进行自定义或变换，以得到有趣的结果。本课将用形状图层创建一个创意十足的动画设计。

首先预览最终影片并设置项目。

1. 确认硬盘上的 Lessons\Lesson04 文件夹中存在以下文件。
   - Assets 文件夹内：Background.mov。
   - Sample_Movie 文件夹内：Lesson04.avi 和 Lesson04.mov。
2. 使用 Windows Media Player 打开并播放影片示例文件 Lesson04.avi，或者使用 QuickTime Player 打开并播放影片示例文件 Lesson04.mov，以查看本课将要创建的效果。播放完后，关闭 Windows Media Player 或 QuickTime Player。如果硬盘空间有限，则可以将影片示例文件从硬盘中删除。

开始本课之前，请恢复 After Effects 应用程序的默认设置。详情请参见前言中的“恢复默认参数”。

3. 启动 After Effects 时请立即按住 Ctrl + Alt + Shift（Windows）或 Command + Option + Shift（macOS）组合键，准备恢复默认的参数设置。系统询问是否删除参数文件时，单击“确定”按钮。
4. 关闭“开始”窗口。

After Effects 打开后显示一个空白的无标题项目。

5. 选择“文件”>“保存为”>“另存为”命令，导航到 Lessons\Lesson04\Finished_Project 文件夹。
6. 将该项目命名为 Lesson04_Finished.aep，然后单击“保存”按钮。

4.2 创建合成图像

接下来将导入背景电影并创建合成图像。

1. 在“合成”面板中单击“从素材创建新合成”命令，如图 4.1 所示。
2. 导航到硬盘上的 Lessons\Lesson04\Assets 文件夹，选择 Background.mov 文件，然后再单击“导入”或“打开”按钮。

After Effects 将 Background.mov 文件添加到“项目”面板中，并创建一个合成图像，然后在“时间轴”和“合成”面板中打开新建的合成图像。

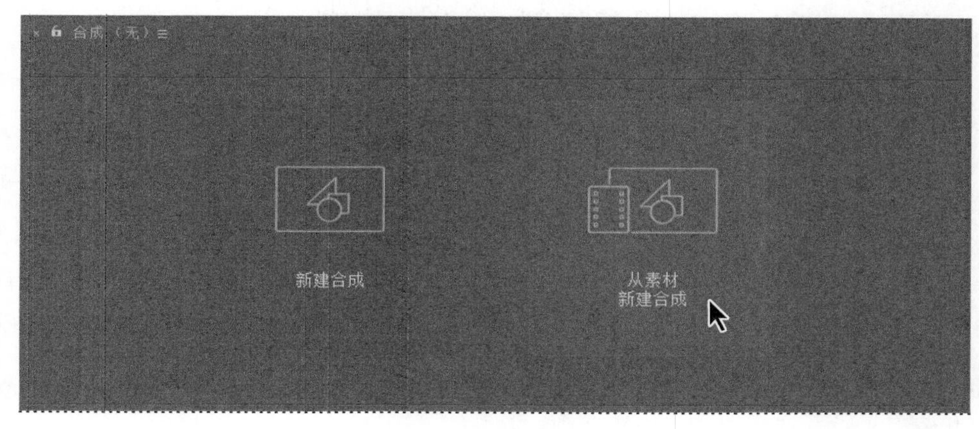

图4.1

3. 按空格键预览背景电影。在该电影场景中，黑夜变成白天，天空和颜色逐渐明亮起来，如图 4.2 所示。

图4.2

4.3 添加形状图层

After Effects 包含 5 种形状工具：矩形、圆角矩形、椭圆、多边形和星形。当直接在“合成”面板中绘制形状时，After Effects 将会在合成图像中添加一个新的形状图层。用户可以对形状应用描边和填充设置、修改形状的路径，以及应用动画预设等。形状的属性都显示在“时间轴”面板中，用户可以对每一个设置进行动画处理。

同一种绘图工具既可以用来创建形状，也可以创建蒙版。蒙版应用到图层，以隐藏或显示图层的特定区域或者作为进入特效中的输入，而形状则拥有它们自己的图层。选择绘图工具时，可以指定是绘制形状还是蒙版。

4.3.1 绘制形状

我们先来绘制一颗星星。

1. 按 Home 键或者将当前时间指示器移动到时间标尺的开始位置。
2. 按 F2 键或单击“时间轴”面板的空白区域，确保没有选中任何图层。

在选择了图层的情况下绘制形状，则形状将变成图层的蒙版。

3. 选择星形工具（★），将它隐藏在“工具”面板中矩形工具的后面，如图 4.3 所示。

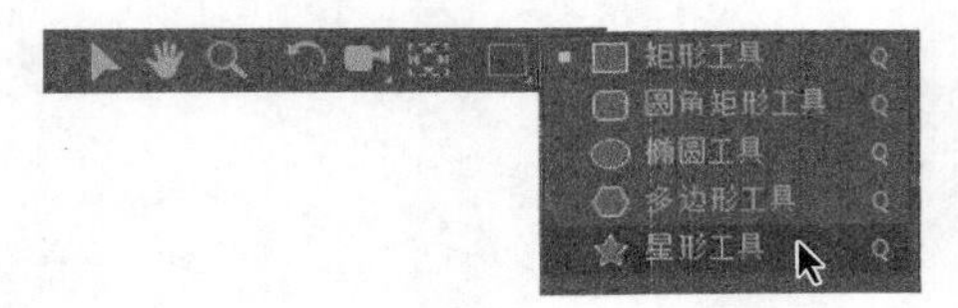

图4.3

4. 在天空中绘制一颗小星星。

该形状出现在“合成”面板中，After Effects 会在“时间轴”面板中添加一个名为 Shape Layer 1 的新形状图层。

5. 选择 Shape Layer 1 图层名称，按 Enter 或 Return 键，将图层名修改为 Star 1，然后再按 Enter 或 Return 键，接受这个新名称，如图 4.4 所示。

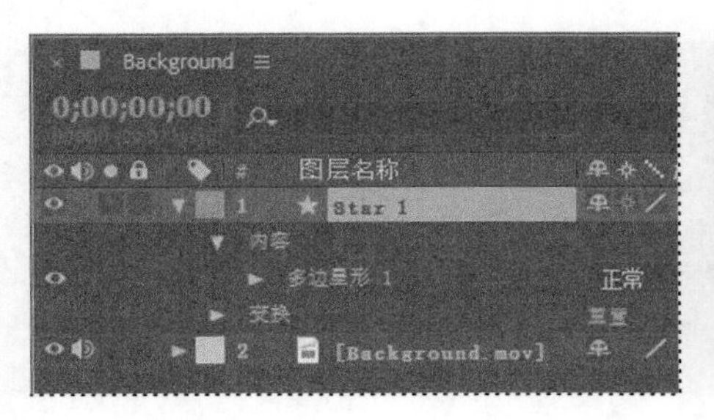

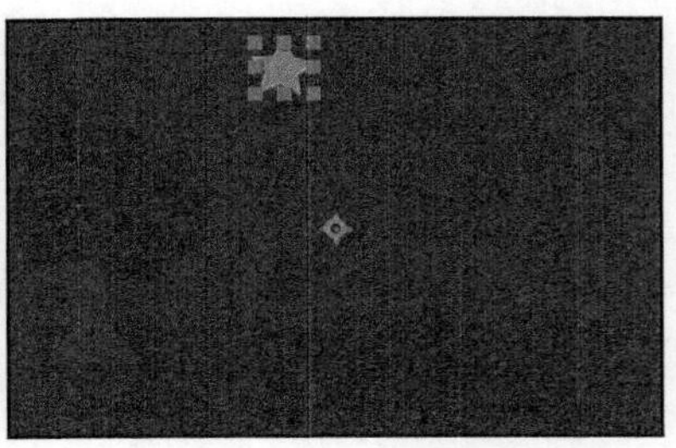

图4.4

4.3.2 应用填充和描边

在“工具”面板中更改形状的“填充”设置，可以改变形状的颜色。单击“填充”选项，打开“填充选项”对话框，从中可以选择填充类型、混合模式以及不透明度。单击“填充颜色”框，如果填充的是纯色，将打开“Adobe 拾色器”窗口；如果填充的是渐变色，则将打开“渐变编辑器”窗口。

与之相似，在“工具”面板中更改形状的“描边”设置，可以改变形状的描边颜色和宽度。单击“描边”选项，打开“描边选项”对话框；单击“描边颜色”框选择一种颜色。

1. 确保在“时间轴”面板中选择 Star 1 图层。

2. 单击“填充颜色”框（靠近“填充”选项）打开“形状填充颜色”对话框。

3. 将颜色修改为亮黄色（R=215，G=234，B=23），然后单击“确定”按钮。

4. 单击“工具”面板中的“描边颜色”框，将描边颜色修改为浑浊的黄绿色（R=86，G=863，B=29），然后单击“确定”按钮。

5. 设置“工具”面板中的“描边宽度”的值为2px，如图4.5所示。

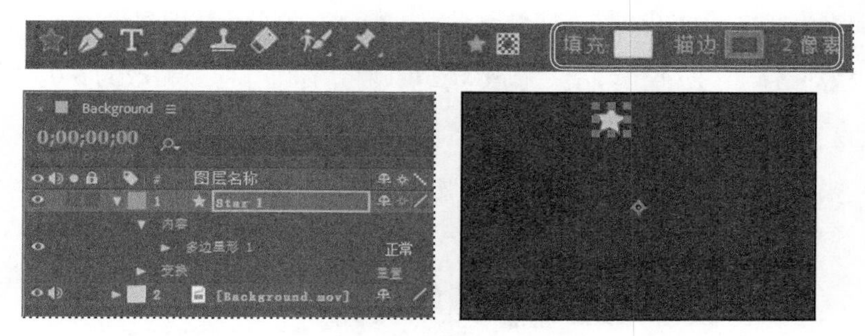

图4.5

6. 选择“文件”>“保存”命令保存工作。

4.4 创建能自己进行动画处理的形状

“摆动路径”是一种路径操作，用户可以将平滑的形状转变为一系列锯齿状的波峰和波谷。使用它来处理星星，使星星闪闪发光。由于这个操作可以进行动画处理（self-animating），因此只需要修改整个形状的少量属性，就可以让形状发生运动。

1. 在“时间轴”面板中，打开Star 1图层（如果还没有这样做的话），然后从“添加”菜单中选择“摆动路径”命令，如图4.6所示。

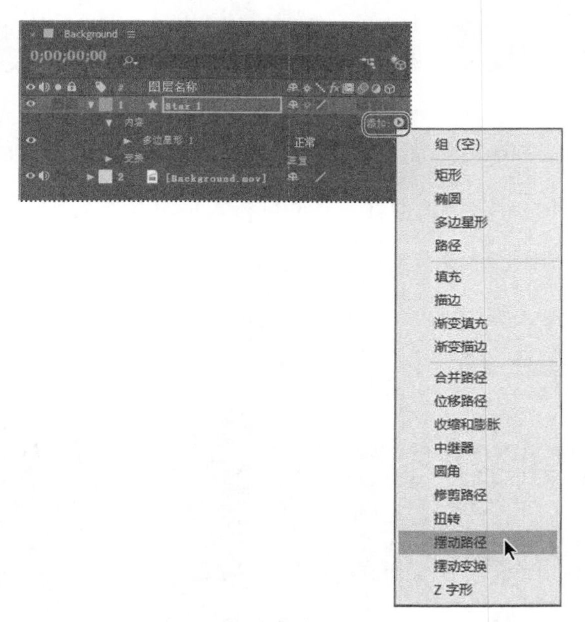

图4.6

2. 按空格键播放电影，查看特效。然后再次按下空格键停止播放。

星星边缘的锯齿状太明显了，接下来修改设置，得到一个更自然的效果。

3. 展开“摆动路径 1”，将“大小”修改为 2.0，将“详细信息”修改为 3.0。

4. 将“摇摆 / 秒”修改为 5.0。

5. 单击图层的“运动模糊”开关（ ），然后单击“时间轴”面板顶部的“启用运动模糊”按钮。隐藏图层属性，如图 4.7 所示。

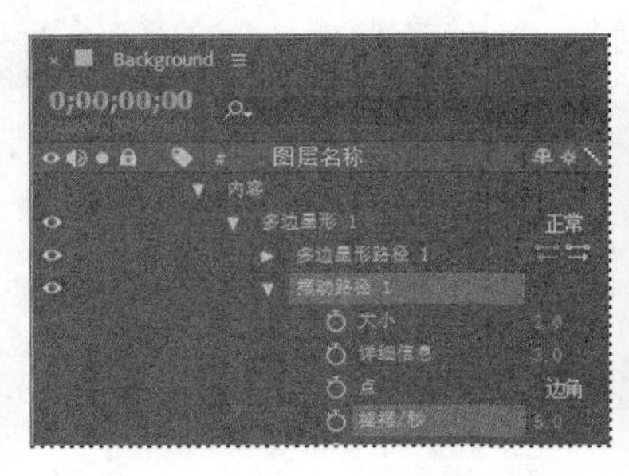

图4.7

6. 按空格键预览星星的效果。再次按空格键停止播放，如图 4.8 所示。

图4.8

星星在白天应该是看不到的，下面对它的“不透明度”值进行动画处理。

7. 按 Home 键或将当前时间指示器移动到时间标尺的开始位置。

8. 选择 Star 1 图层，按 T 键显示其不透明度属性。

9. 单击秒表图标（ ），为 100% 的不透明度创建一个初始关键帧。

10. 将当前时间指示器移动到 2:15，将不透明度的值修改为 0%，如图 4.9 所示。

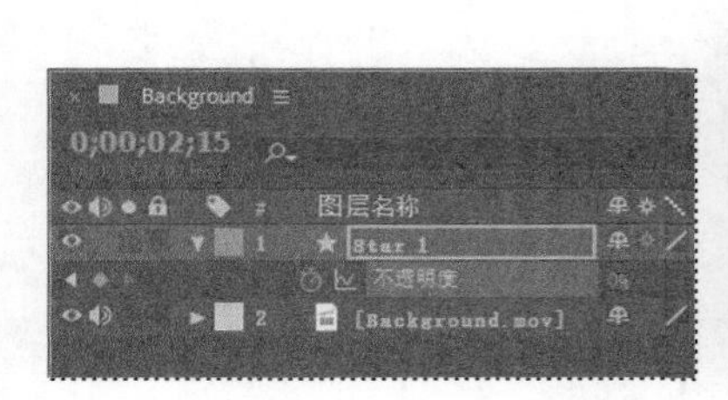

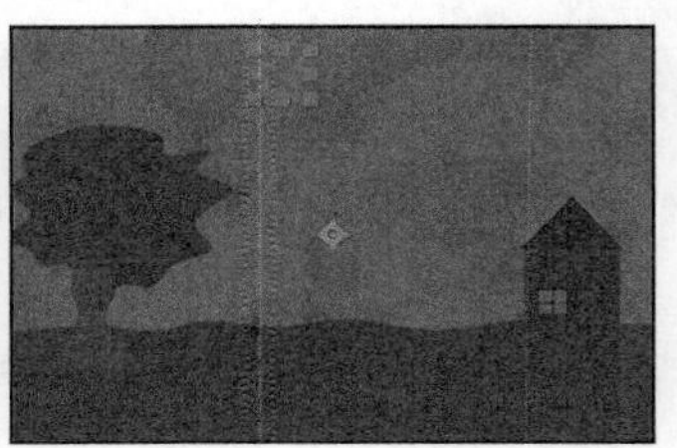

图4.9

11. 在选中 Star 1 图层的情况下，按 T 键隐藏不透明度属性。

4.5 复制形状

天空中应该有多颗星星，而且这些星星都应该闪着微光。我们将一个形状复制多次，使得每一个新的星星图层具有与初始图层一样的属性。然后分别调整每一颗星星的位置和旋转。

1. 按 Home 键或将当前时间指示器移动到时间标尺的开始位置。

2. 选择“时间轴”面板中的 Star 1 图层。

3. 选择“编辑” > “复制”命令。

After Effects 在图层堆栈顶部添加了 Star 2 图层，它与 Star 1 图层完全一样，位置也相同。

4. 按 Ctrl + D（Windows）或 Command + D（macOS）组合键 5 次，创建另外 5 个星星图层，如图 4.10 所示。

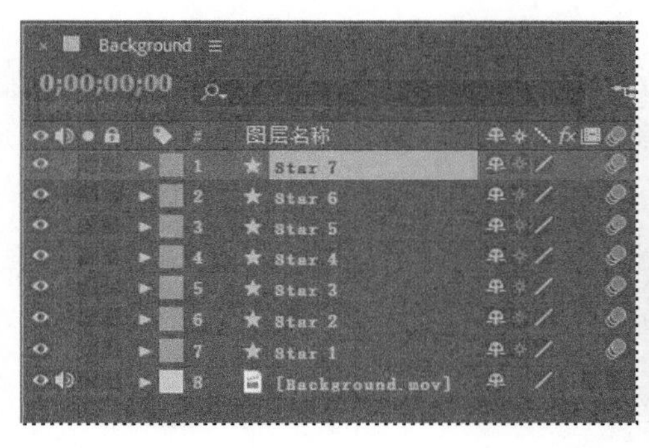

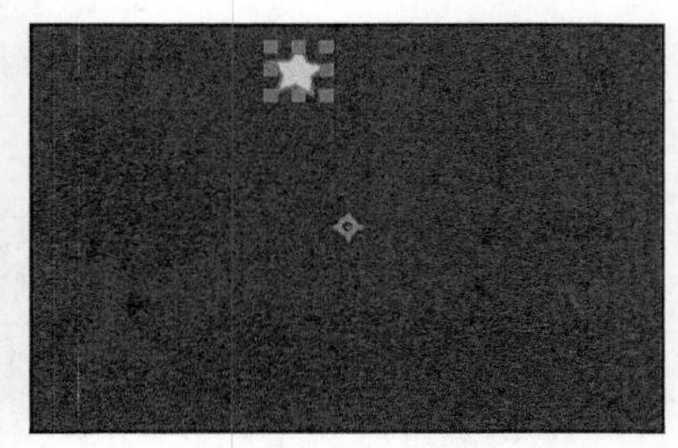

图4.10

5. 选择“工具”面板中的“选取”工具（▶），按 F2 键取消选中“时间轴”面板中的所有图层。

6. 使用“选取”工具，将每一颗星星拖放到天空中的不同位置，如图 4.11 所示。

图4.11

7. 选择 Star 1 图层，然后按住 Shift 键选择 Star 7 图层，这将选中所有的星星图层，然后按 R 键，再按住 Shift + S 组合键，显示每个图层的“旋转”属性和“缩放”属性，如图 4.12 所示。

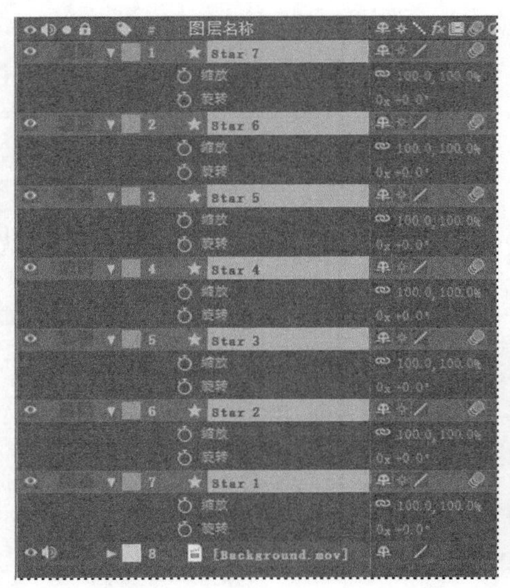

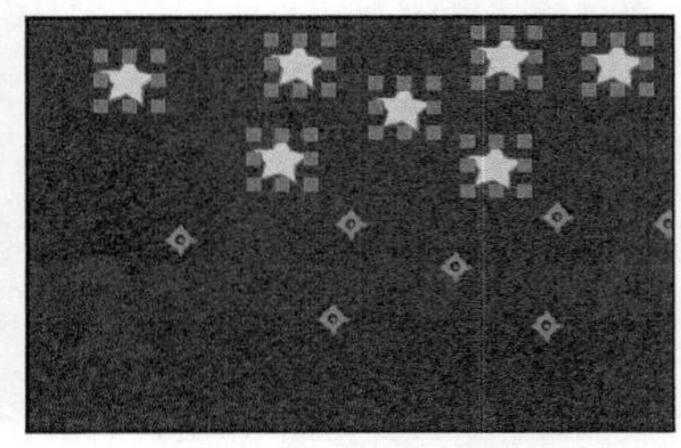

图4.12

8. 按 F2 键或者单击“时间轴”面板中的空白区域，取消选中所有图层。然后调整每一个图层的“旋转”和“缩放”属性，创建各种不同的星星，如图 4.13 所示。用户也可以使用“选取”工具来调整星星的位置。

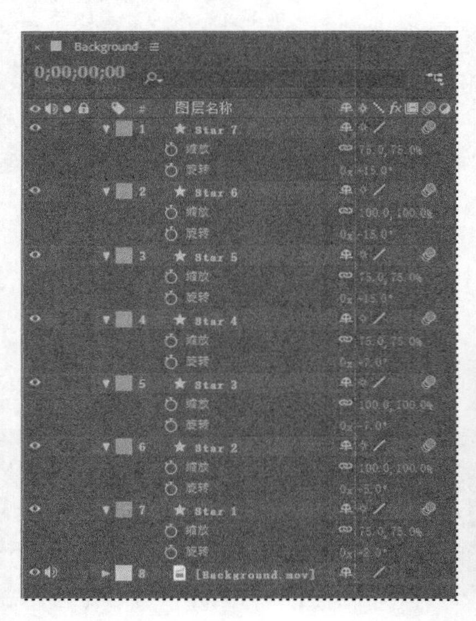

图4.13

注意：星星的缩放和旋转与它们的锚点位置有关，在默认情况下锚点位于图层的中央位置。要移动图层的锚点，在“工具”面板中选择“定位点”工具，然后在“合成”面板中拖动锚点即可。

9. 按空格键预览动画。星星在夜晚的天空中闪闪发光，随着白天的到来光芒逐渐消失。再次按下空格键停止播放。

10. 隐藏图层的所有属性。选择 Star 1 图层，然后按住 Shift 键选择 Star 7 图层，再次选择所有图层。

11. 选择“图层” > “预合成”命令，将新的合成图像命名为 Starscape，然后单击“确定”按钮，如图 4.14 所示。

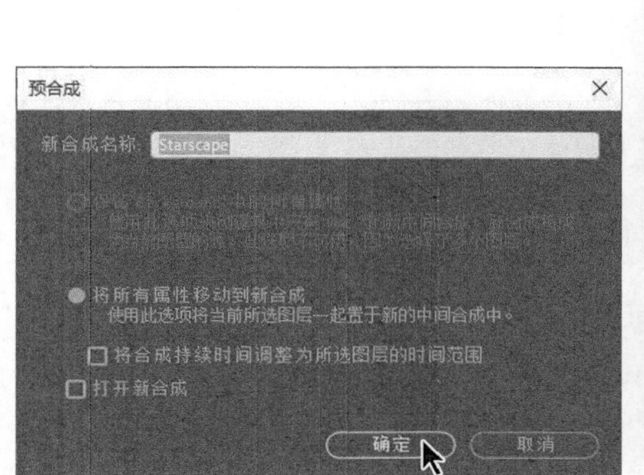

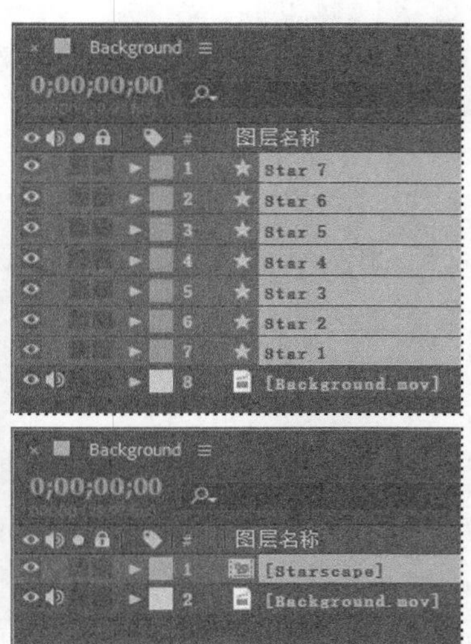

图4.14

After Effects 创建了一个包含 7 个星星形状的 Starscape 新合成图像，这个新合成图像取代了 Background 合成图像中的图层。用户也可以打开 Starscape 合成图像继续编辑星星图层，但是预合成的图层可以使“时间轴”面板更加高效。

12. 选择“文件” > “保存”命令保存工作。

4.6 创建自定义形状

你可以使用 5 种形状工具来创建多种形状。然而，在使用形状图层时，实际上可以绘制任何形状，然后以各种各样的方式来编辑它们。

4.6.1 使用钢笔工具绘制图形

使用钢笔工具绘制一个类似于花盆底部的形状。用户需要对花盆的颜色进行动画处理，花盆在场景开始时是暗的，随着天空变亮而变亮。

1. 确保没有选中“时间轴”面板中的任何图层，然后移动到 1:10。

2. 在“工具”面板中选择钢笔工具（![pen icon]）。

3. 在“合成”面板中，单击创建第一个顶点，然后再添加另外 3 个顶点，绘制一个类似于花盆底部的形状。再次单击第一个顶点，封闭形状，如图 4.15 所示。

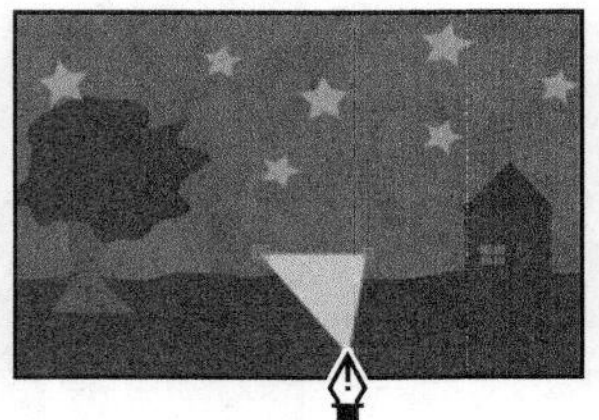

图4.15

> **提示：**你绘制的花盆不必与图 4.15 中的花盆完全相同，可以将它当作参考。在形状的底部单击创建一个初始的顶点，然后再通过单击的方式创建其他顶点。如果你还不熟悉钢笔工具，那么在绘制形状时，填充色的跳跃可能会形成干扰；不用担心，只要单击创建每一个顶点并绘制完最终的形状即可。

在创建第一个顶点时，After Effects 自动在“时间轴”面板中添加一个形状图层。

4. 选择 Shape Layer 1，按 Enter 或 Return 键，将图层的名字修改为 Base of Flowerpot。然后再按 Enter 或 Return 键接受这一更改。

5. 选中 Base of Flowerpot 图层，单击“工具”面板中的“填充颜色”框，然后选择一种深棕色（R=62，G=40，B=22）。

6. 在“工具”面板中单击“描边”选项，打开“描边选项”对话框，选择“无”选项，然后单击“确定”按钮。

7. 展开 Base of Flowerpot 图层，然后展开“内容”→“形状 1”→“填充 1”属性。

8. 单击“颜色”属性旁边的秒表（![stopwatch icon]），创建一个初始关键帧，如图 4.16 所示。

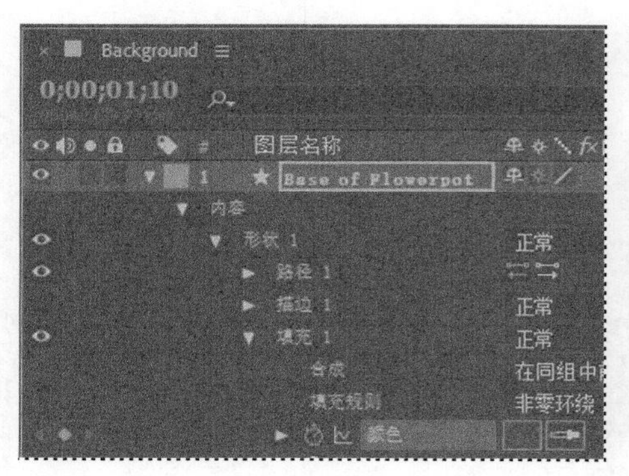

图4.16

9. 移动到 4:01，单击“填充颜色”框，将填充色修改为浅棕色（R=153，G=102，B=59），然后单击“确定”按钮，如图 4.17 所示。

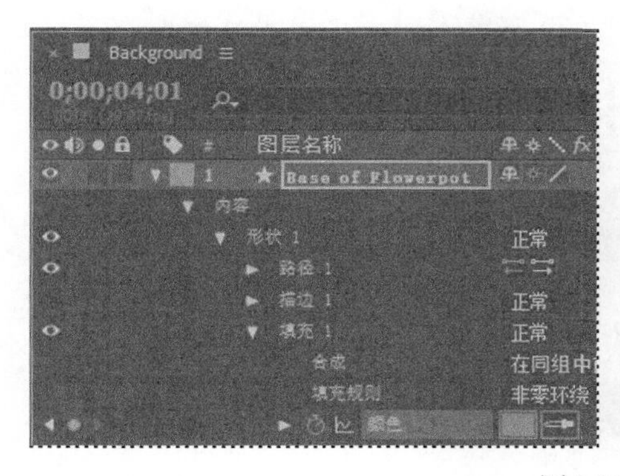

图4.17

10. 隐藏所有图层属性。按 F2 键或单击“时间轴”面板中的空白区域，取消选中所有图层。

4.7 使用捕获来布置图层

接下来我们将创建花盆的边缘，并使用 After Effects 中的捕获功能将花盆放到底座上。

4.7.1 使用圆角创建形状

1. 移动到 1:10。
2. 选择“圆角矩形”工具（![]），它隐藏在“工具”面板中星形工具（![]）下面。
3. 在“合成”面板中，绘制一个圆角矩形形状，使其比花盆的顶部要略宽一点。将这个形状放到花盆顶部的不远处。
4. 选择 Shape Layer 1，按 Enter 或 Return 键，将图层名修改为 Rim of Flowerpot。然后再按 Enter 或 Return 键接受这一更改。
5. 选中 Rim of Flowerpot 图层，单击“工具”面板中的“填充颜色”框，然后选择与花盆底部一样的颜色（R=62，G=40，B=22），再单击“确定”按钮。
6. 在“时间轴”面板中，展开 Rim of Flowerpot 图层，然后展开“内容”→“矩形 1”→“填充 1”属性。
7. 单击“颜色”属性旁边的秒表（![]），创建一个初始关键帧，如图 4.18 所示。
8. 移动到 4:01，修改填充色，使其与花盆底座的浅棕色相匹配（R=153，G=102，B=59），如图 4.19 所示。

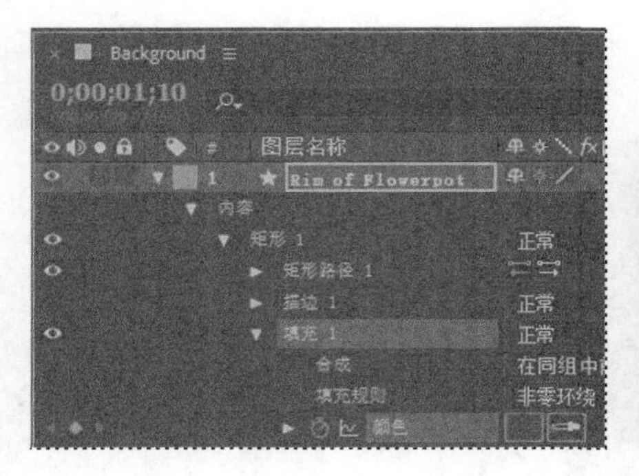

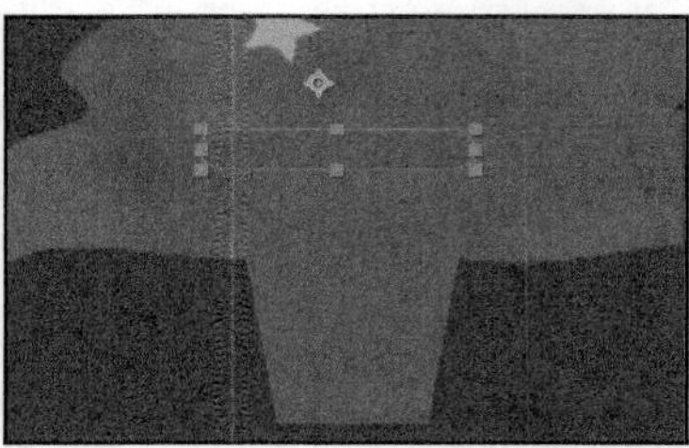

图4.18

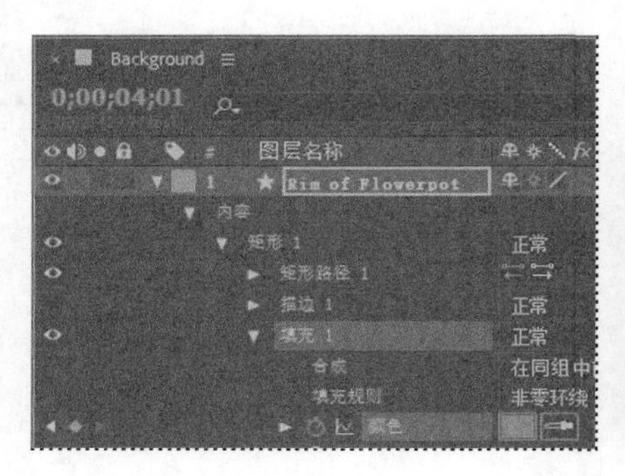

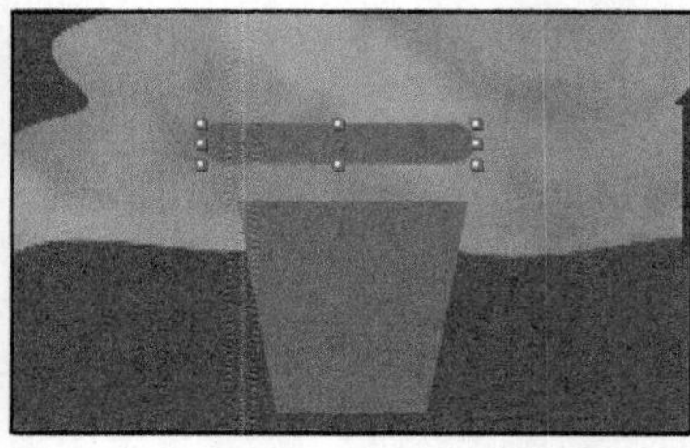

图4.19

9. 隐藏所有图层。按 F2 键或单击“时间轴”面板中的空白区域，取消选中所有图层。

4.7.2 捕获图层到指定位置

虽然创建了两个图层，但是在合成图像中它们之间没有任何关系。可以使用 After Effects 中的“捕获”选项快速对齐图层。当启用“捕获”选项后，距离单击位置最近的图层特征将成为捕获特征。当拖放图层靠近到其他图层时，其他图层的特征将被高亮显示，通知用户释放鼠标时，捕获功能将要捕获该特征。

注意：你可以将两个形状图层捕获到一起，但是不能捕获一个图层内的两个形状。而且，要捕获的图层必须处于可见状态。2D 图层可以捕获 2D 图层，3D 图层可以捕获 3D 图层。

1. 在“工具”面板中选择“选取”工具（▶）。

2. 在“工具”面板的可选项区域中选择“捕获”选项（如果还没有选择的话），如图 4.20 所示。

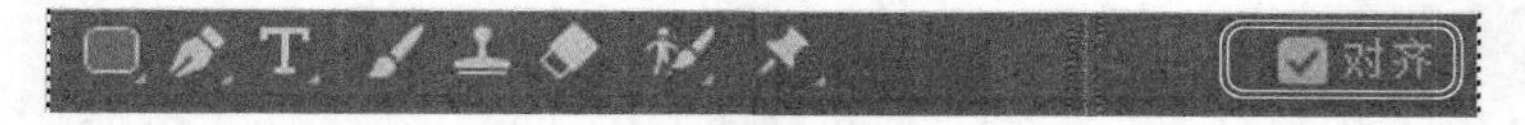

图4.20

3. 选择“合成”面板中的 Rim of Flowerpot 图层。

当在“合成”面板中选择图层时，After Effects 将显示图层的手柄和锚点。用户可以使用其中任何一点作为图层的捕获特征。

> Ae **提示：** 如果没有选择“捕获”选项，可以临时启用它：单击一个图层并开始拖动，在继续拖动图层时，按 Ctrl 键（Windows）或 Command 键（macOS）。

4. 单击花盆边缘的底部，将它拖动到 Base of Flowerpot 图层的上边缘，直到双方对接在一起。注意不要拖放中心位置，否则会改变图层的大小，如图 4.21 所示。

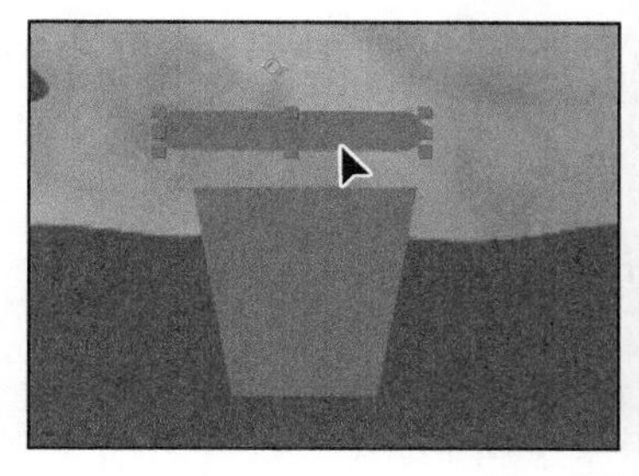

图4.21

在拖放图层时，你选择的手柄周围会出现一个框，表示它是一个捕获特征。

5. 如果需要的话，可选择“选取”工具，调整花盆边缘和底座的大小。
6. 按 F2 键或单击“时间轴”面板的空白区域，取消选择所有图层。
7. 选择“文件” > “保存”命令保存工作。

4.8 对形状进行动画处理

接下来将对形状图层的位置、不透明度和其他变换属性进行动画处理，采用的方式与在其他图层中处理这些属性的方式相同。但是形状图层针对动画提供了额外的操作，其中包括文件、描边、路径和路径操作。

下面将创建另外一颗星星，然后使用“收缩和膨胀”路径操作，使星星落到花盆上时变成一朵花，并改变颜色。

4.8.1 对路径操作进行动画处理

路径操作与特效类似，能在保留原始路径的同时修改形状的路径。路径操作是实时的，因此可以随时将其修改或移除。我们在前面使用了“摆动路径”路径操作，现在将应用“收缩和膨胀”路径操作。

“收缩和膨胀”路径操作在将路径线段向里弯曲的同时，将路径的顶点向外拉伸（收缩操作），或者在将路径线段向外弯曲的同时，将路径顶点向里拉伸（膨胀操作）。接下来将对收缩或膨胀的程度进行动画处理，使其随着时间而改变。

1. 按 Home 键或者将当前时间指示器移动到时间标尺的开始位置。

2. 选择星形工具（★），它隐藏在“工具”面板中圆角矩形工具（■）的后面，然后在天空的右上区域绘制另外一颗星星。

After Effects 在“时间轴”面板中添加了一个形状 1 图层。

3. 单击“填充颜色”框，将填充颜色修改为与其他星星一样的亮黄色（R=215，G=234，B=23），然后单击“确定”按钮。

4. 单击“描边颜色”框，将描边颜色修改为红色（R=159，G=38，B=24），然后单击“确定”按钮。

在修改描边颜色时，After Effects 自动将描边选项从“无”修改为“纯色”。

5. 选择 Shape 1 图层，按 Enter 或 Return 键，将名字修改为 Falling Star，然后再按 Enter 或 Return 键接受这一修改，如图 4.22 所示。

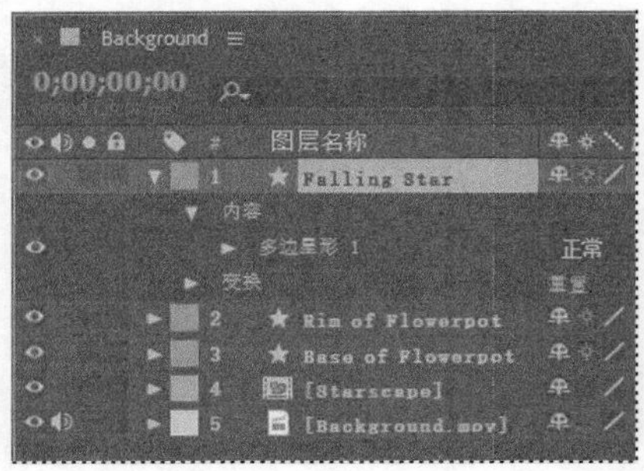

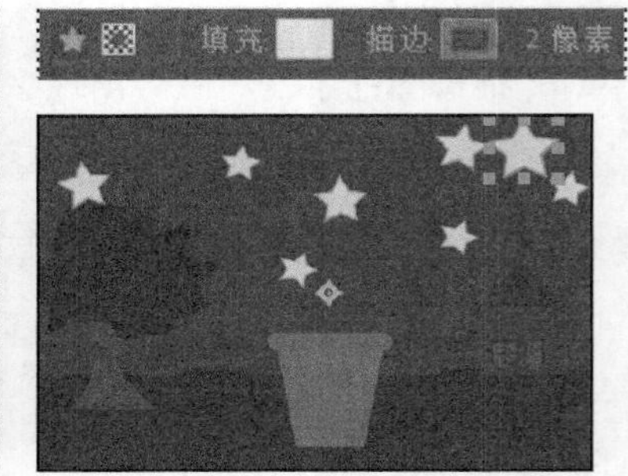

图4.22

6. 在“时间轴”面板中，从 Falling Star 图层的“添加”下拉菜单中选择“收缩和膨胀”。

7. 在“时间轴”面板中展开“收缩和膨胀 1”属性。

8. 将“数量”修改为 0，然后单击秒表图标（⏱），创建一个初始关键帧。

9. 移动到 4:01，然后将“数量”修改为 139.0，如图 4.23 所示。

图4.23

星星形状变成了一朵花。After Effects 创建了一个关键帧。

4.8.2 对位置和缩放进行动画处理

星星现在变成了花朵，但是它应该是一边变化一边落下来。现在对它的位置和缩放进行动画处理。

1. 按 Home 键或者将当前时间指示器移动到时间标尺的开始位置。
2. 选择“工具”面板中的“定位点”工具（），然后将图层的锚点拖放到星星的中心，如图 4.24 所示。

图4.24

锚点是 After Effects 在改变图层的位置、缩放和旋转时，使用的参考点。

3. 选择 Falling Start 图层，按 P 键显示其“位置”属性，然后按 Shift + S 组合键显示其“缩放”属性。
4. 单击每一个属性旁边的秒表（），在它们的当前值位置创建初始关键帧。
5. 选择“选取”工具，移动到 4:20。将星星移动到屏幕的中央位置，位置是树木和房屋之间的花盆上方，这也是星星的最终位置（在放置花朵的位置时，可能需要取消选中“工具”面板中的“捕获”选项）。在这个位置，星星已经变成了花朵，但是花朵大小还没有改变，如图 4.25 所示。

图4.25

After Effects 创建了一个“位置”关键帧。

6. 移动到 4:01。增大“缩放”值，使花朵的大小与花盆宽度相等，如图 4.26 所示。你使用的“缩放”具体值与星星的大小和花盆的宽度有关。

图4.26

7. 按空格键预览动画。星星坠落成为花朵，但是这个下落轨迹是直线。我们希望下落轨迹略成弧形。再次按空格键停止播放。

8. 移动到 2:20，向上调整星星的位置，使其路径变成一个柔和的弧线，如图 4.27 所示。

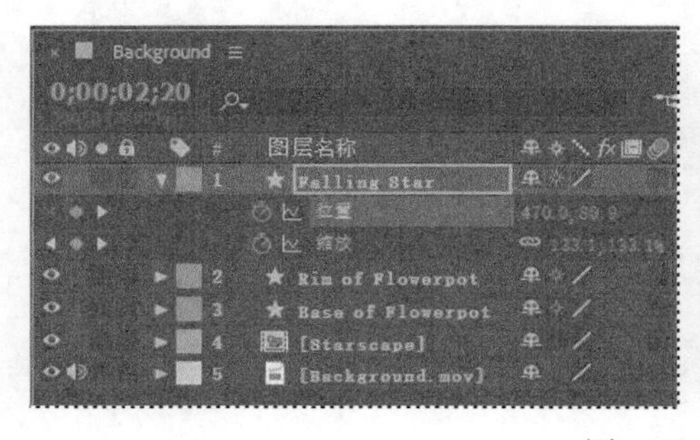

图4.27

9. 按空格键再次预览星星的路径，然后再按空格键停止播放，如图 4.28 所示。如果想改变路径，可以在时间标尺的其他点添加“位置”关键帧。

图4.28

10. 隐藏 Falling Star 图层的属性。

4.8.3 对填充颜色进行动画处理

星星在变成花朵时，依然显示为带有红色描边的黄色。现在对它的填充颜色进行动画处理，使花朵颜色为红色。

1. 按 Home 键或者将当前时间指示器移动到时间标尺的开始位置。

2. 展开 Falling Star 图层，然后展开“内容” > “多边星形 1” > “填充 1” 属性。

3. 单击“颜色”属性旁边的秒表（⏱），创建一个初始关键帧。

4. 移动到 4:01，将填充颜色修改为红色（R=192，G=49，B=33），如图 4.29 所示。

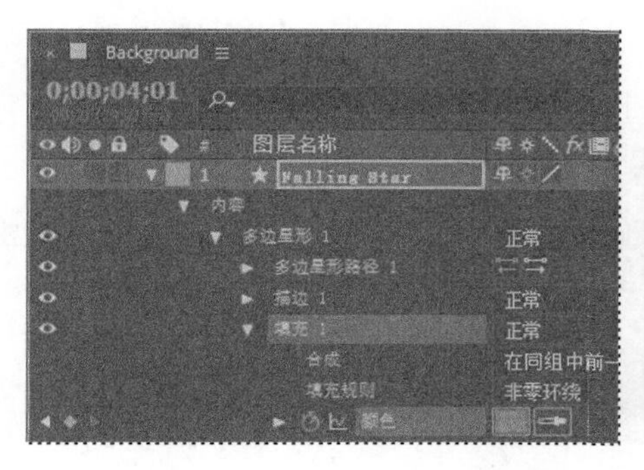

图4.29

5. 隐藏所有的图层属性。按 F2 键或者单击“时间轴”面板中的空白区域，取消选中所有图层。

6. 按空格键预览动画。再次按空格键停止播放。

7. 选择“文件” > “保存”命令。

4.9 从路径创建空对象

在图层之间应用父化关系时，子图层将应用父图层的属性。当需要在形状上的一个点和另外一个图层之间创建关系时，“从路径创建空对象”面板可以使这个事情变得简单。空对象是一个不可见的图层，与其他图层的所有属性相同，因此可以作为任何图层的父图层。“从路径创建空对象”面板基于特定的点创建空对象，然后就可以在无需编写复杂表达式的情况下，将空对象作为其他图层的父图层。

注意：“从路径创建空对象”面板只能处理蒙版或贝塞尔曲线形状（使用钢笔工具绘制的形状）。要将使用形状工具绘制的形状转换为贝塞尔曲线路径，可展开形状图层的内容，右键单击路径（比如 Rectangle 1），然后选择“转换为贝塞尔曲线路径”命令。

接下来将绘制根茎和叶子，使得它们从花盆里露出来，然后遇到下落的星星。你可以将这两个图层相互进行父化处理，并同时移动根茎和叶子，如果要将根茎与花连接在一起，将需要创建一个空对象。

4.9.1 使用钢笔工具绘制形状

下面绘制根茎。根茎描边的颜色要比花朵更深一些，但是没有填充色。根茎在花盆中升起来并遇到星星变成花朵。这时叶子有填充色，但是没有描边。

1. 移动到 4:20，这也是花朵的最终位置。

2. 在“工具”面板中选择钢笔工具。

3. 单击“填充”选项，打开“填充选项”对话框，选择“无”选项，然后单击“确定”按钮。

4. 在“工具”面板中单击“描边颜色”框，将描边颜色修改为绿色（R=44，G=73，B=62），然后单击“确定”按钮。将“描边宽度”修改为 3px。

5. 单击花盆边缘的下面，创建一个初始顶点，然后在花朵的中心位置单击。在松开鼠标按键之前，拖动贝塞尔手柄在根茎中创建一个微妙的曲线，如图 4.30 所示。

图4.30

6. 选择 Shape 1 图层，按 Enter 或 Return 键，将其名字修改为 Stem，然后再按 Enter 或 Return 键接受更改。

7. 选中 Stem 图层，按 P 键显示其“位置”属性，然后单击秒表图标（⏱）在图层的最终位置创建一个初始关键帧。

8. 移动到 3:00，按 Alt + [（Windows）或 Option + [（macOS）组合键，将图层的“入”点设置为当前时间，如图 4.31 所示。

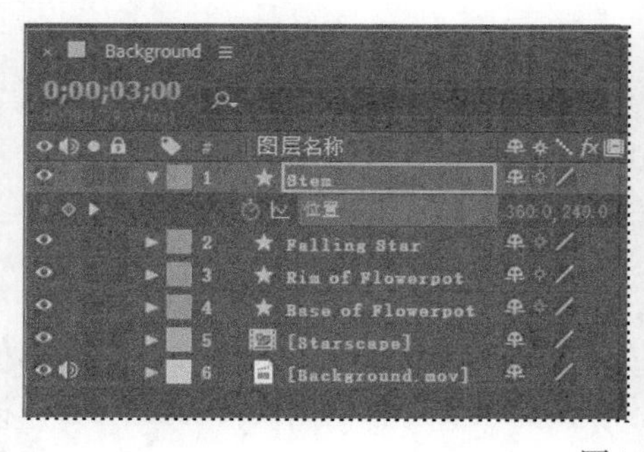

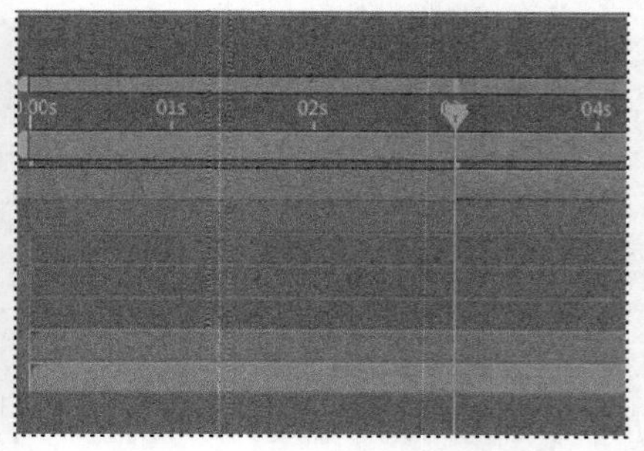

图4.31

9. 在“工具”面板中选择“选取”工具，向下拖动根茎，使其完全位于花盆的下面，如图 4.32 所示。在拖动时按住 Shift 键将垂直移动。

图4.32

> **提示：**如果还没有取消选中“捕获”选项，则需要将其取消选中，然后才能将根茎放到你想要的位置。

根茎将在 3:00 时从花盆中冒出来。现在绘制叶子。

10. 移动到 4:20，这是花朵的最终位置。

11. 按 F2 键或单击“时间轴”面板中的空白区域，取消选中所有图层。然后在“工具”面板中选择钢笔工具，单击“填充颜色”框，选择一种与绿色的描边色相似的颜色（R=45，G=74，B=63），然后单击“确定”按钮。单击“描边”选项，在“描边选项”对话框中选择“无”，然后再单击“确定”按钮。

12. 单击根茎底部附近的叶子的初始顶点，然后单击叶子另一端的一个顶点。在松开鼠标按键之前，拖动贝塞尔手柄创建一片弧形的叶子，如图 4.33 所示。

图4.33

13. 按 F2 键取消选中图层，然后重复步骤 12，在根茎另一端再绘制一片树叶。

14. 选择 Shape 1 图层，按 Enter 或 Return 键，将其重命名为 Leaf 1，然后按 Enter 或 Return 键接受更改。采用同样的方式将 Shape Layer 2 图层重命名为 Leaf 2，如图 4.34 所示。

只有当根茎在 3:00 出现时才会用到图层，因此需要设置这两个图层的“入”点，以匹配根茎的图层。

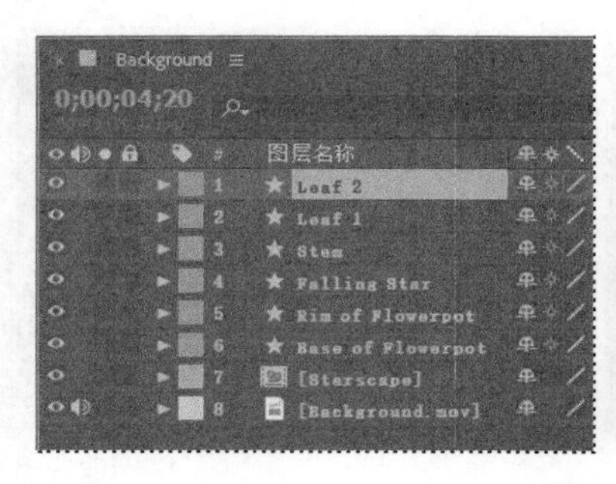

图4.34

15. 移动到 3:00。选择 Leaf 1 图层，然后按住 Shift 键选择 Leaf 2 图层。按下 Alt + [（Windows）或 Option + [（macOS）组合键，设置这两个图层的入点。

4.9.2　对图层进行父化处理

现在需要将叶子图层作为根茎图层的父图层，使叶子与根茎一起出现。

1. 将 Stem、Leaf 1 和 Leaf 2 图层移动到“时间轴”面板中 Base of Flowerpot 图层的下面，这样当根茎和叶子在出现时会隐藏在花盆的后面。

2. 隐藏所有的图层属性，取消选中所有图层。

3. 将 Leaf 1 图层的关联器（◎）拖动到 Stem 图层，然后将 Leaf 2 图层的关联器拖动到 Stem 图层，如图 4.35 所示。

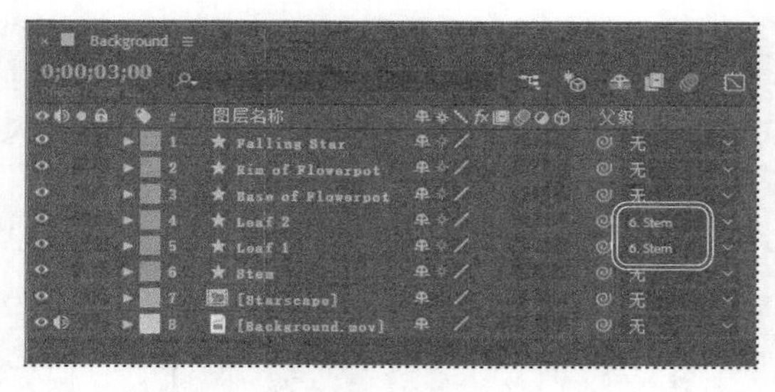

图4.35

Leaf 1 和 Leaf 2 图层将一起移动到 Stem 图层。

4.9.3　使用空对象来连接点

在“从路径创建空对象”面板中有 3 个选项 :“空白后接点”选项创建可以用来控制路径点位置的空对象 ;“点后接空白”选项创建由路径点的位置来控制的空对象 ;“追踪路径”选项用来创建单个对象，而且对象的位置与路径的坐标相关联。

下面我们将根茎顶部的点创建一个空对象，然后将这个空对象作为花朵的父图层，这样一来，即使花朵发生移动，空对象和花朵之间依然保持连接。

1. 移动到 4:20，以便能看到根茎和叶子。

2. 选择“窗口”>“从路径创建空对象”命令。

3. 展开“时间轴”面板中的 Stem 图层，然后展开“内容”→“形状 1”→“路径 1”。

4. 选择“路径”选项，如图 4.36 所示。

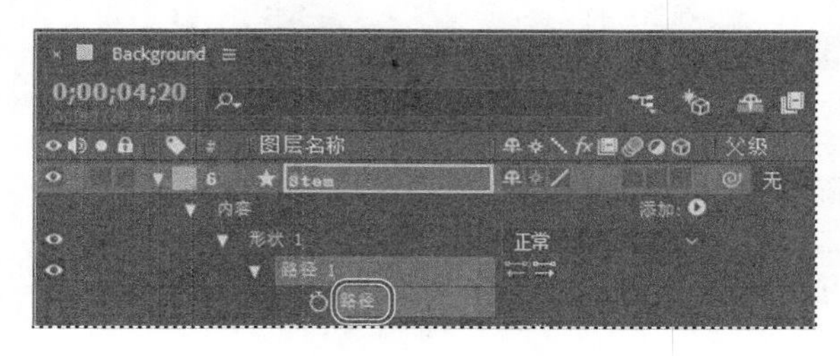

图4.36

必须在“时间轴”面板中选择一条路径，才能使用“从路径创建空对象”面板中的选项来创建空对象。

5. 在“从路径创建空对象”面板中单击“空白后接点”选项，如图 4.37 所示。

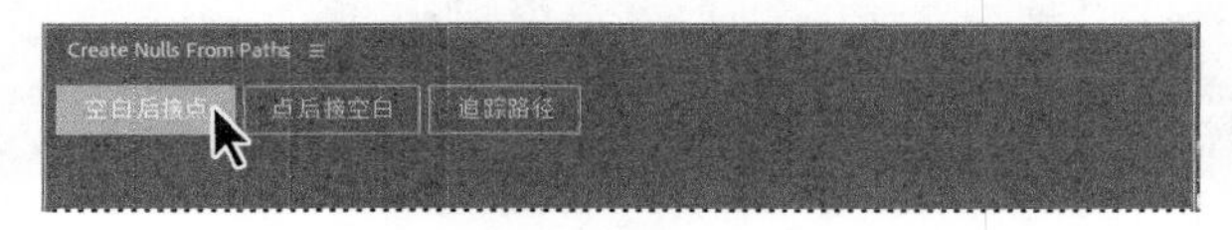

图4.37

After Effects 创建了两个空对象，分别对应于根茎路径上的两个点。空对象在“合成”面板中显示为金色,“时间轴”面板中的“Stem: Path 1[1.1.0]”和“Stem: Path 1[1.1.1]”图层也显示为金色。只有根茎顶部的点需要空对象。

注意：在创建了空对象后，可以关闭“从路径创建空对象”面板，也可以保留其打开状态。

6. 选择与根茎底部的点相对应的空对象，将其删除。

7. 在“时间轴”面板中，将“Stem: Path 1[1.1.1]”图层上的关联器（◎）拖放到 Falling Star 图层上，如图 4.38 所示。

图4.38

8. 沿着时间标尺拖动当前时间指示器，查看根茎是如何连接到花朵上的，如图 4.39 所示。

图4.39

花朵将栩栩如生地随根茎也一起运动。

9. 移动到 4:28，使用“选取”工具将花朵略微向右移动，使其看起来像是被风吹过，如图 4.40 所示。

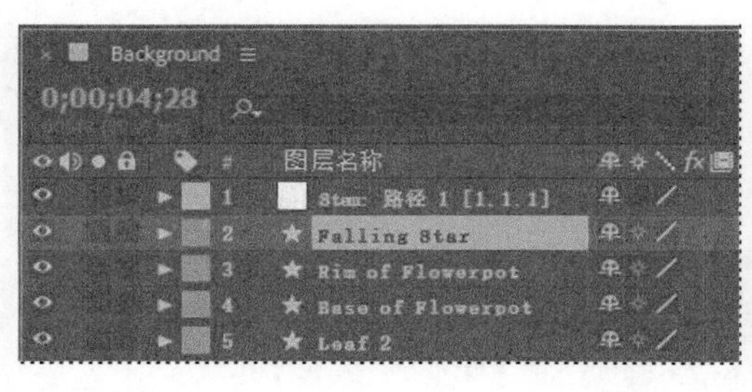

图4.40

10. 选择 Falling Star 图层，按 R 键显示其“旋转”属性，然后移动到 4:20，单击秒表图标，在最初的旋转位置创建一个初始关键帧。移动到 4:28，将“旋转”属性修改为 30°，如图 4.41 所示。

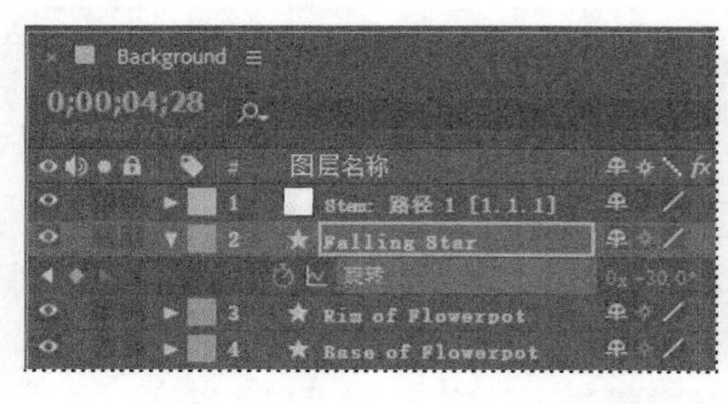

图4.41

11. 选择“文件”>“保存”命令保存工作。

4.10 预览合成图像

前面我们使用形状工具和钢笔工具创建了几个形状图层，对其进行了动画处理 ，并使用空对象对它们进行父化处理，现在我们来看一下组合在一起后的效果。

1. 按 F2 键取消选中所有图层。
2. 按 Home 键或移动当前时间指示器到时间标尺的开始位置。
3. 按空格键预览动画，如图 4.42 所示。再次按空格键停止播放。

图4.42

4. 根据需要进行调整。例如，如果叶子在随着根茎生长出来时，是从花盆里面生长出来的，就需要使用“选取”工具调整叶子的位置，或者对叶子的不透明度进行动画处理，使得只有在叶子露出花盆之后，才是可见的。
5. 选择“文件”>“保存”命令保存最终的项目。

对图层进行动画处理，以匹配音频

我们可以调整动画的播放时间，使其与音频文件的节拍匹配。首先需要在音频的振幅上创建关键帧（音频振幅决定了声音的音量），然后将动画与创建的这些关键帧进行同步。

- 要通过音频振幅创建关键帧，需要在“时间轴”面板的音频图层上单击右键，或者按住Control键并单击，然后选择“关键帧助手”>“转换音频为关键帧”命令。After Effects添加一个“音频振幅”图层。新图层将是一个空对象图层，也就是说，它没有大小和形状，并且不会出现在最终的渲染中。After Effects创建的关键帧指定了音频文件在图层中每一帧的振幅。

- 要将动画属性与音频振幅进行同步，可选择“音频振幅”图层，按E键显示图层的特效属性。然后展开想要使用的音频通道，按住Alt键（Windows）或按住Option键（macOS）单击要想与音频进行同步的动画属性，添加一个表达式；在时间标尺中选中表达式，单击Expression:[property name]这一行上的关联器图标（◎），将其拖动到“音频振幅”图层中的“滑块”属性名上。松开鼠标时，关联器进行链接，此时形状图层时间标尺中的表达式意味着图层的属性值取决于“音频振幅”图层的“滑块”值。

4.11 复习题

1. 什么是形状图层，怎样创建形状图层？
2. 怎样创建一个图层的多个副本，并且包含图层的所有属性？
3. 怎样将一个图层捕获到另一个图层？
4. “收缩和膨胀”路径操作的功能是什么？

4.12 复习题答案

1. 形状图层只是一个包含矢量图形（称为形状）的图层。要创建形状图层，请使用任何一种绘图工具或钢笔工具直接在“合成”面板中绘制形状。
2. 要复制一个图层，需选中它，然后选择“编辑”>“复制”命令即可；也可按 Ctrl + D（Windows）或 Command + D（macOS）组合键来实现。原始图层的所有属性、关键帧以及其他属性都将包含在新图层中。
3. 在“合成”面板中，要将一个图层捕获到另一个图层，需要在“工具”面板中选择“捕获”选项。如果你想使用某个手柄或者锚点作为捕获特征，可以在靠近手柄或锚点的位置单击，然后拖动图层到你想要进行对齐的锚点。松开鼠标后，After Effects 将会高亮显示将要对齐的点。
4. “收缩和膨胀”路径操作在将路径线段向里弯曲的同时，将路径的顶点向外拉伸（收缩操作），或者在将路径线段向外弯曲的同时，将路径顶点向里拉伸（膨胀操作）。可以对收缩或膨胀的程度进行动画处理，使其随着时间而改变。

第5课 多媒体演示动画

课程概述

本课介绍的内容包括：

- 创建多图层复杂动画；
- 调整图层的持续时间；
- 使用位置、缩放和旋转关键帧进行动画处理；
- 使用父化关系同步图层的动画；
- 使用贝塞尔曲线对运动路径进行平滑处理；
- 对预合成图层进行动画处理；
- 对纯色图层应用特效；
- 使音频淡出。

本课大约要用 1 小时完成。启动 After Effects 之前，请先将本书的课程资源下载到本地硬盘中，并进行解压。在学习本课并按步骤执行相关操作时，相应的课程文件将被覆盖。建议先做好原始课程文件的备份工作，以免后期用到这些原始文件时还要重新下载。

Animation by Lee Daniels, www.leedanielsart.com

PROJECT: ANIMATED VIDEO

Adobe After Effects 项目通常需要使用各种导入的素材，将它们组合成合成图像，用“时间轴”面板对它们进行编辑和动画处理。本课将创建一个多媒体展示，使用户更熟悉动画的基础操作。

5.1 开始

在本项目中，我们将对一个漂浮在空中的热气球进行动画处理。在刚开始时，一切都很平静，直到一阵风吹来，把热气球的彩色画布吹跑，盖住了云层。

1. 确认硬盘上的 Lessons\Lesson05 文件夹中存在以下文件。
   - Assets 文件夹：Balloon.ai、Fire.mov、Sky.ai 和 Soundtrack.wav。
   - Sample_Movie 文件夹：Lesson05.mov 和 Lesson05.avi。
2. 使用 Windows Media Player 打开并播放影片示例文件 Lesson05.avi，或者使用 QuickTime Player 打开并播放影片示例文件 Lesson05.mov，以查看本课将创建的效果。播放完后，关闭 Windows Media Player 或 QuickTime Player。如果硬盘空间有限，也可以将影片示例文件从硬盘中删除。

开始本课之前，请恢复 After Effects 应用程序的默认设置。详情请参见前言中的“恢复默认参数”。

3. 启动 After Effects 时请立即按住 Ctrl + Alt + Shift（Windows）或 Command + Option + Shift（macOS）组合键，准备恢复默认的参数设置。系统询问是否删除参数文件时，单击“确定”按钮。
4. 关闭“开始”窗口。
5. 选择“文件”>“保存为”>“另存为”命令。
6. 在“另存为”对话框中，导航到 Lessons\Lesson05\Finished_Project 文件夹。将该项目命名为 Lesson05_Finished.aep，然后单击“保存”按钮。

5.1.1 导入素材

接下来，导入本项目需要的素材，其中包括 balloon.ai 合成图像。

1. 双击“项目”面板的空白区域，打开“导入文件”对话框。
2. 导航到 Lessons\Lesson05\Assets 文件夹，选择 Sky.ai 文件。
3. 从“导入为”菜单中选择“素材”，然后单击“导入”或“打开”按钮。
4. 在 Sky.ai 对话框中，确保选中了合并的图层，然后单击“确定”按钮，如图 5.1 所示。
5. 双击“项目”面板的空白区域，导航到 Lessons\Lesson05\Assets 文件夹，选择 Balloon.ai 文件。
6. 从“导入为”菜单中选择“合成 – 保持图层大小”选项，然后单击“导入”或“打开”按钮。

7. 按下 Ctrl+I（Windows）或 Command+I（macOS）组合键，再次打开“导入文件”对话框。

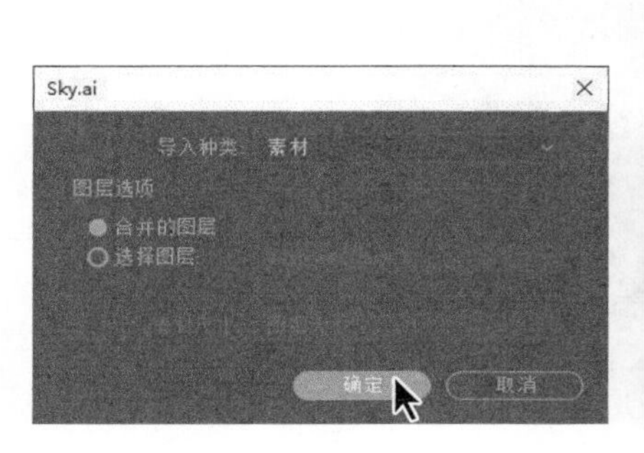

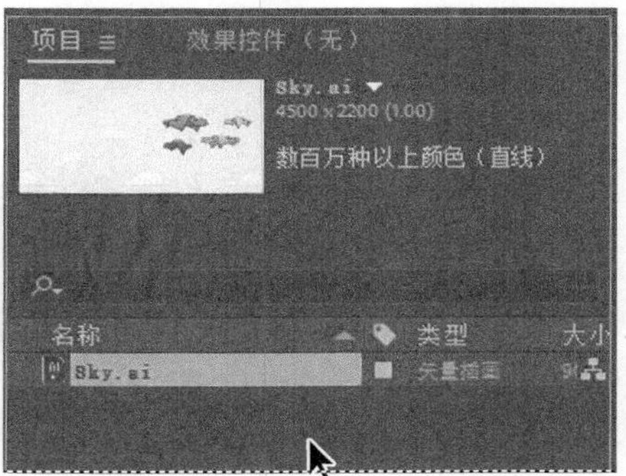

图5.1

在After Effects中使用Creative Cloud Libraries（创意云库）

通过Creative Clouds Libraries（创意云库），你可以轻松访问在After Effects与其他Adobe应用中创建的图像、视频、颜色，以及其他素材，还可以使用Adobe Capture CC和其他移动应用创建的Looks、形状和其他素材。

在Libraries面板中，甚至可以使用Adobe Stock图像和视频（见图5.2）：在面板内搜索和浏览素材，下载带有水印的版本，以查看是否与你的项目匹配，然后对你想要保留的版本进行授权——这一切都不需要离开After Effects。

由于我们使用同一个搜索栏来搜索Adobe Stock，因此可以很容易地在创意云库中查找特定的项目。

有关使用创意云库的更多方法，请查询After Effects帮助文档。

图5.2

8. 导航到 Lessons\Lesson05\Assets 文件夹，然后选择 Fire.mov 文件，如图 5.3 所示。

9. 确保在“导入为”菜单中选中“素材”，然后单击“导入”或“打开”按钮。

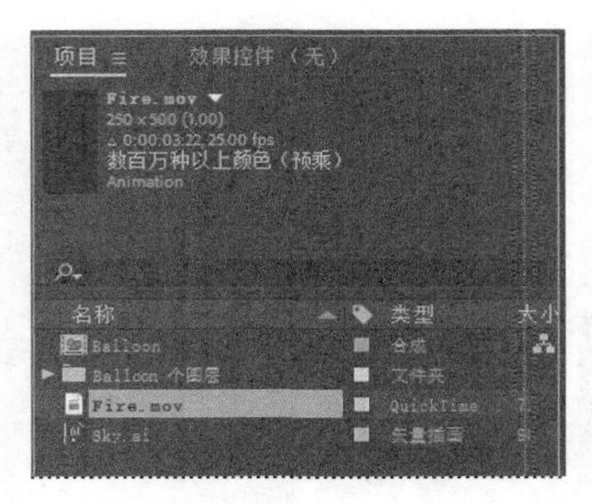

图5.3

5.1.2　创建合成图像

接下来将创建合成图像并添加天空。

1. 在“合成”面板中单击“新建合成”选项。

2. 在“合成设置”对话框中，执行如下操作，如图 5.4 所示。

- 将合成图像命名为 Balloon Scene。
- 从“预设”下拉菜单中选择 HDTV 1082 25。
- 确保在“像素长宽比”下拉菜单中选择的是“方形像素”。
- 确保“宽度”为 1920 px，“高度”为 1080 px。
- “分辨率”为四分之一。
- “持续时间”为 20 秒。
- 单击“确定”按钮。

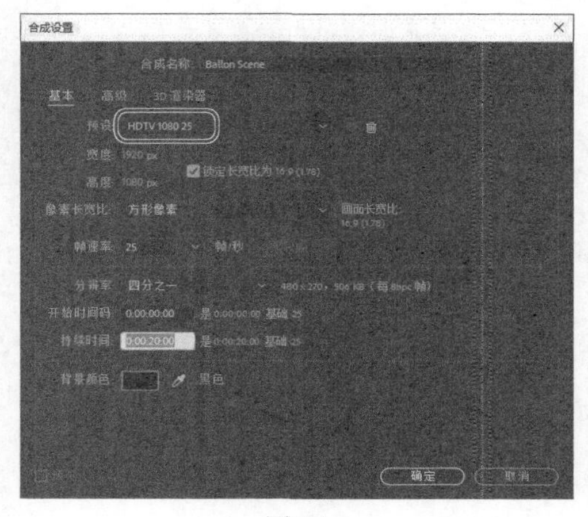

图5.4

注意：如果修改了“像素长宽比”或者“宽度”设置，“合成设置”面板中的“预设”下拉菜单的名字可能会变成“自定义”。

3. 将 Sky.ai 素材从“项目”面板拖放到“时间轴”面板中。

热气球将会从 Sky.ai 图像中飘过。图像的最右边包含在场景结束时出现的被画布覆盖的云。用画布覆盖的云在电影的前期播放中应该是不可见的。

4. 在“合成”窗口中拖动 Sky 图层，使其左下角与合成图像的左下角持平，结果如图 5.5 所示。

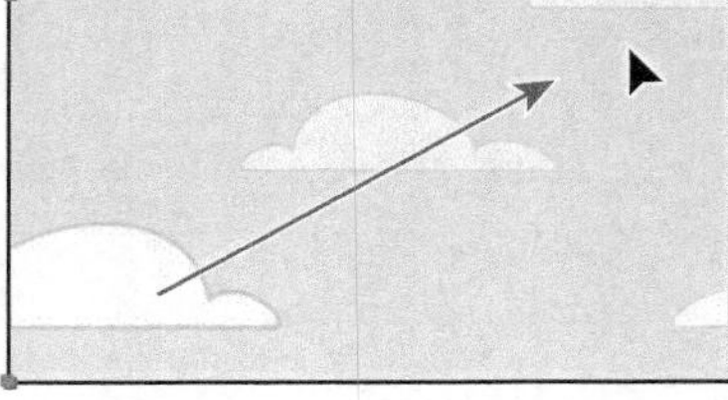

图5.5

5.2 调整锚点

锚点就是执行变换（比如缩放或旋转）的点。默认情况下，一个图层的锚点是在图层的中心位置。

下面我们更改画面人物的胳膊和脑袋的锚点，这样在他拽着绳子点火时，以及上下打量时，能够更好地控制他的运动。

1. 双击“项目”面板中的 Balloon 合成图像，将其在“合成”面板和“时间轴”面板中打开，如图 5.6 所示。

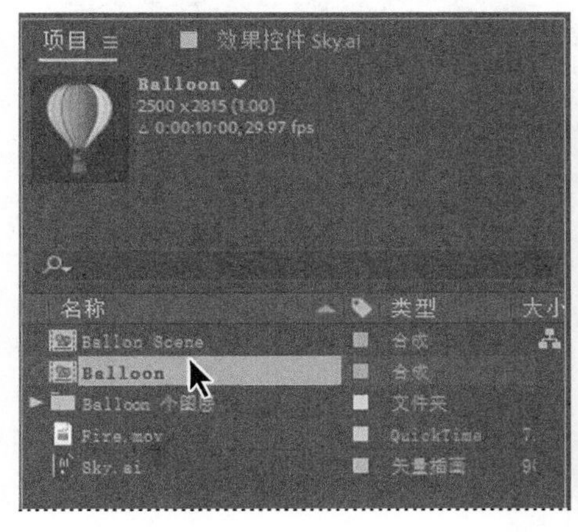

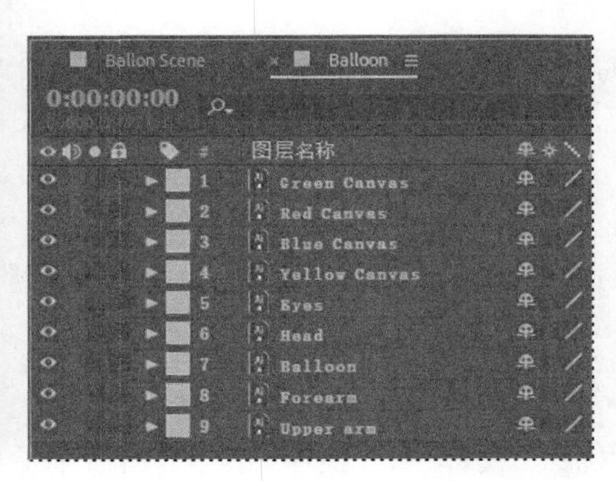

图5.6

Balloon 合成图像包含画布颜色图层、热气球自身图层、人物的眼睛、脑袋、前臂和上臂的图层。

2. 在“合成”面板底部的“放大率”弹出菜单中选择 50%，以便更清晰地观察热气球的细节。

3. 在“工具”面板中选择抓手工具（ ），然后移动人物，使其位于“合成”面板的中央位置，如图 5.7 所示。

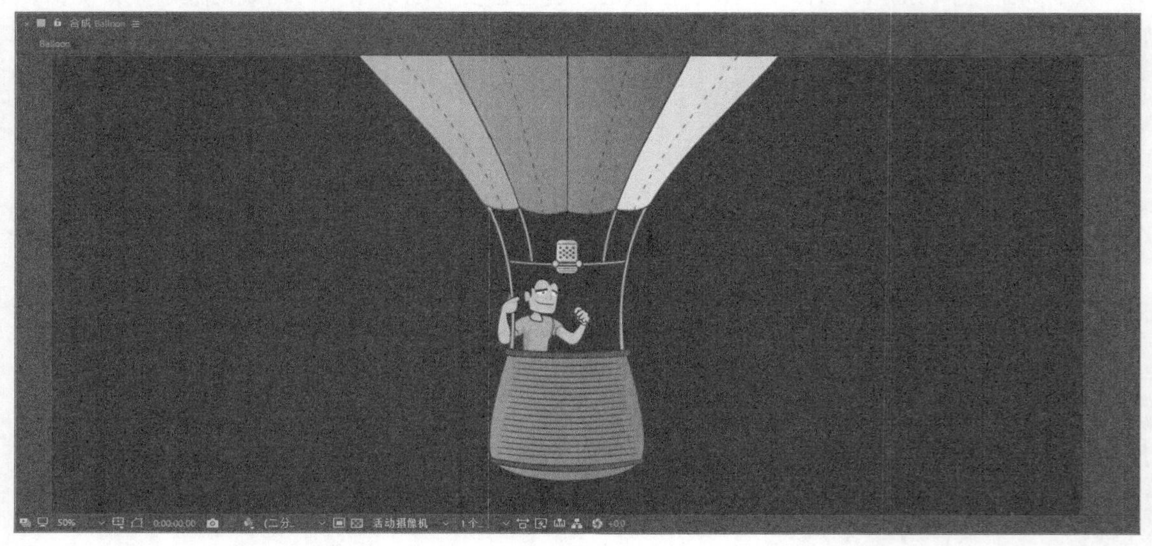

图5.7

4. 在“工具”面板中选择“选取”工具（ ）。

5. 在“时间轴”面板中选择 Upper arm 图层。

6. 在“工具”面板中选择定位点工具（ ），也可以按下 Y 键激活该工具，如图 5.8 所示。

图5.8

借助于定位点工具，你可以在不移动“合成”窗口中整个图层的情况下，移动锚点。

7. 将锚点移动到人物的肩膀位置所示。

8. 在“时间轴”面板中选择 Forearm 图层，然后将它的锚点移动到肘部位置。

9. 在“时间轴”面板中选择 Head 图层，然后将它的锚点移动到人物的颈部位置。结果如图 5.9 所示。

10. 在“工具”面板中选择“选取”工具。

11. 选择“文件”>“保存”命令保存你的工作。

图5.9

5.3 对图层进行父化处理

这个合成图像包含了几个需要一起移动的图层。例如，在气球升起时，人物的胳膊和脑袋也应该一起移动。在前面几课中已经讲过，父化关系可以将父图层的变更与子图层中的相应变更进行同步处理。接下来，我们将在这个合成图像的几个图层中建立父化关系，同时也添加火焰视频。

1. 取消选中“时间轴”面板中的所有图层，在选择 Head 和 Upper arm 图层时，按住 Ctrl 键（Windows）或 Command 键（macOS）。

2. 在上述两个被选中图层的任何一个中，在“父级”栏中的弹出菜单中选择 7.Balloon，如图 5.10 所示。

图5.10

这将 Head 和 Upper arm 图层创建为 Ballon 图层的子图层。在 Balloon 图层移动时，另外两个图层也一起运动。

人物的眼睛不但需要与热气球一起运动，还需要与脑袋一起运动，因此需要创建进一步的父化关系。

3. 在 Eyes 图层的“父级”栏中，从弹出菜单中选择 6.Head。

人物的前臂也应该与上臂一起运动。

4. 在 Forearm 图层的“父级”栏中，从弹出菜单中选择 9.Upper arm，如图 5.11 所示。

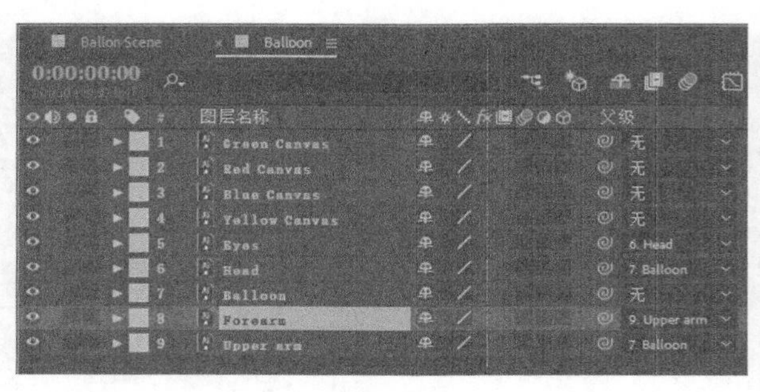

图5.11

现在需要确保火焰视频与热气球一起运动。

5. 将 Fire.mov 文件从“项目”面板拖动到“时间轴”面板，直接将其放到画布（canvas）图层的下方，火焰将出现在气球的内部，而非外部（Fire 图层应该位于 Yellow Canvas 图层和 Eyes 图层之间）。

火焰视频位于合成图像的中央位置，接下来需要略微缩小一些，以便能看到它。

6. 从“放大比例”弹出菜单中选择 25%，以便看到选定视频的轮廓。
7. 在“合成”窗口中，将焰火视频拖放到燃烧器的上方。要想看到燃烧的焰火，以便能够准确地放置其位置，可以将当前时间指示器在时间标尺的第 1 秒位置上拖动。
8. 当对 Fire 图层的位置满意后，从 Fire 图层“父级”栏的弹出菜单中选择 8.Balloon，如图 5.12 所示。

图5.12

9. 选择“文件”>“保存”命令保存当前为止的工作。

5.4 预合成图层

有时我们可以很容易地处理合成对象中的一组图层。预合成图层将一组图层移动到一个新的合成图像中，并嵌套在原始合成图像内部。接下来，我们将预合成画布图层，以便在对画布图层进行离开气球的动画处理时，能够单独处理画布图层。

1. 在 Balloon Timeline 面板中，按住 Shift 键单击 Green Canvas 和 Yellow Canvas 图层，选中所有的 4 个画布图层。
2. 选择“图层”>“预合成”命令。
3. 在“预合成”对话框中，将合成图像命名为 Canvas，选中“将所有属性移动到新合成”选项，然后单击“确定”按钮，如图 5.13 所示。

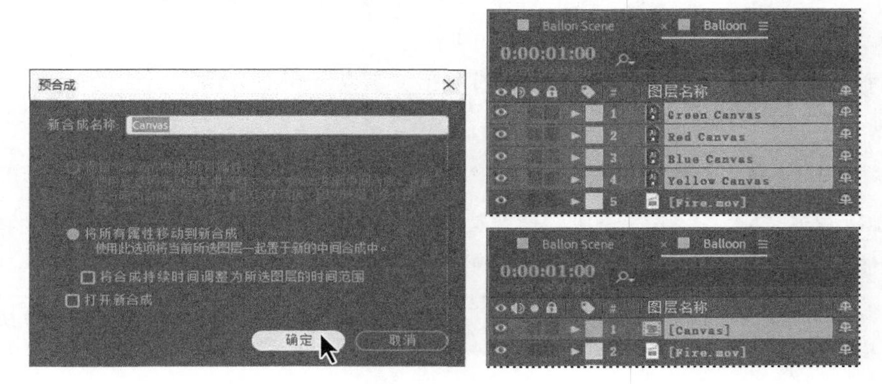

图5.13

在“时间轴”面板中选择的 4 个图层将被一个单独的 Canvas 合成图像图层代替。

4. 双击“时间轴”面板中的 Canvas 图层，准备进行编辑。
5. 选择“合成”>“合成设置”选项。
6. 在“合成设置”对话框中，取消选中“锁定长宽比”选项，将“宽度”值修改为 5000 px，然后单击“确定”按钮，如图 5.14 所示。

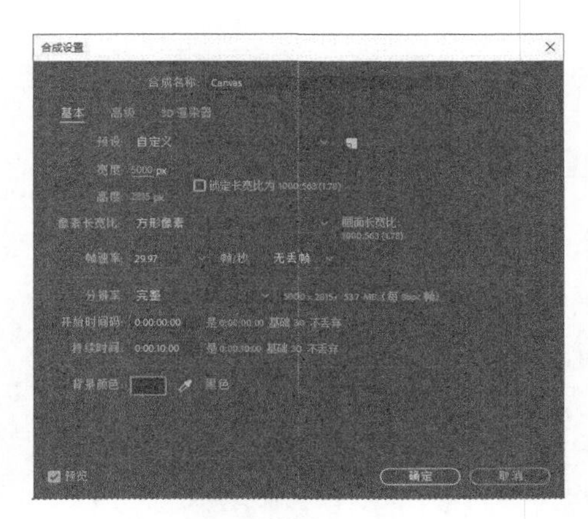

图5.14

7. 在“时间轴”面板中按住 Shift 键选择所有 4 个图层，然后将它们拖放到合成面板的最左侧，如图 5.15 所示。你可能需要修改“放大比例”。

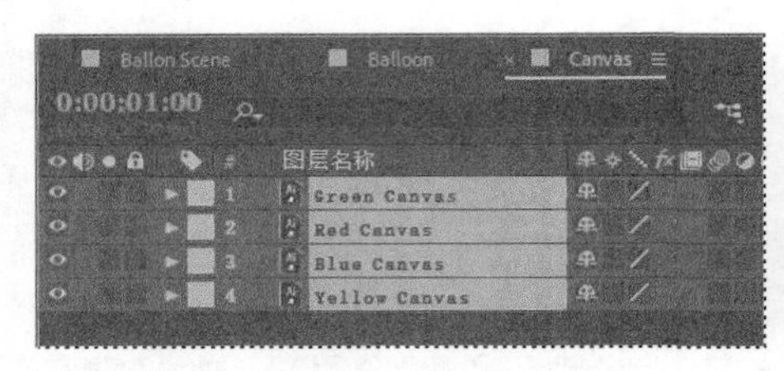

图5.15

增大合成图像的宽度，然后将画布移动到最左侧，以便稍后对画布图层进行动画处理时，有足够的空间。

8. 切换到 Balloon“时间轴”面板。

你已经将画布移动到 Canvas 合成图像的最左侧，并露出了 Balloon 合成图像中的热气球。在动画刚开始时，画布应该是盖住热气球的，因此需要调整 Canvas 图层的位置。

9. 在“合成”面板的“放大比例”弹出菜单中选择“适应”选项，以便能看到完整的热气球，如图 5.16 所示。

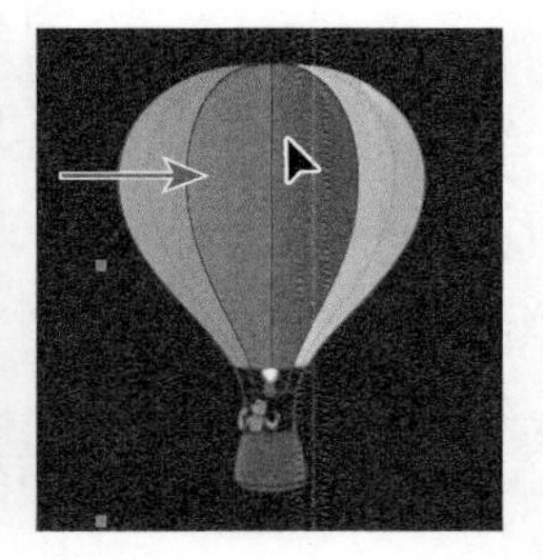

图5.16

10. 在“时间轴”面板中选择 Canvas 图层，然后拖动 Canvas 图层，使其盖住“合成”面板中裸露的气球。

11. 在 Canvas 图层的“父级”栏，从弹出的菜单中选择 5. Balloon，如图 5.17 所示。这样一来，画布将随热气球一起移动。

图5.17

5.5 在运动路径中添加关键帧

现在所有的片段都已经准备完毕，接下来将使用位置和旋转关键帧对热气球和人物进行动画处理。

5.5.1 将图层复制到合成图像中

你已经在Balloon合成图像中处理完了气球、人物和火焰图层，现在将这些图层复制到Balloon Scene合成图像中。

1. 在Balloon"时间轴"面板中，按住Shift键单击Canvas和Upper arm图层，选择合成图像中的所有图层。
2. 按Ctrl + C（Windows）或Command + C（macOS）组合键，复制所有图层。
3. 切换到Balloon Scene"时间轴"面板。
4. 按Ctrl + V（Windows）或Command + V（macOS）组合键，粘贴图层。
5. 在"时间轴"面板中单击空白区域，取消选中所有图层，如图5.18所示。

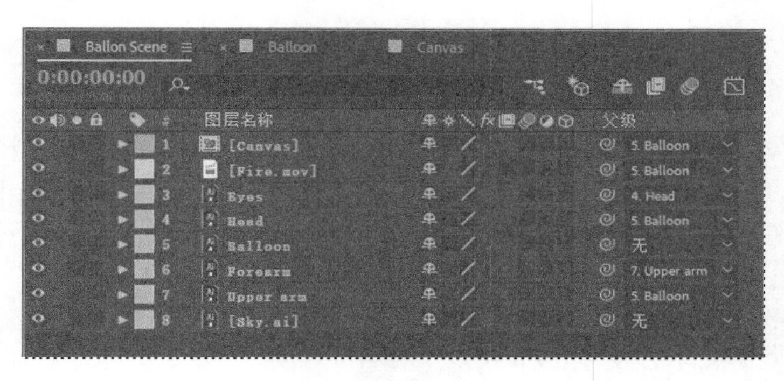

图5.18

图层将按照复制顺序出现，并且它们将保留在Balloon合成图像中已有的所有属性，其中包括父化关系。

5.5.2 设置初始的关键帧

热气球将从底部进入到场景中，然后飘过天空，最终从帧的右上角消失。我们需要首先在热气球的开始点和结束点添加关键帧。

1. 选择Balloon/Balloon.ai图层，按S键显示其"缩放"属性。
2. 按Shift + P组合键显示其"位置"属性，然后按Shift + R组合键显示"旋转"属性。
3. 将"缩放"属性修改为60%。

热气球以及它所有的子图层将缩放到原来的60%。

4. 在“合成”面板的“放大比例”菜单中选择12.5%，以便能在合成图像周围看到粘贴板。

5. 在“合成”面板中，将热气球以及它所有的子图层从场景的下方脱离屏幕（“位置”值为（844.5，2250.2））。

6. 更改“旋转”值，旋转热气球，使其向右倾斜（“旋转”值为19°）。

7. 单击“位置”“缩放”和“旋转”属性的秒表图标（⏱），创建初始关键帧，如图5.19所示。

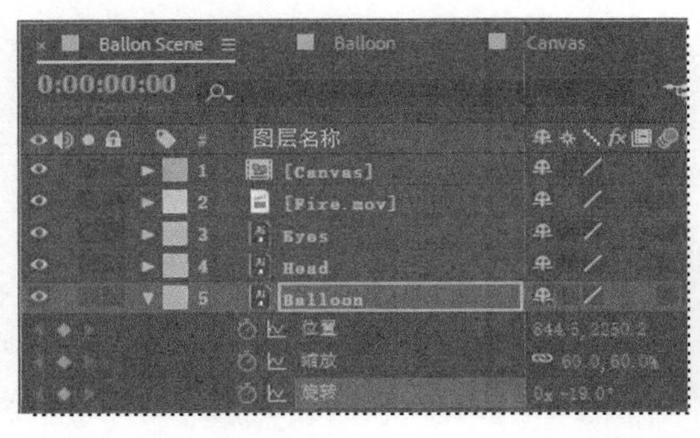

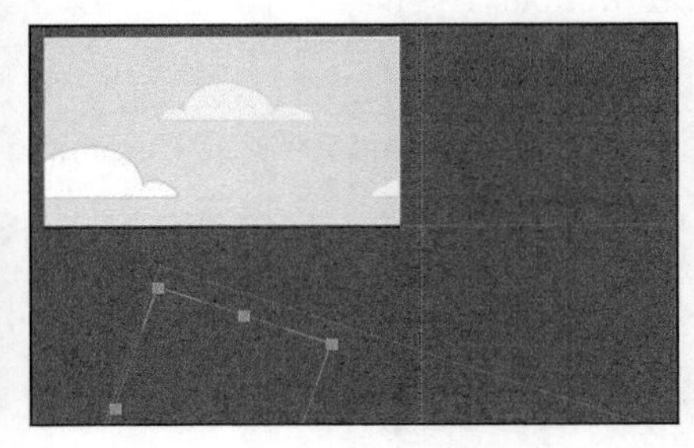

图5.19

8. 移动到14:20。

9. 对热气球进行缩放，使其为原来大小的1/3。我们使用的缩放值是39.4%。

10. 采用略微左倾的角度，使热气球从画面的右上角消失。我们使用的“位置”值为（2976.5，−185.8），“旋转”值为−8.1°，如图5.20所示。

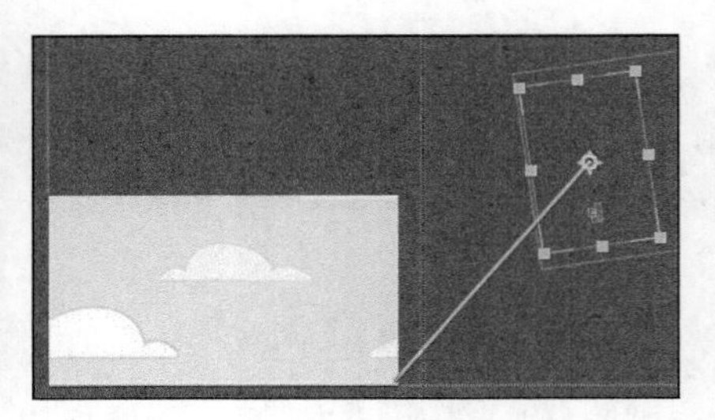

图5.20

11. 沿着时间标尺移动当前时间指示器，查看动画。

5.5.3 自定义运动路径

热气球穿越场景移动出去，但是它的运动路径太单调了，而且在屏幕上出现的时间相对较短。

接下来我们将在热气球的起始点和结束点之间自定义路径。你可以使用示例中使用的值，也可以自行创建路径，只要热气球在屏幕上保持完全可见，直到 11 秒过后再慢慢地离开屏幕即可。

1. 移动到 3:30 位置。
2. 将热气球垂直向上拖动，以便人物和篮子完全可见，然后略微向左旋转篮子，如图 5.21 所示（位置 :（952.5，402.2）; 旋转 : −11.1°）。

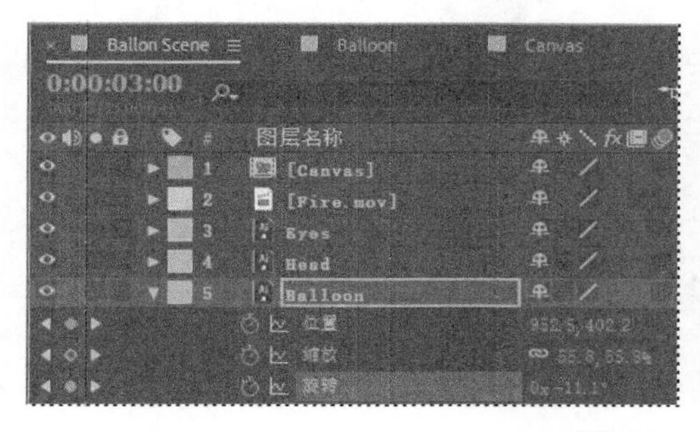

图5.21

3. 移动到 6:16 位置。
4. 将气球朝着右侧旋转（使用的“旋转”值为 9.9°）。
5. 将气球移动到场景的左侧（使用的“位置”值为（531.7，404））。
6. 移动到 7:20 位置。
7. 将“缩放”值修改为 39.4%。
8. 设置额外的旋转关键帧，创建旋转运动。如果你使用的值与这里的一样，请执行下述操作 :
   - 在 8:23 位置，将“旋转”值修改为 −6.1 ;
   - 在 9:16 位置，将“旋转”值修改为 22.1 ;
   - 在 10:16 位置，将“旋转”值修改为 −18.3 ;
   - 在 11:24 位置，将“旋转”值修改为 11.9 ;
   - 在 14:19 位置，将“旋转”值修改为 −8.1。
9. 设置额外的位置关键帧，移动热气球。如果你使用的值与这里的一样，请执行下述操作 :
   - 在 9:04 位置，将“位置”值修改为（726.5，356.2）;
   - 在 10:12 位置，将“位置”值修改为（1396.7，537.1）。
10. 按空格键预览热气球当前的路径，如图 5.22 所示。然后按空格键停止预览。保存你的工作。

图5.22

5.5.4 使用贝塞尔手柄对移动路径进行平滑处理

现在已经有了基本的路径，你可以对其进行平滑处理。每一个关键帧包含可以用来调整曲线角度的贝塞尔手柄。我们将在第 7 课学习贝塞尔曲线的更多知识。

1. 从“合成”面板的“放大比例”弹出菜单中选择 50%。
2. 确保在“时间轴”面板中选中了 Ballon/Balloon.ai 图层，然后移动当前时间指示器的位置，直到在“合成”面板中清晰地看到运动路径（在第 4 ～ 6 秒）。
3. 在“合成”面板中单击一个关键帧点，显示其贝塞尔手柄（如果还没有显示出来的话）。
4. 拖动贝塞尔手柄，修改关键帧的曲线。
5. 继续拖动其他关键帧点的贝塞尔手柄，直到生成你想要的路径为止。我们想要的最终路径如图 5.23 所示。

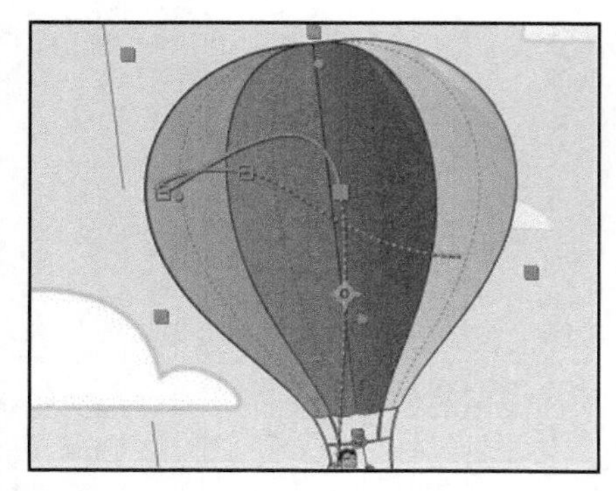
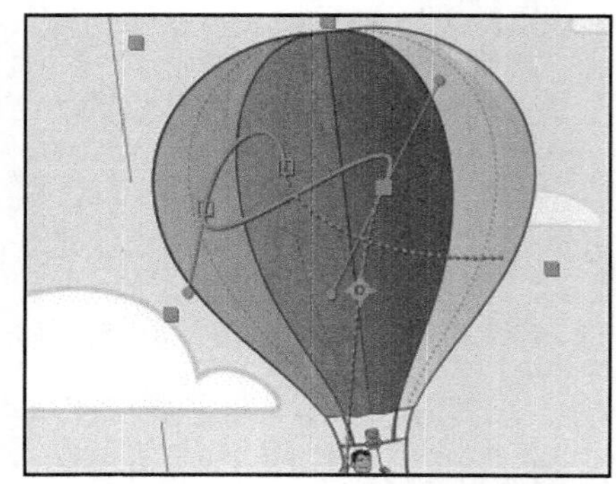

图5.23

6. 在时间标尺上移动当前时间指示器，预览气球的路径。用户可以根据需要进行调整，也可以在对画布和天空进行动画处理之后，再进行调整。

7. 隐藏 Balloon 图层的属性，保存你的工作。

5.6 对其他元素进行动画处理

热气球在天空中摇晃旋转，而且热气球的子图层也随之一起运动。但是当前的人物在热气球中是静止的。接下来我们要对他的胳膊进行动画处理，使他能拽着绳子点燃燃烧器。

1. 移动到 3:08 位置。
2. 从“合成”窗口的“放大比例”弹出菜单中选择 100%，以便清晰看到人物。如果有必要，使用抓手工具调整“合成”窗口中的图像。
3. 按住 Shift 键单击 Forearm/Ballon.ai 图层以及 Upper arm/Balloon.ai 图层。
4. 按 R 键显示这两个图层的“旋转”属性。
5. 单击其中一个旋转属性旁边的秒表图标，创建一个初始关键帧，如图 5.24 所示。

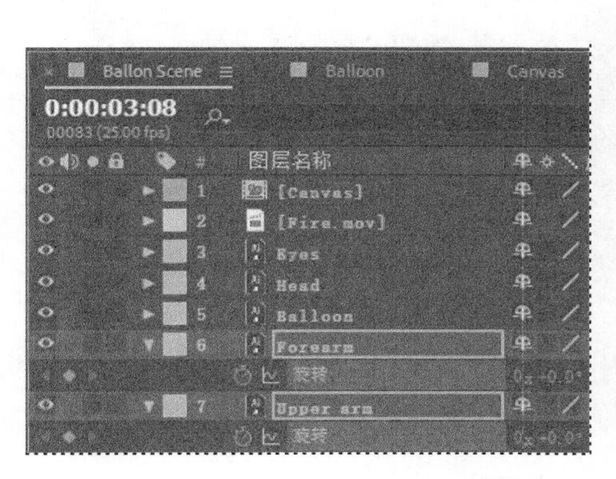

图5.24

6. 移动到 3:17 位置，这个位置是人物拽住绳子准备点燃燃烧器的位置。
7. 取消选中图层。
8. 将 Forearm 图层的“旋转”属性修改为 −35，将 Upper arm 图层的“旋转”属性修改为 46。

人物向下拖拽绳子。我们需要取消选中图层,以便能够在“合成”窗口中清晰地看到这个动作。

9. 移动到 4:23 位置。
10. 将 Forearm 图层的“旋转”属性修改为 −32.8。最终结果如图 5.25 所示。

图5.25

11. 单击 Upper arm 图层“旋转”属性左侧的“添加或移除当前时间的关键帧”按钮（◆）。

12. 移动到 5:06 位置。

13. 将两个图层的“旋转”值修改为 0.0°，如图 5.26 所示。

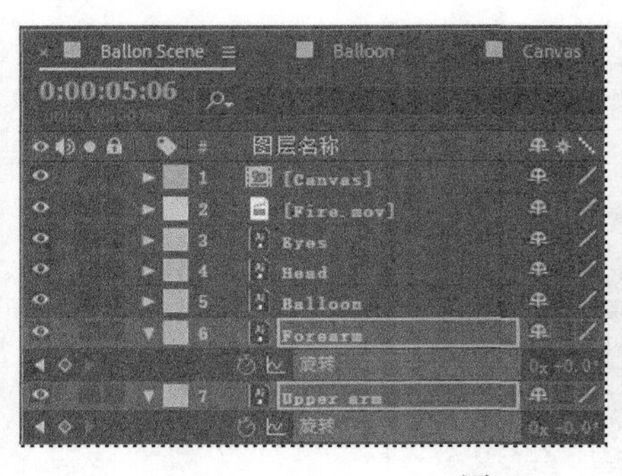

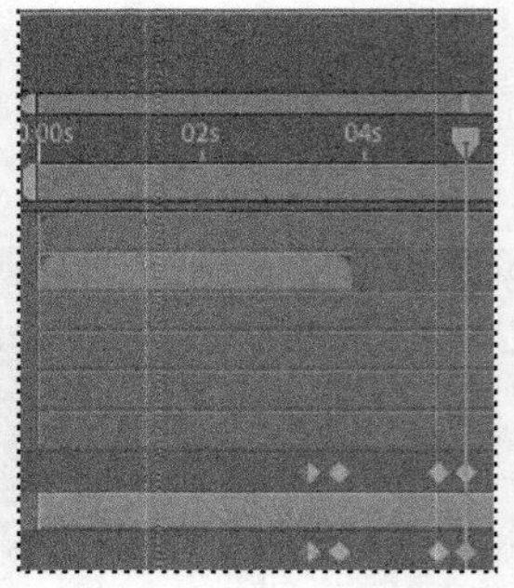

图5.26

14. 取消选中这两个图层，然后手动预览 3:00 ～ 5:07 的动画，查看人物拖拽绳子。你可能需要先缩小画面，才能看到这个动画。

5.6.1 复制关键帧，重复一个动画

现在我们已经创建了基本的运动，可以在时间轴上的任何时间轻松重复这些运动。接下来我们复制拖拽绳子的胳膊的动画，然后创建脑袋和眼睛的相应运动。

1. 选择 Forearm 图层的“旋转”属性，选择它所有的关键帧。

2. 按下 Ctrl + C（Windows）或 Command + C（macOS）组合键，复制关键帧。

3. 移动到 7:10 位置，在这个时间点，人物将再次拖拽绳子。

4. 按下 Ctrl + V（Windows）或 Command + V（macOS）组合键，粘贴关键帧。

5. 重复第 1 步到第 4 步，复制 Upper arm 图层“旋转”属性的关键帧，如图 5.27 所示。

6. 隐藏所有图层的属性。

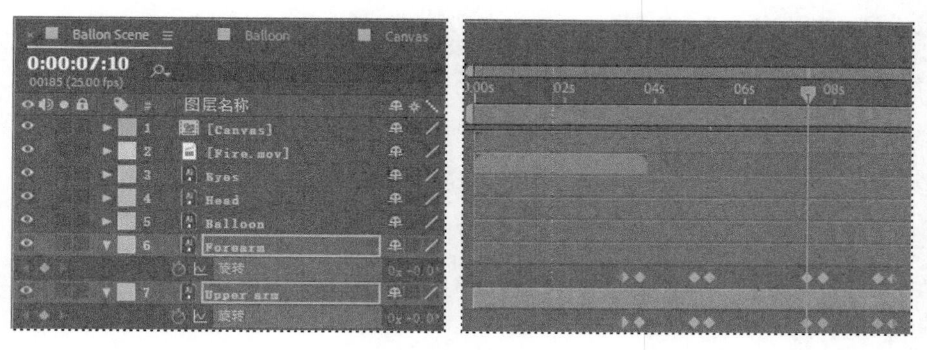

图5.27

7. 选择 Head 图层，按 R 键显示其“旋转”属性。

8. 移动到 3:08 位置，单击秒表图标，创建一个初始关键帧。

9. 移动到 3:17 位置，将“旋转”属性修改为 −10.3。

10. 移动到 4:23 位置，单击“添加或移除当前时间的关键帧”图标，在当前值处添加一个关键帧。

11. 移动到 5:06 位置，将“旋转”属性修改为 0.0° 。

12. 选择“旋转”属性，选中其所有的关键帧，然后按下 Ctrl + C（Windows）或 Command + C（macOS）组合键，进行复制。

13. 移动到 7:10 位置，按下 Ctrl + V（Windows）或 Command + V（macOS）组合键，粘贴关键帧。

14. 按 R 键隐藏 Head 图层的“旋转”属性。

现在每当人物拖拽绳子时，都将向上歪头。你还可以对他眼睛的位置进行动画处理，这样每当他歪头时，眼神也发生细微变化。

15. 选择 Eyes 图层，按 P 键显示“位置”属性。

16. 移动到 3:08 位置，单击秒表图标，在当前位置（62，55）创建一个初始关键帧。

17. 移动到 3:17 位置，将“位置”值修改为（62.4，53.0），如图 5.28 所示。

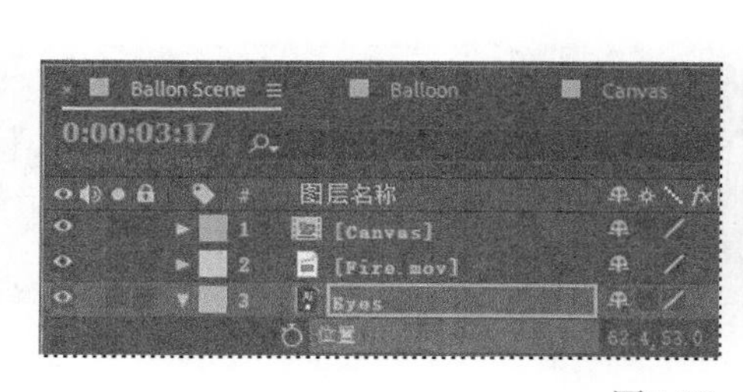

图5.28

18. 移动到 4:23 位置，在当前值处创建一个关键帧。

19. 移动到 5:06 位置，将“位置”值修改为（62，55）。

20. 选择“位置”属性，选择其所有的关键帧，然后进行复制。

21. 移动到 7:10 位置，粘贴关键帧。

22. 隐藏所有的图层属性，然后取消选中所有图层。

23. 在“合成”窗口的“放大比例”弹出菜单中选择“适应”选项，以便看到整个场景。然后预览动画，如图 5.29 所示。

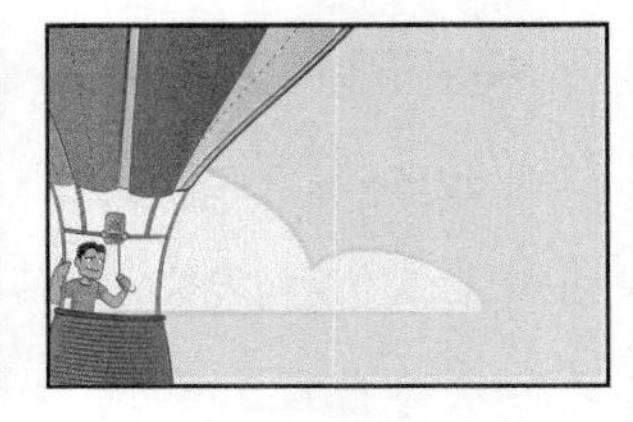

图5.29

24. 保存你的工作。

5.6.2 定位和复制一个视频

当人物拖拽绳子时，火焰应该从燃烧器中射出。我们将使用一个 4 秒的 Fire.mov 视频来展现每次拖拽绳子时的火焰。

1. 移动到 3:10 位置。

2. 在“时间轴”面板中拖动 Fire.mov 视频，以便它从 3:10 处开始。

3. 选择 Fire.mov 图层，然后选择“编辑” > “复制”命令。

4. 移动到 7:10 位置。

5. 按下键盘上的左括号键（[），将 Fire.mov 图层副本的“入”点移动到 7:10 位置，如图 5.30 所示。

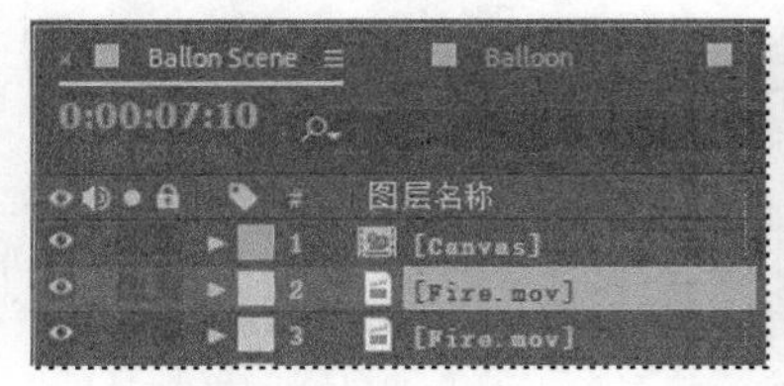

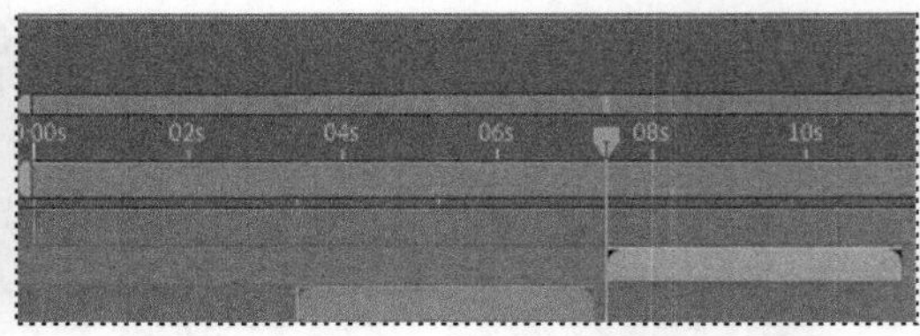

图5.30

5.7 应用特效

现在气球和人物都已经处理完毕，接下来我们将创建一阵风，将画布从气球上吹落。为达到此效果，可以使用“分层噪波”和“方向性模糊”特效。

5.7.1 添加一个纯色图层

你需要在一个纯色图层上应用特效。接下来你将创建该图层的一个新合成图像。

1. 按下 Ctrl + N（Windows）或 Command + N（macOS）组合键，创建一个新的合成图像。
2. 在“合成设置”对话框中，执行如下操作，如图 5.31 所示：
   - 将合成图像命名为 Wind；
   - 确保“宽度”是 1920 px；
   - 确保“高度”是 1080 px；
   - 确保“持续时间”是 20 秒；
   - 确保“帧速率”为 25 帧 / 秒，以匹配气球场景的合成图像；
   - 单击“确定”按钮。

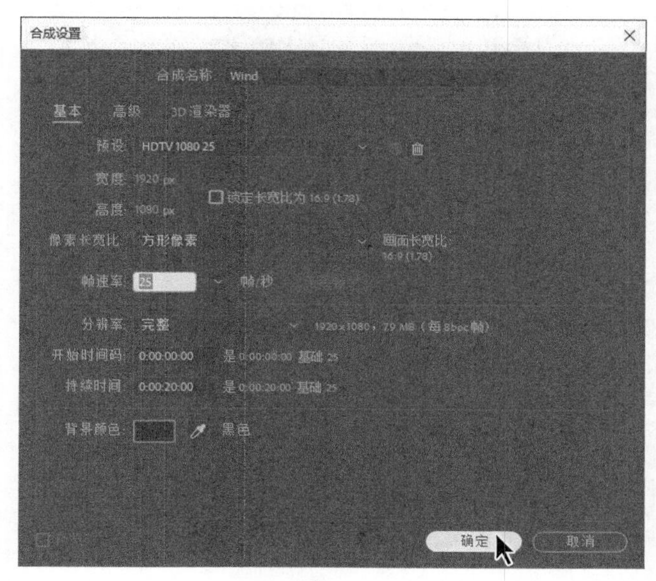

图5.31

纯色图层

可以使用纯色图层对背景进行着色，或者创建简单的图形图像。在After Effects中可以创建任意颜色和尺寸的纯色图像（最大为30000×30000像素）。After Effects像处理所有其他素材项一样处理纯色图像：可以修改纯色图像的蒙版、改变属性和应用特效。如果一个纯色图像被多个图层使用，而且你修改了该图像的设置，则可以将修改应用到使用了该纯色图像的所有图层，或只将修改应用到纯色图像内的单个纯色位置。

3. 在“时间轴”面板中单击右键，选择“新建”>“纯色”命令。

4. 在“纯色设置”对话框中，执行如下操作，如图 5.32 所示：

- 将图层命名为 Wind；
- 颜色选择黑色；
- 单击“制作合成大小”按钮；
- 单击“确定”按钮。

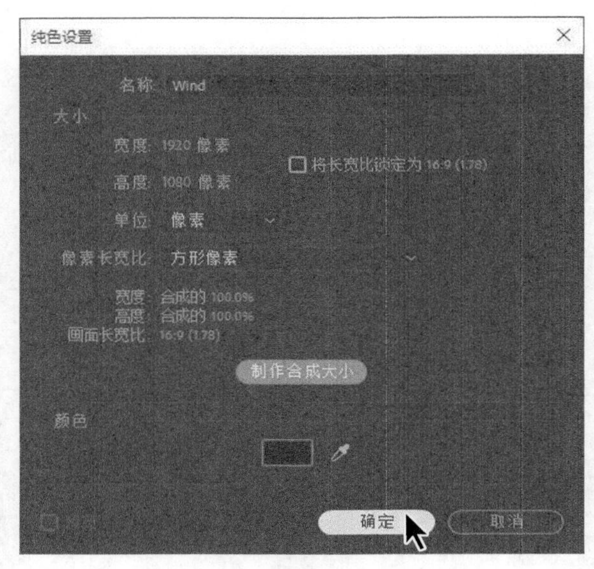

图5.32

5.7.2 应用特效

现在我们可以对纯色图层应用特效了。使用“分层噪波”特效可以创建阵风效果。使用“定向模糊”特效可以在画布飞行的方向上创建一个模糊效果。

1. 在“效果和预设”面板中，搜索“分层噪波”特效；它位于“噪波与颗粒”分类中。双击该特效，进行应用。

2. 在“效果控件”面板中执行如下操作：

   - 在“分层类型”中选择“污染”；
   - 在“噪波类型”中选择“柔和线性”；
   - 将“对比度”设置为 700.0；
   - 将“亮度”设置为 59.0；
   - 展开“变换”属性，将“缩放”设置为 800.0。

3. 单击“偏移（湍流）”旁边的秒表，在时间标尺的开始位置创建一个初始关键帧。

4. 移动到 2:00 位置，将“偏移（湍流）”的 x 值修改为 20,000 px，如图 5.33 所示。

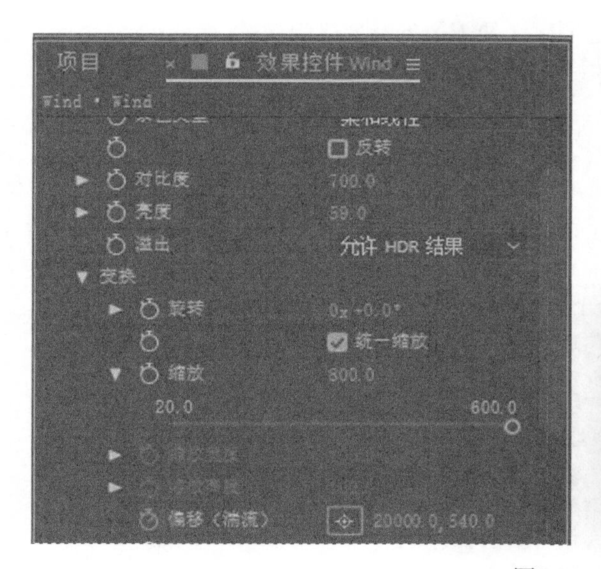

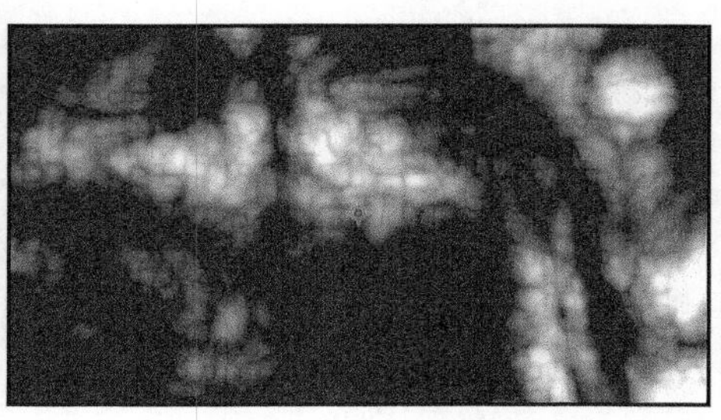

图5.33

5. 在“效果控件”面板中隐藏“分形杂色”属性。

6. 在“效果和预设”面板中，搜索“定向模糊”特效，然后双击，进行应用。

7. 在“效果控件”面板中，将“方向”设置为 +90.0°，将“模糊长度”设置为 236.0，如图 5.34 所示。

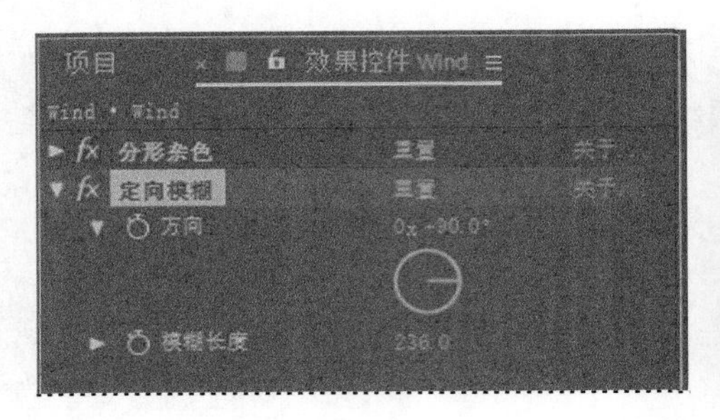

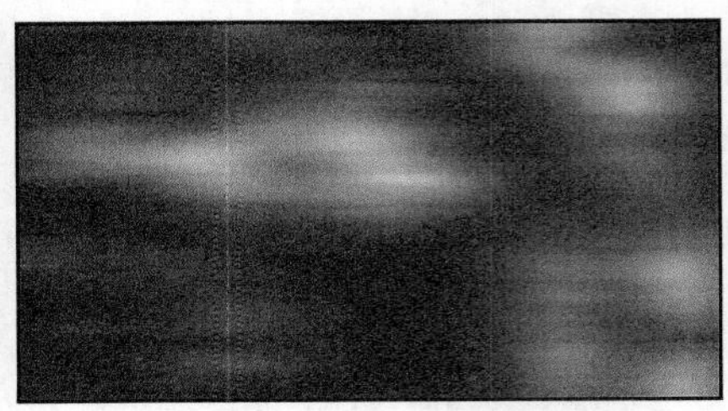

图5.34

我们已经创建了运动的效果。现在需要将 Wind 合成图像添加到 Balloon Scene 合成图像中。

8. 切换到 Balloon Scene“时间轴”面板。

9. 单击“项目”选项卡，将 Wind 合成图像从“项目”窗口拖动到 Balloon Scene Timeline 中所有图层的最上面。

10. 移动到 8:10 位置，然后按下键盘上的左括号键（[），以便 Wind 图层从 8:10 位置开始。

最后，将应用一种混合模式，并调整不透明度，使阵风的特效更为微妙。

11. 单击“时间轴”面板底部的“切换开关 / 模式”，查看模式栏。

12. 从 Wind 图层的“模式”弹出菜单中选择“屏幕”。

13. 按 T 键，显示 Wind 图层的“不透明度”属性，然后单击秒表图标，在图层的开始位置（8:10）创建一个初始关键帧，如图 5.35 所示。

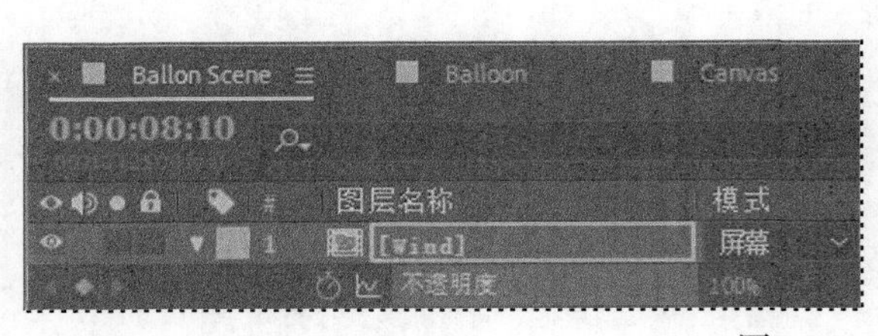

图5.35

14. 移动到 8:20 位置，将不透明度修改为 35%。

15. 移动到 10:20 位置，将不透明度修改为 0%。

16. 按 T 键，隐藏不透明度属性，然后保存你的工作。

5.8 对预合成图层进行动画处理

前面已经对 4 个画布图层进行了预合成操作，生成了一个 Canvas 合成图像。然后调整了

Canvas 合成图像图层的位置，以匹配热气球图层，并在这两个图层之间形成了父化关系。现在，我们将对画布图层进行动画处理，当吹来阵风时，画布能够从热气球上吹离。

1. 双击 Canvas 图层，在“合成”面板和“时间轴”面板中打开 Canvas 合成图像。
2. 移动到 9:10 位置，该位置是发生阵风特效大约 1 秒后的位置。
3. 按住 Shift 键选择所有 4 个图层，然后按 R 键显示其“旋转”属性；按 Shift + P 组合键显示其“位置”属性。
4. 在选中所有图层的情况下，单击任何一个图层的“位置”和“旋转”属性的秒表图标，为它们创建初始关键帧，如图 5.36 所示。

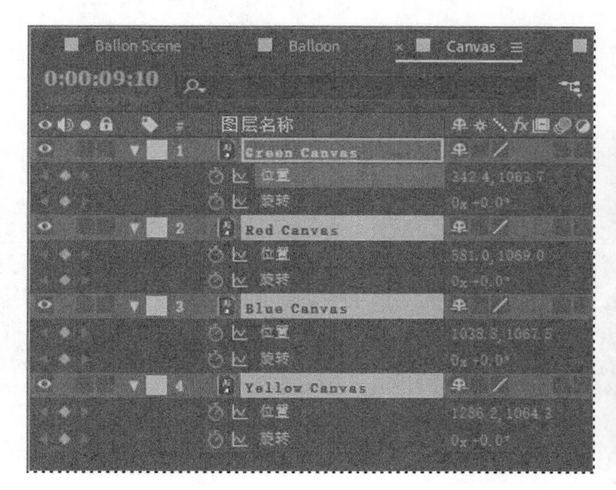

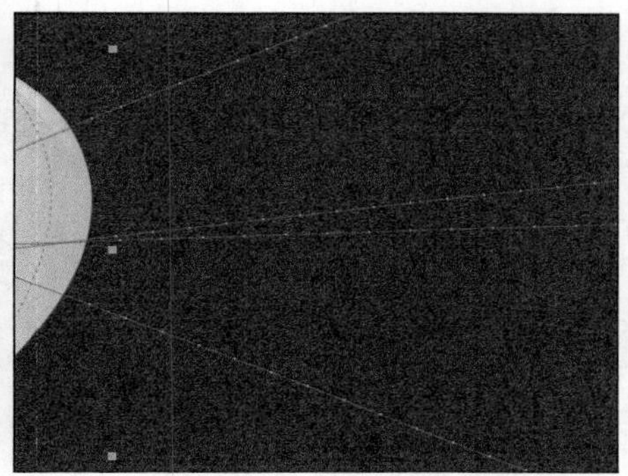

图5.36

5. 移动到 9:24 位置。
6. 在选中所有图层的情况下，拖动“旋转”值，直到画布接近水平位置为止（大约 81°）。所有 4 个图层现在都接近水平位置。
7. 按 F2 键或者单击“时间轴”面板中的空白区域，取消选中所有图层，以便单独调整它们的“旋转”值。
8. 使用正值或负值调整每一个“旋转”值，使 4 个画布的外观有一些变化（我们使用这些值：Green=+100，Red=−74，Blue=+113，Yellow=−103），如图 5.37 所示。
9. 移动到 10:12 位置。
10. 将所有的画布图层从右侧移动出屏幕，修改它们各自的运动路径，使动画更为有趣。我们可以添加中间的旋转和位置关键帧（10:06 ～ 10:12），编辑贝塞尔曲线，或者使画布图层消失在屏幕边缘。如果要编辑贝塞尔曲线，只能调整运动路径右侧的关键帧（在 10:12 位置），这样就不会对原来的热气球形状产生影响。

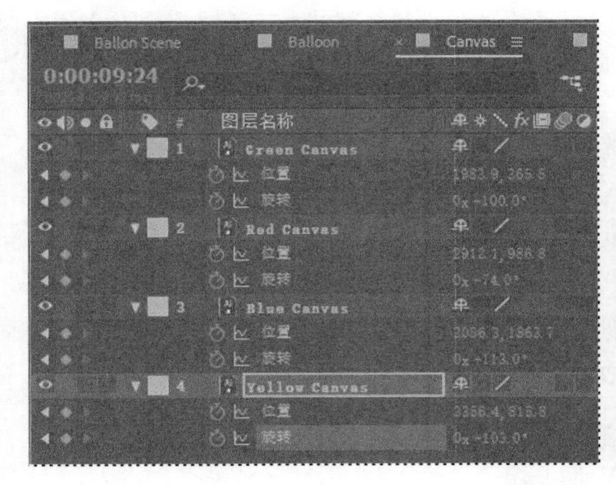

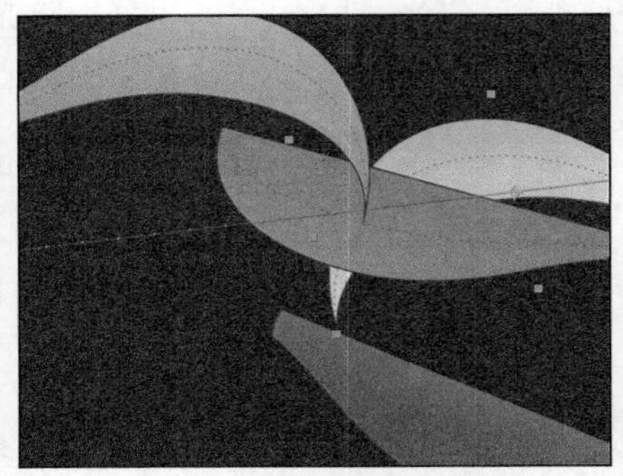

图5.37

11. 在时间标尺上移动当前时间指示器，预览动画，然后根据需要做出调整，如图 5.38 所示。

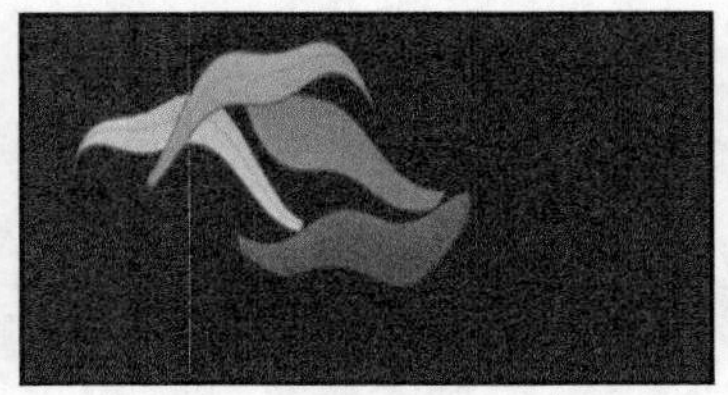
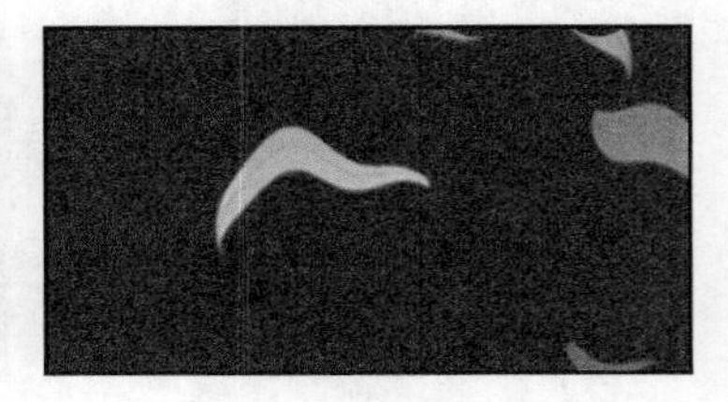

图5.38

12. 隐藏所有图层的属性，保存你的工作。

5.8.1　添加调整图层

用户需要在画布上添加一个变形特效。使用一个调整图层，可以立即将特效应用到调整图层下方的所有图层。

1. 在“时间轴”面板中单击一个空白区域，取消选中所有图层。

2. 选择“图层”>“新建”>“调整图层”。

一个新的调整图层会自动添加到图层堆栈的顶部。

3. 在“效果和预设”面板中，导航到“扭曲”分类中的“波浪变形”特效，然后双击该特效。

4. 移动到 9:12 位置。

5. 在“效果控件”面板中，将“波浪高度”修改为 0，将“波浪宽度”修改为 1。然后单击秒表图标，为这两者创建初始关键帧。

6. 移动到 9:16 位置。

7. 将波浪高度的值修改为 90，将波浪宽度的值修改为 478。

5.8.2 修剪图层

在画布飞离气球之前，并不需要“波浪变形”特效，但即使它的值是 0，After Effects 都将为整个图层计算特效。因此，需要修剪图层，以加速渲染文件所需要的时间。

1. 移动到 9:12 位置。
2. 按下 Alt +[（Windows）或 Option + [（macOS）组合键，将“入”点设置在 9:12 位置。
3. 返回 Balloon Scene“时间轴”面板。
4. 按空格键预览视频。再次按空格键停止预览。
5. 保存作品。

注意：按 [键可以在不修改视频剪辑时长的情况下移动视频的“入”点。按下 Alt + [和 Option + [组合键，可以为视频剪辑添加一个新的“入”点，缩短其时长。

5.9 对背景进行动画处理

在视频播放完毕时，应该是画布在飞离热气球后覆盖在云朵上。但是现在则是画布飞离了，热气球也飘走了。用户需要对天空进行动画处理，使得在视频场景的最后一帧画面中，被画布覆盖的云朵位于场景的中央位置。

1. 在 Balloon Scene“时间轴”面板中，移动到时间标尺的开始位置（0:00）。
2. 选择 Sky 图层，按 P 键显示其“位置”属性。
3. 单击秒表图标，创建一个初始关键帧。
4. 移动到 16:00 位置，将 Sky 图层拖到左侧，直到被画布覆盖的云朵位于帧的中央（这里的值是（−236.4，566.7））。
5. 移动到 8:00 位置，将覆盖的云朵从右边完全移出屏幕。
6. 右键单击第一个关键帧，选择“辅助关键帧”>“淡出”命令。
7. 右键单击中间的关键帧，选择“辅助关键帧”>“淡入淡出”命令，然后再右键单击最后一个关键帧，选择“辅助关键帧”>“淡入”命令。
8. 在时间标尺上移动当前时间指示器，查看画布的移动是如何与具有画布颜色的云朵相匹配的。在具有画布颜色的云朵出现之前，画布应该已经完全离开了屏幕。
9. 在时间标尺上前后移动中间的关键帧，调整天空的动画，使其匹配画布和热气球的进度。

在光秃秃的热气球消失之前，它至少应该漂浮在几朵具有画布颜色的云朵前面。

10. 按空格键预览整个视频，如图 5.39 所示。再次按下空格键，停止播放预览。

图5.39

11. 如果有必要，请调整热气球、画布和天空的运动路径和旋转。

12. 隐藏所有图层的属性，然后保存项目。

5.10 添加音轨

我们已在本项目中完成了许多动画处理,但项目还没有最终完成。接下来我们将添加一个音轨，来匹配视频轻松愉悦的氛围，然后再从视频中淡出。鉴于合成图像的最后几秒是静态的，你还需要在合成图像中剪掉这几秒。

1. 单击“项目”选项卡，将“项目”面板放到前面。然后双击“项目”面板的空白区域，打开“导入文件”对话框。

2. 导航到 Lessons\Lesson05\Assets 文件夹，然后双击 Soundtrack.wav 文件。

3. 将 Soundtrack.wav 文件从“项目”面板拖放到 Balloon Scene“时间轴”面板，并放在图层堆栈的底部。

4. 预览视频。在画布飞离气球时，音乐发生改变。

5. 移动到 18:00 位置，然后按下 N 键将工作区的结束点移动到当前时间。

6. 选择“合成”>“修剪合成至工作区”命令。

7. 移动到 16:00 位置，展开 Soundtrack.wav 图层和音频属性。

8. 单击秒表图标，为音量值创建一个初始关键帧。

9. 移动到 18:00 位置，将音量值修改为 −40dB。

10. 预览视频，然后保存。

祝贺你！你已经创建了一个复杂的动画，并动手练习了所有的 After Effects 技术和功能。

支持的音频文件格式

可以将下列任何一种音频格式文件导入到After Effects：

- 高级音频编码（ACC、M4A）；
- 音频交换文件格式（AIFF、AIFF）；
- MP3（MP3、MPEG、MPG、MPA、MPE）；
- Waveform（WAV）。

在Adobe Audition中编辑音频文件

用户可以在After Effects中对音频做一些非常简单的修改。如果需要更多实质性的编辑，可以使用Adobe Audition（见图5.40）。Adobe Creative Cloud的正式会员可以使用Audition。

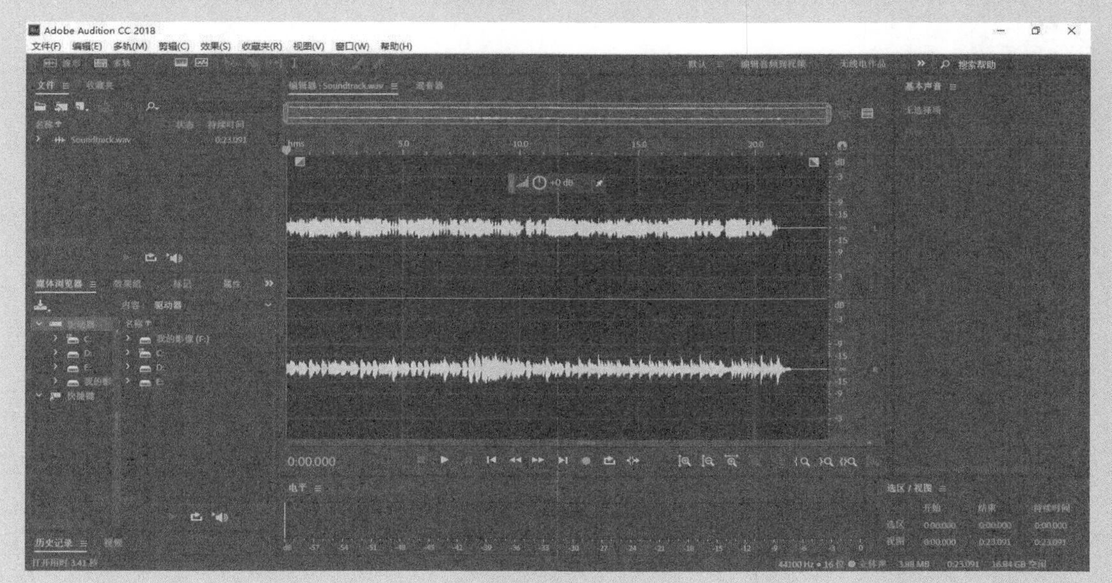

图5.40

用户可以使用Audition修改音频文件的长度，改变它的音调和节奏，还可以应用特效、录制新的音频、混合多声道会话等。

要在After Effects中编辑你已经使用的音频剪辑，可以在“项目”面板中选择该文件，然后选择“编辑”>“在Adobe Audition中编辑”命令，在Audition中进行修改并保存。修改将自动反映在After Effects项目中。

5.11 复习题

1. After Effects 如何显示“位置”属性的动画?
2. 什么是纯色图层，可以用它来做什么?
3. 在 After Effects 项目中可以导入哪些类型的音频文件?

5.12 复习题答案

1. 当对“位置”属性进行动画处理时，After Effects 将图层物体的移动显示为运动路径。用户可以为图层的位置或锚点创建运动路径。位置的运动路径显示在“合成”面板内，锚点的运动路径显示在“图层”面板内。运动路径显示为一系列的点，其中每个点标记各帧中图层的位置。路径中的框标记关键帧的位置。
2. 在 After Effects 中可以创建任意颜色和尺寸的纯色图像（最大为 30000 × 30000 像素）。After Effects 像处理所有其他素材项一样处理纯色图像：可以修改纯色图像的蒙版、改变属性和应用特效。如果一个纯色图像被多个图层使用，而且修改该图像的设置后，则可以将修改应用到使用了该纯色图像的所有图层，或只将修改应用到纯色图像内的单个纯色位置。可以使用纯色图层对背景进行着色，或者创建简单的图形图像。
3. 可以将下列任何一种音频文件类型导入到 After Effects：高级音频编码（ACC、M4A）、音频交换文件格式（AIFF、AIFF）、MP3（MP3、MPEG、MPG、MPA、MPE）、Waveform（WAV）。

第6课 对图层进行动画处理

课程概述

本课介绍的内容包括：

- 对 Adobe Photoshop 图层文件进行动画处理；
- 使用关联器创建表达式；
- 处理导入的 Photoshop 图层样式；
- 应用“轨道蒙版”来控制图层的可见性；
- 应用“边角定位”特效对图层进行动画处理；
- 对纯色图层应用“镜头光晕”特效；
- 应用“时间重映射”和“图层”面板对素材进行动态时间变换处理；
- 在“图形编辑器”中编辑 Time Remap（时间重映射）关键帧。

本课大约要用 1 小时完成。启动 After Effects 之前，请先将本书的课程资源下载到本地硬盘中，并进行解压。在学习本课并按步骤执行相关操作时，相应的课程文件将被覆盖。建议先做好原始课程文件的备份工作，以免后期用到这些原始文件时还要重新下载。

PROJECT: SUNRISE EFFECT IN A FILM SHORT

动画是根据时间的改变而发生变化，改变对象或图像的位置、不透明度、缩放尺寸以及其他属性。本课将提供更多的练习机会，对 Photoshop 文件的图层进行动画处理，包括动态时间变换处理。

6.1 开始

Adobe After Effects 提供了一些工具和特效，可以用 Photoshop 图层文件模拟运动视频。本课将导入一个阳光穿过窗户的 Photoshop 图层文件，然后对其进行动画处理，以便模拟太阳在窗外升起的效果。这是一个程式化的动画，开始时运动加速，然后移动速度慢下来，最后云朵和小鸟从窗前飞过。

首先预览最终影片效果，并设置项目。

1. 确认硬盘上的 Lessons\Lesson06 文件夹中存在以下文件。
   - Assets 文件夹：clock.mov、sunrise.psd。
   - Sample_Movies 文件夹：Lesson06_regular.avi、Lesson06_regular.mov、Lesson06_retimed.avi 和 Lesson06_retimed.mov。
2. 使用 Windows Media Player 打开并播放影片示例文件 Lesson06_regular.avi，或者使用 QuickTime Player 打开并播放影片示例文件 Lesson06_regular.mov，以查看本课将创建的简单延时动画。
3. 打开并播放 Lesson06_retimed.avi 文件或 Lesson06_retimed.mov 文件，查看在进行时间重映射后的同一个动画。
4. 播放完后，关闭 Windows Media Player 或 QuickTime Player。如果硬盘空间有限，也可以将影片示例文件从硬盘中删除。

开始本课之前，请恢复 After Effects 应用程序的默认设置。详情请参见前言中的“恢复默认参数”。

5. 启动 After Effects 时请立即按住 Ctrl + Alt + Shift（Windows）或 Command + Option + Shift（macOS）组合键，准备恢复默认的参数设置。系统询问是否删除参数文件时，单击“确定”按钮。

After Effects 打开一个空白的无标题项目。

6. 选择“文件”>“保存为”>“另存为”命令。
7. 在“另存为”对话框中，导航到 Lessons\Lesson06\Finished_Project 文件夹。
8. 将项目命名为 Lesson06_Finished.aep，然后单击“保存”按钮。

6.1.1 导入素材

在本课中，你需要导入一个源素材项。

1. 双击“项目”面板中的空白区域，打开“导入文件”对话框。
2. 导航到硬盘中的 Lessons\Lesson06\Assets 文件夹，然后选择 sunrise.psd 文件。
3. 从“导入为”下拉列表中选择“合成 - 保持图层大小”选项，同僾这将使每个图层的尺寸与该图层的内容相匹配（在 macOS 中，可能需要单击“选项”才能看到“导入为”

下拉列表）。

4. 单击“导入”或者“打开”按钮。

5. 在 Sunrise.psd 对话框中，确保“导入种类”下拉列表中已选择“合成 - 保持图层大小”，然后单击“确定”按钮，如图 6.1 所示。

继续操作前，我们先花些时间了解一下刚才导入的图层文件。

6. 在“项目”面板中，展开 sunrise Layers 文件夹，查看 Photoshop 图层，如图 6.2 所示。如果有需要，可以调整“名称”栏的宽度，以方便查看。

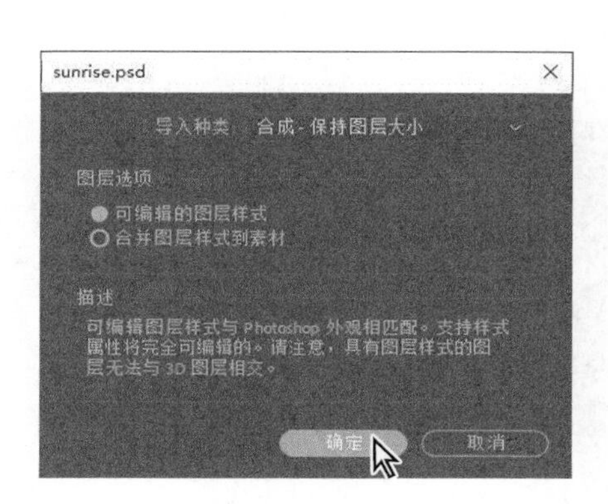

图6.1

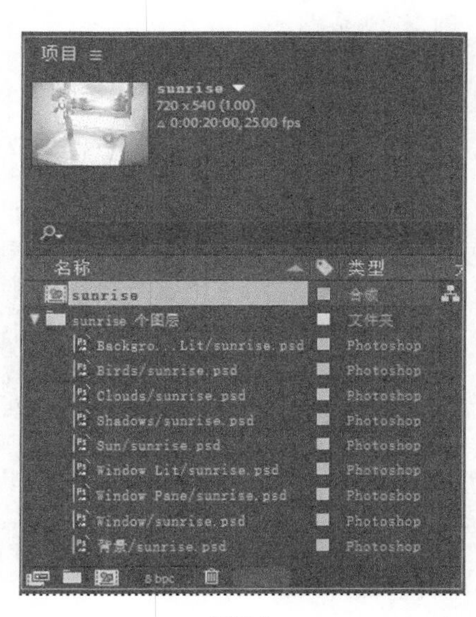

图6.2

在 After Effects 中进行动画处理的每个元素——影子、小鸟、云朵和太阳——都位于单独的图层上。此外，有一个图层用来描述动画开始时房间内黎明前的光照条件（Background 图层），第二个图层描述动画结束时房间内明亮的日光条件（Background Lit 图层）。同样，还有两个图层用于描绘窗外的两种光线条件：Window 和 Window Lit 图层。Window Pane 图层包含一个 Photoshop 图层样式，它可以模拟玻璃窗的显示效果。

After Effects 将保留 Photoshop 源文档中的图层顺序、透明度数据和图层样式。它还保留其他一些信息，如调整图层及其类型，但是本项目中将不会使用这些信息。

准备Photoshop图层文件

在导入Photoshop图层文件前，精心地为图层命名可以缩短预览和渲染时间，同时还可避免在导入和更新图层时出现问题。

- 组织并命名图层。如果在Photoshop文件导入到After Effects后再修改其中的图层名，After Effects会仍然保留到原来图层的链接。然而，如果在Photoshop中删除导入的图层，After Effects将无法找到原来的图层，并在Project面板中将该图层标识为丢失状态。
- 确保每个图层具有唯一的名称，以免产生混淆。

6.1.2 创建合成图像

本课将用导入的 Photoshop 文件作为合成图像的基础。

1. 在“项目”面板中双击 sunrise 合成图像，以便在“合成”面板和“时间轴”面板中打开它，如图 6.3 所示。

图6.3

2. 选择“合成”>“合成设置”命令。
3. 在“合成设置”对话框中，将“持续时间”修改为 10:00，使合成图像的持续时间为 10 秒，然后单击“确定”按钮，如图 6.4 所示。

关于Photoshop图层样式

Adobe Photoshop提供了多种图层样式（如投影、发光和斜面），它们可以改变图层的显示效果。在导入Photoshop图层时，After Effects可以保留这些图层样式。我们也可以在After Effects中应用图层样式。

虽然在Photoshop中图层样式被称为特效，但它们更像After Effects中的混合模式。图层样式按标准的渲染顺序在变换之后应用，而特效则在变换之前应用。另一个不同点是每个图层样式与合成图像中其下方的所有图层直接混合，而特效仅渲染到它所应用的图层，其结果将与其下方的图层结合成一个整体。

在Timeline面板中可以使用图层的样式属性。

如果要了解在After Effects中处理图层样式的更多知识，请查阅After Effects 帮助文档。

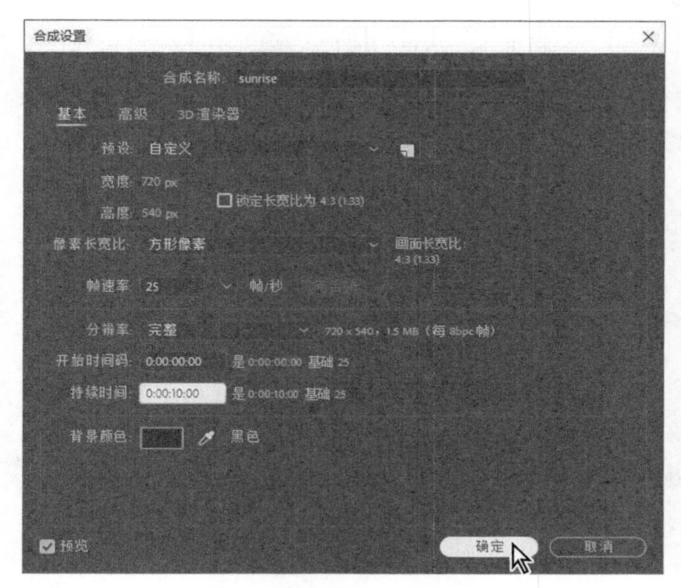

图6.4

6.2 模拟光照变化

动画的第一部分是黑暗的房间被照亮。我们将使用“不透明度”关键帧对光照进行动画处理。

1. 在“时间轴”面板中，单击 Background Lit 和 Background 图层的 Solo 开关（●），如图 6.5 所示。

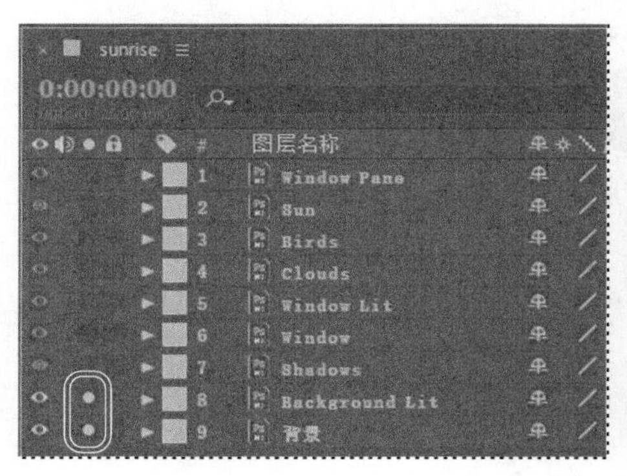

图6.5

这样做将隔离这些图层，以便加快动画处理、预览和渲染的速度。

当前，亮的背景位于正常（暗）背景之上，现在遮盖住它，使动画的初始画面变亮。然而，我们想要的是先暗后亮的动画效果。为了实现这个效果，我们将使 Background Lit 图层最初显示为透明的，然后对其不透明度进行动画处理，使得背景随着时间的推移逐渐变亮。

2. 移动到 5:00 位置。

3. 在“时间轴”面板中选择 Background Lit 图层，再按 T 键显示其“不透明度”属性。

4. 单击秒表图标（ ），设置一个“不透明度”关键帧。请注意此时“不透明度”值是 100%，如图 6.6 所示。

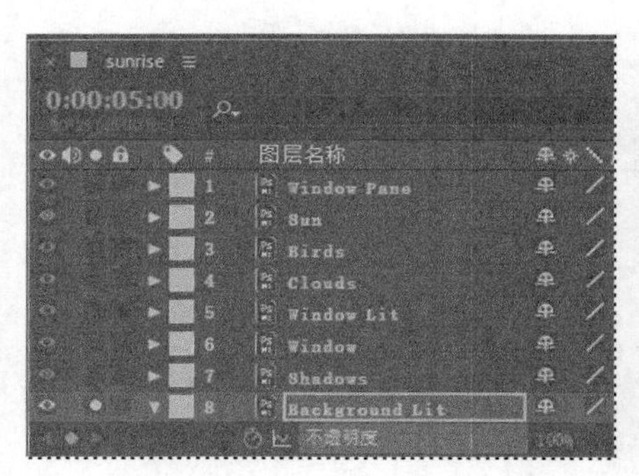

图6.6

5. 按 Home 键，或将当前时间指示器拖动到 0:00。然后将 Background Lit 图层的“不透明度”值设为 0%，After Effects 添加一个关键帧，如图 6.7 所示。

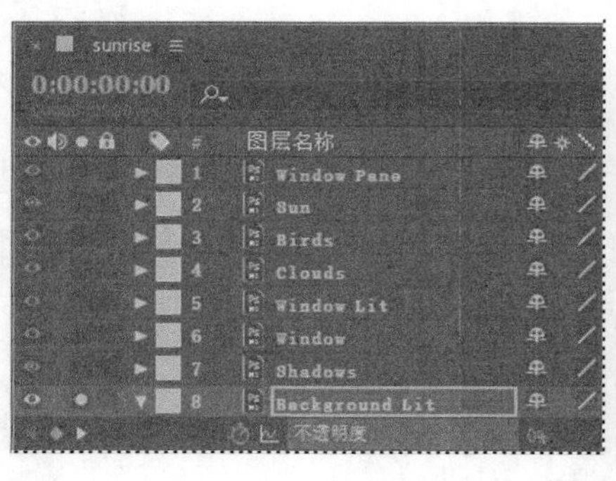

图6.7

现在，在动画开始时，Background Lit 图层是透明的，这将使暗的 Background 图层透显出来。

6. 单击 Background Lit 和 Background 图层的 Solo 开关（ ），恢复其他图层（包括 Window 和 Window Lit 图层）的视图。要确保 Background Lit 图层的“不透明度”属性处于可见状态。

7. 展开 Window Pane 图层的“转换”属性。Window Pane 图层包含一个 Photoshop 图层样式，它创建窗户上的斜面。

8. 移动到 2:00 位置，并单击 Window Pane 图层“不透明度”属性旁的秒表图标，以当前“不透明度”属性值 30% 创建一个关键帧，如图 6.8 所示。

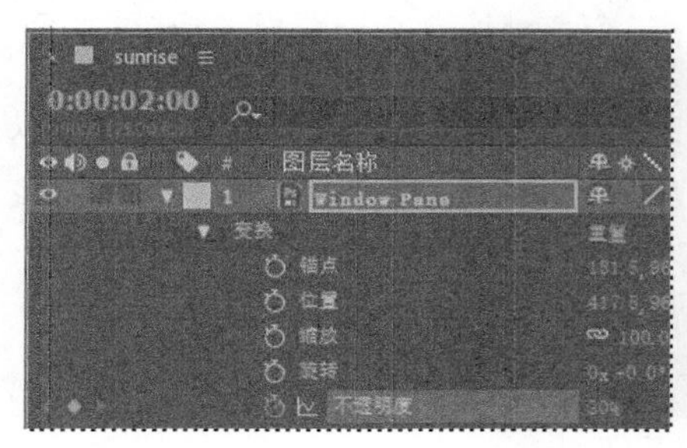

图6.8

9. 按 Home 键，或将当前时间指示器移动到时间标尺的起点。将“不透明度”属性值修改为 0%，如图 6.9 所示。

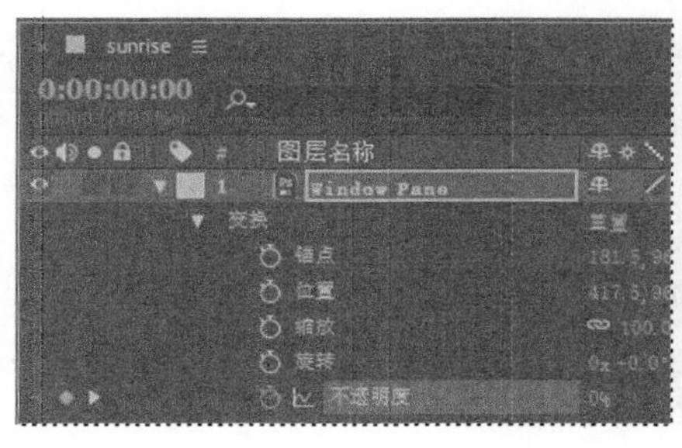

图6.9

10. 隐藏 Window Pane 图层的属性。

11. 单击“预览”面板中的“播放 / 停止”按钮（▶），或按空格键预览动画，可以看到房间内光线逐渐地由暗变亮。

12. 在 5:00 位置后的任意时间按空格键停止播放。

13. 选择“文件” > “保存”命令。

表达式

如果想要创建和链接复杂的动画，例如多个车轮的转动，但又想避免手动创建大量的关键帧，那么可以使用表达式。使用表达式可以建立图层属性之间的关系，并用一个属性的关键帧对另一图层动态地进行动画处理。例如，如果设置了一个图层的旋转关键帧，然后应用“投影”特效，则可以用表达式将“旋转”属性值和“投影”特效的“方向”值链接起来。这样，当图层旋转时，投影就会相应改变。

表达式基于JavaScript语言，但我们并不需要掌握JavaScript语言来使用表达式。我们可以借用简单的示例并进行修改，从而创建满足自己需求的表达式，也可以通过把对象和方法链接到一起来创建表达式。

我们可以在“时间轴”面板或“效果控件”面板中使用表达式，也可以用“关联器”创建表达式，还可以在表达式字段中手动输入和编辑表达式——表达式字段是一个文本字段，它位于属性下方的时间曲线图中。

关于表达式的更多信息，请参见After Effects帮助文档。

6.3 用关联器复制动画

现在，我们需要光线通过窗户使房间变亮。为此，我们将使用关联器来复制刚才创建的动画。我们可以使用关联器来创建表达式，它把一个属性的值或特效链接到另一个属性上。

1. 按 Home 键，或将当前时间指示器拖动到时间标尺的起点。
2. 选择 Window Lit 图层，按 T 键显示其“不透明度”属性。
3. 按住 Alt 键单击（Windows）或按住 Option 键单击（macOS）Window Lit 图层的“不透明度”秒表图标，为默认的“不透明度”值 100% 添加一个表达式。Window Lit 图层的时间标尺内将显示 transform.opacity 单词，如图 6.10 所示。

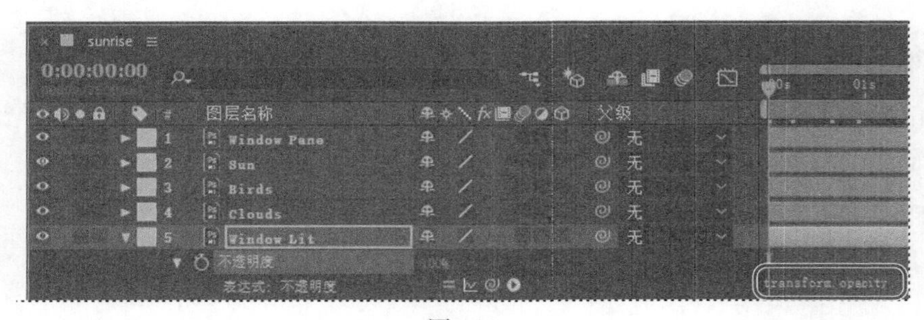

图6.10

4. 单击 Window Lit“表达式：不透明度”行上的关联器图标（ ），并将其拖放到 Background Lit 图层中的“不透明度”属性名上。当释放鼠标时，关联器开始捕获，Window Lit 图层时间标尺内的表达式变为“thisComp.layer（“Background Lit”）.transform.opacity”。这意味着 Background Lit 图层的“不透明度”属性值（0%）取代了前面 Window Lit 图层的“不透明度”属性值（100%），如图 6.11 所示。
5. 将当前时间指示器从 0:00 拖动到 5:00，请注意这两个图层的“不透明度”值完全相同。
6. 移动到时间标尺的起点，然后按空格键，再次预览该动画。请注意窗外天空变亮时，窗内的房间也变亮。

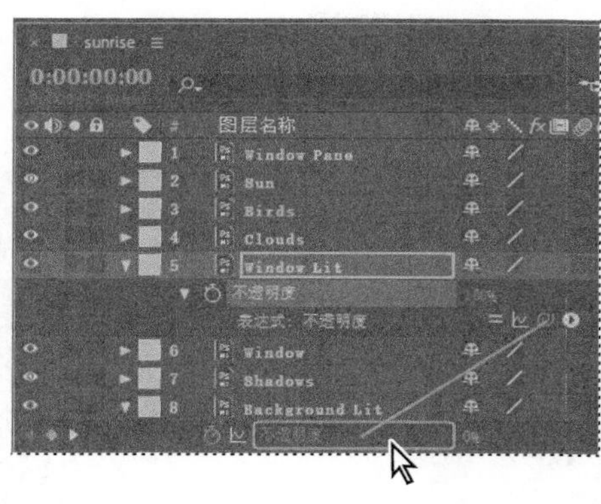

图6.11

7. 按空格键停止播放。

8. 隐藏 Window Lit 和 Background Lit 两个图层的属性，使“时间轴”面板保持整洁，便于完成接下来的任务。

9. 选择“文件” > “保存”命令保存项目。

6.4 对场景中的移动进行动画处理

窗外的风景一直不变，这显然不真实。首先，太阳应该升起。此外，漂移的云朵、飞翔的小鸟，都将使这个场景变得更有活力。

6.4.1 对太阳进行动画处理

为了显示太阳从天空中升起，我们将为其“位置”“缩放”和“不透明度”属性设置关键帧。

1. 在“时间轴”面板中选择 Sun 图层，并展开其“变换”属性。

2. 移动到 4:07 位置，单击秒表图标（⏱），在“位置”“缩放”和“不透明度”属性的默认值位置设置关键帧，如图 6.12 所示。

图6.12

3. 移动到 3:13 位置。

4. 继续处理 Sun 图层，将其“缩放”设置为（33，33%），将其“不透明度”属性值设为 10%。After Effects 为每个属性添加一个关键帧，如图 6.13 所示。

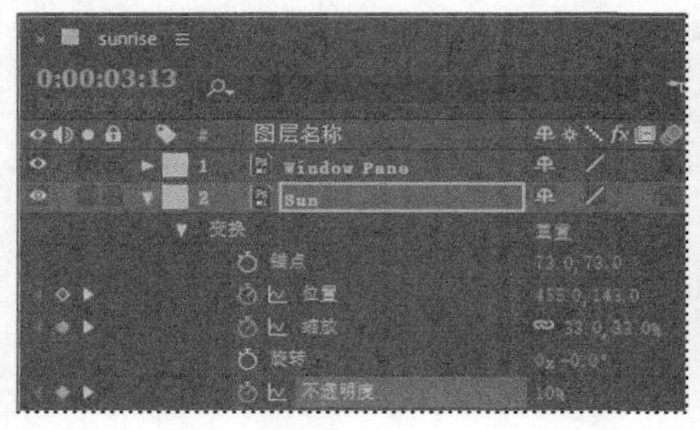

图6.13

5. 按 End 键，或移动当前时间指示器到合成图像的终点。

6. 对于 Sun 图层的“位置”属性，将 y 值设为 18，然后将“缩放”值设为（150，150%）。After Effects 添加两个关键帧，如图 6.14 所示。

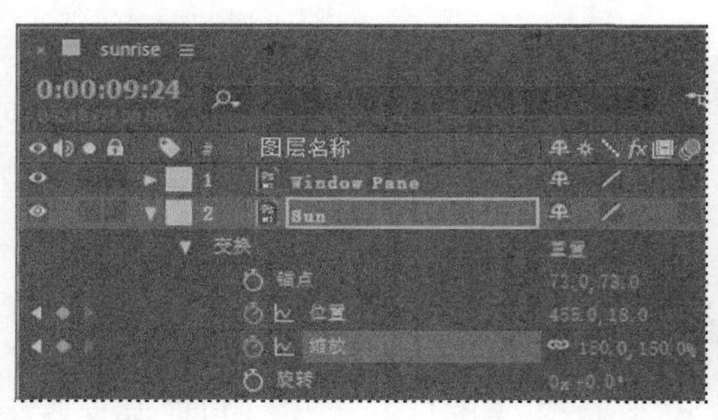

图6.14

刚才设置的关键帧使太阳升起并穿过天空，且太阳在升起的过程中会变得更大更亮。

7. 隐藏 Sun 图层的属性。

6.4.2 对小鸟进行动画处理

接下来制作小鸟在天空中飞过的动画效果。为了加快动画的制作过程，可以利用“时间轴”面板中的“自动创建关键帧”选项。当启用了“自动创建关键帧”选项后，每当更改属性值时，After Effects 将自动创建一个关键帧。

1. 在“时间轴”面板中选择 Birds 图层，按 P 键显示其“位置”属性。

2. 从“时间轴”面板菜单中选择“启用自动关键帧”选项，如图 6.15 所示。

在“时间轴”面板的顶部将出现一个红色的秒表图标，提醒用户已经选择了“自动创建关键帧”。

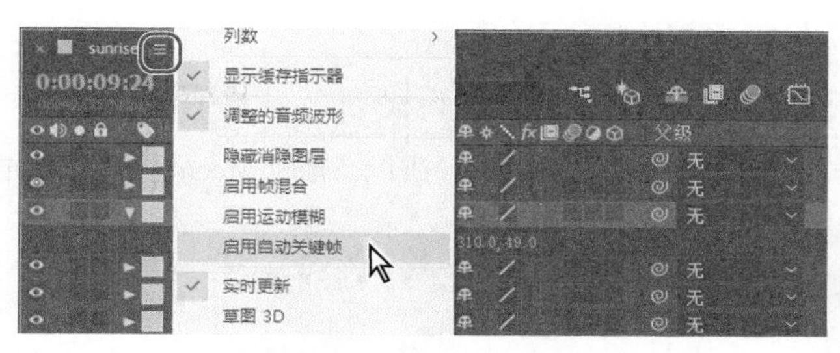

图6.15

3. 移动到 4:20 位置，将 Birds 图层的“位置”值设置为（200，49）。After Effects 将自动添加一个关键帧，如图 6.16 所示。

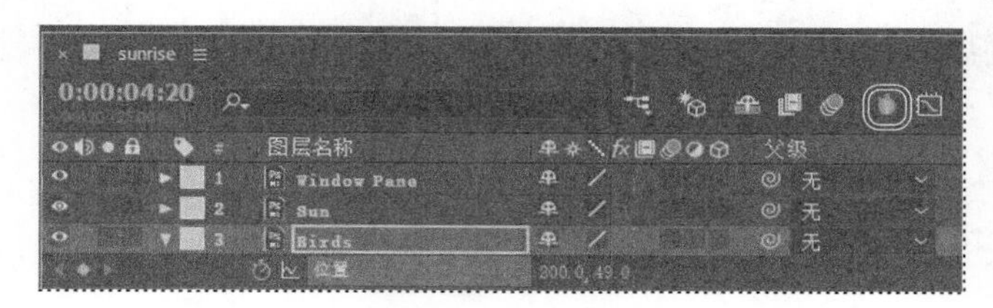

图6.16

注意：尽管“启用自动关键帧”选项可以使工作变得简单，但它也会创建超出预期数量的关键帧。所以最好仅在特定任务中确实需要时，才选择“启用自动关键帧”选项，并记得在任务完成后禁用它！

4. 移动到 4:25 位置，将 Birds 图层的“位置”值设置为（670，49）。After Effects 添加一个关键帧，如图 6.17 所示。

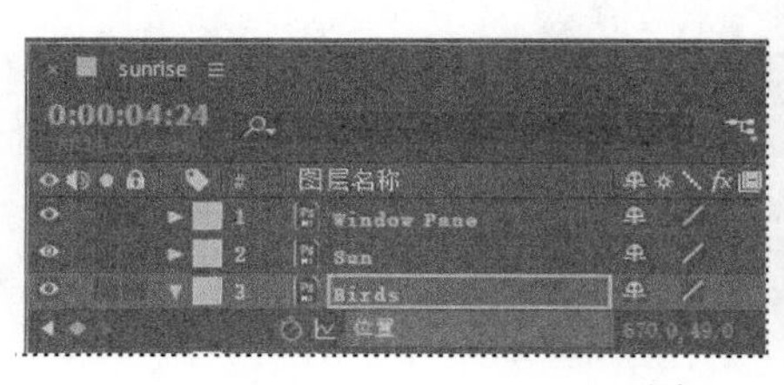

图6.17

5. 选择 Birds 图层，按 P 键隐藏其“位置”属性。

6.4.3 对云朵进行动画处理

接下来制作云朵在天空中漂移的动画效果。

1. 在“时间轴”面板中选择 Clouds 图层，展开其“转换”属性。

2. 移动到 5:22 位置，单击“位置”属性的秒表图标（⏱），在“位置”属性的当前值处

（406.5，58.5）设置一个“位置”关键帧。

3. 仍在 5:22 点位置，将 Clouds 图层的“不透明度”属性值设为 33%，如图 6.18 所示。

因为“自动创建关键帧”仍然为启用状态，所以 After Effects 将自动添加一个关键帧。

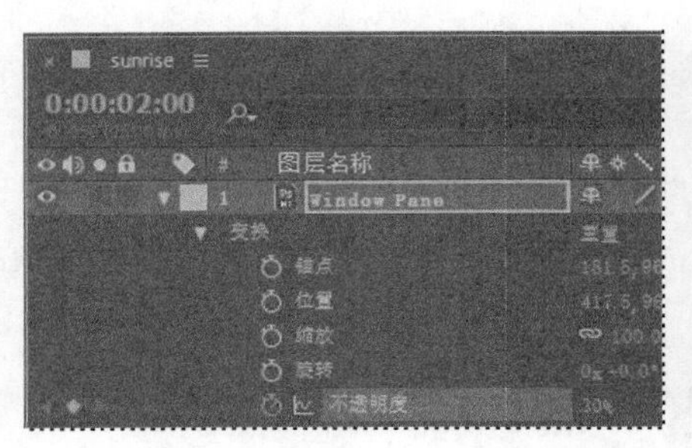

图6.18

4. 从“时间轴”面板菜单中选择“启用自动关键帧”，取消选中它。

5. 移动到 5:02 位置，将 Clouds 图层的“不透明度”值设为 0%。

尽管已经禁用了“自动创建关键帧”选项，但 After Effects 仍将添加一个关键帧。如果某属性在时间轴上已存在关键帧，更改该属性的值时，After Effects 将添加一个关键帧。

6. 移动到 9:07 位置，将 Clouds 图层的“不透明度”值设为 50%。After Effects 添加一个关键帧。

7. 按 End 键，或移动当前时间指示器到合成图像的最后帧。

8. 将 Clouds 图层的“位置”设为（456.5,48.5）。After Effects 添加一个关键帧，如图 6.19 所示。

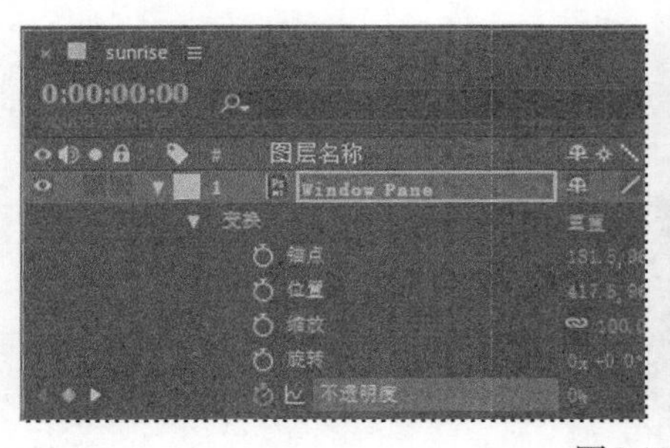

图6.19

6.4.4 预览动画

现在，让我们看看动画的整体效果。

1. 按 Home 键，或者移动到 0:00 位置。

2. 按 F2 键或单击“时间轴”面板中的空白区域，取消选中所有图层，然后按空格键预览动画。

太阳在天空中升起，小鸟（快速地）飞过，云朵在天空中漂动。目前为止，一切都很美好。

但存在一个根本性的问题：这些元素都重叠到窗口画面——小鸟甚至飞进房间内，如图 6.20 所示。接下来将解决这个问题。

图6.20

3. 按空格键停止播放。
4. 隐藏 Clouds 图层的属性，然后选择“文件” > “保存”命令。

6.5 调整图层并创建轨道蒙版

为了解决太阳、小鸟和云朵在窗户画面重叠的问题，首先必须调整合成图像内图层的顺序，然后再应用 alpha 轨道蒙版使窗外的风景透过窗户显示出来，但不要显示在房间内。

6.5.1 预合成图层

首先，我们将 Sun、Birds 和 Clouds 图层预合成为一个合成图像。

1. 在“时间轴”面板内按住 Shift 键同时单击选择 Sun、Birds 和 Clouds 图层。
2. 选择“图层” > “预合成”命令。
3. 在“预合成”对话框中，将新合成图像命名为 Window Contents。一定要选中“将所有属性移动到新合成”选项，并选择“打开新合成”选项，然后单击“确定”按钮，如图 6.21 所示。

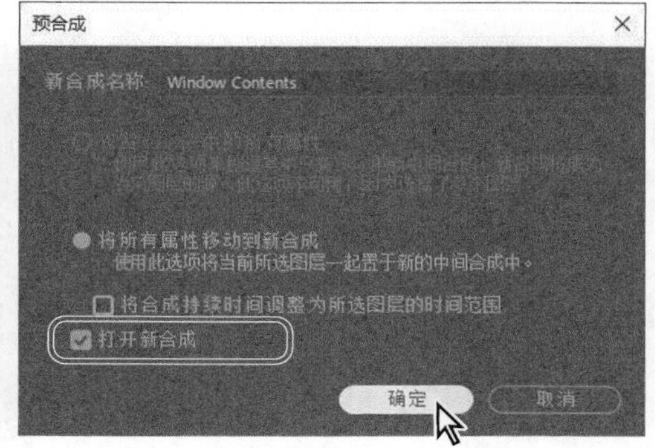

图6.21

一个新的名为 Window Contents 的“时间轴”面板出现了。其中包含上面第 1 步中选择的

Sun、Birds 和 Clouds 图层。同时，Window Contents 合成图像也显示在“合成”窗口中。

4. 单击 sunrise “时间轴”面板，查看主合成图像的内容。请注意 Sun、Birds 和 Clouds 图层已被 Window Contents 图层（指 Window Contents 合成图像）所取代，如图 6.22 所示。

图6.22

轨道蒙版和移动蒙版

当需要一个图层通过一个洞显示出另一图层中的某个区域时，应设置一个轨道蒙版。你需要两个图层，一个用作蒙版，另一个图层用来填充蒙版中的“洞”。用户可以对轨道蒙版图层或填充图层进行动画处理。对轨道蒙版图层进行动画处理时，需要创建移动蒙版。如果想用同样的设置对轨道蒙版图层和填充图层进行动画处理，则可以先进行预合成。

用户可用取自轨道蒙版图层Alpha通道或其像素亮度的值来定义轨道蒙版的透明度。用下面两种图层创建轨道蒙版时，利用像素的亮度来定义轨道蒙版的透明度是很方便的：没有Alpha通道的图层；从无法创建Alpha通道的程序中导入的图层。无论是Alpha通道蒙版还是亮度蒙版，其像素值越高就越透明。大多数情况下，使用高对比度的蒙版，以便使区域变为完全透明，或者完全不透明。而中间色调只应该在我们需要部分透明或渐变透明的区域中出现，如柔和的边缘。

After Effects在复制或拆分图层后保留图层的顺序和轨道蒙版。在复制或拆分的图层中，轨道蒙版图层位于填充图层的顶部。例如，如果项目中包含X和Y两个图层，X是轨道蒙版图层，而Y是填充图层，那么，复制或拆分这两个图层产生的图层顺序应该为XYXY，如图6.23所示。

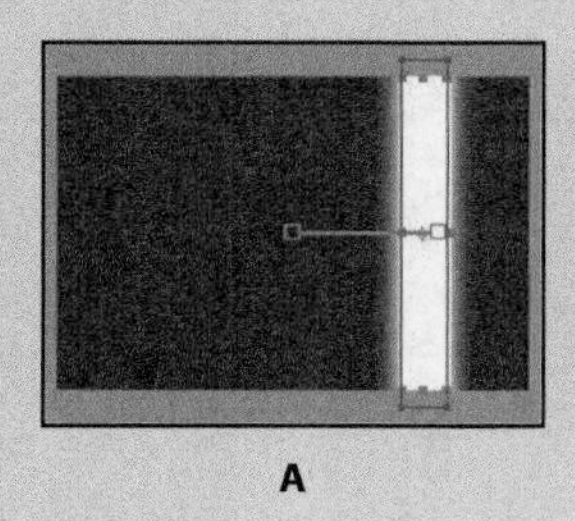
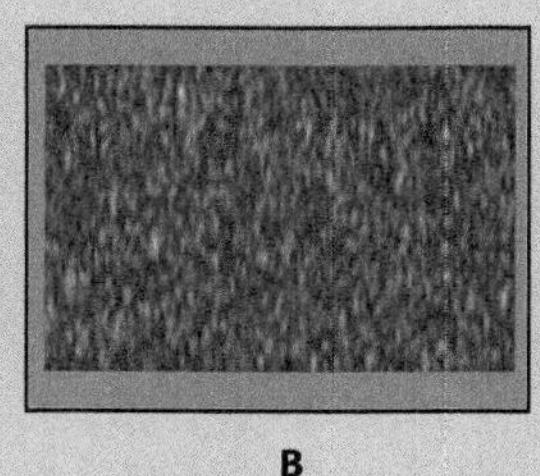
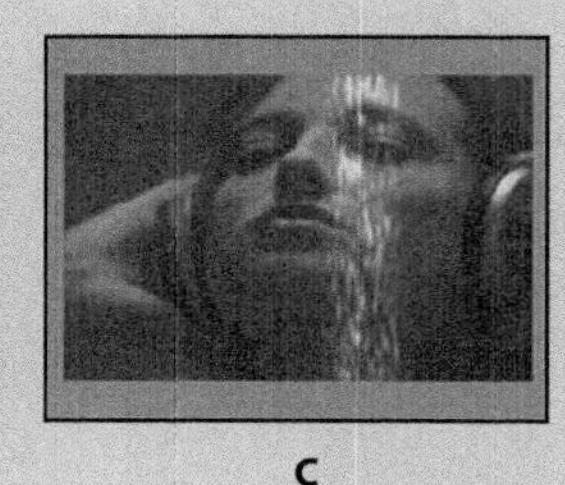

A　　B　　C

图6.23

下面来剖析移动蒙版。

A. 轨道蒙版图层：带矩形蒙版的纯色，被设置为“亮度蒙版”。该蒙版经过动画处理后将穿过屏幕。

B. 填充图层：带有图案特效的纯色图层。

C. 结果：在轨道蒙版的形状内可以看到图案，图案被添加到图像图层，该图层位于轨道蒙版图层下方。

6.5.2 创建轨道蒙版

现在，我们将创建轨道蒙版，以便将除窗户外的所有外部风景都隐藏起来。为了完成这项工作，需要复制 Window Lit 图层，并使用其 Alpha 通道。

1. 在 sunrise“时间轴”面板中选择 Window Lit 图层。
2. 选择“编辑” > “复制”命令。
3. 在图层栈中向上拖动副本图层 Window Lit 2，使其位于 Window Contents 图层上方。
4. 单击“时间轴”面板底部的“切换开关 / 模式”，显示“轨道遮罩”栏，这样就可以应用轨道蒙版。
5. 选择 Window Contents 图层，并从“轨道遮罩”下拉菜单中选择“Alpha 遮罩‘Window Lit 2’”，如图 6.24 所示。

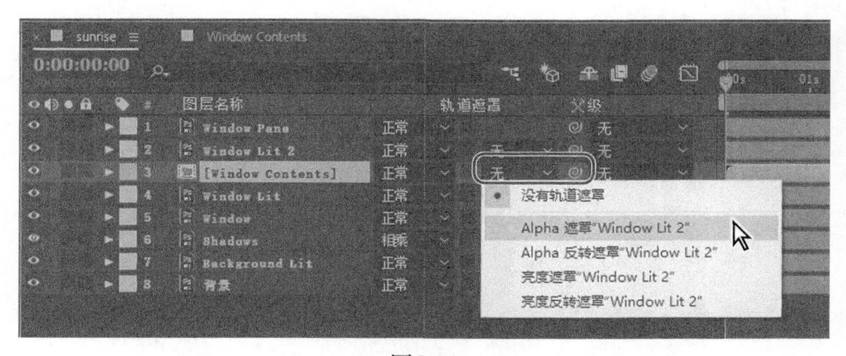

图6.24

该图层上方的 Alpha 通道（Window Lit 2）用来设置 Window Contents 图层的透明度，以便使窗外的风景能透过窗户的透明区域显示出来。

6. 按 Home 键或将当前时间指示器移动到时间标尺的起点，然后按空格键预览动画。预览完成后再次按空格键。
7. 选择“文件” > “保存”命令，保存项目。

6.5.3 添加运动模糊

如果对小鸟添加运动模糊特效，将使其显得更真实。我们将添加运动模糊特效，并设置快门角度和相位，以控制运动模糊的强度。

1. 切换到 Window Contents“时间轴”面板。

2. 移动到 4:22 位置——小鸟运动的中间点。然后选中 Birds 图层，选择“图层”>“开关”>“运动模糊”命令，打开该图层的运动模糊。

3. 单击“时间轴”面板顶部的“启用运动模糊”按钮（ ），以便在“合成”面板中显示 Birds 图层的运动模糊效果，如图 6.25 所示。

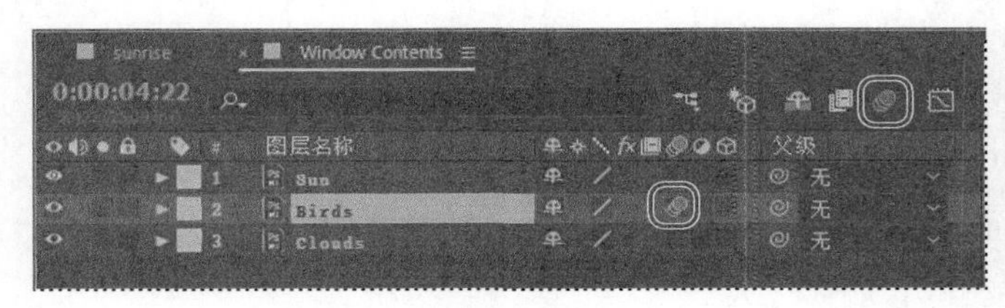

图6.25

4. 选择“合成”>“合成设置”命令。

5. 在“合成设置”对话框中，单击“高级”选项卡，将“快门角度”降低到 30°。

通过设置“快门角度”模拟在真实的摄像机上调整快门角度的效果，它控制摄像机光圈打开的时间长度以及捕获的光量。该数值越大，产生运动模糊的效果就越明显。

6. 将“快门相位”设置为 0°，然后单击“确定”按钮，如图 6.26 所示。

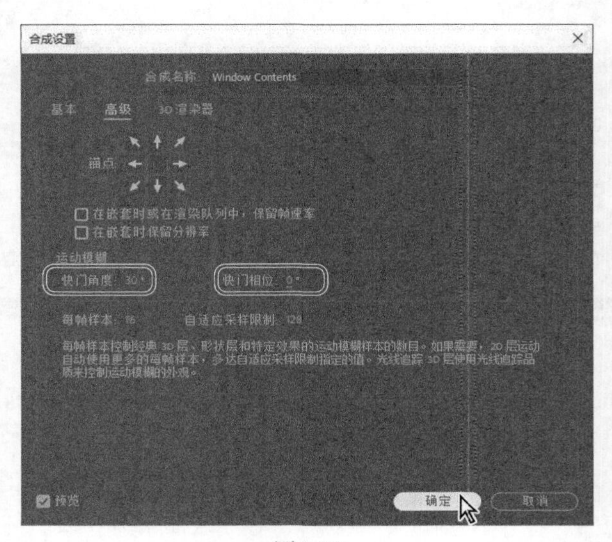

图6.26

6.6 对投影进行动画处理

现在将注意力转移到时钟和花瓶在桌面投下的阴影上。在真实的延时图像中，阴影将随着太阳的升起而缩短。

在 After Effects 中有几种方法可以创建投影，并对它做动画处理。例如，可以利用 3D 图层和光照进行处理。但是,本项目将采用“边角定位”特效来扭曲导入的 Photoshop 图像的 Shadow 图层。使用“边角定位”特效就像使用 Photoshop 的自由变换工具一样，该特效通过重新定位图像四个角的位置来扭曲图像。使用该特效可以拉伸、收缩、斜切或扭曲图像，也可以使用该特效模拟以图层的边缘为轴所做的透视或转动效果，例如门打开的效果。

1. 切换到 sunrise“时间轴”面板，确保处于时间标尺的起点。
2. 在“时间轴”面板中选择 Shadows 图层，然后选择“效果”>“扭曲”>“边角定位”命令。“合成”面板中 Shadows 图层的角点周围将显示出一些小圆圈，如图 6.27 所示。

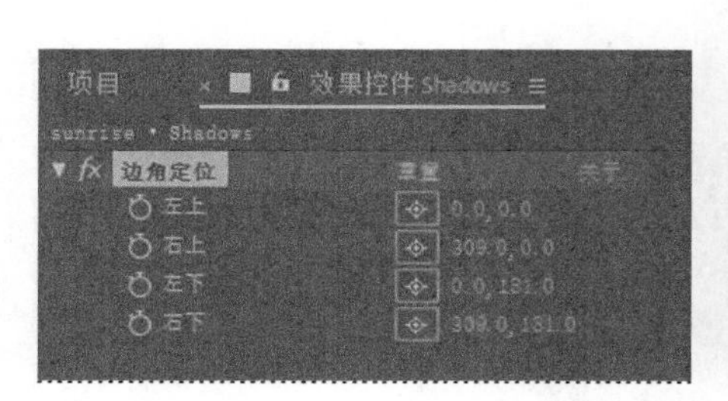

图6.27

注意：如果看不到这些控件，请从“合成”面板菜单中选择“查看选项”。在“查看选项”对话框中,选取“手柄”和“效果控件”复选框,然后单击“确定”按钮。

首先设置 Shadows 图层的 4 个角，使其与玻璃桌面的 4 个角位置相符。我们将从该动画的中心开始处理，这时太阳的高度足以对阴影产生影响。

3. 移动到 6:00 位置，然后将四角的手柄分别拖放到玻璃桌面的相应角上。请注意 Effect Controls 面板中 x 和 y 坐标值的改变。

提示：Shadows 图层的右下角超出了屏幕。为了调整该角，请切换到抓手工具（），在“合成”面板中向上拖，这样就可以在该图像的下方看到一些空白区域。然后切换回“选取”工具（），将右下角手柄大致拖放到玻璃桌面右下角的位置。

如果在定位阴影时出现问题，则可以手动输入数值。

4. 在“效果控件”面板内单击各个位置的秒表图标（），在 6:00 处为各角设置关键帧，如图 6.28 所示。

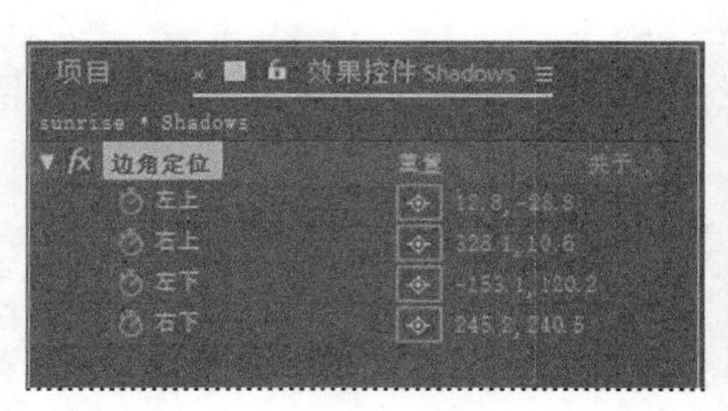

图6.28

5. 按 End 键，或移动当前时间指示器到合成图像的最后一帧。

6. 使用“选取”工具（▶）缩短阴影：拖动下面两个角的手柄，将它们向桌面后沿拖近大约 25%。可能还需要轻微拖动上面两个角，使阴影的底部仍与花瓶和时钟对齐。角点的数值应与图 6.29 所示的类似。如果你不愿意拖动这些角，你可以直接输入数值。After Effects 添加关键帧。

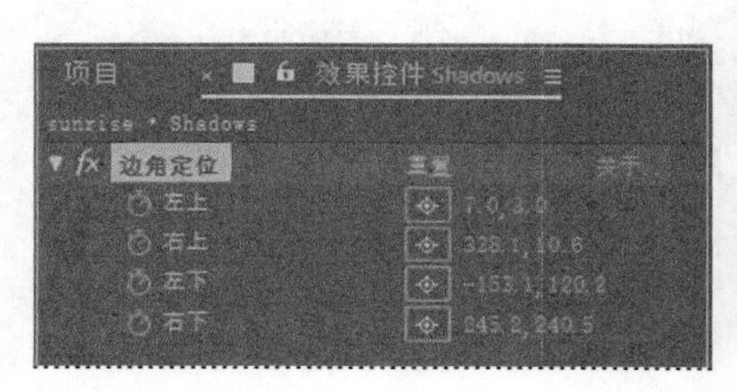

图6.29

7. 如果有需要，可以选择抓手工具，向下拖动合成图像，使其位于“合成”面板垂直方向的正中位置。然后切换回“选取”工具，并取消选中该图层。

8. 移动到 0:0 位置，然后按空格键预览整个动画，包括“边角定位”特效。预览完成后，再次按空格键，如图 6.30 所示。

图6.30

9. 选择“文件” > “保存”命令，保存项目。

6.7　添加镜头眩光特效

在摄影中，当强光（如太阳光）从相机镜头反射时，会产生眩光效果。镜头眩光可以是明亮的、色彩丰富的圆圈和光晕，这取决于相机所使用的镜头类型。After Effects 提供了几种镜头眩光特效。现在，我们将添加一种特效，以增强这个延时摄影合成图像的真实感。

1. 移动到 5:10 位置，这时太阳光强烈地照射进摄像机的镜头。
2. 在“时间轴”面板中没有选择任何图层的情况下，选择“图层”>“新建”>“纯色”命令。
3. 在“纯色设置”对话框中，将该图层命名为 Lens Flare，并单击“制作合成大小”按钮。然后按以下操作将“颜色”设为黑色：单击色板，在“纯色颜色”对话框内将所有 RGB 值设为 0。单击“确定”按钮返回“纯色设置”对话框中。
4. 单击“确定”按钮创建 Lens Flare 图层，如图 6.31 所示。

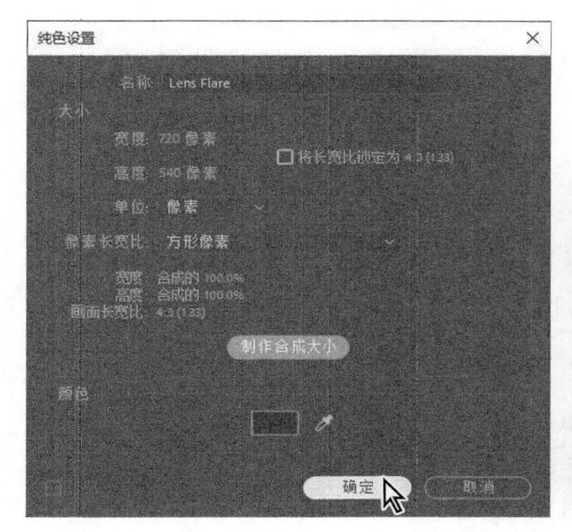

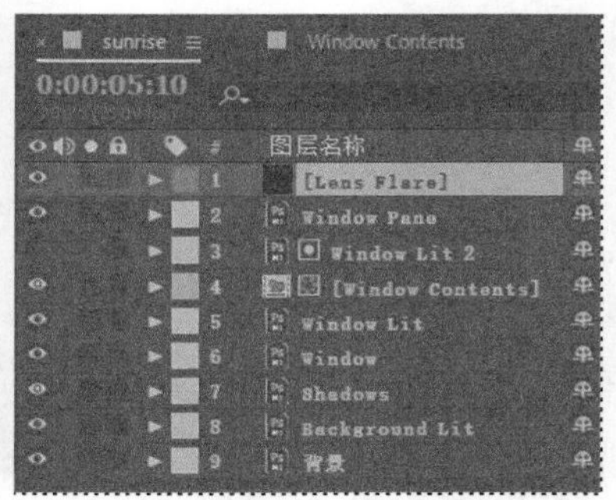

图6.31

5. 在 sunrise“时间轴”面板中选择 Lens Flare 图层，再从 After Effects 菜单栏中选择“效果”>“生成”>“镜头光晕”命令。

“合成”面板和“效果控件”面板将分别以图形化和数字化两种形式显示默认的“镜头光晕”设置，接下来将自定义该合成图像的效果。

6. 在“合成”面板中将“光晕中心”十字图标（⊕）拖放到太阳的中心点。在“合成”面板中无法看到太阳，要调整十字图标的位置，使其 x、y 坐标值在“效果控件”或“信息”面板中大约为（455，135）。

> **提示**：还可以在“效果控件”面板中直接输入“光晕中心”值。

7. 在“效果控件”面板中，将“镜头类型”修改为“35毫米定焦”，产生更强烈的散射眩光效果，如图6.32所示。

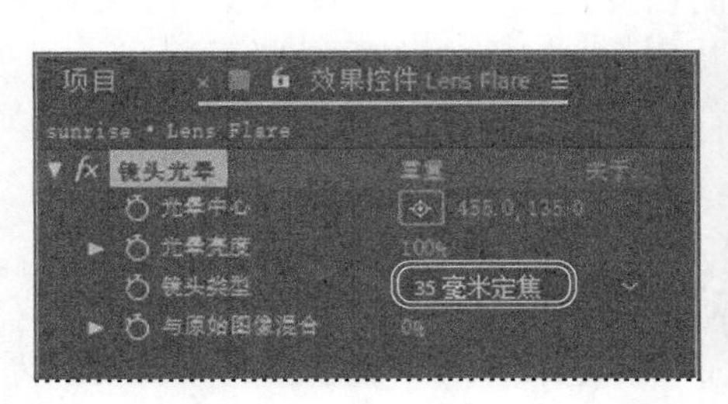

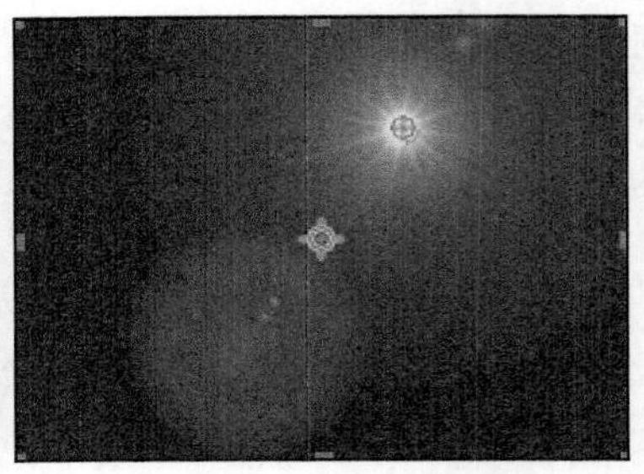

图6.32

8. 确认当前仍处在5:10位置。在“效果控件”面板中，单击“光晕亮度”属性的秒表图标（⏱），在默认值100%处设置一个关键帧。

9. 把太阳升到最高点时镜头眩光的亮度调整到最大值。

   • 移动到3:27位置，将“光晕亮度”值设为0%。

   • 移动到6:27位置，将“光晕亮度”值也设为0%。

   • 移动到6:00位置，并将“光晕亮度”值设为100%。

10. 在“时间轴”面板中选择Lens Flare图层，选择“图层”>“混合模式”>“屏幕”命令更改混合方式，如图6.33所示。

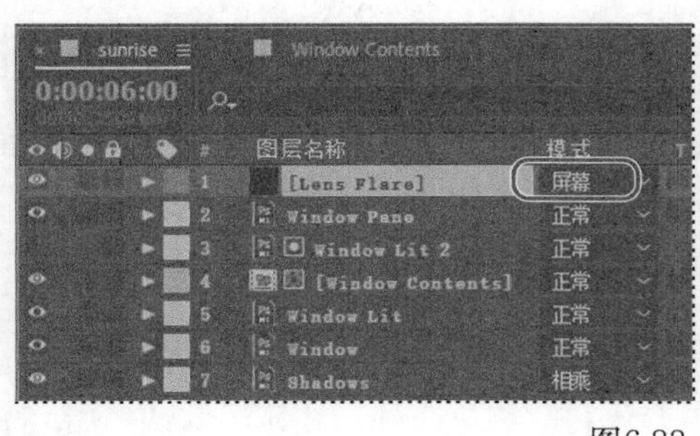

图6.33

> **提示：**也可以在“时间轴”面板内从“模式”下拉列表中选择“屏幕”。

11. 按Home键，或将当前时间指示器移动到时间标尺的起点，然后按空格键，预览镜头眩光特效。预览完成后再次按空格键。

12. 选择“文件”>“保存”命令保存项目。

6.8 添加一个视频动画

现在，该动画看起来很像一幅延时相片——但时钟还没有这种效果！时钟的指针应该快速地转动，以指示时间变化。为了显示该特效，需要添加一个专为本场景创建的动画。该动画是在After Effects中作为一组明亮的、带纹理的3D图层创建的，并且在动画中加入了蒙版，以便使其融入场景中。

> **注意**：第12课和第13课将更详细地介绍3D图层方面的知识。

1. 将“项目”面板显示到前面，关闭sunrise Layers文件夹，然后双击面板中的空白区域，打开“导入文件”对话框。

2. 在Lessons\Lesson06\Assets文件夹中，选择clock.mov文件，然后单击“导入”或者“打开”按钮。

QuickTime影片文件clock.mov现在显示在“项目”面板的顶部。

3. 单击sunrise“时间轴”面板激活它，然后移动到时间标尺的开始位置。将clock.mov素材项从“项目”面板拖放到“时间轴”面板内图层堆栈的顶部，如图6.34所示。

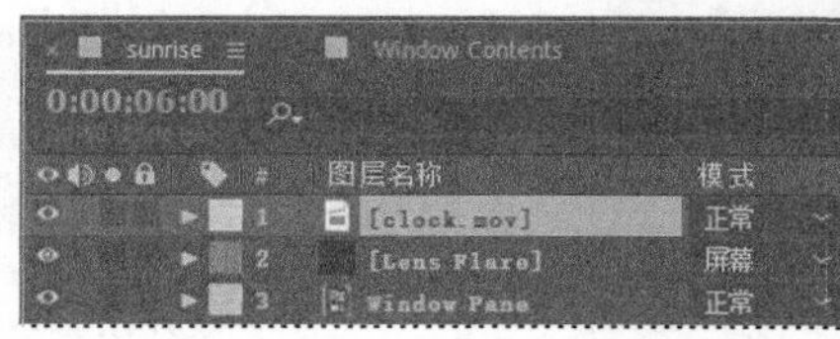

图6.34

4. 按空格键预览动画。预览完成后再次按空格键停止播放。

5. 选择“文件”>“保存”命令，保存项目。

6.9 渲染动画

接下来为下一项任务（对合成图像进行时间变换处理）做准备——我们需要渲染sunrise合成

图像并将其导出为影片。

1. 在“项目”面板中选择 sunrise 合成图像，然后选择“合成” > “添加至渲染队列”命令，打开“渲染队列”面板。显示屏幕的尺寸决定了用户可能需要将面板最大化之后，才能看到所有设置。

2. （可选）双击“渲染队列”面板选项卡，使面板变大。

3. 采用“渲染队列”面板中默认的“渲染设置”。然后单击“输出到”下拉列表旁的蓝色文字。

4. 导航到 Lessons\Lesson06\Assets 文件夹，将文件命名为 Lesson06_retime.avi（Windows）或 Lesson06_retime.mov（macOS），如图 6.35 所示。然后单击“保存”按钮。

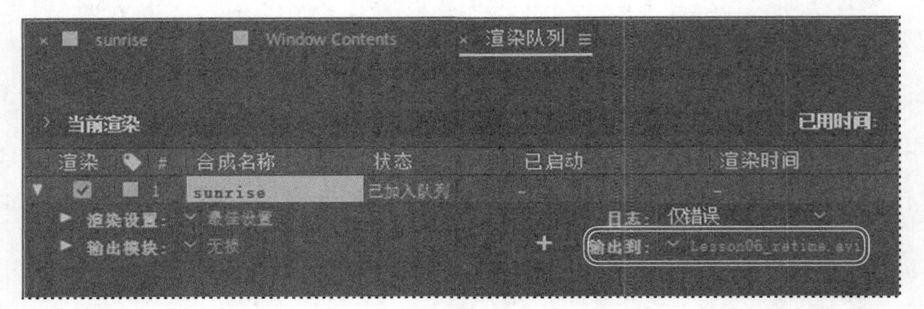

图6.35

5. 展开“输出模块”组，然后从“渲染后动作”菜单中选择“导入”，如图 6.36 所示。After Effects 将在影片文件渲染完成后导入它。

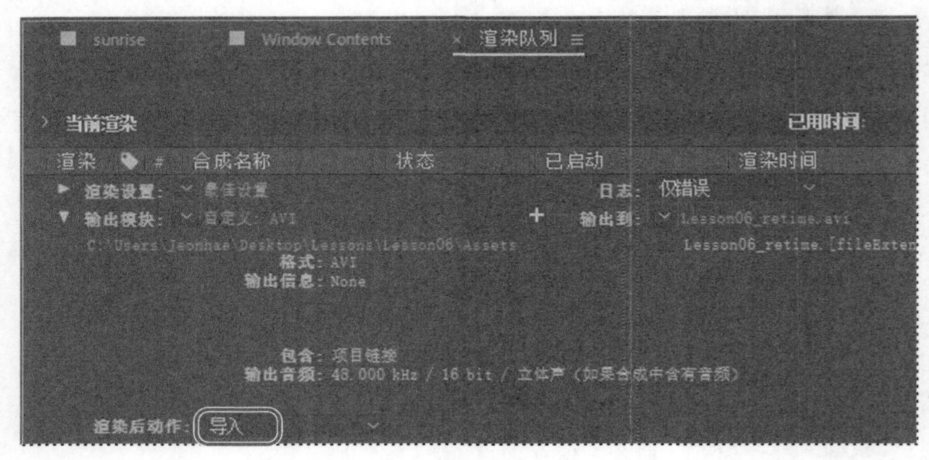

图6.36

6. 隐藏“输出模块”区域。

7. 单击“渲染队列”面板中的“渲染”按钮。

After Effects 在渲染并导出合成图像的过程中将显示进度条（见图 6.37），渲染完成后将会有声音提示。同时还将生成的影片文件导入到项目中。

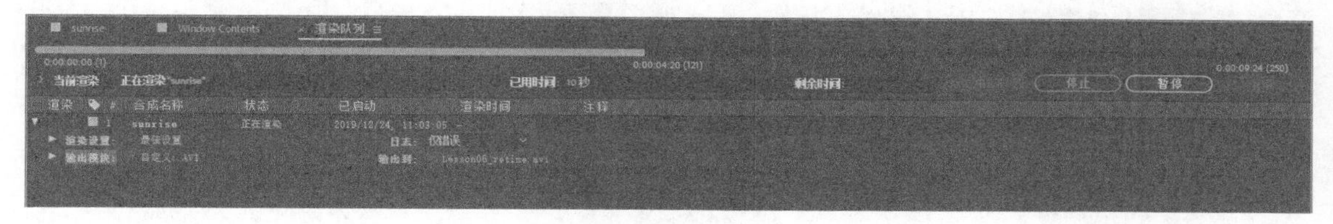

图6.37

8. After Effects 渲染并导出合成图像之后，请双击“渲染队列”面板选项卡（如果你之前已经将该面板最大化了），然后将其关闭。

6.10 对合成图像进行时间变换处理

你现在已经创建了一个简单的延时模拟动画。动画看起来还不错，但是使用 After Effects 提供的时间重映射功能还可以对时间进行更多操作。时间重映射能够动态加速、减速、停止或反向播放素材。该功能可以用来做很多事情，比如创建定格帧特效。正如在接下来的练习中将看到的，在进行时间变换时，“图像编辑器”和“图层”面板将很有用。对项目进行时间变换后，影片的不同片段中时间流逝的速度是不同的。

> Ae **提示：**应用“时间扭曲”特效（本书第 14 课将使用该特效）可以取得更好的控制效果。

本练习中，将使用刚导入的影片作为新合成图像的基础，这将使时间重映射变得更加简单。

1. 将 Lesson06_retime 影片文件拖放到“项目”面板底部的“创建新合成”按钮（ ）上。

After Effects 创建名为 Lesson06_retime 的新合成图像，并将其显示在“时间轴”面板和“合成”面板中。现在，我们可以对项目中的所有元素同时进行时间变换了。

2. 在 Timeline 面板中选择 Lesson06_retime 图层，然后选择“图层”>“时间”>“启用时间重映射”命令。

After Effects 在该图层的第一帧和最后一帧处添加两个关键帧，它们在时间标尺上是可见的。在“时间轴”面板中该图层的名称下方还显示出“时间重映射”属性，该属性用来控制在指定的时间点显示哪一帧，如图 6.38 所示。

3. 在“时间轴”面板中双击 Lesson06_retime 图层名，在“图层”面板中打开它。

在重映射时间时，“图层”面板将直观显示被修改的帧，为你提供参考。“图层”面板显示两个时间标尺：该面板底部的时间标尺显示当前时间。在时间标尺正上方的“源时间”标尺具有重映射时间标志，它指出当前时间播放哪一帧，如图 6.39 所示。

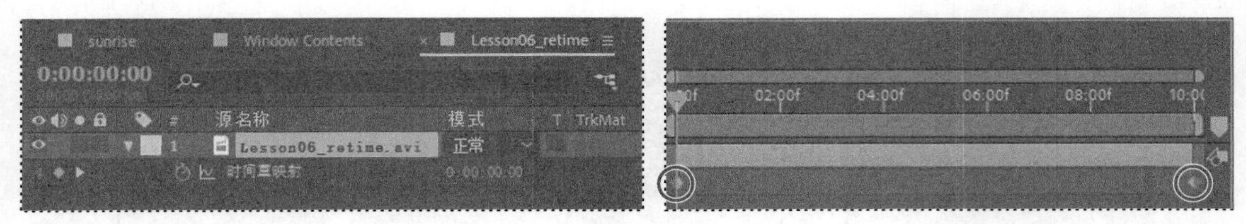

图6.38

图6.39

4. 按空格键预览图层，请注意“图层”面板中的两个时间标尺中的源时间和当前时间标志是同步变化的。这种情况在我们重映射时间时会发生改变。

5. 移动到 4:00 位置，将“时间重映射”值修改为 2:00。

这将重映射时间，使 2:00 处的帧在 4:00 时播放。也就是说，合成图像的前 4 秒将以半速进行播放，如图 6.40 所示。

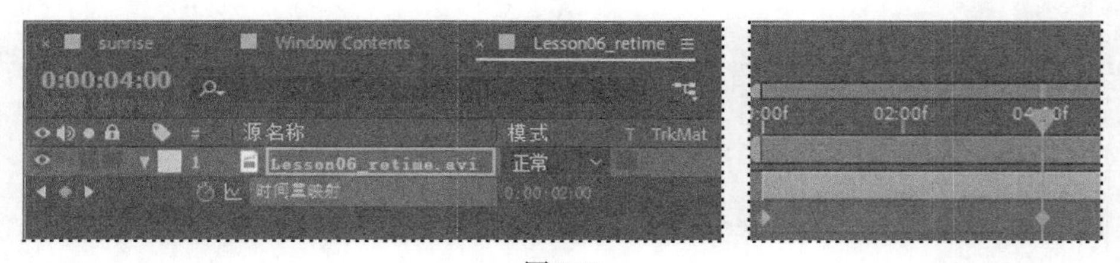

图6.40

6. 按空格键预览动画。合成图像现在以半速进行播放，直到 4:00 后再以正常速度进行播放。完成动画预览后请再次按空格键。

6.10.1 在图形编辑器中查看时间重映射特效

使用图形编辑器，你可以查看并操控特效与动画中的所有属性，包括特效属性值、关键帧和插值。Graph Editor 将特效和动画中的变化以二维曲线图表示，其中水平轴代表播放时间（从左向右）。相比之下，在图层条模式下，时间标尺仅代表水平时间元素，而没有以图形化的形式显示出值的改变。

1. 确认在“时间轴”面板中 Lesson06_retime 图层的“时间重映射”属性已被选中。

2. 然后单击“图形编辑器”按钮（），显示图形编辑器，如图 6.41 所示。

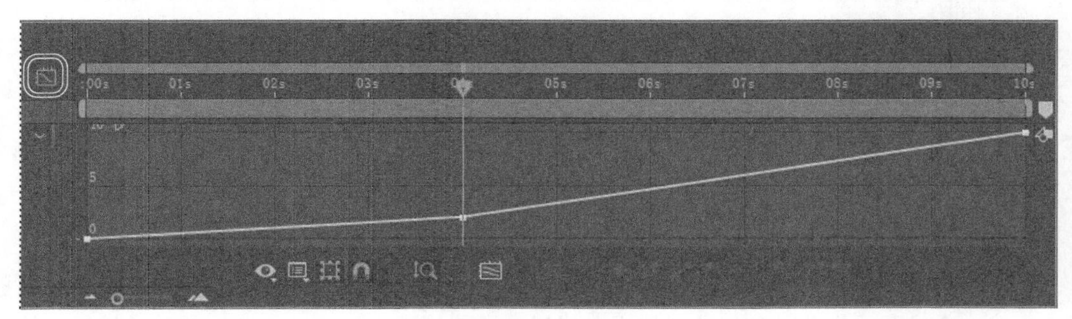

图6.41

图形编辑器显示时间重映射图形，它用一条白色的线连接 0:00、4:00 和 10:00 时间点处的关键帧。可以看到曲线缓慢地上升到 4:00，然后变得更陡峭。曲线越陡峭，播放速度越快。

6.10.2 用图形编辑器重映射时间

在重映射时间时，可以使用时间重映射曲线中的值来确定和控制影片中哪一帧在什么时间点播放。每个时间重映射关键帧都具有一个与它相关的时间值，它对应于图层中的具体帧，该值在时间重映射曲线中以垂直坐标显示。当为图层启用时间重映射时，After Effects 在图层的起点和终点各添加一个时间重映射关键帧。这些最初的时间重映射关键帧垂直方向的时间值与它们的水平位置相等。

通过设置额外的时间重映射关键帧，可以创建复杂的运动特效。每添加一个时间重映射关键帧，就将创建另一个时间点，你可以在该点改变播放的速度或方向。当在时间重映射曲线图中上下移动关键帧时，可以调整在当前时间点播放视频中的哪一帧。

下面我们对本项目进行有趣的时间变换处理。

1. 在时间重映射曲线图中，将中间的关键帧从 2 秒垂直向上拖动到 10 秒处。

> Ae **提示**：调整关键帧时，边拖动边查看“信息”面板，可以看到更多信息。

2. 将最后一个关键帧向下拖动到 0 秒处，如图 6.42 所示。

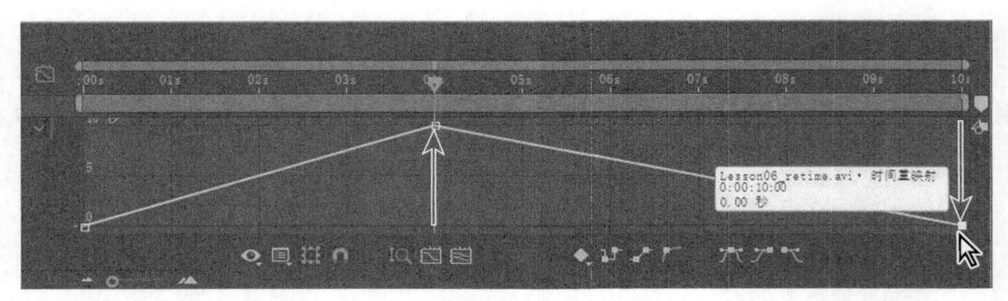

图6.42

3. 移动到 0:00 位置，然后按空格键预览结果。请观察“图层”面板中的时间标尺和“源时间”标尺，以便了解在指定的时间点上播放的是哪一帧。

现在合成图像的前 4 秒快速地播放动画，然后合成图像的剩余部分反向播放动画。

4. 按空格键停止预览。

5. 按住 Ctrl 键单击（Windows）或按住 Command 键单击（macOS）最后一个关键帧，删除它。合成图像在前 4 秒仍然以快进方式播放，但接下来画面则在一个单帧（最后一帧）保持不动。

6. 按 Home 键，或将当前时间指示器移动到时间标尺的起点，然后按空格键预览动画。预览完成后再次按空格键。

7. 按住 Ctrl 键单击（Windows）或按住 Command 键单击（macOS）6:00 处的虚线，在 6:00 处添加一个和 4:00 处关键帧具有相同数值的关键帧。

Ae | **注意**：按住 Ctrl 键或 Command 键将临时激活“添加顶点”工具。

8. 按住 Ctrl 键单击（Windows）或按住 Command 键单击（macOS）10:00 处，添加另一个关键帧，然后将它向下拖动到 0 秒处，如图 6.43 所示。

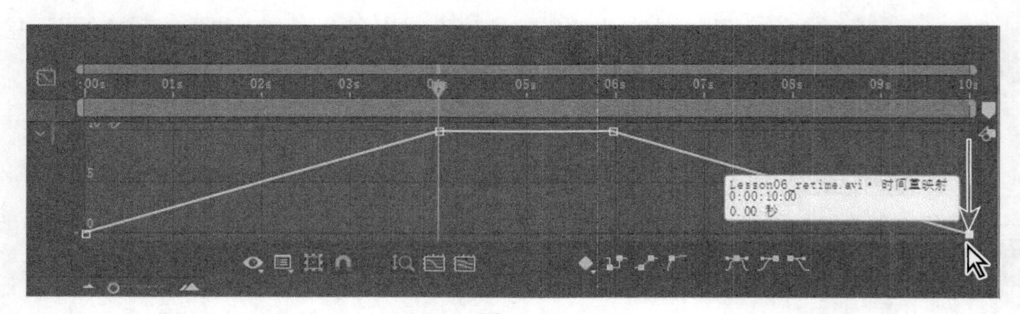

图6.43

现在动画在开始时快进播放，在最后一帧上保持两秒钟，然后反向播放。

9. 移动到合成图像的起点，然后按空格键预览上述修改。预览完成后再次按空格键停止播放。

6.10.3 添加缓出特效

下面通过“缓出”特效，使 6 秒处的动画画面的变化变得柔和。

1. 单击选择 6:00 处的关键帧，然后单击“图形编辑器”底部的“缓出”按钮（ ）。这将减缓反向播放——素材先慢慢反向播放，然后逐渐加速，如图 6.44 所示。

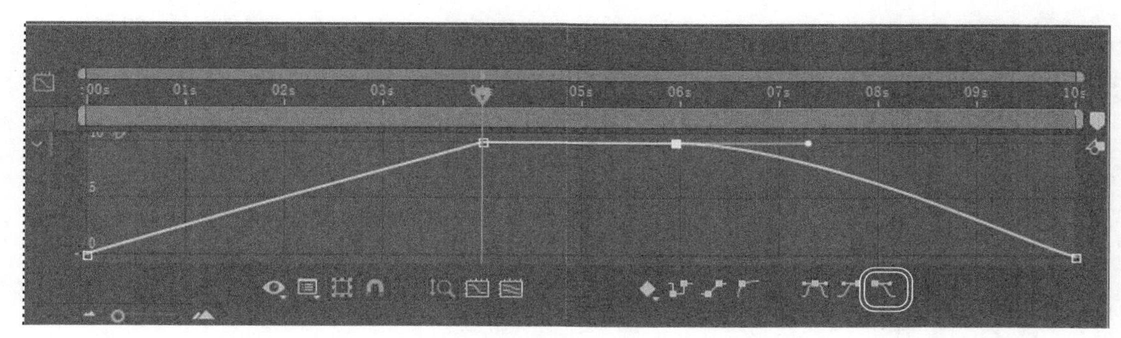

图6.44

Ae **提示：**可以通过拖动 6:00 处关键帧右边的贝塞尔曲线手柄，进一步精确定义该过渡处的缓和度。如果将其向右拖动，过渡变得更缓和；如果将其向下或向左拖动，则过渡变得更明显。

2. 选择“文件” > “保存”命令，保存项目。

6.10.4 调整动画时间重映射

最后，我们使用“图形编辑器”调整整个动画的时间重映射。

1. 单击“时间轴”面板中的“时间重映射”属性名，选择所有“时间重映射”关键帧。

2. 确保“图形编辑器”底部的“显示变换框”按钮（ ）处于选中状态，此时所有关键帧周围应该显示出一个自由变换选择框。

3. 拖动上方变换手柄中的其中一个，将其从 10 秒拖放到 5 秒处，如图 6.45 所示。

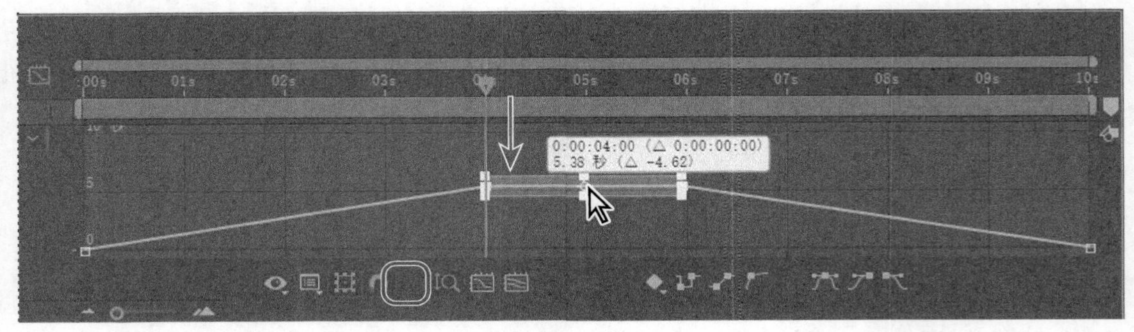

图6.45

可以看到整个图形发生偏移，顶部关键帧的数值降低，这将导致影片的播放速度降低。

提示：如果拖动时按住 Ctrl 键（Windows）或 Command 键（macOS），则整个自由变换框将围绕中心点缩放，也可以通过拖放改变中心点位置。如果按住 Alt 键（Windows）或 Option 键（macOS）拖动自由变换框的一角，则被拖动的那个角的动画将倾斜。也可以向左拖动右边的变换手柄来缩放整个动画，使它变化得更快。

4. 按 Home 键，或将当前时间指示器移动到时间标尺的起点。然后按空格键预览上面所做的改变。预览完成后再次按空格键。

5. 选择“文件”>“保存”命令。

恭喜！你已经完成了一个复杂动画的制作，包括其随时间的变换处理。如果愿意的话，你可以渲染并导出这个时间重映射项目。读者可以按照 6.8.1 节的指示，或者在第 15 课查看关于合成图像的渲染与导出的详细说明。

6.11 复习题

1. 为什么要将 Photoshop 图层文件作为合成图像导入？
2. 什么是关联器，怎样使用它？
3. 什么是轨道蒙版，怎样使用它？
4. 怎样在 After Effects 中重映射时间？

6.12 复习题答案

1. 将 Photoshop 图层文件作为一个合成图像导入到 After Effects 时，After Effects 将保留 Photoshop 源文档中的图层顺序、透明度数据和图层样式。它还保留其他一些信息，如调整图层及其类型。
2. 可以使用关联器创建表达式，它将一种属性值或特效链接到另一个图层。关联器还可以用来创建父化关系。要使用关联器，只需简单地将关联器图标从一个属性拖放到另一属性即可。
3. 当需要一个图层通过一个洞显示出另一图层中的某个区域时，可以使用轨道蒙版。创建轨道蒙版需要两个图层：一个用作蒙版；另一个图层用来填充蒙版中的“洞”。用户可以对轨道蒙版图层或填充图层进行动画处理。对轨道蒙版图层进行动画处理时，要创建移动蒙版。
4. After Effects 中有几种重映射时间的方法。时间重映射可以动态加速、减速、停止或反向播放素材。在重映射时间时，可以在图形编辑器中使用时间重映射曲线中的值来确定和控制影片中哪一帧在什么时间点播放。当为图层启用时间重映射时，After Effects 在图层的起点和终点各添加一个“时间重映射”关键帧。通过设置额外的“时间重映射”关键帧，可以创建复杂的运动特效。每添加一个“时间重映射”关键帧，都将创建另一个时间点，用户可以在该点改变播放的速度或方向。

第7课 蒙版的使用

课程概述

本课介绍的内容包括：

- 使用钢笔工具创建蒙版；
- 改变蒙版模式；
- 通过控制顶点和方向手柄编辑蒙版形状；
- 羽化蒙版边缘；
- 替换蒙版形状的内容；
- 在 3D 空间内调整图层的位置，使其与周围场景相混合；
- 创建反射效果；
- 使用“蒙版羽化”工具修改蒙版；
- 创建虚光照。

本课大约要用 1 小时完成。启动 After Effects 之前，请先将本书的课程资源下载到本地硬盘中，并进行解压。在学习本课并按步骤执行相关操作时，相应的课程文件将被覆盖。建议先做好原始课程文件的备份工作，以免后期用到这些原始文件时还要重新下载。

PROJECT: SEQUENCE FROM A COMMERCIAL

使用 After Effects 时，并不是影片中的所有对象都需要显示在最终的合成图像中。使用蒙版可以控制要显示的内容。

7.1 关于蒙版

Adobe After Effects 中的蒙版是一个用来改变图层特效和属性的路径或轮廓。蒙版最常用于修改图层的 alpha 通道。蒙版包含线段（segment）和顶点（vertice）：线段是连接两个顶点的直线或曲线；顶点则定义了每段路径的起点和终点。

蒙版可以是开放的路径，也可以是封闭的路径。开放路径的起点和终点不同，例如，直线是开放路径。封闭路径是连续的，没有起点和终点，例如圆。封闭路径蒙版可以为图层创建透明区域。开放路径蒙版不能为图层创建透明区域，但它适合用作特效参数。例如，可以使用特效在蒙版周围生成转动的光照效果。

蒙版属于特定的图层。一个图层可以包含多个蒙版。

使用形状工具可以以常见的几何形状（包括多边形、椭圆形和星形）绘制蒙版，也可以使用钢笔工具绘制任意路径。

7.2 开始

本课中，我们将为一台电视机的屏幕创建蒙版，再用电影替代屏幕上原有的内容。然后，调整新素材的位置，使它符合拍摄透视原理。最后通过添加反射、创建虚光照效果和调整颜色来完善场景。

首先预览最终影片效果，并设置项目。

1. 确认硬盘上的 Lessons\Lesson07 文件夹中存在以下文件。
   - Assets 文件夹：Turtle.mov、Watching_TV.mov。
   - Sample_Movies 文件夹：Lesson07.avi 和 Lesson07.mov。
2. 使用 Windows Media Player 打开并播放影片示例文件 Lesson07.avi，或者使用 QuickTime Player 打开并播放影片示例文件 Lesson07.mov，以查看本课将创建的效果。播放完后，关闭 Windows Media Player 或 QuickTime Player。如果硬盘空间有限，也可以将影片示例文件从硬盘中删除。

开始本课之前，请恢复 After Effects 应用程序的默认设置。详情请参见前言中的“恢复默认参数”。

3. 启动 After Effects 时请立即按住 Ctrl + Alt + Shift（Windows）或 Command + Option + Shift（macOS）组合键，准备恢复默认的参数设置。系统询问是否删除参数文件时，单击“确定”按钮。

After Effects 打开并显示一个新的无标题项目。

4. 选择“文件”>“保存为”>“另存为”命令，并导航到 Lessons\Lesson07\Finished_Project

文件夹。

5. 将该项目命名为 Lesson07_Finished.aep，然后单击“保存”按钮。

7.2.1 创建合成图像

本练习中我们将导入两项素材，然后将基于其中一个素材的长宽比和持续时间来创建合成图像。

1. 双击“项目”面板中的空白区域，打开“导入文件”对话框。
2. 导航到硬盘中的 Lessons\Lesson07\Assets 文件夹，按下 Shift 键同时单击选择 Turtle.mov 和 Watching_TV.mov 文件，再单击“导入”或“打开”按钮。
3. 在“项目”面板中选择 Watching_TV.mov 素材，然后将它拖动到面板底部的“创建新合成”按钮上（ ）。

After Effects 创建一个名为 Watching_TV 的合成图像，然后在“合成”和“时间轴”面板中打开，如图 7.1 所示。

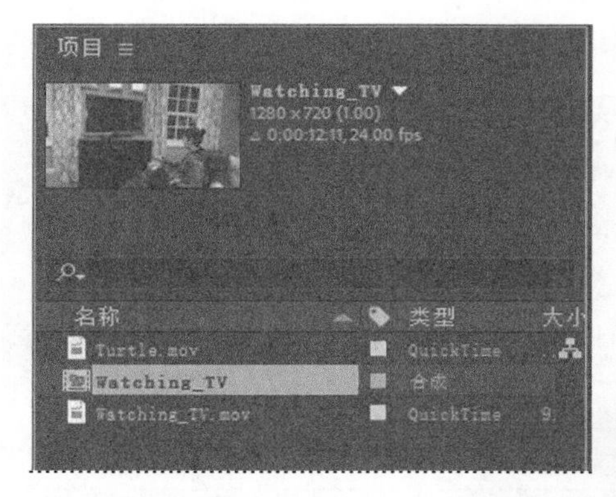

图7.1

4. 选择“文件” > “保存”命令来保存工作。

7.3 用钢笔工具创建蒙版

电视屏幕当前是空白的。为了将海龟的视频填充到屏幕中，需要对屏幕进行蒙版处理。

1. 按 Home 键，或将当前时间指示器移动到时间标尺的起点。

2. 放大“合成”面板，直到电视屏幕几乎充满视图为止。可能还需要使用抓手工具（ ）对面板中的视图进行位置调整。

3. 确保在“时间轴”面板中选中了 Watching_TV.mov 图层，然后选择“工具”面板中的钢笔工具（ ），如图 7.2 所示。

图7.2

使用钢笔工具可以创建直线或曲线段，因为电视看起来应该是长方形的，所以我们将先使用直线。

4. 单击电视屏幕左上角，放置第一个顶点。

5. 单击电视屏幕右上角，放置第二个顶点。After Effects 将两个顶点连为一条线段。

6. 单击电视屏幕右下角，放置第三个顶点，然后再单击屏幕左下角，放置第四个顶点。

7. 将钢笔工具移动到第一个顶点上（位于左上角）。这时鼠标指针旁出现一个圆圈（如图 7.3 中的中间那个图所示），单击该点封闭蒙版路径。

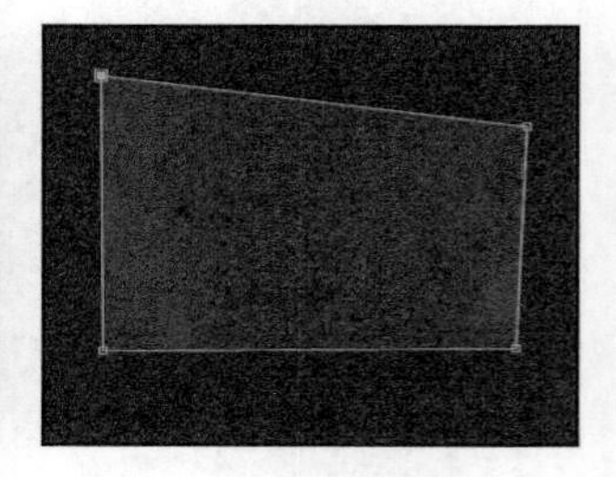

图7.3

> Ae **提示：**你也可以使用 After Effects 自带的摩卡形状（mocha shape）插件创建蒙版，然后把它导入到 After Effects 中。关于使用插件的更多技巧，请参见 After Effects 帮助文档。

7.4 编辑蒙版

现在蒙版不是将电视屏幕内的信息屏蔽，而是将屏幕外的所有内容屏蔽了，所以需要将蒙版翻转。你也可以使用贝塞尔曲线创建更精确的蒙版。

7.4.1 翻转蒙版

本项目中需要使蒙版内的所有区域都是透明的，而蒙版外的所有区域都是不透明的。现在翻转蒙版。

1. 在“时间轴”面板中选中 Watching_TV.mov 图层，按 M 键查看该蒙版的“蒙版路径”属性。

> **提示**：快速连续按两次 M 键将显示所选中图层的所有蒙版属性。

有两种方法可以翻转蒙版：从“蒙版类型”下拉列表中选择“相减”；选取“反转”选项。

2. 选中 Mask 1 的“反转”复选框，如图 7.4 所示。

现在蒙版被翻转显示了。

图7.4

3. 按 F2 键，或单击“时间轴”面板中的空白区域，取消选中 Watching_TV.mov 图层。

如果仔细观察电视，你将发现部分屏幕仍显示在蒙版边缘周围。

这些错误必然会让大家注意到我们对该图层所做的修改，所以需要纠正这些错误。为此，我们需要将蒙版中的直线改为曲线。

7.4.2 创建曲线蒙版

贝塞尔曲线能灵活控制蒙版的形状。用贝塞尔曲线可以创建具有锐角的折线、非常平滑的曲线或者二者的组合。

1. 在“时间轴”面板中选择 Mask 1，即 Watching_TV.mov 图层的蒙版。选择 Mask 1 将激活该蒙版，同时选中所有顶点。

2. 在“工具”面板中，选择“转换‘顶点’工具”（ ），它隐藏在钢笔工具后面，如图 7.5 所示。

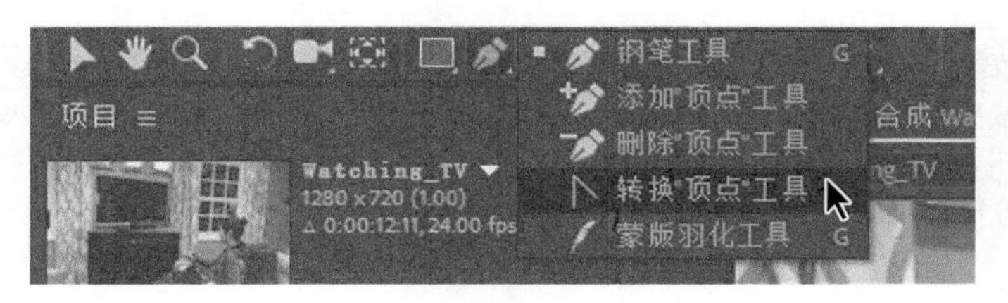

图7.5

3. 在“合成”面板中，单击任意一个顶点。“转换‘顶点’工具”将角顶点修改为平滑的点，如图 7.6 所示。

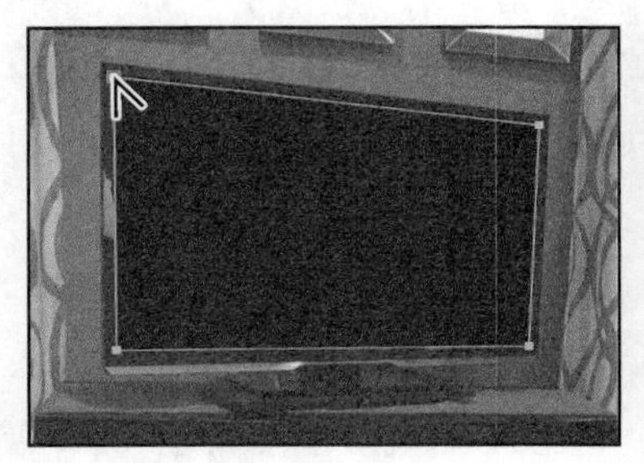
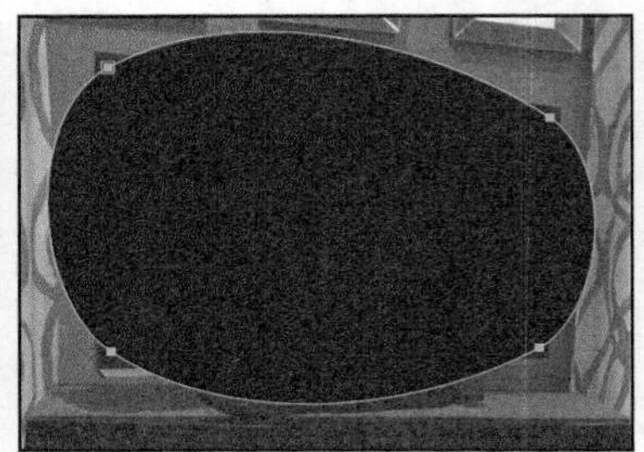

图7.6

4. 切换到“选取”工具（▶），单击“合成”面板内的任意区域，取消选中蒙版，然后单击我们创建的第一个顶点。

从这个平滑点伸展出两个方向手柄。这些手柄的角度和长度将决定蒙版的形状。

5. 在屏幕上拖动第一个顶点的右手柄，请注意拖动时蒙版形状的变化情况，同时还应注意到当手柄距离另一个顶点越近时，第一个顶点的方向手柄对路径形状的影响就越小，而第二个顶点的方向手柄对它的影响就越大，如图 7.7 所示。

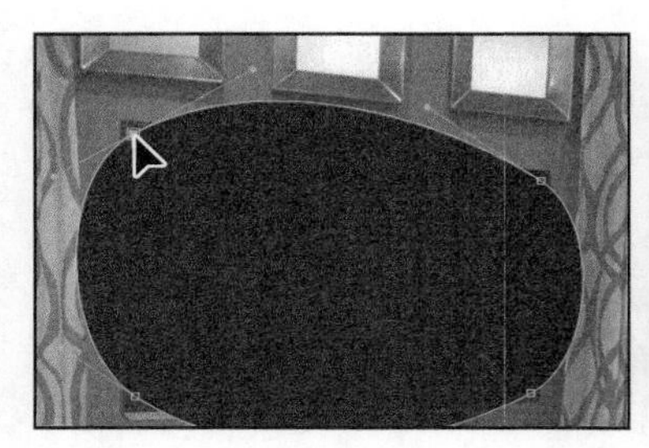

单击顶点

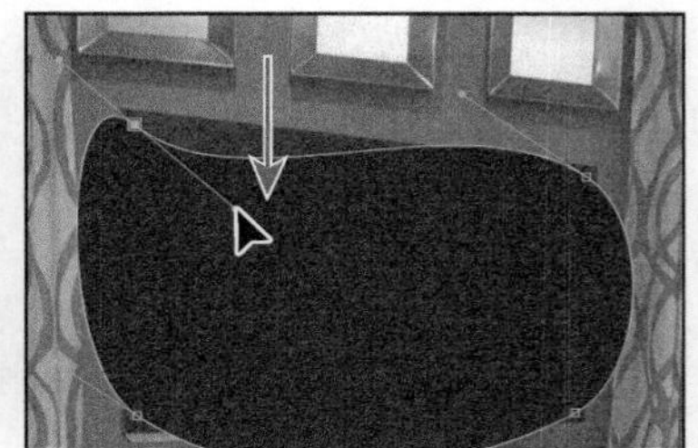

拖动手柄

图7.7

6. 适应了手柄的移动后，请将左上顶点的手柄定位到图 7.7 中左上方顶点的位置。可以看到，我们可以创建非常流畅的形状。

提示：如果出现错误，则可以按 Ctrl + Z（Windows）或 Command + Z（macOS）组合键撤销最后一次操作。此外，在处理过程中，还可以改变视图的缩放比例，用抓手工具在“合成”面板内重新定位图像。

关于蒙版模式

蒙版的混合模式（蒙版模式）控制图层中蒙版间的交互方式。默认情况下，所有蒙版都被设置为Add模式，该模式将同一图层中交叠的所有蒙版的透明度值相加。可以对每个蒙版应用一种模式，但不能随时间改变蒙版的模式。

我们在图层中创建的第一个蒙版将与该图层的alpha通道相互作用。如果该通道没有将整幅图像定义为不透明的，那么蒙版与图层的帧相互作用。所创建的其他所有蒙版都将与位于“时间轴”面板中其上方的蒙版相互作用。蒙版模式的作用结果将随位于“时间轴”面板中较上方的蒙版所设置的模式而改变。我们只能在位于同一图层中的蒙版之间使用蒙版模式。用蒙版模式可以创建具有多个透明区域的复杂蒙版形状。例如，我们可以设置蒙版模式，它组合两个蒙版，并把这两个蒙版的交叠区域设置为不透明区域，如图7.8所示。

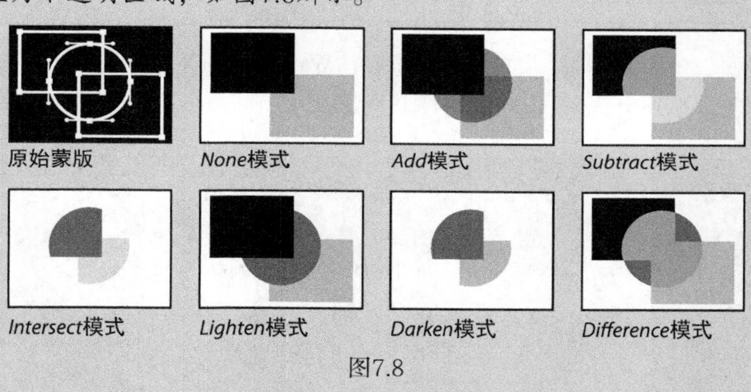

图7.8

7.4.3 分离方向手柄

默认情况下，所有平滑点的方向手柄都是相互联系的。当拖动一个手柄时，反方向的手柄也将移动。但是，我们可以阻断这种联系，更灵活地控制蒙版的形状，创建出锐角点，或者长而平滑的曲线。

1. 选择“工具”面板中的“转换‘顶点’工具”（ ）。
2. 拖动左上顶点的右方向手柄，左方向手柄保持不动。
3. 调整右方向手柄，直到蒙版形状的顶部线段与电视在该角处的曲线更吻合为止，不一定要完全重合。
4. 拖动同一个顶点的左方向手柄，直到蒙版的左段与电视在该角处的曲线更吻合为止，如图 7.9 所示。

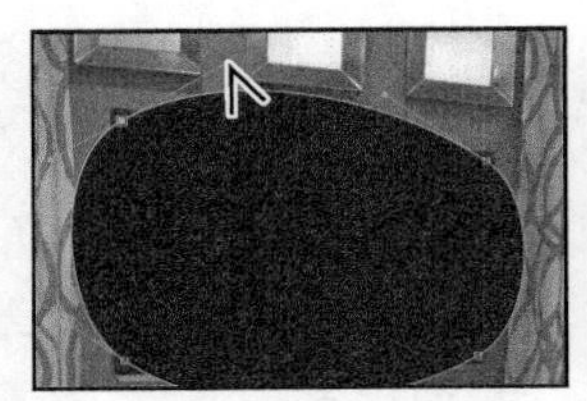
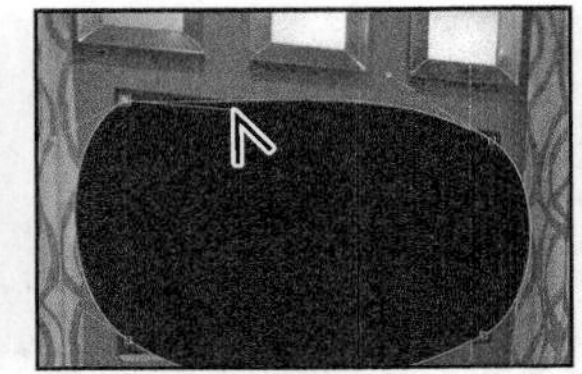
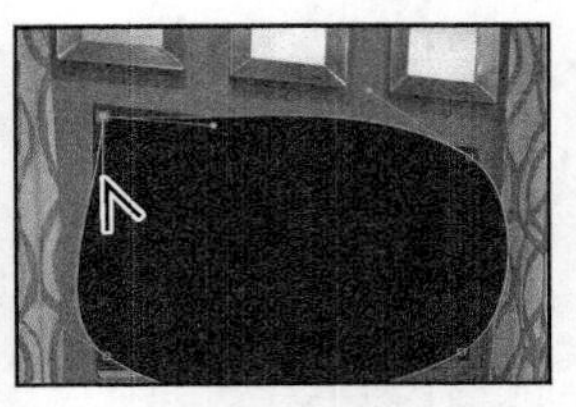

拖动左上顶点的右方向手柄，然后拖动左方向手柄，使蒙版与电视屏幕的曲线吻合

图7.9

5. 对剩下的每个角点，请单击“转换‘顶点’工具”，然后重复第 2 步～第 4 步，直到蒙版的形状与电视屏幕的曲率更加吻合为止。如果需要移动角点，请使用“选取”工具。

> **提示**：重申一遍，操作中可能需要调整“合成”面板中的视图。你可以使用抓手工具拖动图像。按住空格键不动，可以暂时切换到抓手工具。

6. 完成操作后，在“时间轴”面板中取消选中 Watching_TV.mov 图层，检查蒙版的边缘。这时应该完全看不到电视屏幕，如图 7.10 所示。

图7.10

7. 选择“文件”>“保存”命令保存作品。

创建贝塞尔曲线蒙版

我们使用转换顶点工具把角上的顶点转化为带贝塞尔手柄的平滑点，也可以先创建贝塞尔曲线蒙版。要实现该操作，请在“合成”面板中用钢笔工具在想放置第一个顶点的位置单击，然后在想放置下一个顶点的位置单击，并沿着想创建曲线的方向拖动，当对所产生的曲线感到满意时释放鼠标按键。继续添加顶点，直到创建出想要的形状为止。请单击第一个顶点或双击最后一个顶点封闭蒙版。然后切换到“选取”工具，进一步调整蒙版。

7.5 羽化蒙版边缘

蒙版形状的边缘需要进行一些柔化处理。

1. 选择“合成”>“合成设置”命令。

2. 单击“背景颜色”框，选择白色作为背景色（R=255，G=255，B=255）。然后单击“确定”按钮关闭“拾色器”，再次单击“确定”按钮关闭“合成设置”对话框。

白色背景使你能够感觉到显示器屏幕的边缘看起来非常清晰，显得不真实。为了解决这个问题，接下来将对边缘进行羽化（也就是使边缘变柔和）。

3. 在“时间轴”面板中选择 Watching_TV.mov 图层，按 F 键显示蒙版的“蒙版羽化”属性。

4. 将“蒙版羽化”量提高到（1.5，1.5）像素，如图 7.11 所示。

图7.11

5. 隐藏 Watching_TV.mov 图层的属性，然后选择“文件”>“保存”命令，保存作品。

7.6 替换蒙版的内容

现在准备将电视屏幕的画面替换为海龟的视频，并将其混合到整个场景中。

1. 在“项目”面板中，选择 Turtle.mov 文件，将其拖放到“时间轴”面板，把它放到 Watching_TV.mov 图层下方，如图 7.12 所示。

图7.12

> **提示：**在使用了特效的图层中，可以使用蒙版更好地控制特效对图层的影响。也可以使用表达式对蒙版的锚点进行动画处理。

2. 从“合成”面板底部的“放大比例”下拉列表中选择“调整到 100%”，以便能够看到整个合成图像。

3. 使用“选取”工具（▶）拖动“合成”面板中的 Turtle.mov 图层，直到锚点位于电视屏幕中央为止，如图 7.13 所示。

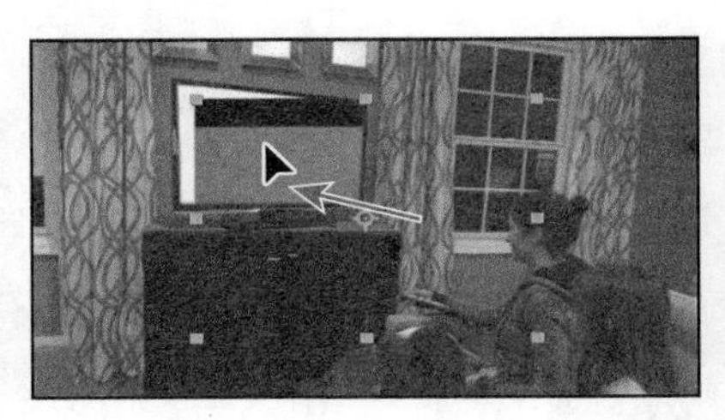

图7.13

通过触摸的方式进行缩放和移动

如果使用的是支持触摸功能的设备，比如Microsoft Surface、Wacom Cintiqu Touch或多点触控板，用户可以使用手指来进行缩放和移动，也可以在“合成”“图层”“素材”和“时间轴”面板中进行缩放和移动。

缩放：两个手指向里捏可以起到放大作用，两个手指向外松可以起到缩小作用。

移动：在面板的当前视图中一起移动两个手指，可以上下、左右移动。

7.6.1 调整视频剪辑的位置和尺寸

新添加的海龟视频相对于电视屏幕来说显得太大了，所以需要作为 3D 图层来调整其尺寸，采用 3D 图层是为了更大限度地控制它的形状和尺寸。

1. 在“时间轴”面板中的 Turtle.mov 图层被选中的情况下，打开该图层的 3D 开关（⬡）。

2. 按 P 键显示 Turtle.mov 图层的“位置”属性，结果如图 7.14 所示。

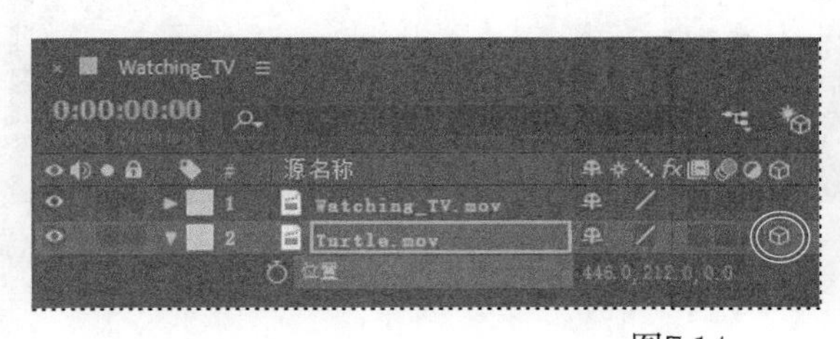

图7.14

3D 图层的“位置”属性有 3 个值：从左到右分别代表图像的 x 轴、y 轴和 z 轴，其中 z 轴控制图层的深度。在“合成”面板中可以看到这些坐标轴所代表的含义。

> **注意**：第 12 课和第 13 课将介绍关于 3D 图层的更多内容。

3. 确保选中了“选取”工具，在“合成”面板中将鼠标指针置于红色箭头与绿色箭头交叉点处的蓝色方块之上，这时将出现一个小 z。

4. 然后向右下方拖动增加景深，这样 Turtle.mov 图层看起来会小一些。

5. 在“合成”面板中将鼠标指针置于红色箭头之上，这时将出现一个小 x，这个红色箭头用来控制该图层的 x（水平）轴。用户可以根据需要向左或向右拖动素材，使它在水平方向上位于电视屏幕的中央。

6. 在“合成”面板中将鼠标指针置于绿色箭头之上，这时将出现一个小 y，可以根据需要在屏幕中向上或向下拖动，在垂直方向上将素材放置到电视屏幕中。

7. 继续拖动 x、y 和 z 轴，直到整个素材如图 7.15 所示的那样充满电视屏幕为止。最终的 x、y 和 z 数值应大约为 −390、146、825。

图7.15

> **提示**：也可以在“时间轴”面板中直接输入“位置”的值，而不用在“合成”面板内拖动。

7.6.2 旋转素材

视频素材的尺寸与显示器十分吻合，但还需要对其稍微旋转，以改善角度。

1. 在“时间轴”面板中选择 Turtle.mov 图层，按 R 键显示其“旋转”属性。

再重复一遍，因为这是一个 3D 图层，所以可以控制 x、y 和 z 轴方向上的旋转。

2. 将“X 轴旋转”值改为 1°，将“Y 轴旋转”值改为 −40°。这将旋转该图层，使其与电视屏幕的角度相匹配。

3. 将“Z 轴旋转”值改为 1°，如图 7.16 所示。这将使该图层与电视屏幕对齐。

现在的合成图像应该如图7.17所示的那样。

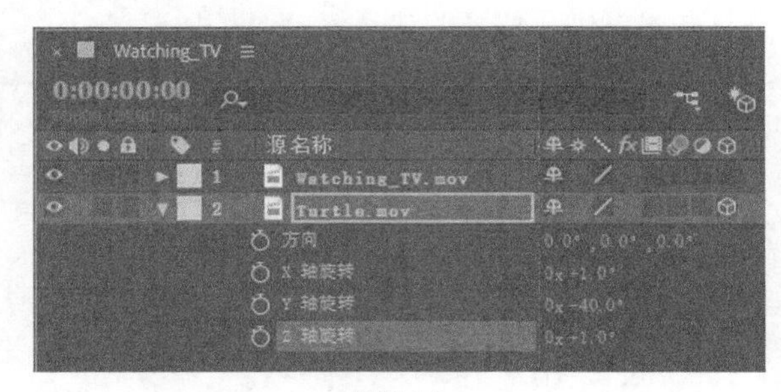

图7.16

图7.17

4. 隐藏 Turtle.mov 图层的属性，然后选择"文件" > "保存"命令保存作品。

7.7 添加反射效果

现在经过蒙版处理的图像看起来很真实，但如果对电视屏幕添加反射效果，将使其看起来更逼真。

1. 单击"时间轴"面板中的空白区域，取消选中所有图层，然后选择"图层" > "新建" > "纯色"命令。

2. 在"纯色设置"对话框中，将该图层命名为 Reflection，单击"制作合成大小"按钮，将"颜色"修改为白色，然后单击"确定"按钮，如图7.18所示。

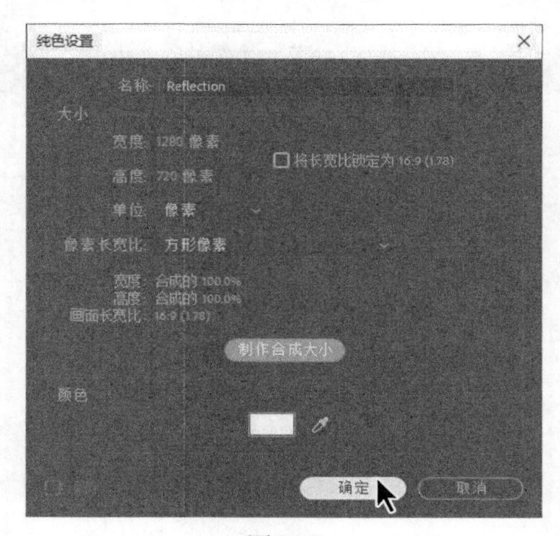

图7.18

不必再次尝试创建与 Watching_TV.mov 图层蒙版相同的形状，只要将它复制到 Reflection 图层即可。

3. 在"时间轴"面板中选择 Watching_TV.mov 图层，然后按 M 键以显示该蒙版的"蒙版路径”属性。

4. 选择“蒙版 1”，再选择“编辑”>“复制”命令，或者按 Ctrl + C（Windows）或 Command + C（macOS）组合键。

5. 在“时间轴”面板中选择 Reflection 图层，然后选择“编辑”>“粘贴”命令，或者按 Ctrl + V（Windows）或 Command + V（macOS）组合键，如图 7.19 所示。

这次，需要将该蒙版内的区域保持为不透明的，而使蒙版外的区域成为透明的。

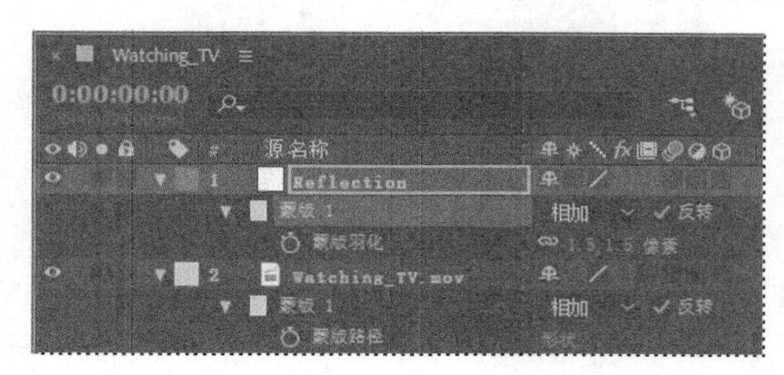

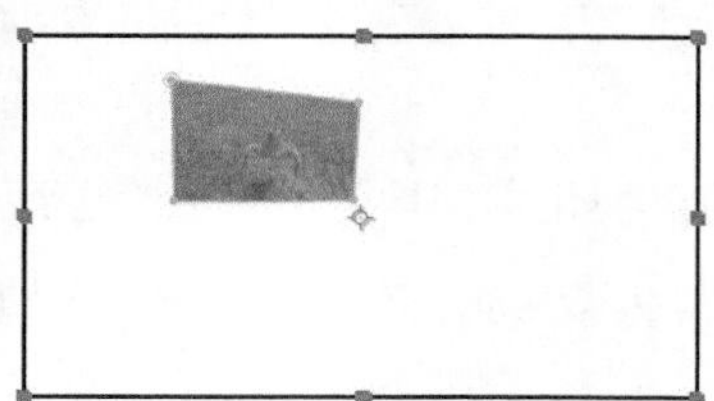

图7.19

6. 选择 Watching_TV.mov 图层，然后按 U 键隐藏蒙版属性。

7. 在“时间轴”面板中选择 Reflection 图层，按 F 键显示该图层的 Mask 1 蒙版的“蒙版羽化”属性。

8. 将“蒙版羽化”值修改为 0。

9. 取消选中“反转”选项。现在 Reflection 图层遮挡住 Turtle.mov 图层，如图 7.20 所示。

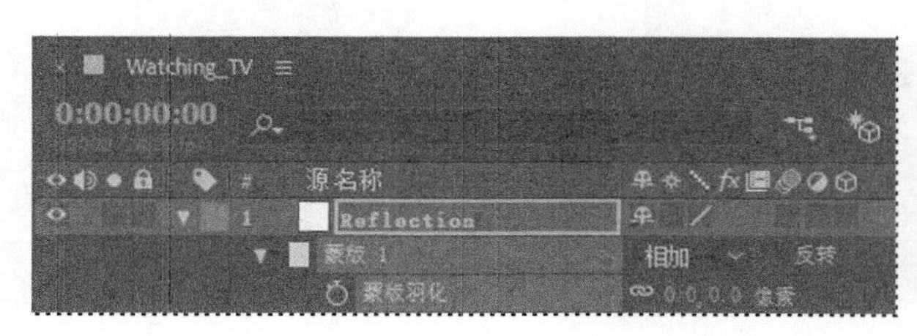

图7.20

10. 放大观察屏幕，然后在“工具”面板中选择隐藏在“转换‘顶点’工具”（ ）下的“蒙版羽化”工具（ ），如图 7.21 所示。

图7.21

当对蒙版进行羽化时，羽化的宽度在整个蒙版羽化的过程中都是一样的。“蒙版羽化”工具能帮助你在定义封闭蒙版上的各羽化点时，能够区别不同的羽化宽度。

11. 在“时间轴”面板中单击 Reflection 图层以选中它，然后单击左下顶点来创建羽化点。

12. 再次单击羽化点，不释放鼠标按键，并向内拖动羽化点，这样只有屏幕中心才能被反射，羽化点位于图 7.22 中所示的位置。

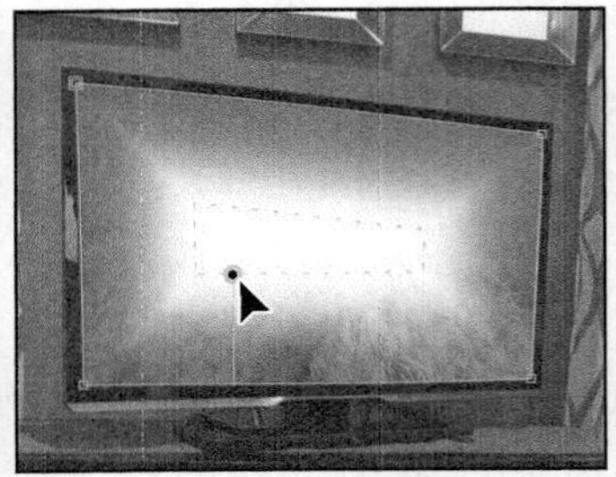

图7.22

当前，羽化均匀地延伸到整个蒙版。为了使羽化更加流畅，我们可以增加更多的羽化点。

13. 单击蒙版顶部的中心位置，创建另一个羽化点。然后把这个羽化点缓慢地往下拖到蒙版中。

14. 右击（Windows）或者按住 Control 键单击（macOS）先前创建的羽化点，选择“编辑半径”命令，如图 7.23 所示。将“羽化半径”设置为 0，单击“确定”按钮，如图 7.24 所示。

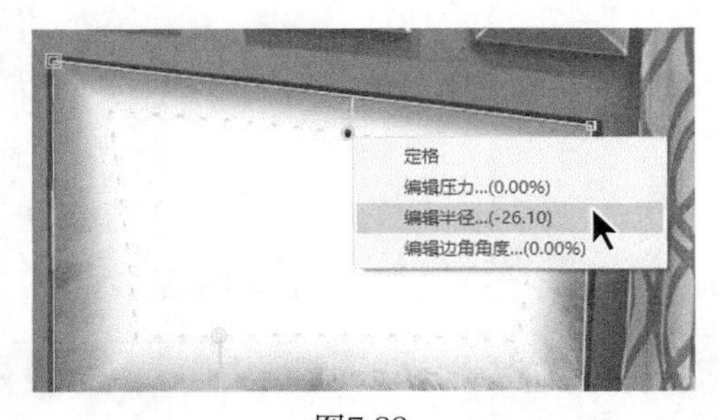

图7.23

图7.24

这是一个很好的开始，但是边缘坡度太大。我们可以通过增加更多的羽化点来改变角度。

15. 单击蒙版左边缘大概离顶端 1/3 的位置，添加另一个羽化点。

16. 在右边添加一个类似的羽化点，如图 7.25 所示。

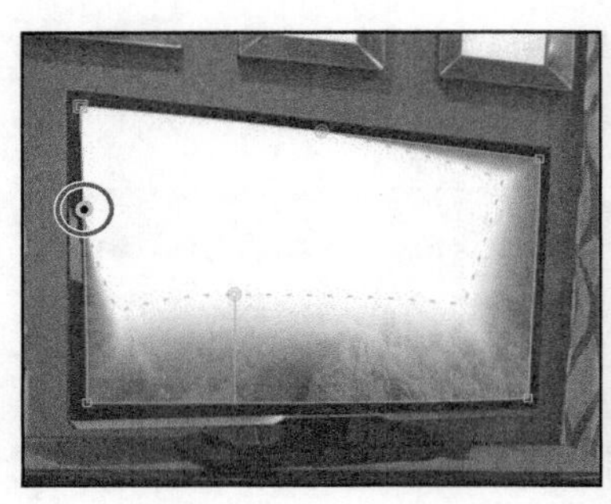
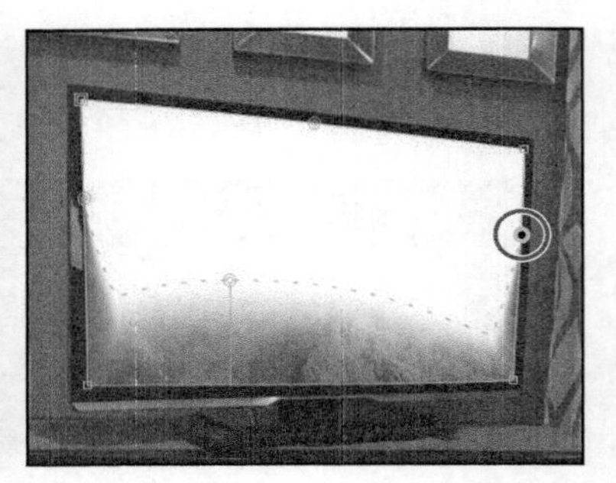

图7.25

反射的形状很好，但是图像变得模糊了。我们可以改变不透明度来减弱模糊的效果。

17. 选择“时间轴”面板中的 Reflection 图层，然后按 T 键显示其“不透明度”属性。将“不透明度”值更改为 10%，如图 7.26 所示。

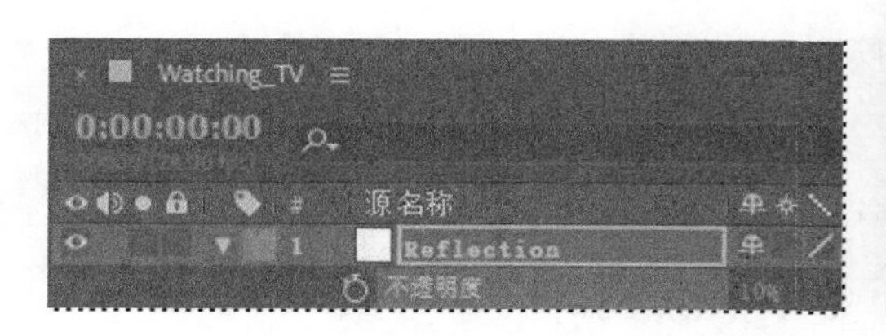

图7.26

18. 按 T 键隐藏“不透明度”属性，然后按 F2 键，或单击“时间轴”面板中的空白区域，取消选中所有图层。

7.7.1 应用混合模式

为了在图层之间创建出独特的相互作用效果，我们可能需要尝试混合模式。混合模式控制每个图层与其下方图层的混合方式或作用方式。After Effects 中图层的混合模式与 Adobe Photoshop 中的混合模式完全相同。

1. 在“时间轴”面板菜单中选择“栏目”>“模式”命令，显示出“模式”下拉列表。

2. 从 Reflection 图层的“模式”下拉列表中选择“相加”，如图 7.27 所示。

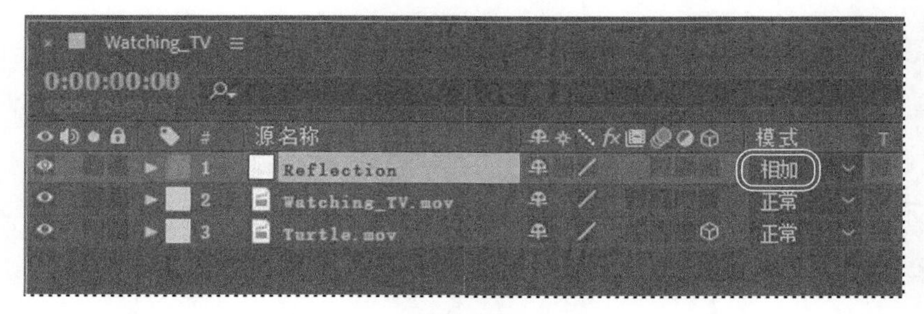

图7.27

这将在电视屏幕的图像上创建出强烈的眩光，并加深下方图层的颜色。

3. 选择“文件”>“保存”命令，保存作品。

7.8 创建虚光照效果

在运动图像设计中，有一种流行的做法是对合成图像应用虚光照效果。人们常用虚光效果来模拟玻璃镜头的光线变化，创建出聚焦于主题对象而忽略场景中其余部分的有趣视觉效果。

1. 缩小查看整个图像。
2. 在“时间轴”面板的空白区域单击，取消选中所有图层，然后选择“图层”>“新建”>“纯色”命令。
3. 在“纯色”设置对话框中，将该图层命名为 Vignette，单击“制作合成大小”按钮，将“颜色”修改为黑色（R=0，G=0，B=0），然后单击“确定”按钮，如图 7.28 所示。

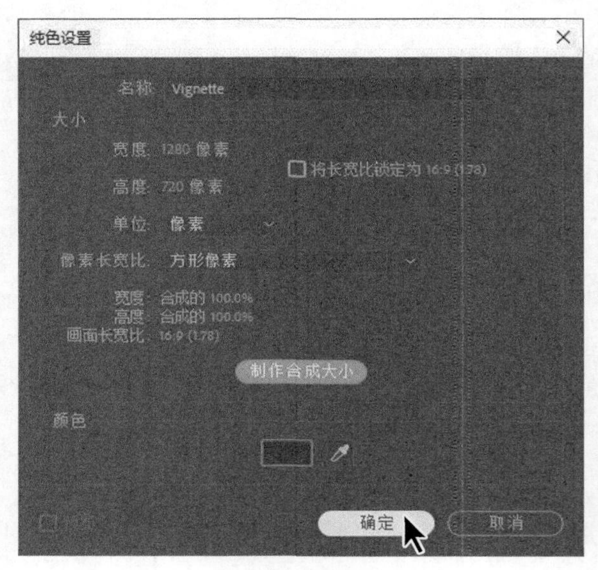

图7.28

除了钢笔工具外，After Effects 还提供其他一些工具用于轻松创建方形蒙版和椭圆形蒙版。

4. 在“工具”面板中选择椭圆工具（ ），它隐藏在矩形工具（ ）后面。
5. 在“合成”面板中，将十字光标指针定位到图像的左上角。向对角拖动，创建出一个椭圆形状，用它填充图像。如果需要，可以用“选取”工具调整形状和位置。
6. 展开 Vignette 图层内的“蒙版 1”属性，显示该图层的所有蒙版属性。
7. 从“蒙版 1”的“模式”下拉列表中选择“相减”。
8. 将“蒙版羽化”量提高到（200，200）像素，如图 7.29 所示。

此时合成图像应该与图 7.30 类似。

图7.29

图7.30

即使使用这么大的羽化量，光晕仍显得太强，并且作用范围太小。我们可以通过调整“蒙版扩展”属性为合成图像提供更大的空间。“蒙版扩展”属性表示原来蒙版边缘的扩展量或收缩量，其单位为像素。

9. 将“蒙版扩展”提高到 90 像素，如图 7.31 所示。

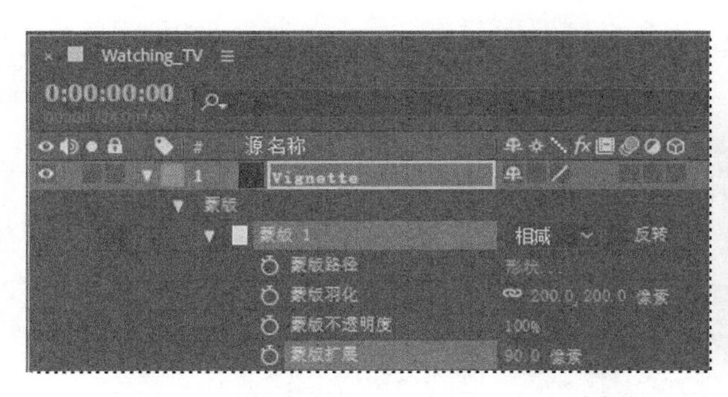

图7.31

10. 隐藏 Vignette 图层的属性，然后选择“文件”>“保存”命令。

使用矩形和椭圆形工具

矩形工具，顾名思义，就是用来创建矩形或正方形的工具。椭圆形工具是用来创建椭圆或圆的工具。使用这些工具在“合成”面板或“图层”面板中拖动可以创建蒙版形状。

如果你需要绘制完美的正方形或圆形，拖动矩形或椭圆形工具时请按住Shift键。如果要从中心点向外创建蒙版，则可以在开始拖动时按住Ctrl键（Windows）或Command键（macOS）。在开始拖动后按住Ctrl + Shift（Windows）或Command + Shift（macOS）组合键可以从中心点向外创建出正方形或圆形蒙版。

请注意，如果未选择图层而使用这些工具，将绘制出形状，而不是蒙版。

7.9 调整时间

在小姑娘打开电视之前，海龟视频不应该出现在电视屏幕上。因此，接下来将调整 Turtle.mov 图层的起点，并对蒙版进行动画处理。

1. 移动到 2:00 位置，然后拖动 Turtle.mov 图层，使它从 2:00 位置开始。
2. 选择 Watching_TV.mov 图层，然后按两次 M 键，查看蒙版属性。
3. 单击“蒙版扩展”旁边的秒表图标，在 2:00 位置创建一个关键帧。
4. 移动到 1:23 位置，将“蒙版扩展”值修改为 −150 像素，显示一个空白的电视屏幕，如图 7.32 所示。

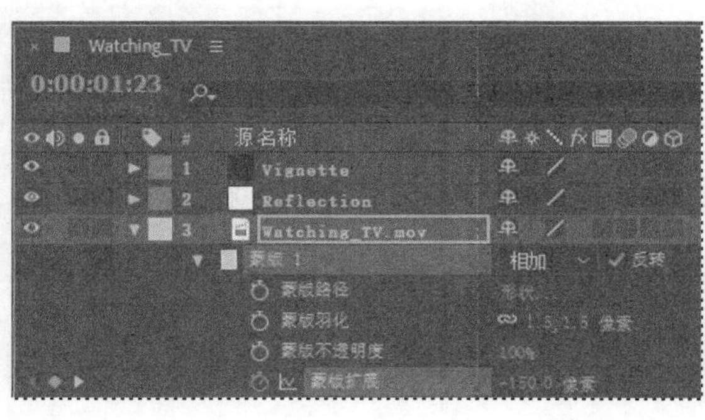

图7.32

5. 移动到时间标尺的起点，单击“当前添加或删除关键帧”图标，为蒙版扩展属性添加一个关键帧，如图 7.33 所示。

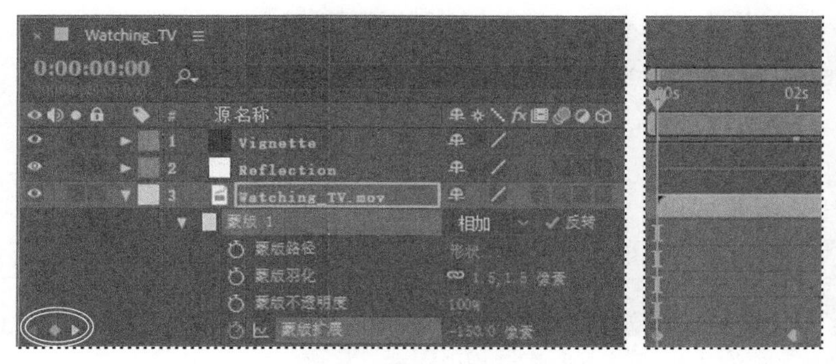

图7.33

6. 隐藏所有图层的属性，按空格键预览你的视频，如图 7.34 所示。

图7.34

蒙版创建技巧

如果你曾经使用过Adobe Illustrator、Photoshop或类似的程序，那么你很可能对蒙版和贝塞尔曲线比较熟悉。如果还不熟悉的话，下面这些技巧可以帮助你高效地创建蒙版。

- 尽可能少使用顶点。
- 可以通过单击起始顶点来闭合蒙版。要打开一个闭合的蒙版，可以单击蒙版线段，选择“图层” >“蒙版和形状路径”命令，然后取消选中“关闭”选项。
- 如果想对一个开放路径添加点，只需按住Ctrl键（Windows）或Command键（macOS），再使用钢笔工具单击路径上的最后一个点。选中该点后，就可以继续添加点。

7.10 调整工作区

海龟视频要比 Watching_TV 视频短。所以当前，在视频的最后，小姑娘正在观看的屏幕是空白。你需要将工作区的终点移动到 Turtle.mov 图层的终点，这样将只渲染一部分影片。

1. 移动到 11:17 位置，这是 Turtle.mov 图层的最后一帧。

2. 按 N 键将工作区的终点移动到当前时间。

3. 选择“文件” > “保存”命令保存工作。

提示：你还可以将影片的持续时间调整为 11:17。为此，可以选择“合成” > “合成设置”选项，然后在“持续时间”框中输入 11.17。

本章讲述了使用蒙版工具隐藏、显示和调整合成图像的某些部分，以创建风格化的嵌入画面。在 After Effects 中，蒙版功能的使用频率可能仅次于关键帧。

7.11 复习题

1. 什么是蒙版？
2. 请说出调整蒙版形状的两种方法。
3. 方向手柄的作用是什么？
4. 开放蒙版和封闭蒙版之间有什么区别？
5. “蒙版羽化”工具的作用是什么？

7.12 复习题答案

1. After Effects 中的蒙版是一个用来改变图层特效和属性的路径或轮廓。蒙版最常用于修改图层的 Alpha 通道。蒙版包含线段和顶点。
2. 可以拖动各个顶点或线段来调整蒙版的形状。
3. 方向手柄用于控制贝塞尔曲线的形状和角度。
4. 开放蒙版可以用来控制特效或文字的位置，不能用来定义透明区域。封闭蒙版则定义一个区域，该区域会对图层的 alpha 通道产生影响。
5. “蒙版羽化”工具能够在蒙版的不同羽化点把羽化宽度区分开来。使用“蒙版羽化”工具单击，添加一个羽化点，然后拖动它。

第8课 用操控工具对对象进行变形处理

课程概述

本课介绍的内容包括：

- 使用“操控点”工具设置变形手柄；
- 使用“操控重叠”工具定义重叠区；
- 使用“操控扑粉”工具使部分图像变硬；
- 对“变形”手柄的位置进行动画处理；
- 使用“操控录制”工具录制动画；
- 使用“角色动画师”工具对面部表情进行动画处理。

本课大约要用1小时完成。启动After Effects之前，请先将本书的课程资源下载到本地硬盘中，并进行解压。在学习本课并按步骤进行相应操作时，相应的课程文件将被覆盖。建议先做好原始课程文件的备份工作，以免后期用到这些原始文件时还需重新下载。

PROJECT: ANIMATED ILLUSTRATION

使用“操控”工具可以对屏幕上的对象进行拉伸、挤压、伸展以及其他变形处理。无论用户正在创建的是逼真的动画、离奇的情节，还是现代艺术作品，“操控”工具都将扩展你创作的自由空间。

8.1 开始

After Effects 中的“操控”工具用于向光栅图像和矢量图形添加自然的运动效果。其中有 3 个工具创建了手柄，来定义变形点、重叠区域以及应该保留更大刚性的区域。另一个工具（操控录制）用于实时录制动画。在本课中，我们将使用“操控”工具创建蟹钳在广告中的动画效果。

首先预览最终影片并设置项目。

1. 确认硬盘上的 Lessons\Lesson08 文件夹中存在以下文件。
   - Assets 文件夹内：crab.psd、text.psd、Water_background.mov。
   - Sample_Moviee 文件夹内：Lesson08.avi 和 Lesson08.mov。
2. 使用 Windows Media Player 打开并播放影片示例文件 Lesson08.avi，或者使用 QuickTime Player 打开并播放影片示例文件 Lesson08.mov，以查看本课将创建的动画效果。播放完后，关闭 Windows Media Player 或 QuickTime Player。如果硬盘空间有限，也可以将影片示例文件从硬盘中删除。

开始本课前，请恢复 After Effects 应用程序的默认设置。详情请参见前言中的“恢复默认参数”。

3. 启动 After Effects 时请立即按住 Ctrl + Alt + Shift（Windows）或 Command + Option + Shift（macOS）组合键，准备恢复默认的参数设置。系统询问是否删除参数文件时，单击“确定”按钮。

After Effects 打开并显示一个空的无标题项目。

4. 选择“文件”>“保存为”>“另存为”命令。
5. 在“另存为”对话框中，导航到 Lessons\Lesson08\Finished_Project 文件夹。
6. 将该项目命名为 Lesson08_Finished.aep，然后单击“保存”按钮。

8.1.1 导入素材

下面将导入两个 Adobe Photoshop 文件和一个背景视频。

1. 选择“文件”>“导入”>“文件”命令。
2. 导航到 Lessons/Lesson08/Assets 文件夹。按住 Ctrl 或 Command 键单击选择 crab.psd 和 Water_background.mov 文件，然后单击“导入”或者“打开”按钮。“项目”面板将显示出这些素材项。
3. 双击“项目”面板中的空白区域，再次打开“导入文件”对话框。在 Lessons/Lesson08/Assets 文件夹中选择 text.psd 文件。
4. 在“导入为”下拉列表中选择“合成 – 保持图层大小”选项（在 macOS 中，可能需要单击“选项”才能看到“导入为”下拉列表)，然后单击“导入”或“打开”按钮。

5. 在 text.psd 对话框中，选择“可编辑的图层样式”选项，然后单击“确定”按钮，如图 8.1 所示。导入的文件将作为合成图像添加到“项目”面板中；然后添加到单独的文件夹中，如图 8.2 所示。

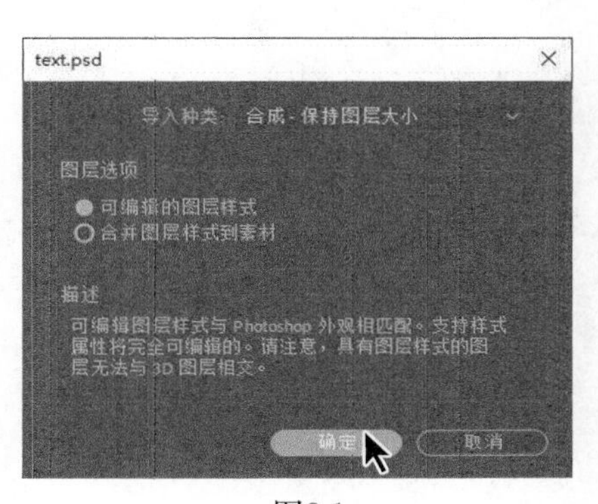

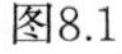
图8.1

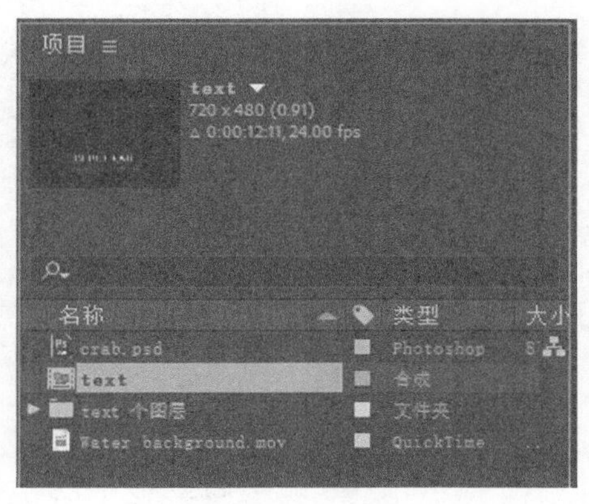

图8.2

8.1.2 创建合成图像

和其他项目一样，我们需要新建一个新的合成图像。

1. 在“合成”面板中单击“新建合成”按钮，如图 8.3 所示。

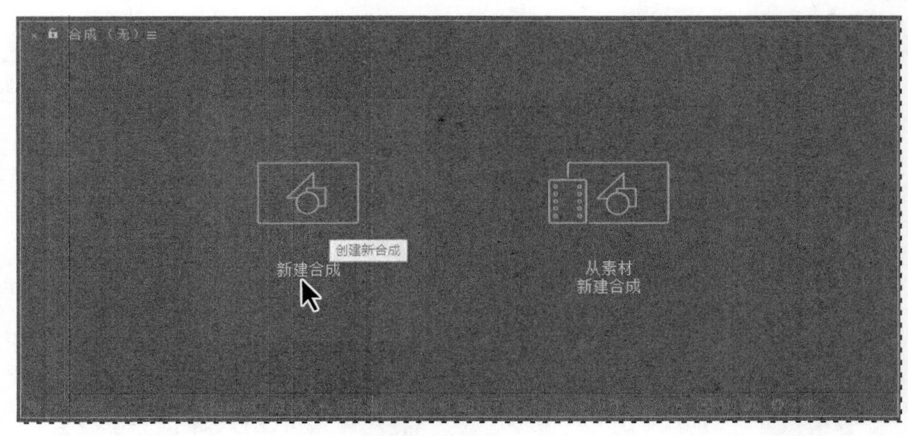

图8.3

2. 将合成图像命名为 Blue Crab。

3. 从“预设”下拉列表中选择 NTSC DV，该预设将自动设置合成图像的宽度、高度、像素长宽比以及帧速率。

4. 在“持续时间”字段中输入 1000，以指定 10 秒。

5. 将“背景颜色”修改为深青色，然后单击“确定”按钮，关闭“合成设置”对话框，如图 8.4 所示。

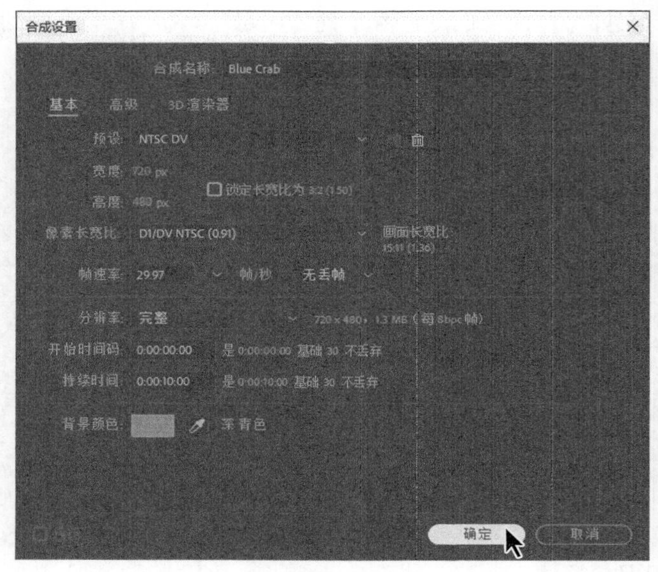

图8.4

After Effects 在“时间轴”面板和“合成”面板中打开新合成图像。

8.1.3 添加背景

在有背景的情况下对图像进行动画处理相对来说比较容易，所以我们先将背景添加到合成图像中。

1. 按 Home 键，或移动当前时间指示器到合成图像的起点。
2. 将 Water_background.mov 文件拖放到“时间轴”面板。
3. 单击图层的锁图标（🔒）锁定该图层，以免意外更改，如图 8.5 所示。

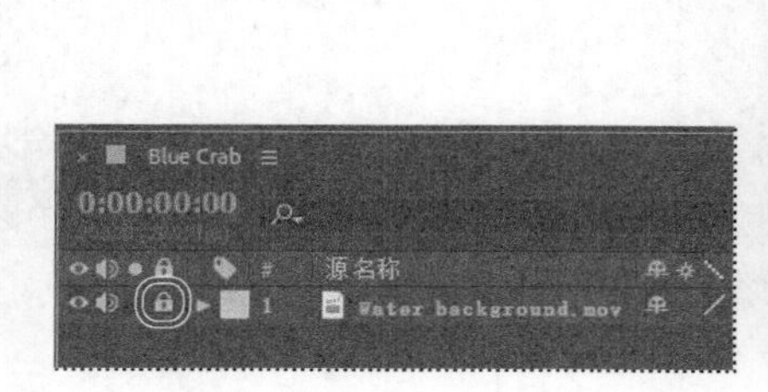

图8.5

8.1.4 对导入的文本进行动画处理

最终的影片包含两行动态文本。因为我们是将 text.psd 文件作为合成图像导入的，而且文件的图层没有受到任何损坏，因此可以直接在“时间轴”面板中处理该文件，独立地编辑图层，以及对图层进行动画处理。我们将为每一个图层添加一个动画预设。

1. 将文本合成图像从“项目”面板拖放到“时间轴”面板中，并将它放到图层堆栈的顶部，如图 8.6 所示。

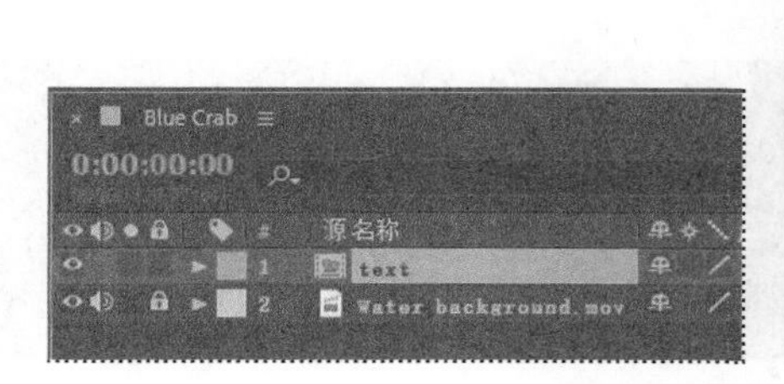

图8.6

2. 双击文本合成图像，并在“时间轴”面板中打开它。

3. 按住 Shift 键单击，选择文本“时间轴”面板中的两个图层，然后选择“图层”>“转换为可编辑文本”选项，如图 8.7 所示（如果系统警告缺失字体，单击“确定”按钮即可）。

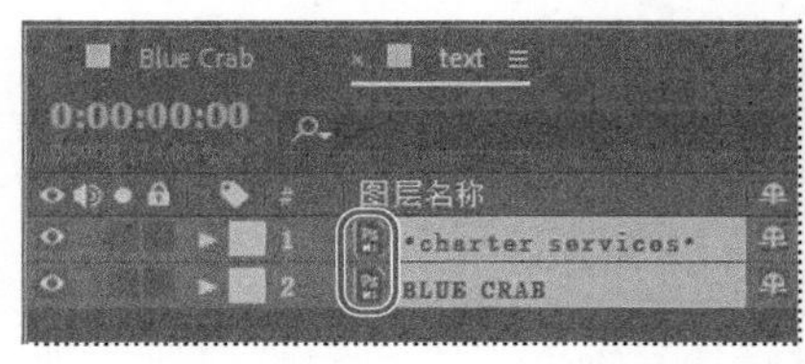

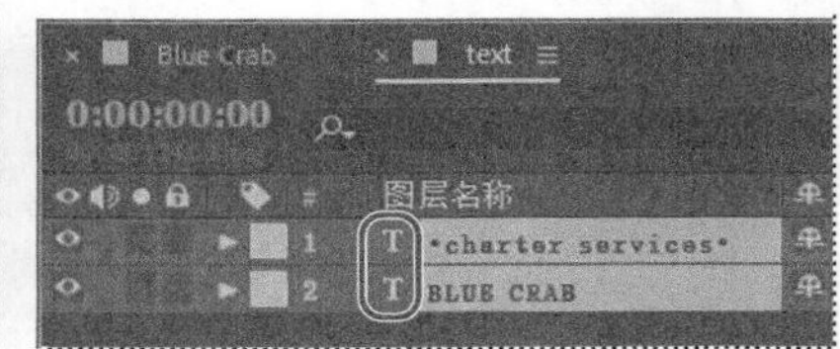

图8.7

现在可以编辑文本图层和应用动画预设。

4. 移动到 3:00，然后取消选中这两个图层，只选择 BLUE CRAB 图层。

5. 在“效果和预设”面板中，搜索“扭转飞入”动画预设，然后将其拖到 BLUE CRAB 图层上，如图 8.8 所示。

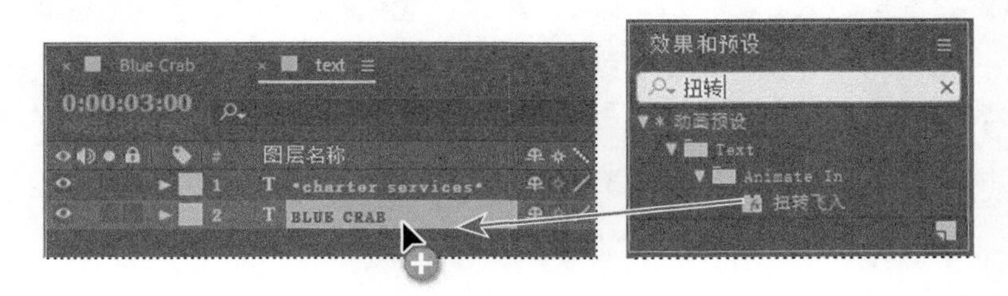

图8.8

默认情况下，动画预设的持续时间大概是 2.5 秒，所以文本将从 3:00 开始飞入，并在 5:16 位置结束。After Effects 为该特效添加关键帧。

6. 移动到 5:21，然后选择 charter services 图层。

7. 在“效果和预设”面板中，搜索“缓慢淡入”动画预设，然后将其拖放到 charter services 图层上。

8. 返回 Blue Crab Timeline 面板，将当前时间指示器移动到时间的起点。按空格键预览动画，如图 8.9 所示。然后再次按空格键停止播放。

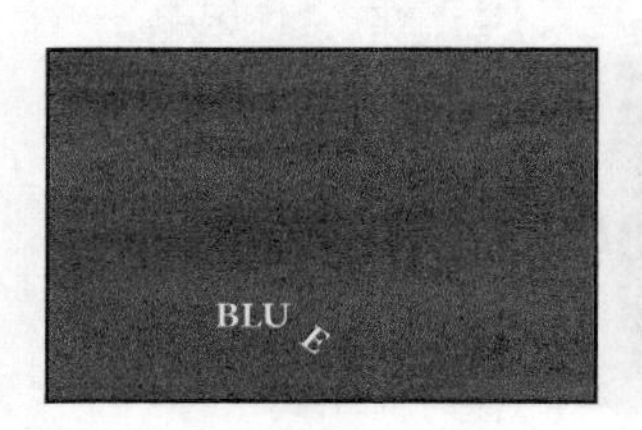

图8.9

9. 选择“文件” > “保存”命令，保存目前为止的工作。

8.1.5 缩放对象

接下来添加螃蟹。我们将对它进行动画处理，在影片刚开始时它占据整个屏幕，然后迅速缩小，并移动到文本将要出现的位置的上方。

1. 将 crab.psd 文件从“项目”面板拖放到“时间轴”面板图层堆栈的顶层。

2. 按 Home 键，或移动当前时间指示器到时间表尺的起点。

3. 在“时间轴”面板中选择 crab.psd 图层，然后按 S 键显示其“缩放”属性，如图 8.10 所示。

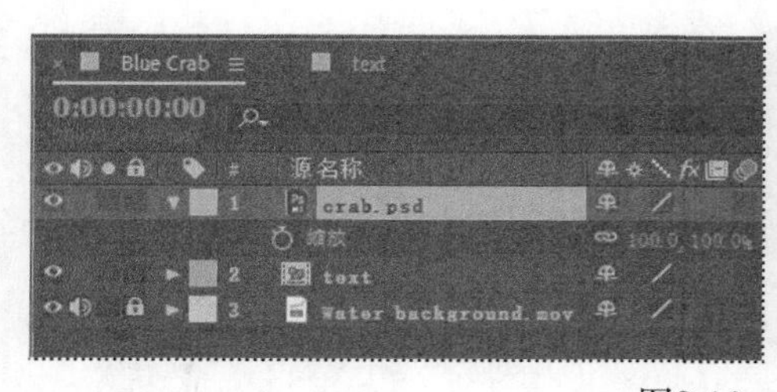

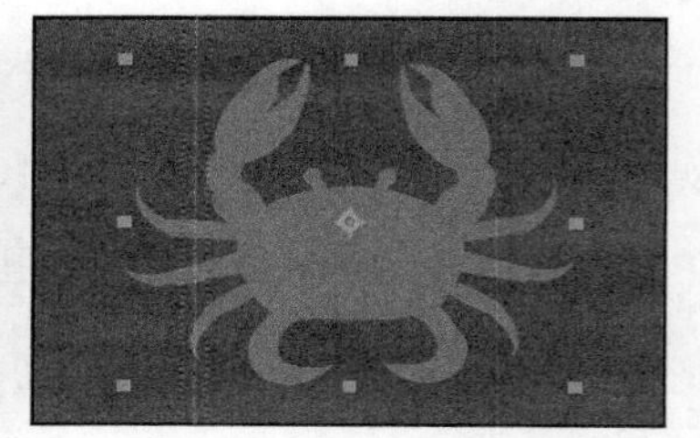

图8.10

4. 将“缩放”属性值更改为 400%。

5. 单击“缩放”旁边的表秒图标（ ），创建一个初始关键帧。

6. 移动到 2:00，然后将“缩放”属性值修改为 75%，如图 8.11 所示。

螃蟹将按照这个比例缩小，但是它当前的位置还不是很理想。

7. 按 Home 键返回到时间标尺的起点。

8. 按 P 键显示图层的“位置”属性，然后将“位置”值修改为（360, 82）。螃蟹将向上移动，填充到合成图像中。

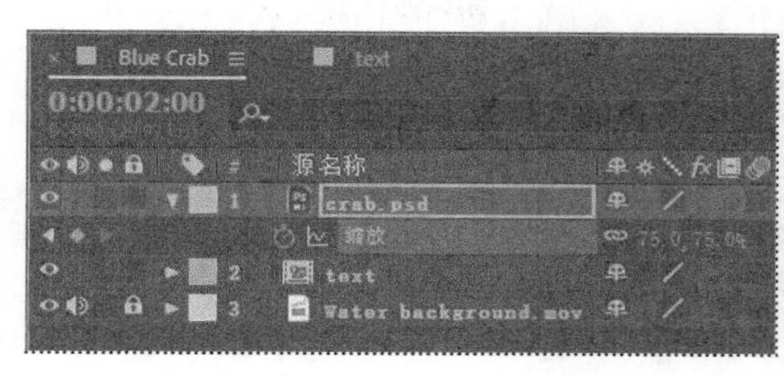

图8.11

9. 单击靠近“位置”的秒表图标，创建一个初始关键帧。

10. 移动到 1:15，将“位置”属性值修改为（360，228）。

11. 移动到 2:00，将“位置”属性值修改为（360，182）。

12. 在时间标尺的前两秒上拖动当前时间指示器，观查螃蟹的运动，如图 8.12 所示。

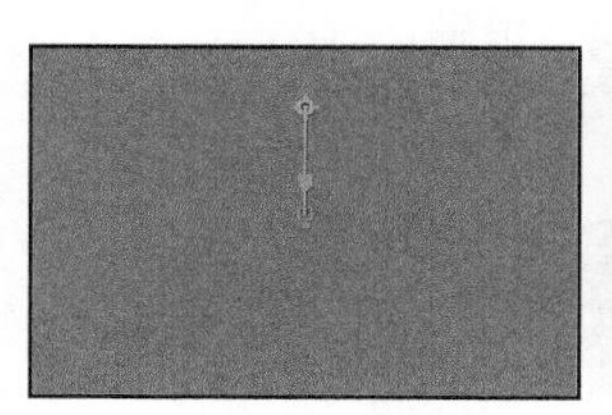
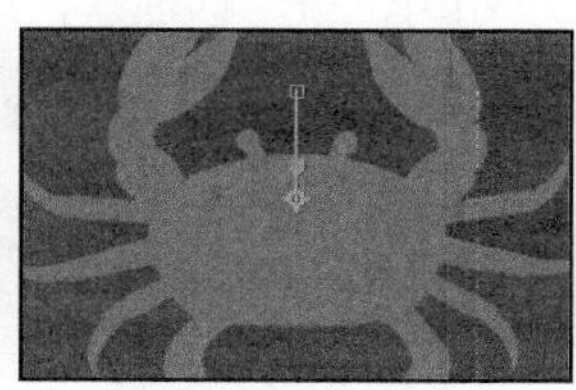

图8.12

13. 隐藏 crab.psd 图层的属性，然后选择“文件”>“保存”命令。

8.2 关于“操控”工具

“操控”工具可以将光栅和矢量图像变换为虚拟的提线木偶。当你拉动提线木偶的线时，木偶与线关联的部分跟着移动。如果拉动与木偶的手相关联的线，则木偶的手将抬起。“操控”工具通过手柄指出线所关联的位置。

“操控”特效根据我们放置的手柄位置对部分图像进行变形和动画处理。这些手柄决定图像的哪些部分应该移动，哪些部分保持不动，以及不同区域相互重叠时，哪些部分应置于前面。

手柄分为 3 种类型，每种都由不同的工具进行设置。

- “操控点”工具（📌）用于放置和移动变形手柄，它可以对图层进行变形处理。
- “操控叠加”工具（📌）用于放置“叠加”手柄，它可以指出当图像不同区域相互重叠时，哪一部分应该显示在前面。
- “操控扑粉”工具（🖌）用于设置“扑粉”手柄，它使部分图像变硬，从而使这部分图像不易扭曲。

一旦设置了手柄，轮廓内的区域将自动划分为大量的三角形网格。网格的每一部分都与图像像素相联系，所以当网格移动时，像素也跟着移动。当对变形手柄进行动画处理时，与该手柄相距最近的网格所产生的变形最大，而图像整体形状则尽量保持不变。例如，如果对人手上的手柄进行动画处理，手和手臂将产生变形，但人体的其他部位将保持在原位。

> Ae **注意**：网格仅对应用变形手柄的图像帧有效。如果在时间轴上的任何位置添加多个手柄，手柄将根据网格原来的位置进行放置。

8.3 添加变形手柄

"变形"手柄是"操控"特效的主要组件。它们放置的位置和方式决定对象在屏幕上的移动方式。下面我们将放置"变形"手柄，显示 After Effects 创建的网格，以确定每个手柄影响的区域。

选择"操控"手柄工具时，"工具"面板将显示"操控"工具选项。每个手柄在"时间轴"面板中都拥有各自的属性，After Effects 自动为每个手柄创建初始关键帧。

1. 在"工具"面板中选择"操控点"工具（📌），如图 8.13 所示。

图8.13

2. 移动到 1:27，螃蟹将按照这个比例缩小到当前的位置。
3. 在"合成"面板中，将"变形"手柄放置在螃蟹左边钳子的中央位置。

"合成"面板中出现的黄点代表"变形"手柄。如果这时你使用"选取"工具（▶）移动"变形"手柄，整个螃蟹将随之移动。我们需要设置更多手柄，使网格的其他部分保持不动。

4. 使用"操控点"工具，在螃蟹右边钳子的中央位置放置另一个"变形"手柄，如图 8.14 所示。

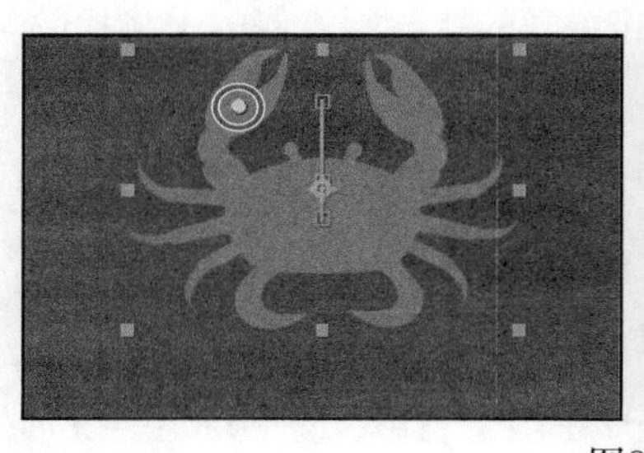
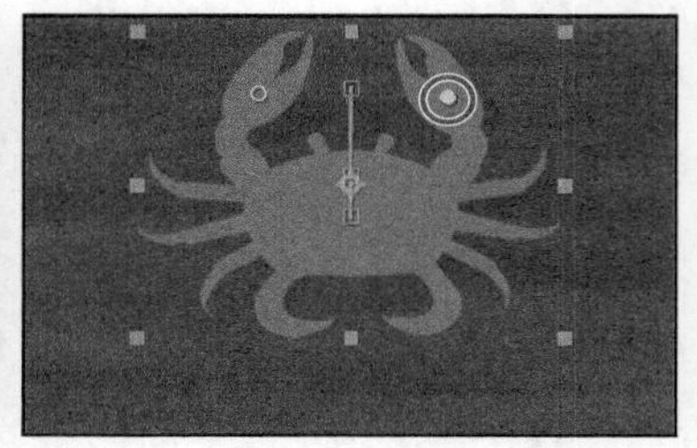

图8.14

现在就可以使用"选取"工具移动蟹钳。放置的手柄越多，每个手柄影响的区域就越小，每个区域的拉伸程度也将越小。

5. 选"择选"取工具（▶），拖动其中一个"变形"手柄，查看其效果。然后按下 Ctrl + Z（Windows）或 Command + Z（macOS）组合键，返回"变形"手柄的开始位置，如图 8.15 所示。

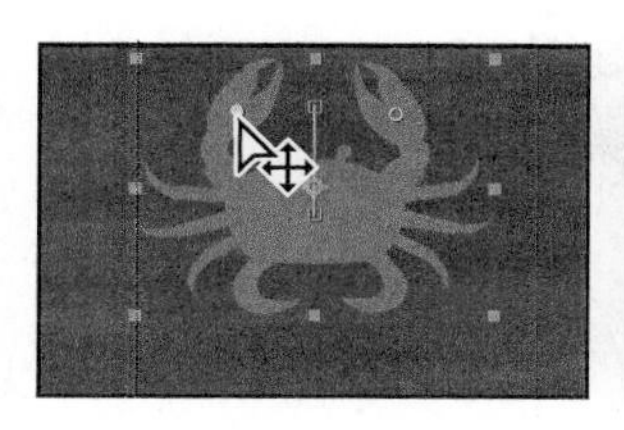
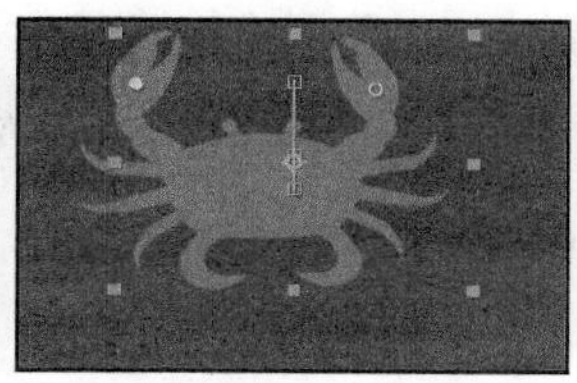

图8.15

6. 在螃蟹上的如下位置放置“变形”手柄：每一条触须的顶部、每一条侧腿的末端，以及螃蟹后面两条腿的末端，如图 8.16 所示。

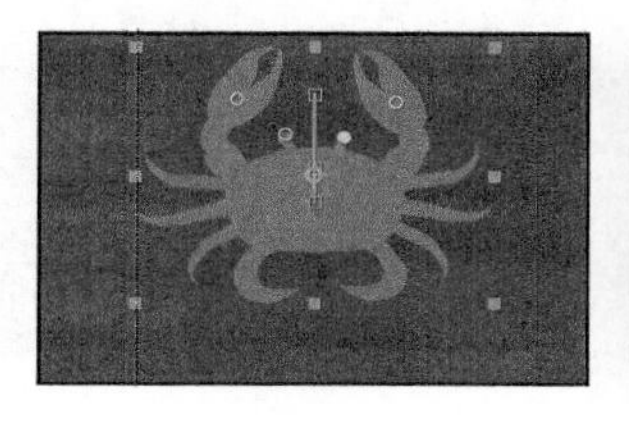
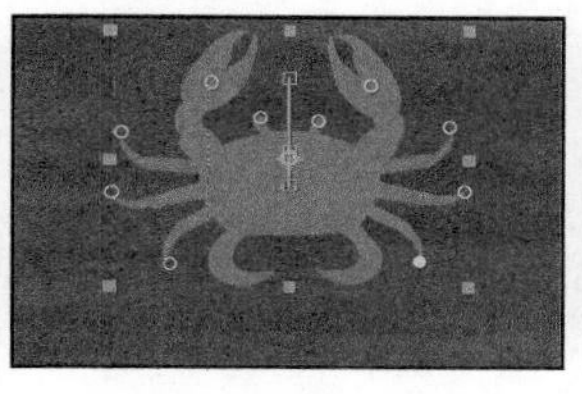
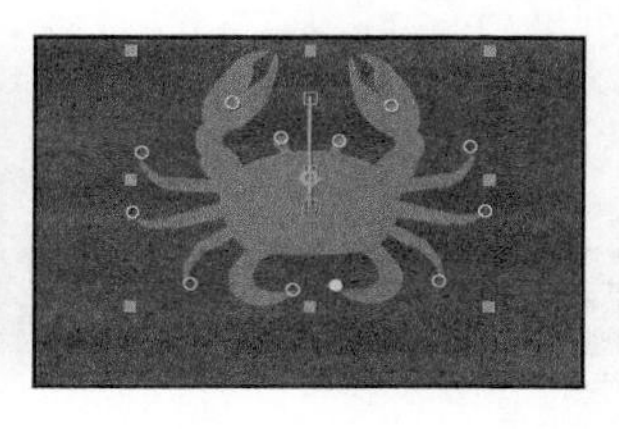

图8.16

7. 在“时间轴”面板中，展开“网格 1”>“变形”属性，这会列出所有“变形”手柄。

为了便于记录，我们将对它们进行重命名。在这里，我们只需对蟹钳和触须上的手柄进行命名。

8. 选择“操控点 1”，按 Enter 或 Return 键，将该手柄重命名为 Left Pincer，然后按 Enter 或 Return 键接受这一更改。

9. 将其余手柄分别重命名为 Right Pincer、Left Antenna 和 Right Antenna，如图 8.17 所示。默认的手柄名称是按照创建时的顺序进行编号。这里没有必要对蟹腿上的手柄进行重命名。

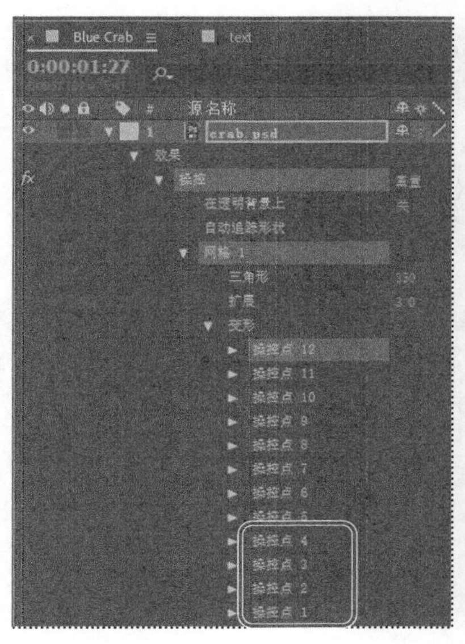

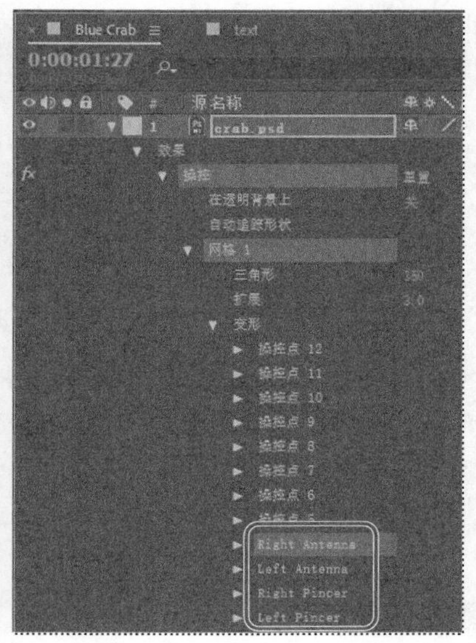

图8.17

10. 在“工具”面板的选项区域选择“显示”命令，显示变形网格。

螃蟹的颜色与网格中的三角形近乎相同，因此需要仔细查看网格。

11. 将“工具”面板选项区域的“三角形”值设置为 300，如图 8.18 所示。

该设置决定网格中包含多少个三角形。增加三角形的数量将使动画变得更平滑，但同时也增加了渲染时间。最终结果如图 8.19 所示。

图8.18

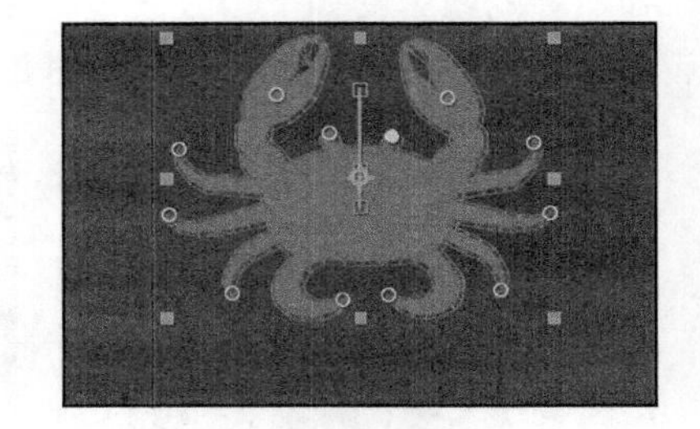

图8.19

提示：你可以将网格扩展到图层轮廓之外，以确保变形网格中也包含了描边。为了扩展网格，可以在“工具”面板的选项区域增加“扩展”属性。

12. 单击“文件”>“保存”命令，保存目前为止的工作。

定义重叠区

如果你的动画作品要求对象或者人物的一部分在其他对象或者人物前面穿过，使用“操控叠加”工具定义区域重叠时应显示在前面的部分。在“工具”面板中选择隐藏在“操控点”工具后面的“操控叠加”工具（见图8.20），单击“显示”命令显示网格，然后单击网格中的交叉点，将“叠加”手柄放在应该总是显示在前面的区域上。

图8.20

可以在“工具”面板的选项区域中调整“叠加”手柄的效果。In Front值决定了观察者能够看清的程度。该值设为100%，可防止身体交叠的部分透显出来。Extent值决定该手柄对重叠区的影响范围。受影响的区域在“合成”面板中显示为较浅的颜色。

8.4 设置刚性区域

螃蟹的蟹钳、蟹腿和触须将在动画中移动，但是蟹壳应该保持基本不动。我们将使用“操控扑粉”

工具，对蟹壳应该保持不动的部分添加“扑粉”手柄。

1. 选择“操控扑粉”工具（），它隐藏在“工具”面板中的“操控点”工具后面。

2. 在“工具”面板选项区域中选择“显示”选项，显示变形网格。

注意：必须为每一个操控工具选择“显示”选项，可以在不查看网格的情况下放置手柄。

3. 将“扑粉”手柄放置在每一条蟹钳、蟹腿和触须的底部，使整个蟹壳保持刚性，如图 8.21 所示。

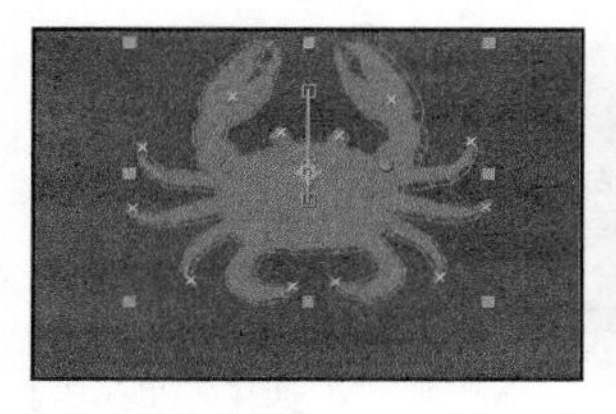
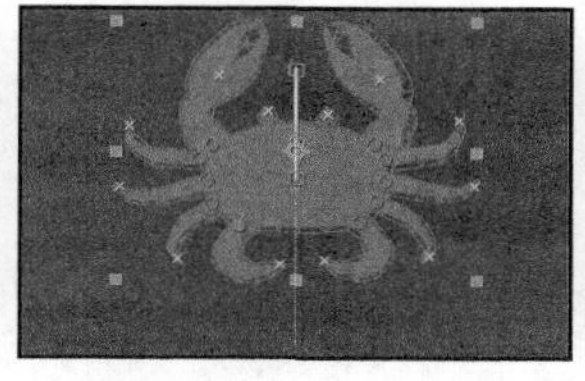
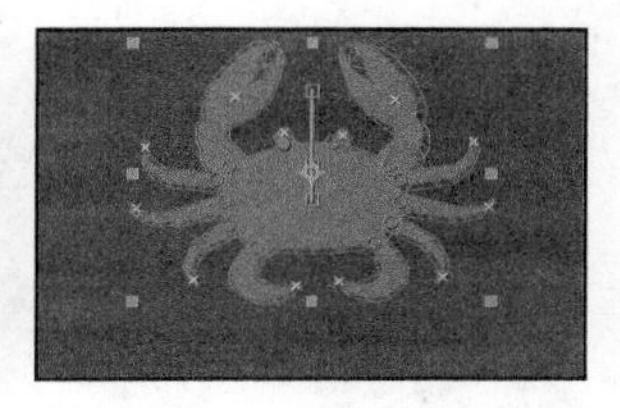

图8.21

4. 隐藏“时间轴”面板中 crab.psd 图层的属性。

5. 选择“文件” > “保存”命令保存目前的工作。

注意：“数量”值决定该区域的刚性程度。通常情况下，采用较低的数值比较合适，较高的“数量”值将使该区域过于僵硬。还可以使用负数降低其他手柄的刚性。

挤压与拉伸

挤压与拉伸是传统的动画技术，它增强了对象的真实感和重量。现实生活中，当运动中的对象撞击固定对象，如地面时，会夸大其效果。正确地应用挤压与拉伸处理，人物的大小不会改变。如果使用“操控”工具对卡通人物或类似的对象进行动画处理，需要考虑对象之间是如何进行交互的。

理解挤压与拉伸原理最简单的方法就是观察跳动的球。当球着地时，球与地面接触的部分变形，即球受到挤压。当它弹回时变形将复原，如图8.22所示。

图8.22

8.5 对手柄位置进行动画处理

“变形”“叠加”和“扑粉”手柄的设置完成了。现在将改变“变形”手柄的位置，对螃蟹进行动画处理。“扑粉”手柄将避免一些区域（本例中是蟹壳）移动得过于剧烈。

在放置手柄时，After Effects 为 1:27 处的每一个手柄创建初始关键帧。我们将对手柄进行动画处理，使螃蟹可以挥舞着蟹钳、蟹腿和触须，然后返回到最初的位置。

1. 在“时间轴”面板中选择 crab.psd 图层，按 U 键显示图层的所有关键帧，然后选择“操控”特效，使“变形”手柄呈可见状态。

2. 移动到 4:00 位置，然后移动两个蟹钳的手柄，使得两个蟹钳近乎垂直，如图 8.23 所示。

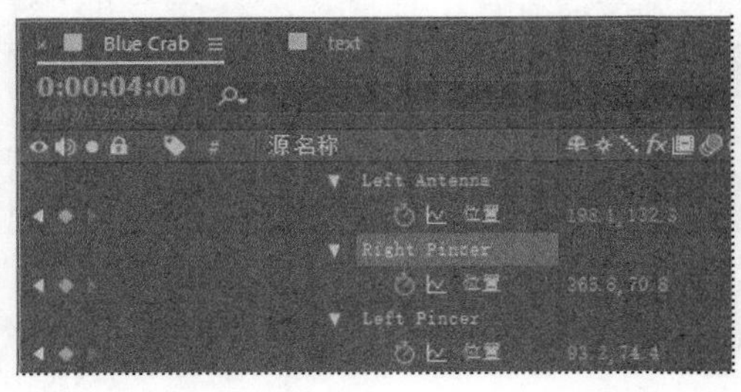

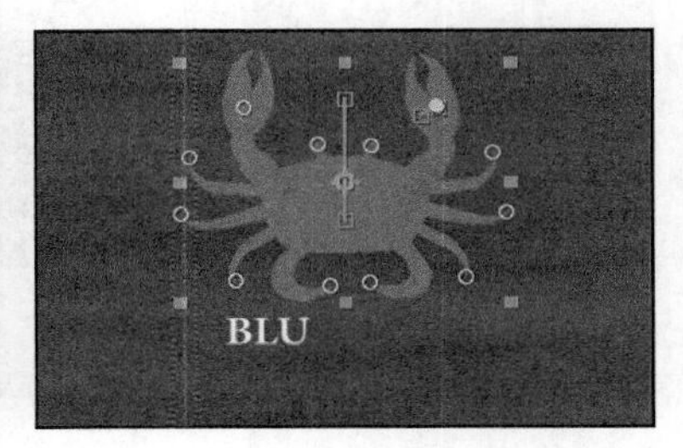

图8.23

3. 移动到 5:00 位置，移动 Left Pincer 和 Right Pincer 手柄，使得两个蟹钳进一步远离。

4. 在 6:19 位置，将蟹钳向里面翻转，然后在 8:19 位置，重新放置蟹钳，再次使它们近乎垂直。在 9:29 位置，移动蟹钳，使其完全向里面翻转。

5. 在时间标尺上移动当前时间指示器，查看蟹钳的移动，如图 8.24 所示。

图8.24

接下来，使触须距离近一些。由于已经存在第一个关键帧，现在需要再创建一个。

6. 移动到 7:14 位置，把触须上的手柄拉近一些。

现在可以对蟹腿进行动画处理了。我们希望是先移动蟹腿，然后再移动蟹钳，而且它们的移动幅度应该不大。

7. 移动到 1:19 位置，然后移动每一条蟹腿上的手柄，使得每一条蟹腿稍微向上一些，并向外弯曲。

8. 在 2:10、4:00、6:17 和 8:10 位置处的每一条蟹腿上做出一些改变，使得蟹腿随着视频的进展，轻微地向上或向下、向内和向外移动。移动每一个手柄时，无论在哪个方向，每次移动的量要保持相同。

9. 按 F2 键或单击“时间轴”面板的空白区域，取消选中所有图层。然后按 Home 键或移动当前时间指示器到时间表尺的开始位置。

10. 按空格键预览动画，如图 8.25 所示。然后再次按空格键停止播放。如果想要对动画进行更改，可调整每一个关键帧的手柄。

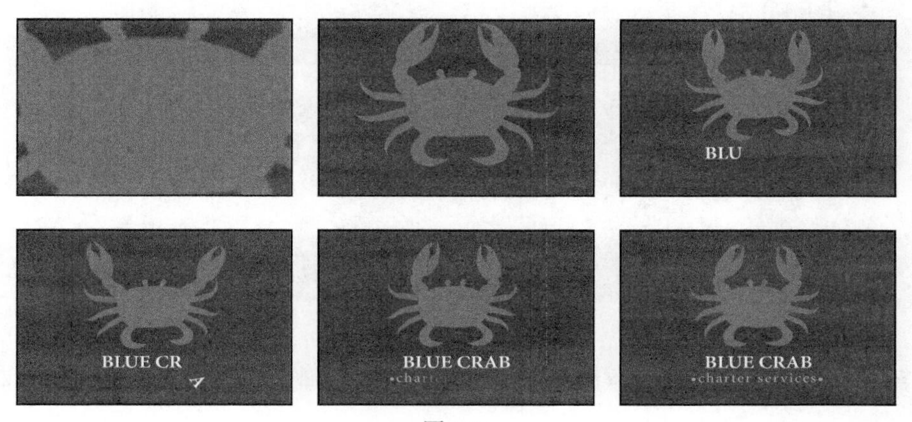

图8.25

11. 选择“文件”>“保存”命令保存目前的工作。

8.6 录制动画

我们可以修改每个关键帧的每个手柄的“位置”属性，但你也许会觉得这种处理方式不仅速度很慢而且单调乏味。你可以使用“操控录制”工具把对象实时拖动到位，而不用手动对关键帧进行动画处理。在开始拖动手柄时，After Effects 将开始录制移动过程。释放鼠标按钮时，它将停止动画录制。移动手柄时，合成图像将随时间向前移动。而停止录制时，当前时间指示器将返回录制的开始点，这样就可以录制同一时间段内的其他手柄的路径。

下面来试一下这种方法，我们将使用“操控录制”工具重新创建蟹钳的移动。

1. 选择“文件”>“保存为”>“另存为”命令，将项目命名为 Motionsketch.aep，并将它保存在 Lesson08/ Finished_Project 文件夹内。

提示： 默认情况下，运动视频的播放速度与录制时的速度相同。如果要更改录制与播放的速度比率，请单击“工具”面板中的“记录选项”，并在开始录制前更改“速度”值。

2. 将当前时间指示器移动到 1:27 位置。

3. 在“时间轴”面板中选择 crab.psd 图层，按 U 键显示图层的所有关键帧。

4. 向下滚动到 Left Pincer 和 Right Pincer 手柄，删除 1:27 之后的所有关键帧，如图 8.26 所示。

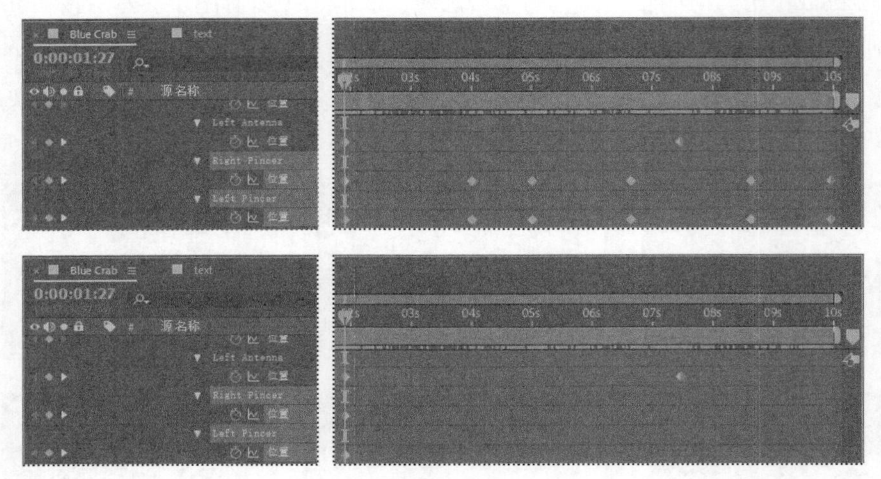

图8.26

其他手柄的动画依然保留，但对蟹钳的动画关键帧则被删除了。将“扑粉”手柄拖放到新的位置，以移动结果满意为止。

5. 在“工具”面板中选择“操控点”工具（📌）。

6. 在“时间轴”面板中选择“操控”，以便在“合成”面板中查看手柄，如图 8.27 所示。

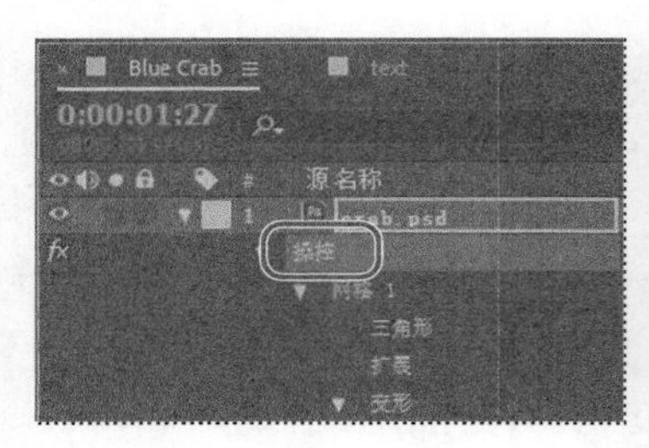

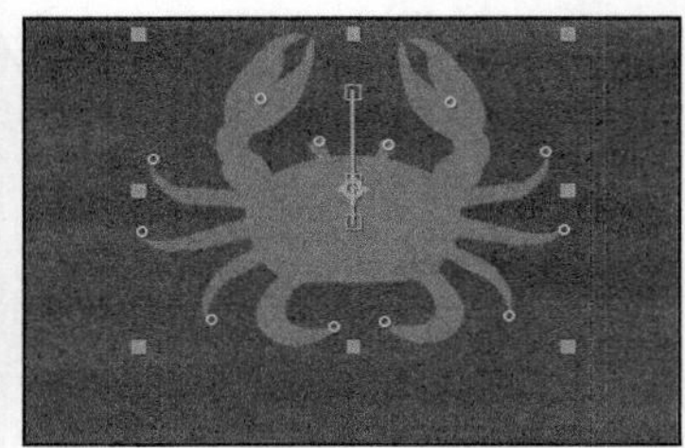

图8.27

7. 在“合成”面板中选择 Left Pincer 手柄，然后按下 Ctrl 键（Windows）或 Command 键（macOS），激活“操控录制”工具（在靠近鼠标指针的位置出现一个时钟图标）。

8. 继续按住 Ctrl 或 Command 键，将 Left Pincer 手柄拖放到新的位置。完成后释放鼠标按钮。当前时间指示器返回 1:27 位置。

9. 按住 Ctrl 或 Command 键，把 Right Pincer 手柄拖放到另外一个位置，如图 8.28 所示。拖放时可以使用螃蟹的轮廓和其他蟹钳的移动作参考。松开鼠标按钮停止录制。

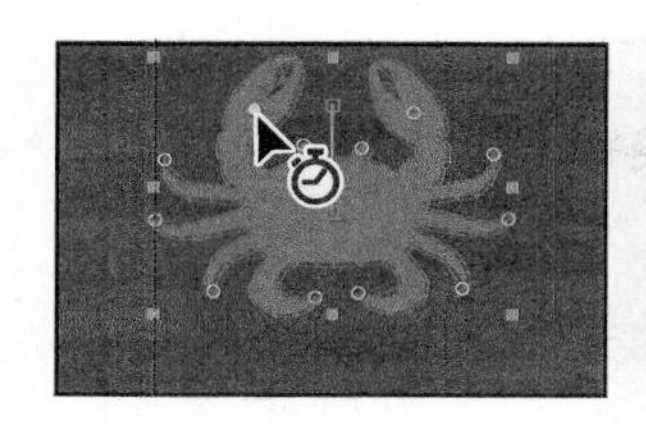

图8.28

10. 预览最终动画。

现在，我们已经使用“操控”工具创建了一个逼真、生动的动画。请记住，“操控”工具可以用于变形和操纵很多类型的对象。

使用Adobe角色动画师进行处理

如果认同人物角色，你可能会想使用Adobe Character Animator（角色动画师），而不是创建繁琐的关键帧。在你创建很长的场景，或者需要将角色的口型与发音对准时，“角色动画师”相当有用。

如果你看是Adobe Creative Cloud会员，就可以使用“角色动画师”（见图8.29）。借助于“角色动画师”，你可以将在Photoshop或Illustrator中创建的角色导入进来，然后处理这个角色在摄像头前面应该做出的面部表情和头部运动；你的角色将在屏幕上模仿你的姿势。如果你说话，则角色的嘴也开始活动，以匹配你的发言。

图8.29

你可以使用键盘快捷键、鼠标或平板电脑移动身体的其他部位，比如腿和胳膊。你还可以设置来回晃动的行为，比如，如果一只兔子的脑袋向左边移动，则它的耳朵也跟着摇晃。

“角色动画师”设置了一些有趣的互动式教程，以帮助你入门。

流畅动画体验的技巧

- 为不同的移动部分创建不同的图层。例如，在一个图层上绘制嘴，在另外一个图层上绘制右眼，再在一个图层上绘制左腿。
- 给图层起一个“角色动画师”可以识别的名字。它会查询某些单词，比如“pupil”，以便将角色映射到摄像机中的图像中。
- 开始录制之前，在“角色动画师”中练习你的面部和肢体表情。一旦设置了Rest Pose，就可以尝试不同的口型，或是提眉和晃脑袋的动作，看一下你的角色是如何学习到微妙或夸张的肢体行为的。
- 在录制时要对着麦克风讲话。很多口型都是由音频信号触发的，比如“啊噢”，而且角色的口型将自动与你的发言进行同步。
- 一定要考虑使用一个现有的角色文件作为模板，以便能够准确地获悉图层的名字，使后面的操作更为简单。
- 尝试对没有脸和肢体的对象进行动画处理。例如，你可以使用“角色动画师”对漂浮的云、飘扬的旗帜和盛开的鲜花进行动画处理。要有创意，并享受由此带来的乐趣。

8.7 复习题

1. “操控点”工具和“操控叠加”工具有什么区别?

2. 在什么情况下使用“操控扑粉”工具?

3. 请描述两种对手柄位置进行动画处理的方法。

8.8 复习题答案

1. “操控点”工具创建“变形”手柄，该手柄定义图像变形时部分图像所处的位置。“操控扑粉”工具创建“叠加”手柄，当两个区域重叠时，该手柄决定对象的哪个区域将显示在前面。

2. 使用“操控扑粉”工具添加“扑粉”手柄，当对象的其他区域变形时，该手柄所在区域会保持更大的刚性。

3. 可以通过修改“时间轴”面板中每个手柄的位置属性，来手动对手柄位置进行动画处理。要更快捷地对手柄位置进行动画处理，则可以使用“操控录制”工具：选中“操控点”工具，按住 Ctrl 或 Command 键，拖动手柄来录制手柄的移动。

第9课 使用“Roto笔刷”工具

课程概述

本课介绍的内容包括：

- 使用“Roto 笔刷”工具从背景中抽取前景对象；
- 校正一定范围内图像帧的分割边界；
- 使用“调整边缘”工具修饰遮罩；
- 在视频剪辑中冻结遮罩；
- 对属性进行动画处理，产生有创意的效果；
- 素材中的面部跟踪。

本课大约要用 1 小时完成。启动 After Effects 之前，请先将本书的课程资源下载到本地硬盘中，并进行解压。在学习本课并按步骤进行相应操作时，相应的课程文件将被覆盖。建议先做好原始课程文件的备份工作，以免后期用到这些原始文件时还需重新下载。

PROJECT: TV COMMERCIAL

“Roto 笔刷”工具能快速地将多个图像帧中的前景对象从背景中分离出来。与使用传统的动态蒙版执行同一个任务相比，用户只需要花费少量的时间就能获得专业的处理结果。

9.1 关于动态蒙版

在影片的多个图像帧上绘图或绘画时，就是在使用动态蒙版。例如，动态蒙版的一种常见用法是跟踪对象，用路径作为蒙版将对象从背景中分离出来，以便可以单独处理它。在 After Effects 中的传统做法是，先绘制蒙版，再对蒙版的路径进行动画处理，然后用这些蒙版定义遮罩（遮罩就是用来隐蔽部分图像的蒙版，以便叠加另一幅图像）。传统做法虽然有效，但这是个耗时、枯燥的处理过程，尤其当对象活动频繁或背景复杂时更是如此。

如果背景或前景对象具有一致且鲜明的颜色，则可以采用颜色键控方法将对象从背景中分离出来。如果对象是在绿色或蓝色背景（绿屏或蓝屏）上拍摄的，采用键控处理通常比采用动态蒙版更容易。然而，当处理的背景比较复杂时，键控方式的效率较低。

After Effects 中的“Roto 笔刷”工具比传统的动态蒙版处理更快。可以用“Roto 笔刷”工具定义前景和背景元素，然后 After Effects 创建“遮罩”，跟踪“遮罩”随时间的运动。“Roto 笔刷”工具可以帮你完成大量处理工作，只留下一小部分收尾工作由你完成。

9.2 开始

本课将用“Roto 笔刷”工具从影片的潮湿冬季的背景中隔离出一个小男孩，在不影响小男孩的情况下对背景进行颜色处理。为了完成这个项目，需要添加一个动画标题。

首先预览最终影片并设置项目。

1. 确认硬盘上的 Lessons\Lesson09 文件夹中存在以下文件。
   - Assets 文件夹内：boy.mov、Facetracking.mov。
   - Sample_Movies 文件夹内：Lesson09.avi 和 Lesson09.mov。
2. 使用 Windows Media Player 打开并播放影片示例文件 Lesson09.avi，或者使用 QuickTime Player 打开并播放影片示例文件 Lesson09.mov，以查看本课将创建的效果。播放完后，关闭 Windows Media Player 或 QuickTime Player。如果硬盘空间有限，也可以将影片示例文件从硬盘中删除。

开始本课前，请恢复 After Effects 应用程序的默认设置。详情请参见前言中的“恢复默认参数”。

3. 启动 After Effects 时请立即按住 Ctrl + Alt + Shift（Windows）或 Command + Option + Shift（macOS）组合键，准备恢复默认的参数设置。系统询问是否删除参数文件时，单击“确定”按钮。关闭“开始”窗口。

After Effects 打开后显示一个空的无标题项目。

4. 选择“文件” > “另存为” > “另存为”命令。
5. 在“另存为”对话框中，导航到 Lessons\Lesson09\Finished_Project 文件夹。

6. 将项目命名为 Lesson09_Finished.aep，然后单击“保存”按钮。

9.2.1 创建合成图像

本课需要导入一个素材，并用它来创建一个合同图像。

1. 在“合成”面板中单击“从素材新建合成”按钮，如图 9.1 所示。

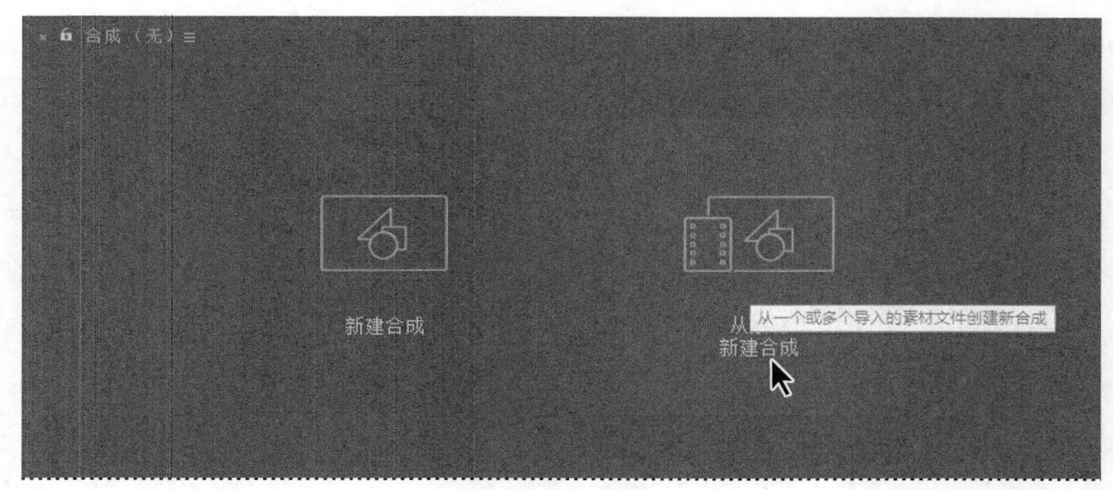

图9.1

2. 导航到 Lessons/Lesson09/Assets 文件夹，选择 boy.mov 文件，然后单击“导入”或者“打开”按钮。

After Effects 会根据 boy.mov 文件的设置创建一个名为 boy 的合成图像。这个合成图像时长 3 秒，帧尺寸为 1920 × 1080。影片文件的拍摄速度是每秒 29.97 帧。

3. 选择“文件”>“保存”命令保存项目。

9.3 创建分割分界

我们使用“Roto 笔刷”工具来指定视频剪辑中的前景和背景区域。你可以通过添加描边的方式来区分前景和背景，这样，After Effects 就能在前景和背景间创建分割分界。

9.3.1 创建基础帧

为了使用“Roto 笔刷”工具隔离出前景对象，我们首先对基础帧添加描边，以分隔出前景和背景区域。我们可以从视频剪辑的任意帧开始，但是在这个练习中，我们将第一帧作为基础帧，然后添加描边，以便将小男孩识别为前景对象。

1. 在时间标尺上移动当前时间指示器，预览素材。

2. 按 Home 键将当前时间指示器移动到时间标尺的起点。

3. 在“工具”面板中选择“Roto 笔刷”工具（ ）。

你将在“图层”面板中使用“Roto 笔刷”工具，所以你现在需要将其打开。

4. 双击“时间轴”面板中的 boy.mov 图层，在“图层”面板中打开该视频剪辑。

5. 如果没有看到完整的图像，可以从“图层”面板底部的“缩放比例”下拉列表中选择“适应”选项，如图 9.2 所示。

图9.2

默认情况下，“Roto 笔刷”工具将创建绿色的前景描边。现在先对前景（小男孩）添加描边。通常情况下，以粗的描边开始，然后用小画笔完善边界是最有效的方式。

6. 选择“窗口”>“笔刷”命令，打开“笔刷”面板。然后选择大小为 100 像素的硬角画笔（你可能需要调整“笔刷”面板的大小，才能看到这些选项）。

当为了定义前景对象而进行描边时，请遵循主体骨架结构。与传统的动态蒙版不同，用户不需要在对象周围定义精确的边界。以粗的描边开始处理，然后过渡到微小区域，这样 After Effects 就能推断出可能的边界。

7. 从小男孩的头部开始绘制绿色描边，一直到视频剪辑的底部，如图 9.3 所示。

> Ae **提示**：可以使用鼠标的滚轮快速放大和缩小“图层”面板。

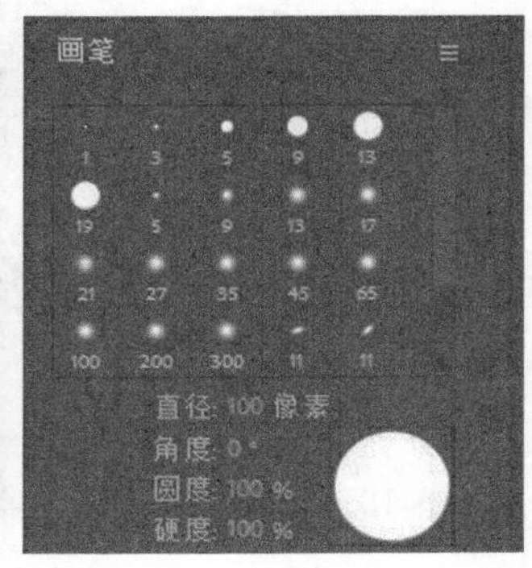

图9.3

After Effects 用粉红色的轮廓标识出其创建的前景对象的边界。After Effects 只能识别小男孩的一半，因为采样的时候只采样了主体的一小部分区域。我们将添加更多的前景描边，帮助 After Effects 发现这些边界。

8. 仍然使用大画笔，在小男孩的外套上从左到右绘制描边，包括右边的黑色条带。

9. 使用小一点的画笔将所有被忽略的区域添加前景中，如图 9.4 所示。

图9.4

难免会不小心将背景区域也添加进前景描边。如果没有捕捉到前景的每个细节，也没关系。这时可以通过添加背景描边，删除遮罩中的多余区域。

提示：要快速地增大或缩小画笔的大小，在拖动时请按住 Ctrl 键（Windows）或 Command 键（macOS）。向右拖动将增大画笔，向左拖动将缩小画笔。

10. 按住 Alt 键（Windows）或 Option 键（macOS），切换到红色的背景描边画笔。

11. 对希望从遮罩中去除的背景区域添加红色描边。然后在前景和背景画笔之前来回切换，对遮罩进行微调。不要忘记取消选中背景显示过来的小男孩帽子底下的区域。事实上，可能只需要一个点击就可以把那个区域从遮罩中去除，如图 9.5 所示。

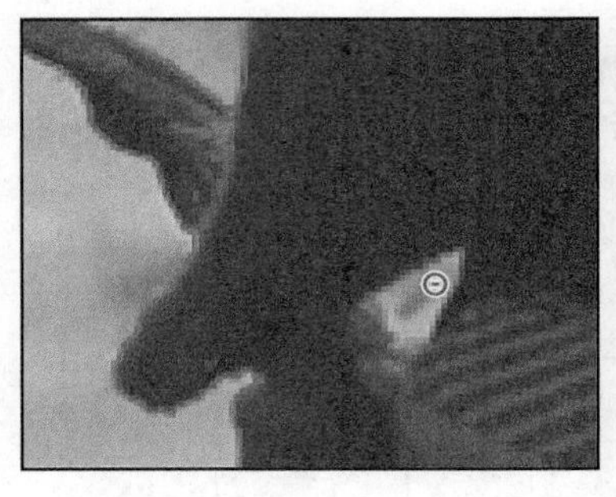

图9.5

使用After Effects编辑Adobe Premiere Pro视频剪辑

在Adobe Premiere Pro和After Effects中都可以处理视频剪辑，我们编辑项目时可以在两个应用程序之间轻松地切换。

要在After Effects中编辑一个Adobe Premiere Pro视频剪辑，请执行以下步骤。

1. 在 Adobe Premiere Pro 中右键单击或按住 Control 键单击视频剪辑，然后选择“替换为 After Effects 合成图像”命令。

After Effects启动并打开Adobe Premiere Pro视频剪辑。

2. 当 After Effects 询问是否保存时，保存项目。然后像在其他 After Effects 项目中那样处理合成图像。
3. 操作完成后，保存项目，然后回到 Adobe Premiere Pro。

所有改动会自动反映在时间轴上。

画笔描边不必十分精确。只需确保遮罩与前景对象边缘距离在 1 到 2 个像素范围内即可。稍后我们将有机会进一步调整这个遮罩。因为 After Effects 会使用基础帧的信息来调整遮罩范围内的其余部分，所以我们希望遮罩是精确的。

12. 单击“图层”面板底部的“切换至 Alpha”按钮（ ）。选中的区域是白色，背景是黑色，这时可以清楚地看到遮罩，如图 9.6 所示。
13. 单击“图层”面板底部的“切换至 Alpha 覆盖”按钮（ ）。前景区域将显示为彩色，而背景则具有红色叠加，如图 9.7 所示。
14. 单击“图层”面板底部的“切换至 Alpha 边界”按钮（ ），再次查看小男孩周围的轮廓，如图 9.8 所示。

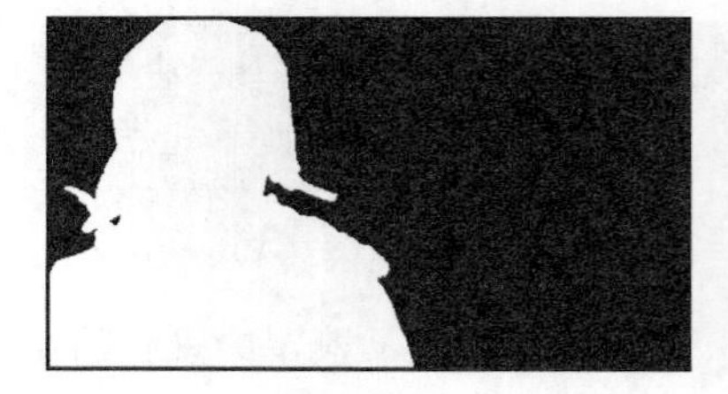

图9.6

使用“Roto 笔刷”工具时，Alpha 边界是查看边界是否精确的最佳方式，因为这时可以看到画面中的所有内容。然而，如果只想查看遮罩，而不希望受背景干扰时，则可以使用“Alpha”和“Alpha 覆盖”选项。

图9.7

图9.8

9.3.2 调整初始范围的边界

我们使用“Roto 笔刷”工具创建了基础帧，它包含一个划分前景和背景的分割边界。After Effects 对一定范围的图像帧应用这个分割边界。“Roto 笔刷”的作用范围显示在“图层”面板底部的时间标尺下方。当向前或向后查看素材时，分割边界将随着前景对象（本例中指的是小男孩）移动。

1. 在“图层”面板中将作用范围的终点拖动到 1:00 的位置来扩展作用范围，如图 9.9 所示。

图9.9

我们将在作用范围内逐步查看每一个帧，并根据需要调整分割边界。

2. 按下主键盘（不是数字小键盘）上的 2 键向前移动一帧。

从基础帧开始，After Effects 将跟踪对象的边缘，并尽量跟踪其移动。获得的边界有可能恰好与你希望的吻合，也可能不完全吻合，这取决于前景与背景元素的复杂程度。本例中，随着外套在画面中显示得越来越多，你可能注意到分割边界在沿着小男孩右边袖子（视频剪辑的左边缘）而变化。同样，帽子垂下的部分和帽的边缘部分需要进一步调整，这意味着需要调整分割。

> Ae **提示：**要向前移动一帧，请按键盘上的 2 键；要向后移动一帧，请按键盘上的 1 键。

3. 使用“Roto 笔刷”工具，通过绘制前景和背景描边，来进一步调整该帧的遮罩。如果这帧的遮罩已经很准确，就不需要再绘制描边。

如果对这次描边不满意，可以撤销描边再试一次。在作用范围内移动时，每次修改都将影响其后的其他帧。将当前帧的描边修改得越精确，整体处理效果将越好。向前移动几帧，查看边界的变化也许会有帮助。

注意：在传递帧的分割边界时，After Effects 将缓存该帧。被缓存的帧在时间标尺上带有绿色条形标志。如果沿着作用范围移动到前面的某一帧，After Effects 将花费更长的时间来计算边界。

4. 再次按 2 键向前移动到下一帧。

5. 必要时使用“Roto 笔刷”工具添加前景或者减去背景，进一步调整分割边界。

6. 重复步骤 4 和步骤 5 直到 1:00 位置，最终结果如图 9.10 所示。

图9.10

9.3.3 添加新的基础帧

After Effects 创建“Roto 笔刷”的初始作用范围为 40 帧（每个方向 20 帧）。在移动帧时，作用范围将自动扩大，也可以通过拖动来扩展作用范围。但是，移动到离基础帧越远的位置，After Effects 传递或计算各帧边界所需的时间就越长，尤其情况复杂时。如果场景变化明显，为素材创建多个基础帧比拥有一个很大的作用范围效果好。本项目的场景变化不大,所以可以扩大作用范围，并根据需要做出额外调整。但是，我们将创建其他基础帧，从而体验该工具的使用，学习多个作用范围的连接，并查看与基础帧距离变远后分割线的变化。

我们已经在调整过程中移动到 1:00 位置，现在在项目中添加一个新的基础帧。

1. 在“图层”面板内移动到 1:20 位置。这个帧不包含在初始作用范围内，所以看不到分割边界。

2. 使用“Roto 笔刷”工具添加前景和背景描边，定义分割边界，如图 9.11 所示。

时间标尺上将添加一个新的基础帧（由一个蓝色的矩形来表示），“Roto 笔刷”的作用范围扩展到这个新的基础帧的前后多个帧，这取决于初始作用范围传播的距离，在这两个作用范围之间可能会有间隙。如果确实存在间隙，可以把这两个作用范围连接起来。

3. 如果有必要，把新作用范围的左边缘拖放到前一作用范围的边缘处。

4. 按 1 键（从新的基础帧）向后移动一帧，并进一步调整分割边界。

5. 在作用范围内继续向后移动，并进一步调整分割边界，直到到达 1:00 位置的帧。

6. 移动回 1:20 位置的基础帧，然后按 2 键向前移动，根据需要修改每个帧内的分割边界。

图9.11

7. 到达作用范围的终点时，把右边缘拖动到视频剪辑的终点处，根据需要继续修改素材中的每个帧。特别注意当帽子从树前穿过时帽子的左耳罩处。由于深色区域重叠，因此更难以得到一个一致的边缘。记住，要不断尝试，使分割边界尽可能地接近前景对象的边缘，如图 9.12 所示。

图9.12

8. 完成了整个视频剪辑的分割边界的调整以后，选择“文件” > “保存”命令保存作品。

9.4 调整 matte

“Roto 笔刷”处理得很好，但遮罩中仍存在一点零散的背景，或者说一些前景区域没有包含到遮罩中。我们将进一步调整边缘，以清除这些区域。

9.4.1 调整“Roto 笔刷”和“调整边缘”效果

使用“Roto 笔刷”工具时，After Effects 对图层应用“Roto 笔刷”和“调整边缘”效果。我们可以使用“效果控件”面板中的设置来修改效果。我们将使用这些设置进一步调整遮罩的边缘。

1. 按下空格键播放“图层”面板中的视频剪辑；在看完整个视频剪辑时，再次按下空格键结束预览。

预览视频剪辑的时候，你可能会注意到，分割边界区域是锯齿状的。我们将使用“减少震颤”设置使其更平滑。

2. 在“效果控件”面板中，将“羽化”的值增加到10，将“减少震颤”的值增加到20%，如图9.13所示。

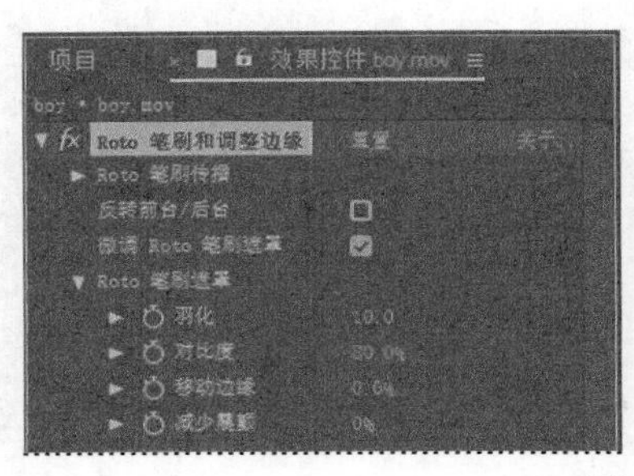

图9.13

“减少震颤”的值决定了在相邻帧上执行加权平均时，当前帧的影响有多大。取决于遮罩的紧凑程度，可能需要将“减少震颤”增加到50%。

3. 再次预览视频剪辑。注意遮罩的边缘变得更加平滑了。

“调整软遮罩”和“调整硬遮罩”效果

After Effects包括两个调整遮罩的相关效果：“调整软遮罩”和“调整硬遮罩”。“调整软遮罩”效果除了以恒定的宽度把效果应用到整个遮罩之外，和“调整边缘遮罩”效果几乎一样。如果需要在整个遮罩中捕捉微妙的变化，可以使用“调整软遮罩”效果。

如果在“效果控件”面板的“Roto笔刷 & 调整边缘”效果中打开了“微调Roto笔刷遮罩”，“调整硬遮罩”的边缘调整效果与“Roto笔刷”一样。

9.4.2 使用“调整边缘”工具

小男孩的衣服和脸有硬边，但是他的帽子是有绒毛的，“Roto 笔刷”不能分辨具有细微差别的边缘。“调整边缘”工具可以包含细节，比如在分隔边界的指定区域里的一缕一缕的头发。

尽管在创建了基础帧之后可能会想要立即使用“调整边缘”工具，但最好还是等到完成整个视频剪辑的分割边界的细化工作之后。考虑到After Effects传递分割边界的方式，过早地使用“调整边缘”工具会导致遮罩难以使用。

1. 放大帽子，以便能够清晰地看到帽子的边缘。如果有必要，放大“图层”面板，然后使用抓手工具移动图层，以便看到整个帽子。

2. 选择“工具”面板中的“调整边缘”工具（），它隐藏在“Roto 笔刷”工具下面，然后移动到“图层”面板中视频剪辑的开始位置。

帽子相对而言比较软，所以一个小画笔就够了。对于一个模糊的对象，用大一点的画笔可能会有更好的效果。画笔需要与对象显露出来的边缘重叠。

3. 将画笔的大小变为 10 像素。

使用“调整边缘”工具的时候，穿过或者沿着“遮罩”的边缘描边。

4. 在“图层”面板中，将“调整边缘”工具放在帽子边缘上面，横跨分割边界，包括模糊的变化区域。我们可以使用多重描边在整个帽子周围移动工具，如图 9.14 所示。

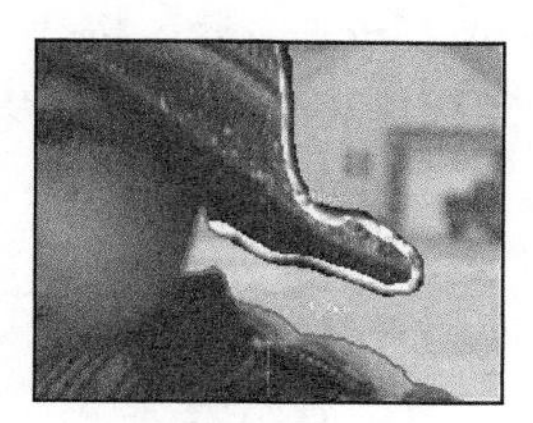

图9.14

释放鼠标之后，After Effects 切换到“调整边缘”的 X 射线视图，这样就可以看到“调整边缘”工具是如何改变遮罩，捕捉边缘细节的。

5. 移动到“图层”面板的第二个基础帧（1:20 位置），然后重复步骤 1 ～步骤 4，从而完成动态蒙版的过程。

6. 缩小至看到整个图像，调整“图层”面板的大小（如果你之前调整过的话），然后选择“文件”>“保存”命令保存作品。

注意：只有清理完整个视频剪辑的遮罩之后，才可以使用“调整边缘”工具。

9.5 冻结“Roto 笔刷”工具的处理结果

我们已花费大量时间和精力在整个视频剪辑上创建分割边界。After Effects 缓存了分割边界，因此再次调用时不需要再次计算。为了便于访问这些数据，我们将冻结这些数据。这会减少系统的处理需求，使 After Effects 的运行速度更快。

一旦冻结了分割边界，就无法编辑它，除非对它解冻。再次冻结分割边界很耗时，所以冻结分割边界前最好先尽可能调整它。

1. 单击“图层”面板右下方的“冻结”按钮，如图 9.15 所示。

After Effects 在冻结“Roto 笔刷”和“调整边缘”工具的数据时显示出进度条。冻结可能花费几分钟时间，这取决定于用户的系统。After Effects 冻结各帧的信息时，缓存标志线将变蓝。冻结完成后，“图层”面板中时间标尺上方将出现一个蓝色警告条，提示分割边界已冻结。

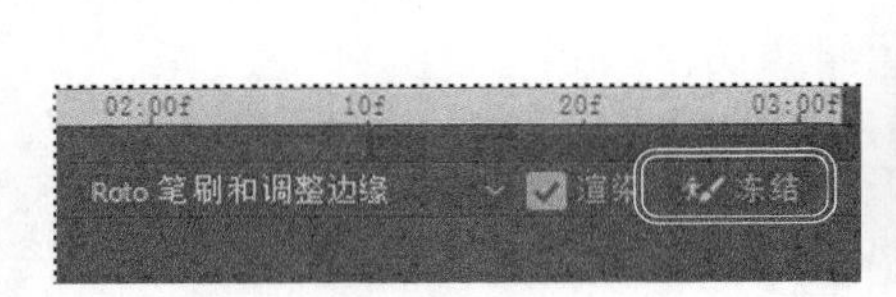

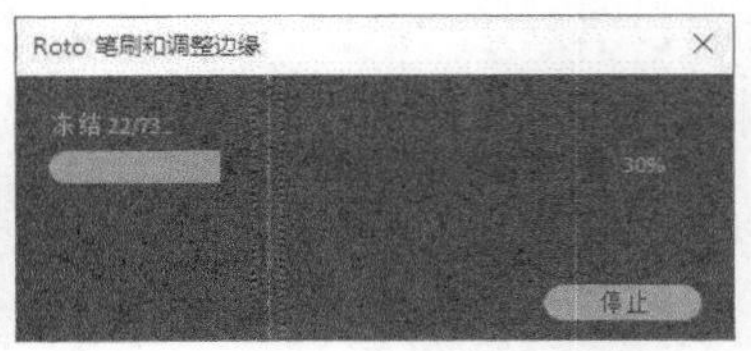

图9.15

速度取决于用户的系统，这可能会需要一些时间。

2. 单击“图层”面板中的“切换至 Alpha 边界”按钮（![]），查看遮罩。然后单击“切换至透明网格”按钮（![]）。沿时间标尺移动当前时间指示器，查看对象的移动是否受到背景的干扰，如图 9.16 所示。

图9.16

3. 再次单击“切换至 Alpha 边界”按钮，查看分割边界。

4. 选择“文件”>“保存”命令。

After Effects 保存项目和冻结的分割边界信息。

9.6 改变背景

将前景图像从背景中分离出来有很多原因。通常情况下，是因为想完全取代背景，将对象移动到一个不同的设置下。然而，如果想在不做其他修改的情况下改变前景或者背景，动态蒙版也是有用的。本课中，我们将把背景变成蓝色，从而增强冬天的主题并使对象脱颖而出。

1. 关闭“图层”面板，回到“合成”面板，将当前时间指示器移动到时间轴的起点，如图 9.17 所示。从“合成”面板底部的“放大比例”下拉列表中选择“适应”选项。

图9.17

“合成”面板显示合成图像，它只包含 boy.mov 图层。这个图层只包含从视频剪辑中分离出来的前景。

2. 隐藏 boy.mov 图层的属性（如果它们可见的话）。

3. 单击“项目”选项显示“项目”面板。然后从“项目”面板中将另一份 boy.mov 素材副本拖动到“时间轴”面板，并把它放在原来的 boy.mov 图层的下面。

4. 单击新的图层，按下 Enter 或 Return 键，并把图层重新命名为 Background。然后再次按下 Enter 或 Return 键，如图 9.18 所示。

图9.18

5. 在选中 Background 图层的情况下，在 After Effects 菜单栏中选择“效果”>“色彩校正”>“色相 / 饱和度”命令。

6. 在“效果控件”面板中执行以下操作，如图 9.19 所示。

- 选择“彩色化”复选框。
- 将“着色色相”值修改为 −122°。
- 将“着色饱和度”值修改为 29。
- 将“着色亮度”值修改为 −13。

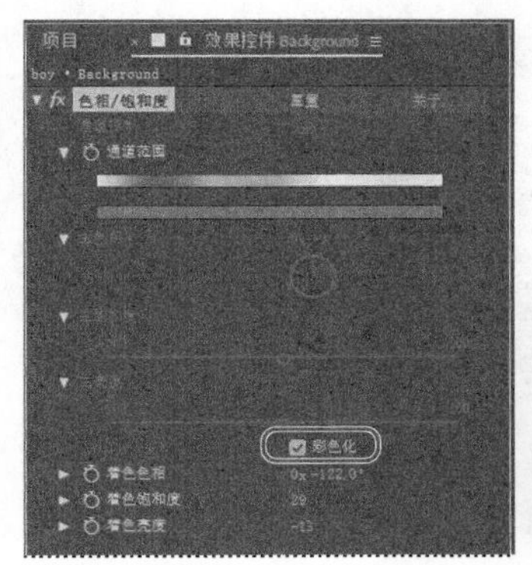

图9.19

7. 选择“文件”>“增量保存”命令。

使用“增量保存”可以在需要时返回到项目的早期版本再做出调整。如果正在试验或者想要尝试替代效果，这是非常有用的。“增量保存”功能保留了项目以前保存的版本，并且创建了一个新项目，这个新项目文件名没变，但是文件名中会添加一个增大的数字。

9.7 添加动画文本

任务基本完成了。现在需要做的就是在男孩和背景之间添加动画标题。

1. 取消选中所有图层，将当前时间指示器移动到时间标尺的起点。

2. 选择“图层”>“新建”>“文本”命令。

一个新的文本图层出现在“时间轴”面板中，位于图层堆栈的顶部，并且一个光标出现在“合成”面板中。

3. 在“合成”面板中输入 WINTER BLUES。

4. 选中“合成”面板中的所有文本，然后在“字符”面板中进行以下设置，如图 9.20 所示。

   - 选择 Myriad Pro 字体。
   - 选择 Black 或者 Semibold 的字体样式。
   - 字体大小设置为 300 像素。
   - 从“字距”菜单中选择“视觉”选项。
   - 填充颜色选择白色。
   - 描边颜色选择黑色。
   - 确保描边的宽度为 1 像素，而且选中了“在描边上填充”选项。

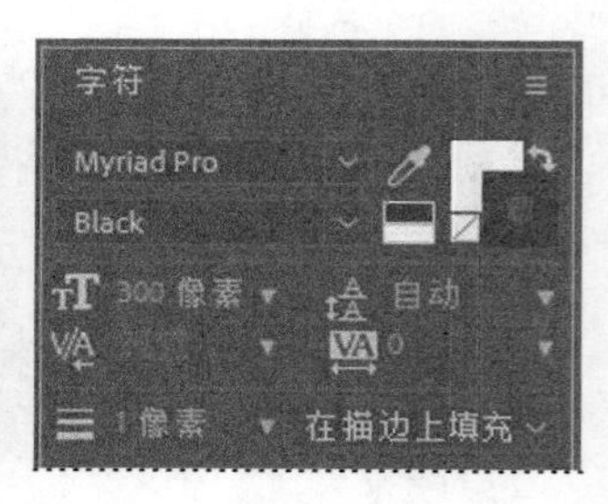

图9.20

5. 在“时间轴”面板中选择文本图层，取消选中文本。然后按下 T 键显示图层的“不透明度”属性。将“不透明度”修改为 40%，如图 9.21 所示。

6. 选择“效果和预设”选项卡，把面板放到前面，然后在搜索框中输入 Glow。双击“样式”下面的 Glow 预设。

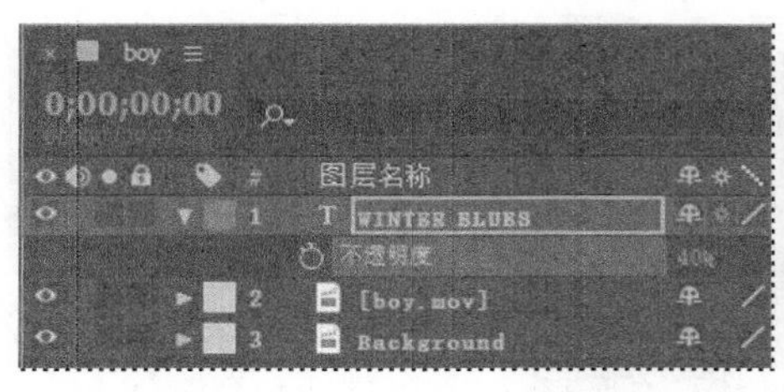

图9.21

7. 将“时间轴”面板中的 WINTER BLUS 图层向下拖放至 boy.mov 和 Background 图层之间。将时间指示器移动到时间标尺的起点。

我们将文本进行动画处理，使其在男孩穿过视频帧的右边时，文本就移动到男孩的左后方。

8. 在选中 WINTER BLUS 图层的情况下，按下 P 键显示其“位置”属性。将“位置”属性值更改为（1925，540）。单击“位置”属性的秒表图标，设置关键帧，如图 9.22 所示。

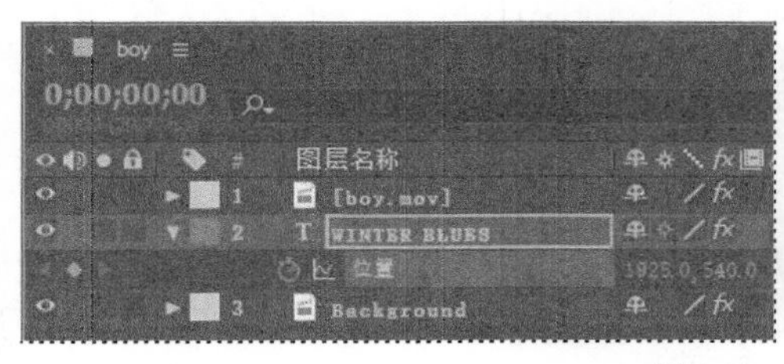

图9.22

文本移动到屏幕之外，所以当电影开始的时候，文本是不可见的。

9. 将当前时间指示器移动到 3:01 位置（视频剪辑的尾部），将“位置”值更改为（-1990，540），如图 9.23 所示。

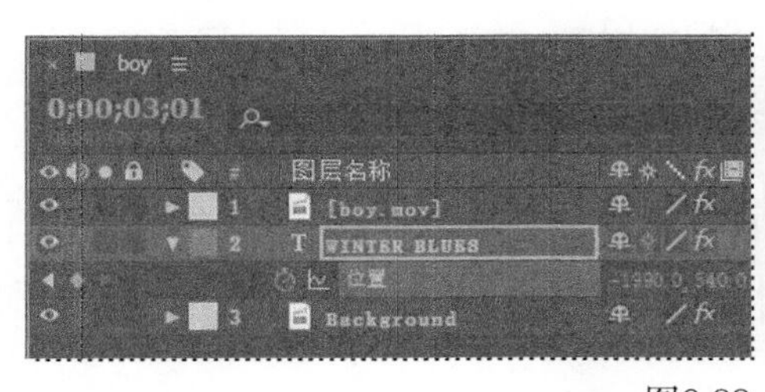

图9.23

文本移动到左边。After Effects 创建了一个关键帧。

10. 取消选中“时间轴”面板中的所有图层，将当前时间指示器移动到时间标尺的起点。按下空格键预览视频剪辑，如图 9.24 所示。

11. 选择“文件”>“保存”命令保存作品。

图9.24

9.8 导出项目

我们对电影进行渲染来完成整个项目。

1. 选择“文件”>“导出”>“添加至渲染队列”命令。
2. 在“渲染队列”面板中单击“最佳设置”选项。
3. 在“渲染设置”对话框中，从“分辨率”下拉列表中选择“一半”选项，然后在“帧速率”区域中选择“使用合成帧速率”，最后单击“确定”按钮。
4. 单击“输出模式”旁边的蓝色文本。在“输出模式设置”对话框的底部，选择“关闭音频输出”选项，然后单击“确定”按钮。
5. 单击“输出至”旁边的蓝色文本。在“输出影片至”对话框中，导航到 Lesson09/Finished_Project 文件夹，然后单击“保存”按钮。
6. 单击“渲染队列”面板右上角的“渲染”按钮。
7. 保存并关闭项目。

恭喜！你已经将前景对象从背景中分离出来（包括棘手的细节），然后修改了背景，添加了动画文本，从而完成了整部影片。现在你可以在自己的项目中使用“Roto 笔刷”工具了。

面部跟踪

After Effects中的面部跟踪功能使用户可以很容易地跟踪面部或特殊的面部特征，比如嘴唇或眼睛。在此之前，面部跟踪需要用到“Roto笔刷”或者复杂的键控。

注意：如果打开 Lesson09_extra_credit.aep 文件，则可能需要重新连接 Facetracking.mov 素材。

1. 选择“文件”>“新建”>“新项目”命令。
2. 在“合成”面板中单击“从素材创建新合成”按钮，然后导航到 Lessons\Lesson09\Assets 文件夹，从中选择 Facetracking.mov 文件，然后单击“导入”或“打开”按钮。
3. 在“时间轴”面板中选择 Facetracking.mov 图层，然后选择“椭圆”工具，它隐藏在“工具”面板中的“矩形”工具下面。
4. 拖放出一个椭圆形的蒙版，大致将面部覆盖住，如图 9.25 所示。

图9.25

5. 右键单击“蒙版 1”图层，然后选择“跟踪蒙版”，如图 9.26 所示。
6. 在“跟踪器”面板中，从“方法”菜单中选择“脸部跟踪（仅限轮廓）”选项，如图 9.27 所示。

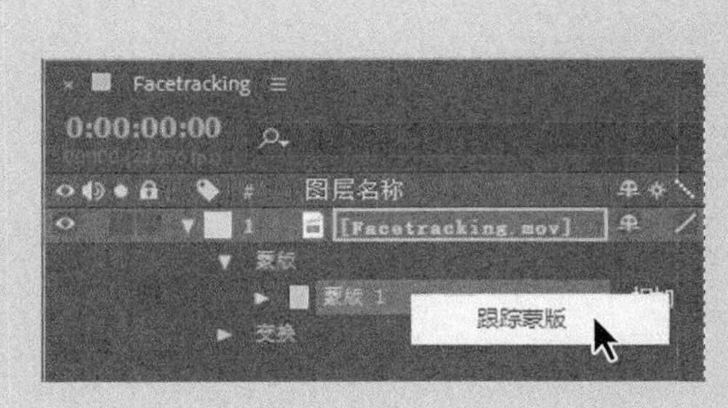

图9.26

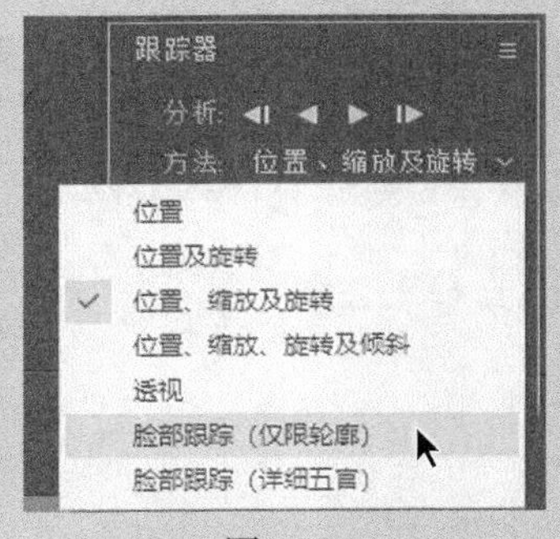

图9.27

“脸部跟踪（仅限轮廓）”选项将跟踪整体面部。“脸部跟踪（详细五官）”选项将跟踪面部轮廓以及嘴唇、眼睛和其他独特的面部特征。你可以将详细的面部数据导出，然后在“角色动画师”中使用，也可以在After Effects中使用它来应用特效，或者将它与其他图层（比如眼罩或帽子）匹配。

7. 单击“跟踪器”面板中的“向前跟踪”按钮。

跟踪器将跟踪面部，并且在面部移动时修改蒙版的形状和位置，如图9.28所示。

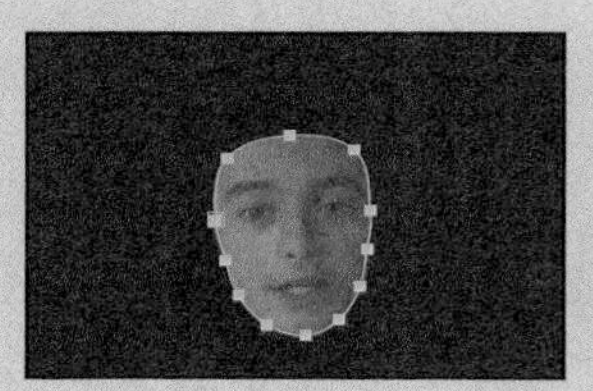

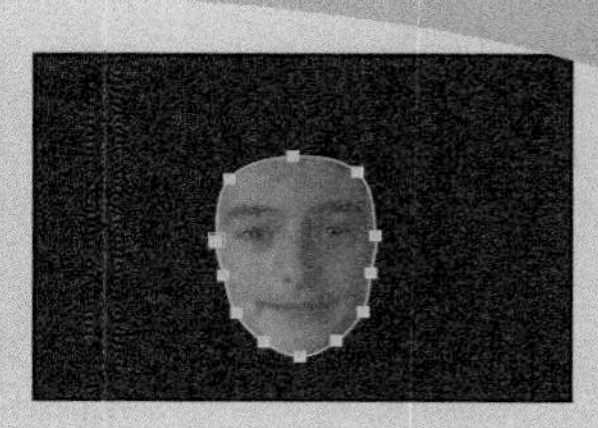

图9.28

8. 按下 Home 键返回时间轴的起始位置，然后在时间标尺上移动当前时间指示器，查看蒙版与面部的移动。

9. 在“效果和预设”面板中，搜索 Bright。然后将“亮度和对比度”特效拖放到“时间轴”面板中 Facetracking.mov 图层的上面。

10. 在“时间轴”面板中展开“效果”>“亮度和对比度”>“合成选项”。

11. 单击“合成选项”旁边的“+”图标，从“蒙版参考 1”菜单中选择“蒙版 1”，然后将“亮度”值修改为 50。

面部的蒙版区域变亮，其他地方没有变亮。而且该设置太亮了，蒙版的边缘显得太突出，接下来的设置将使它更自然一些。

12. 将“亮度”值降低为 20。

13. 展开“蒙版 1”属性，将“蒙版羽化”属性修改为（70，70）像素，如图 9.29 所示。

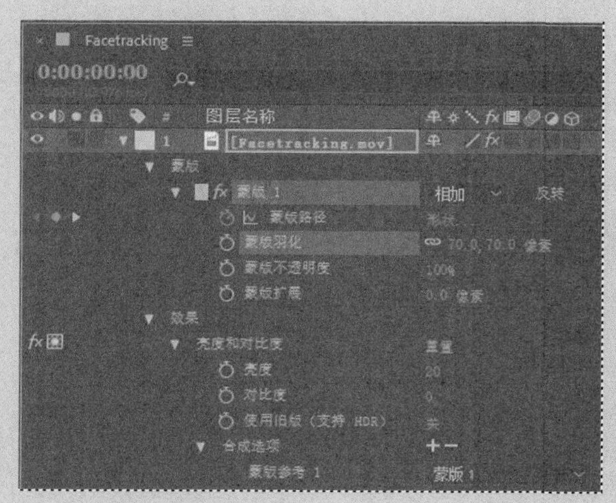

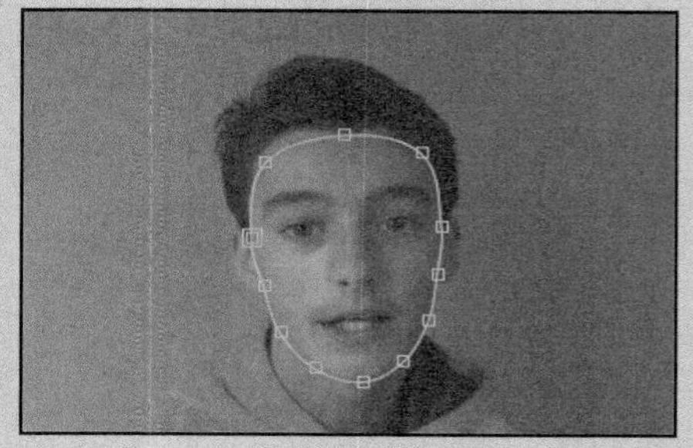

图9.29

14. 将项目保存到 Lesson09/Finished_Project 文件夹中，然后关闭文件。

你可以使用面部追踪器来对面部进行模糊处理、使面部变亮，或者添加其他特效。你也可以翻转蒙版，从而影响面部之外的其他一切内容。

9.9 复习题

1. 什么情况下应该使用“Roto 笔刷”工具？

2. 什么是分割边界？

3. 什么情况下应该使用“调整边缘”工具？

9.10 复习题答案

1. 凡是适合使用传统动态蒙版处理的情况，都适合使用“Roto 笔刷”工具。它尤其适用于从背景中删除前景元素。

2. 分割边界是前景和背景间的边界。在“Roto 笔刷”作用范围内逐帧移动时，“Roto 笔刷”工具将调整分割边界。

3. 当我们需要对带有模糊或纤细边缘的对象进行动态蒙版处理时，应该使用“调整边缘”工具。“调整边缘”工具为具有精细细节的区域创建部分透明，比如头发。只有在我们已经调整好整个视频剪辑的分割边界之后，才应该使用“调整边缘”工具。

第10课 色彩校正

课程概述

本课介绍的内容包括：

- 使用转换从一个视频剪辑移动到另外一个视频剪辑；
- 使用“色阶”特效校正画面颜色；
- 使用“蒙版跟踪器”来跟踪部分场景；
- 使用 Keylight (1.2) 特效来移除一个区域；
- 使用“自动色阶”特效移除色偏；
- 使用“颜色范围”特效键出一个区域；
- 使用 Synthetic Aperture Color Finesse 3 校正颜色；
- 使用“调色剂”特效来营造意境；
- 用“克隆图章”工具复制场景中的对象。

本课大约要用 1 小时完成。启动 After Effects 之前，请先将本书的课程资源下载到本地硬盘中，并进行解压。在学习本课并按照步骤执行相应操作时，相应的课程文件将被覆盖。建议先做好原始课程文件的备份工作，以免后期用到这些原始文件时还需重新下载。

PROJECT: SEQUENCE FROM A MUSIC VIDEO

大多数影片都需要一定程度的色彩校正和色彩分级。使用 Adobe After Effects，你可以在视频剪辑中轻易地移除色偏、加亮画面，改变视频的意境。

10.1 开始

顾名思义，色彩校正（color correction）是改变或调整被采集图像的颜色的一种方法。严格来说，色彩校正是调整拍摄画面的颜色，纠正白平衡和曝光中的错误，确保不同画面之间的色彩具有一致性。你可以使用同样的色彩校正工具和技术来执行色彩分级（color grading），它是对色彩进行主观操纵，从而使观众将注意力集中到画面中的关键元素上，或者为特定的视觉外观创建一个调色板。

在本课中，我们将校正一段视频剪辑的色彩，该视频剪辑是在没有正确设置白平衡的情况下拍摄的。首先，我们将合并两个视频剪辑，它们来自一个年轻的“超级英雄”起飞并在天空中飞行的较长视频。然后，我们将应用多种色彩校正特效来清理和增强图像效果。最后，使用蒙版跟踪和运动跟踪将天空替换为更为引人注目的云。

首先，预览最终影片并设置项目。

1. 确认硬盘上的 Lessons\Lesson10 文件夹中存在以下文件。
   - Assets 文件夹：storm_clouds.jpg、superkid_01.mov、superkid_02.mov.
   - Sample_Movie 文件夹：Lesson10.avi 和 Lesson10.mov。
2. 使用 Windows Media Player 打开并播放影片示例文件 Lesson10.avi，或者使用 QuickTime Player 打开并播放影片示例文件 Lesson10.mov，以查看本课将创建的效果。播放完后，关闭 Windows Media Player 或 QuickTime Player。如果硬盘空间有限，也可以将影片示例文件从硬盘中删除。

开始本课前，请恢复 After Effects 应用程序的默认设置。详情请参见前言中的“恢复默认参数”。

注意：本课将使用 SA Color Finesse 3 特效，该特效要求注册。打开 Lesson10_end 文件时，可能会提示你注册该特效。

3. 启动 After Effects 时请立即按住 Ctrl + Alt + Shift（Windows）或 Command + Option + Shift（macOS）组合键，准备恢复默认的参数设置。系统询问是否删除参数文件时，单击“确定”按钮。关闭“开始”窗口。

After Effects 打开后显示一个空的无标题项目。

4. 选择“文件”>“保存为”>“另存为”命令。
5. 在“另存为”对话框中，导航到 Lessons\Lesson10\Finished_Project 文件夹。
6. 将该项目命名为 Lesson10_Finished.aep，然后单击“保存”按钮。

10.1.1 创建合成图像

我们将基于两个超级小孩影片文件创建一个新的合成图像。

1. 选择“文件”>“导入”>“文件”命令。
2. 导航到 Lessons\Lesson10\Assets 文件夹，按住 Shift 键单击选择 storm_clouds.jpg、superkid_01.mov 和 superkid_02.mov 文件，然后单击“导入”或“打开”按钮。
3. 在“项目”面板中，取消选中导入的素材。按住 Shift 键单击选择 superkid_01.mov 和 superkid_02.mov 文件，然后将其拖动到“项目”面板底部的“创建新合成”按钮（ ）上。
4. 在“基于所选项新建合成”对话框中，执行下述操作，如图 10.1 所示。
   - 确保选中了“单个合成”单选框。
   - 在“选项”区域中，从“使用尺寸来自”下拉列表中选择 superkid_01.mov。
   - 选择“序列图层”复选框。
   - 选择“重叠”复选框。
   - 在“持续时间”中输入 0:18。
   - 从“过渡”下拉列表中选择“溶解前景图层”选项。
   - 单击“确定”按钮。

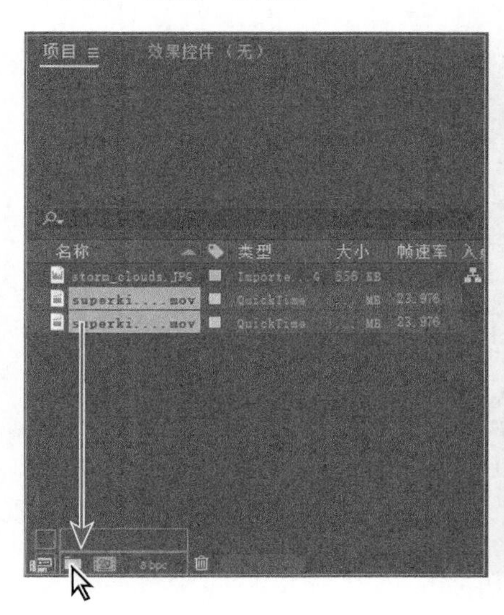

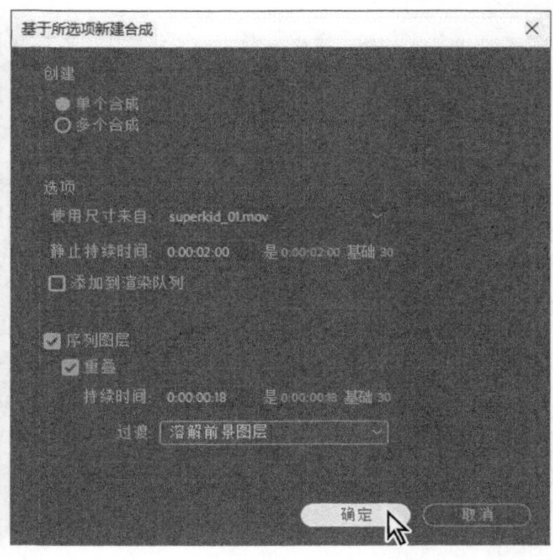

图10.1

注意：可以在创建了合成图像之后添加转换，方法为选择“动画”>“关键帧辅助”>“序列图层”，然后选择相应选项。

在视频监视器上预览项目

如果可能的话，最好在视频监视器而不是计算机显示器上进行色彩校正。计算机监视器和广播监视器之间的伽马值存在很大差别。在计算机屏幕上看起来很好的图像在广播监视器上看可能显得太亮太白。在进行色彩校正之前，要确保视频监视器或计算机显示器进行了正确的校准。校准计算机显示器的有关方法请参见After Effects帮助文档。

Mercury Transmit是Adobe数字视频应用程序用来将视频帧发送到外部视频显示器的一个软件界面。视频设备厂商AJA、Blackmagic Design、Bluefish444和Matrox提供了插件，可以将Mercury Transmit的视频帧发送到它们的硬件设备上。这些Mercury Transmit插件可以在Adobe Premiere Pro、Prelude和After Effects上运行。Mecury Trasnmit也可以在不借助额外插件的情况下，使用连接到计算机显卡的监视器或使用FireWire连接的DV设备。

1. 视频监视器连接到计算机系统后，启动 After Effects。
2. 选择 Edit>Preferences>Video Preview（Windows）或 After Effects >Preferences>Video Preview（macOS）。然后选择启用 Mercury Transmit 选项。
3. 从列表中选择一种设备。AJA Kona 3G、Blackmagic Playback 等设备名表示视频设备连接到了你的计算机中。Adobe Monitor 设备是连接到计算机显卡的监视器。Adobe DV 需要有一台连接到计算机 FireWire 接口的 DV 设备。
4. 要更视频设备的选项，单击该设备名字旁边的 Setup 选项。在设备的控制面板或管理应用程序中会有多个可用的选项，如图 10.2 所示。

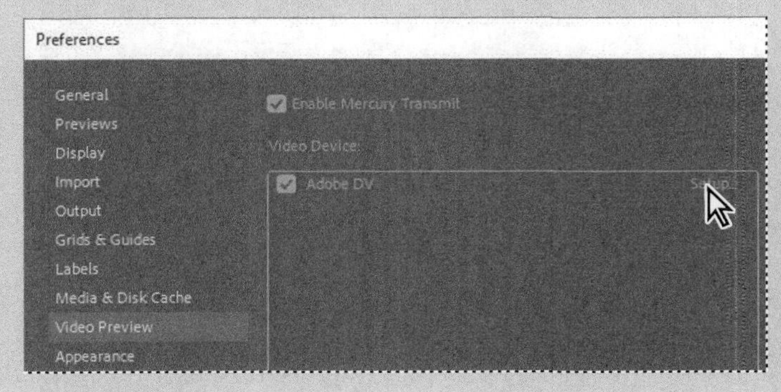

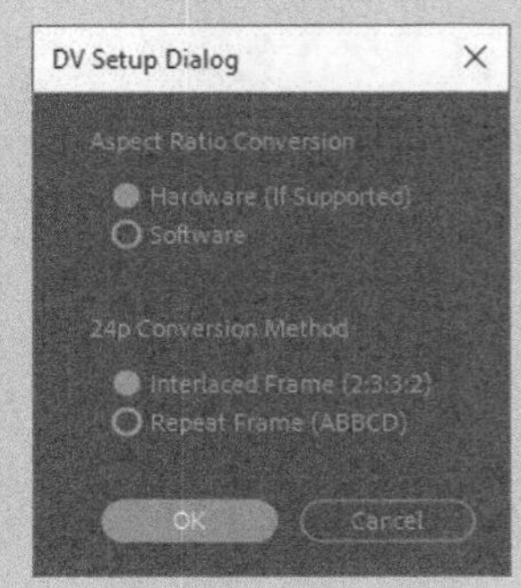

图10.2

5. 单击 OK 按钮，关闭 Preferences 对话框。

在选中“图层序列”之后，After Effects 将按照顺序放置图层，而不是都将这两个图层放到 0:00

处的开始位置。我们已经指定了 18 帧的重叠以及一个交叉溶解转换，以便第一个视频剪辑溶解到第二个剪辑中。

After Effects 创建了一个新的合成对象，命名为 superkid_0.1mov 文件，然后在“合成”和“时间轴”面板中显示。

5. 选择“项目”面板的 superkid_01 合成图像，按 Enter 或 Return 键，将其重命名为 Taking Flight。然后再次按 Enter 或 Return 键接受这一改变，如图 10.3 所示。

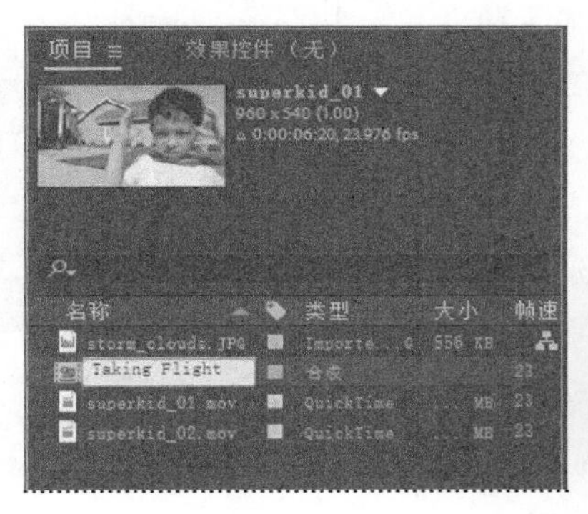

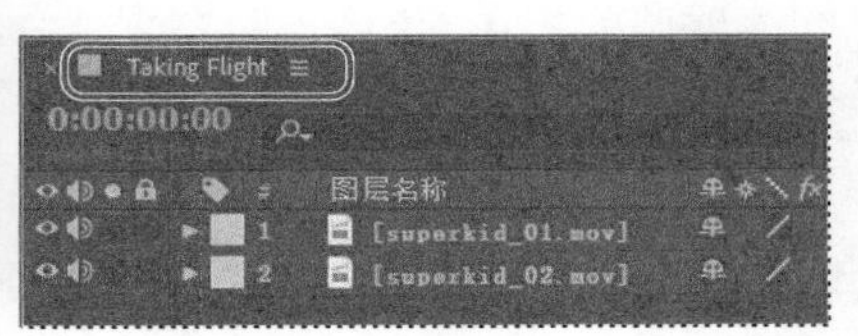

图10.3

6. 按空格键预览视频剪辑，其中包含了转换，然后再次按空格键停止预览。

7. 选择“文件”>“保存”命令保存当前的工作。

10.2 使用色阶调整色彩平衡

After Effects 提供了多种色彩校正工具。有些工具可能只需轻轻一点即可完成处理，但理解手动调整色彩的方法可以使你随心所欲地获得自己想要的效果。我们将使用“色阶”特效调整阴影，清除蓝色色偏，并使画面更生动些。我们将分别处理视频剪辑，首先处理第二个剪辑。

1. 移动到时间标尺的 4:00 位置。

2. 在“时间轴”面板中选择 superkid_02.mov 图层。

3. 按 Enter 或 Return 键，将图层重命名为 Wide Shot，然后按 Enter 或 Return 键接受新名称，如图 10.4 所示。

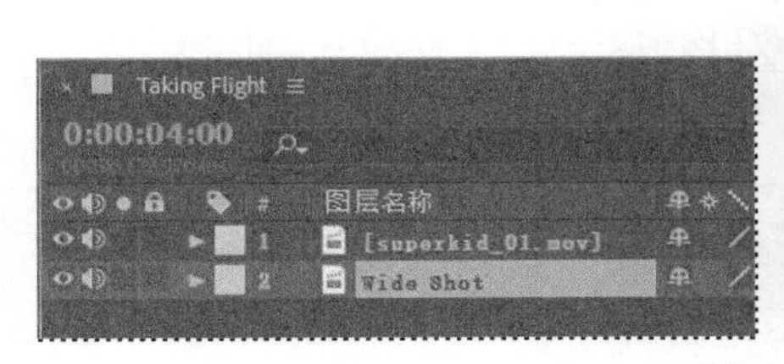

图10.4

4. 在选中 Wide Shot 图层的情况下，选择“效果”>“色彩校正”>“色阶（单独控件）”命令，显示的结果如图 10.5 所示。

“色阶（单独控件）”特效乍看起来可能有点让人生畏，但它可以使你很好地控制拍摄的画面。它将输入色彩的范围或 alpha 通道色阶重新映射到新的输出色阶范围，其功能与 Adobe Photoshop 中的“色阶”调整功能十分相似。

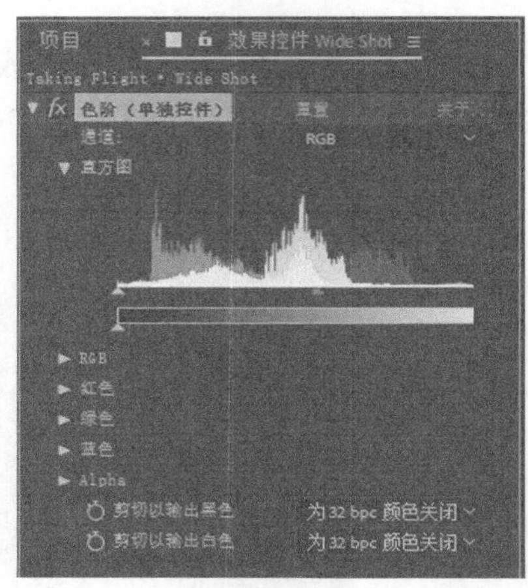

图10.5

“通道”下拉列表列出要修改的通道，直方图显示图像中各个亮度值对应的像素数。当选择的是 RGB 通道时，你可以调整图像的整体亮度与对比度。

要移除一个色偏，你必须首先知道图像的哪一个区域应该是灰色的（或白或黑）。在这个图像中，车道是灰色的，衬衫是白色的，鞋子和眼镜是黑色的。

5. 打开“信息”面板，将鼠标移动到背景中车库的白框上。当移动鼠标时，“信息”面板中的 RGB 值发生变化，如图 10.6 所示。

> **注意：**你可能需要调整“信息”面板的大小，才能看到 RGB 值。

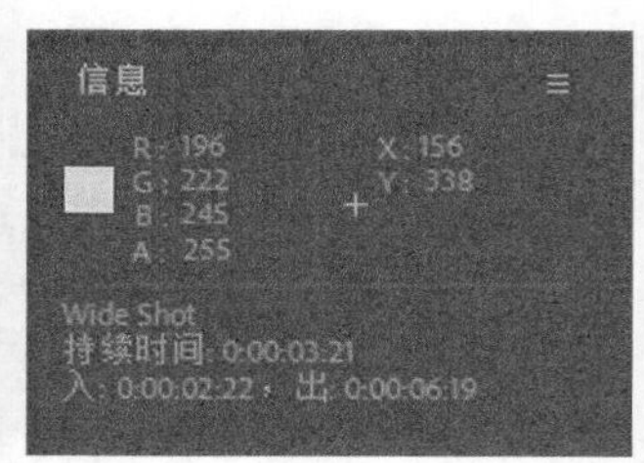

图10.6

在车库的某一个区域，RGB 值是 R=186，G=218，B=239。为了确定这 3 个值应该是多少，可以将 255（最大的 RGB 值）除以抽样中的最高值。这样，255 除以 239（蓝色的值），等于 1.08。为了均衡色彩，使蓝色不再突出，需要将最初的红色和绿色值（分别为 186 和 218）乘以 1.08。由此产生的红色新值（大约）是 200，绿色新值是 233。

> **提示：**要得到更为精确的值，在图像中颜色为灰色或者白色的多个区域进行取样，对这些值进行平均处理，然后使用这些值来确定调整的大小。

6. 在“效果控件”面板中，展开“红色”和“绿色”属性。

7. 在“红色输入白色”数值框中输入 200；在“绿色输入白色”数值框中输入 233，如图 10.7 所示。

蓝色色偏不见了，图片看起来是暖色的。

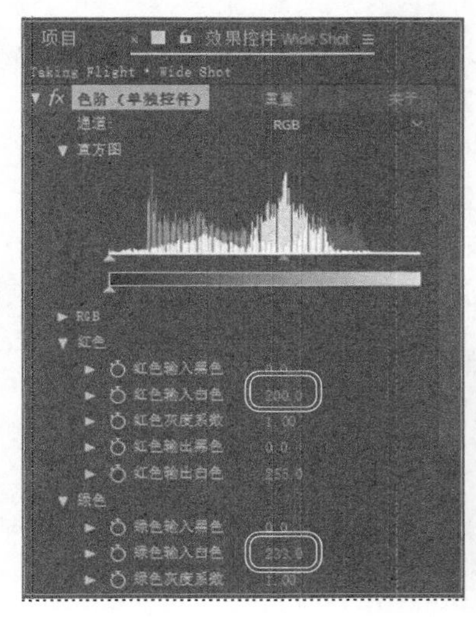

图10.7

增加每个通道的输入值，降低输出值。例如，调低“红色输入白色”数值将增加画面高光中的红色，增加“红色输出白色”值将增加画面阴影或暗调区域中的红色。

上述计算可以快速得到相应的正确设置。用户可以尝试不同的设置，找出最适合要求的设置值。

8. 隐藏“效果控件”面板中的“色阶（单独控件）”属性。

10.3 使用 Color Finesse 3 调整色彩平衡

我们已经使用“色阶”特效调整了第二个视频剪辑中的色彩平衡。现在将使用 Synthetic Aperture Color Finesse 3 对第一个视频剪辑执行相同的操作。Synthetic Aperture Color Finesse 3 是与 After Effects 一起安装的第三方插件，它提供了许多方法来校正和增强图片效果，并提供了各种工具来测量结果。该视频现在看起来相当不错，但是进行某些微调之后，最终的效果会更好。

注意：Synthetic Aperture Color Finesse 3 是一个强大的色彩校正插件。一旦熟悉了之后，你可以用它进行大量的色彩校正工作。

1. 按 Home 键，或者移动当前时间指示器到时间标尺的开始位置。

2. 选择“时间轴”面板中的 superkid_01.mov 图层，按 Enter 或 Return 键，将其重命名为

Close Shot，然后再按 Enter 或 Return 键接受这个新名字，如图 10.8 所示。

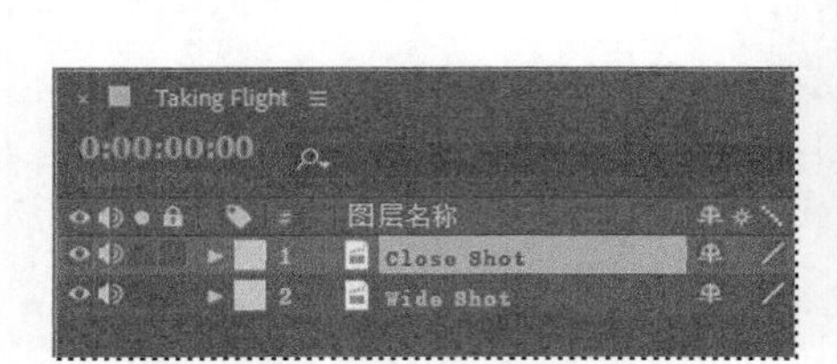

图10.8

3. 在选中 Close Shot 图层的情况下，选择“效果” > Synthetic Aperture > SA Color Finesse 3。如果提示注册，请注册。

有经验的用户可能会发现，简化版的界面能够提供调整图片色彩的最高效的方法，但是完整版的界面有助于真正掌握该特效。我们将使用完整版的界面。

4. 在“效果控件”面板的 SA Color Finesse 3 区域中，单击 Full Interface，如图 10.9 所示。

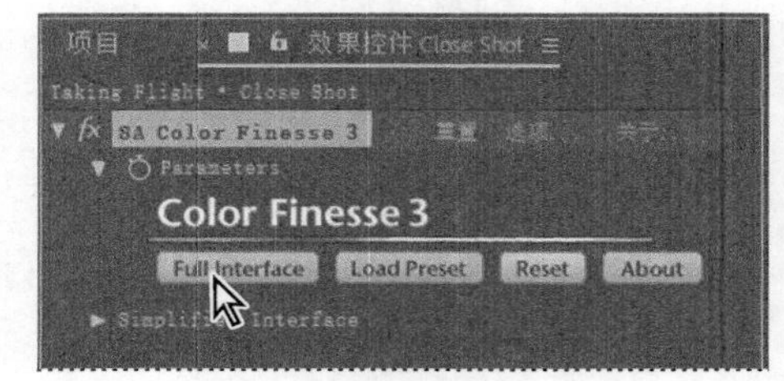

图10.9

SA Color Finesse 3 将在其自己的窗口中打开。窗口的左上区域提供了以不同方式测量结果的不同范围。我们将使用窗口底部区域的控件进行调整。

5. 在窗口的左上区域，单击 RGB WEFM，选择 RGB Waveform（波形）范围，如图 10.10 所示。

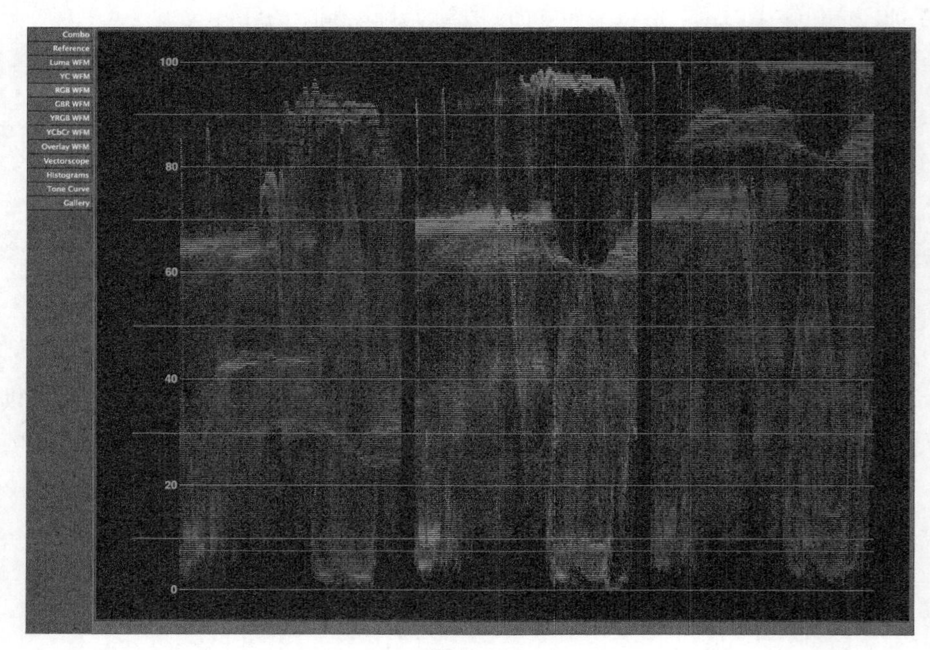

图10.10

提示：在其他应用程序中，RGB Waveform 范围可能称为 RGB Parade 范围。

RGB Waveform（波形）范围显示了每一个 RGB 通道的亮度范围（以 0 ～ 100% 来衡量）。一般来说，亮度不应该超过 100%，但是在该视频剪辑中，蓝色通道的亮度值却超过了 100%，这意味着牺牲了部分细节。调整亮度值可以提升图像的整体效果。

6. 在窗口的最左侧，单击 RGB 选项卡，激活控件（要单击选项卡；如果你只是选中了复选框，则不会显示控件）。

7. 单击 Master，激活整个图像的色彩控件。

在图 10.10 中，绿色通道看起来具有最均匀的亮度，我们将使用它作为调整其他两个通道的基线。

提示：在调整选项卡上的值时，在靠近选项卡的地方将出现一个复选标记，用来指示你已经调整了控件。

8. 将 Master Gamma 滑块移动到 1.08——该值与使用色阶效果调整第二个视频剪辑中的色彩平衡时使用的值相同，如图 10.11 所示。

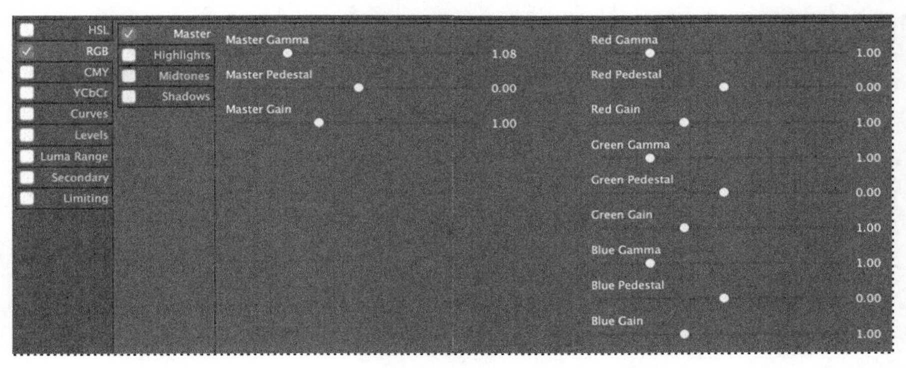

图10.11

Master Gamma 滑块用来在不影响黑色和白色值的情况下，调整整体图像中的中间色调。将该值增大到 1.08，轻微加亮图像。

注意：我们为该视频剪辑提供了所用的值，但是你也可以体验用滑块来调整色彩平衡。对控件熟悉之后，你就能凭直觉知道应该如何修改。

9. 单击 Highlights 选项卡，将其激活。

Highlights 选项卡中的滑块调整图像的明亮区域。

在所有的选项卡上，Gamma 滑块影响通道的中间色调。Pedestal（基座）校正在通道的像素值上添加了一个固定的偏移量；可以使用它来提高图像的整体亮度，但是这样也会使黑色更亮。Gain

通过倍率来调整图像的“亮度”,这样较亮像素受到的影响要比较暗像素的大,从而有效地提升白色点。

10. 将 Red Pedestal 增加到 0.04，然后将 Blue Gamma 的值降低到 .84，将 Blue Pedestal 值降低到 -.08，如图 10.12 所示。

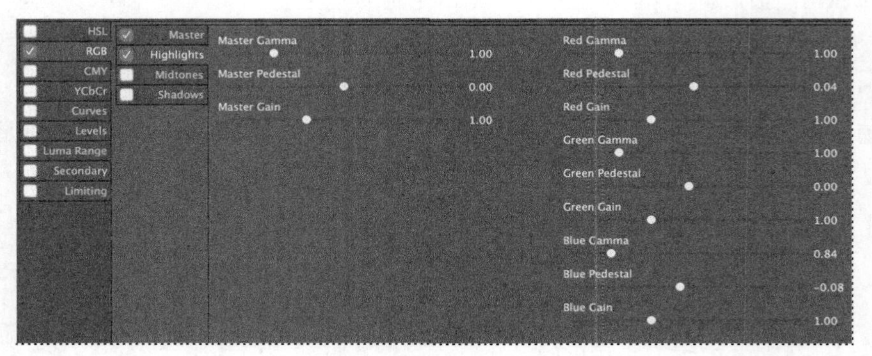

图10.12

增加 Red Pedestal 的值可以增加红色通道的峰值亮度，降低 Blue Pedestal 的值可以降低蓝色通道的峰值亮度。现在每一个通道的亮度峰值接近 100。

11. 单击 Midtones 选项卡将其激活。将 Red Gamma 增加到 1.23，将 Blue Gamma 增加到 1.12，如图 10.13 所示。

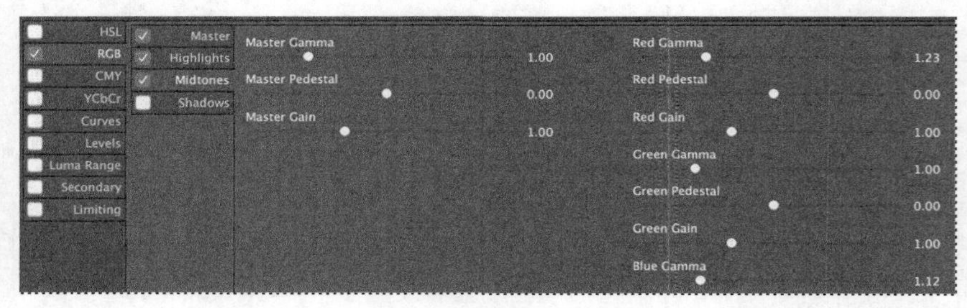

图10.13

Midtones 选项卡中的滑块只影响图像的中间色调。每一个通道中色彩的大灰色范围现在更相近。

12. 单击 Shadows 选项卡将其激活。然后将 Red Pedestal 值增加到 0.02，将 Red Gain 值增加到 1.07，将 Blue Gamma 值降低到 0.91，如图 10.14 所示。

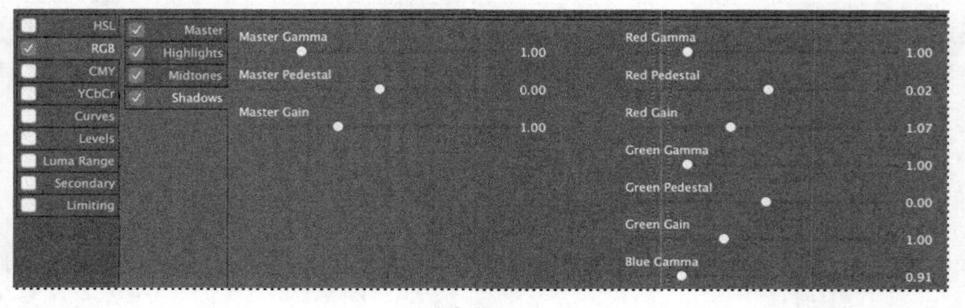

图10.14

Shadows 选项卡中的滑块将影响图像的较暗区域，这些区域位于 RGB 波形的底部。

13. 单击右下角的“确定”按钮，接受所有更改，然后关闭 SA Color Finesse 3 窗口。显示的结果前后对比如图 10.15 所示。

之前

之后

图10.15

14. 单击“文件” > “保存”命令保存你的工作。

注意：要学习更多的 SA Color Finesse 3 知识，可在插件的界面下选择 Help > View Color Finesse User's Guide 或 Help > View Color Finesse Online Knowledge Base。

10.4 替换背景

这些画面是在晴朗无云的天气下拍摄的。为了使画面显得更生动，我们将键出（key out）天空，然后替换为暴风云。我们将先使用刚性蒙版跟踪器对天空应用蒙版，键出天空的颜色，然后使用另外一个图片来替换。

10.4.1 使用蒙版跟踪器

蒙版跟踪器对蒙版进行变换，以便能够跟随影片中对象的运动。这与第 9 课中使用的面部跟踪器很相似。例如，我们可以使用它对移动的对象应用蒙版，进而对其应用特殊的效果。在本例中，我们将使用蒙版跟踪器来跟踪天空在手持摄像机中的移动。在该视频剪辑中，有大量的蓝色位于阴影、角落和其他区域，因此如果不先进行隔离，则很难键出天空。

1. 移动到 2:22 位置，这个位置是在变换开始之前第一个视频剪辑的最后一帧。
2. 选择“时间轴”面板中的 Close Shot 图层，然后从“工具”面板中选择钢笔工具（）。
3. 在“合成”面板中，沿着建筑物的屋顶轮廓线绘制蒙版。完成蒙版在“合成”面板中图像之上的绘制。即使蒙版遮盖住小男孩的头也没关系，因为小男孩的头不包含蓝色，因此不会被键出，如图 10.16 所示。
4. 在“时间轴”面板中选中 Close Shot 图层的情况下，按 M 键显示“蒙版”属性。
5. 从“蒙版模式”下拉列表中选择“无”，如图 10.17 所示。

图10.16

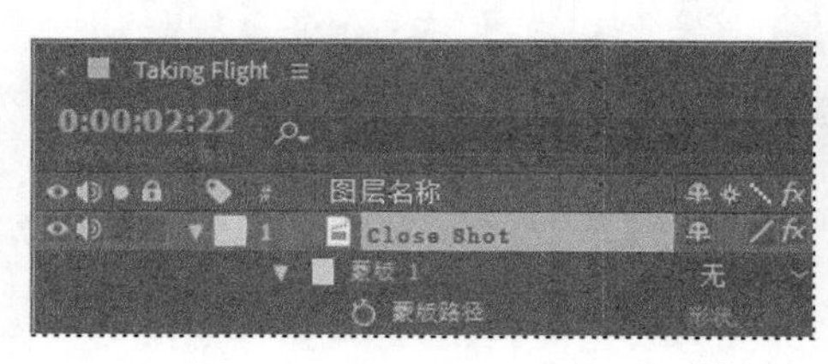

图10.17

蒙版模式（蒙版的混合模式）控制着图层内的蒙版如何与其他蒙版交互。默认情况下，所有蒙版都被设置为相加，这会将在同一个图层上重叠的任何蒙版的透明度值相加。当选择了“相加”选项后，蒙版外面的区域将消失不见。从“蒙版模式”下拉列表中选择“无”选项可以在“合成”面板中显示整个视频剪辑，而不仅仅是应用了蒙版的区域，因此这样更容易修改。

6. 右键单击或按住 Control 键单击“蒙版 1”，然后选择“跟踪蒙版”选项，如图 10.18 所示。

After Effects 打开“跟踪器”面板，如图 10.19 所示。蒙版跟踪器不会改变蒙版的形状来跟踪形状；蒙版的形状保持不变，但是蒙版跟踪器可以基于视频剪辑中的运动更改其位置、旋转或缩放。我们将使用它来跟踪建筑物的边缘，而且无需手动调整和跟踪蒙版。因为视频在拍摄时没有使用三脚架，因此我们将跟踪蒙版的位置、缩放和旋转。

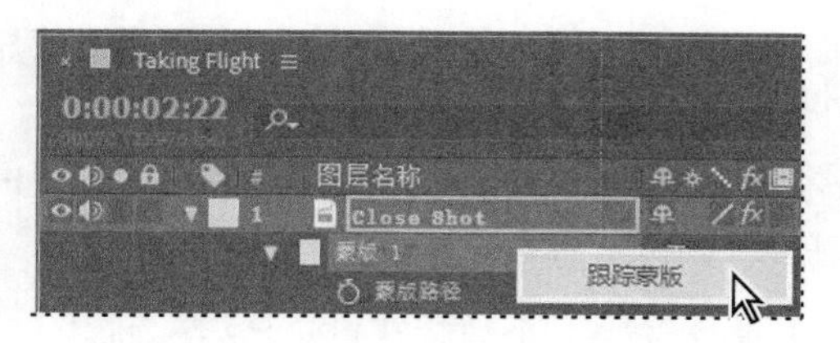

图10.18

图10.19

> Ae **注意：**第 14 课将详细讲解跟踪对象相关的知识。有关处理跟踪点的帮助信息，请查看“移动和调整跟踪点”。

7. 在“跟踪器”面板中，从“方法”下拉列表中选择“位置、缩放及旋转”选项。单击“后向跟踪选中蒙版”按钮（◀），开始从 2:22 处后向跟踪。

8. 在跟踪完成之后，手动预览视频剪辑来查看蒙版。如果蒙版的位置不合适，在各自的帧上调整蒙版。你可以移动整个蒙版或者重新定位单独的跟踪点，但是不要删除任何点，因为这样会改变后续所有帧的蒙版。

> **注意：**如果需要在很多帧（而非少量帧）上调整蒙版，则可以将蒙版删除，然后重新绘制。

10.4.2 使用 Keylight(1.2) 键出天空

现在我们已经对天空应用了蒙版，接下来键出蒙版区域中的蓝色。首先，复制图层，然后应用蒙版模式来隔离蒙版。

1. 移动到 2:02 位置，然后选择 Close Shot 图层，选择“编辑”>“复制”。

After Effects 在 Close Shot 图层上面添加一个完全一样的图层，名字为 Close Shot 2。

2. 选择 Close Shot 图层，然后从它的“蒙版模式”下拉列表中选择“相减”。
3. 选择 Close Shot 2 图层，按 M 键显示其“蒙版”属性，然后从“蒙版模式”下拉列表中选择“相加”，如图 10.20 所示。

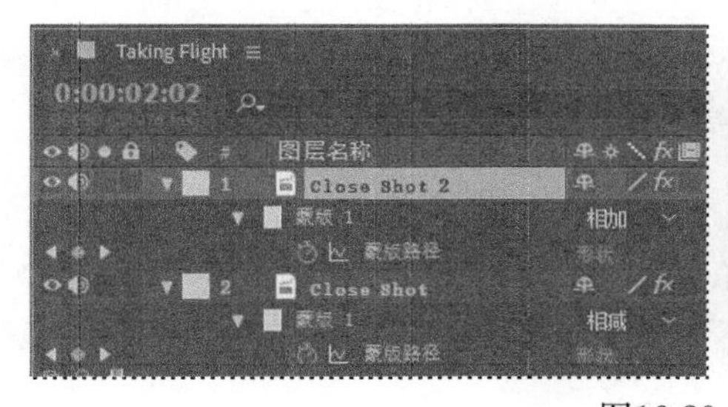

图10.20

当应用“相减”蒙版模式时，蒙版的影响是从它上方的蒙版中移除。“相加”蒙版模式是将蒙版添加到它上方的所有蒙版上面。在本例中，要确保 Close Shot 2 图层中只选择了天空。如果在没有选中任何图层的情况下放大“合成”窗口，可以看到在两个图层相交的位置有一条模糊的线。

4. 选择 Close Shot 图层，然后按两次 M 键，显示该图层的所有蒙版属性。将“蒙版扩展”值降低为 –1.0。

“蒙版扩展”的设置决定了 alpha 通道上蒙版的影响距离蒙版路径有多少个像素。我们已经缩小了 Close Shot 图层上的蒙版，这样两个蒙版就不会重叠了。

5. 隐藏 Close Shot 图层的属性。
6. 选择 Close Shot 2 图层，然后选择“效果”> Keying > Keylight(1.2)。

Keylight 1.2 特效选项出现在“效果控件”面板中。

7. 选择靠近 Screen Colour 的滴管，然后在小男孩头部附近的天空区域进行取样，如图 10.21 所示。

图10.21

天空的大部分被键出，但是如果你的蒙版与建筑物的阴影区域有重叠，这些区域很可能受到影响。我们将使用 Screen Balance 来修复。

8. 将 Screen Balance 修改为 0。

建筑物比以前亮了。

Screen Balance 决定了如何来测量饱和度：平衡值为 1 时，根据色彩中其他两个组件的最小值来测量；平衡值为 0 时，根据两个组件中较大的值来测量；平衡值为 0.5 时，根据两个组件的平均值来测量。通常来说，蓝色屏幕在平衡值大约为 0.95 时工作得最好，绿色屏幕在平衡值为 0.5 时工作得最好，但是它依赖于图像中的色彩。对于大多数视频剪辑来说，可以尝试将平衡值设置为接近 0，然后再将其设置为接近 1，观察哪个数值最合适。

9. 在“合成”面板中单击“透明网格开关”按钮（▦），清晰地查看键出区域。

10. 展开“效果控件”面板中的 Screen Matte 分类，然后将 Clip White 值修改为 67，如图 10.22 所示。

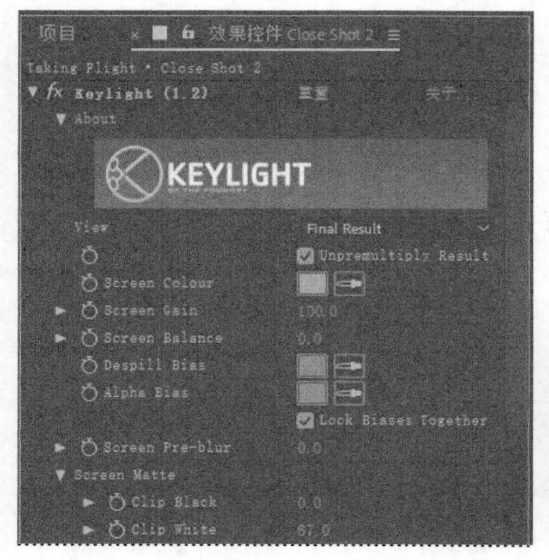

图10.22

屏幕蒙版（screen matte）是在键出图像的其他部分之后剩余的蒙版。有时蒙版的部分区域也会被偶然键出。Clip White 值将灰色（透明）像素转换为白色（不透明）。

这个过程和调整图层的色阶很相似。大于 Clip White 值的所有东西都被当作是纯白色。同样，低于这个值的所有东西是纯黑色。

11. 确保在“效果控件”面板中 Keylight(1.2) 区域顶部的 View 下拉列表中选择了 Final Result。

12. 隐藏 Close Shot 2 图层的属性。

10.4.3 添加新背景

原来的天空被键出后，可以向场景中添加云了。

1. 单击“项目”选项卡显示“项目”面板，然后将 storm_clouds.jpg 文件拖放到“时间轴”面板中，把它放置到 Close Shot 图层下方。

2. 拖动 storm_clouds 图层的尾部，使之与 Close Shot 图层的尾部对齐，如图 10.23 所示。

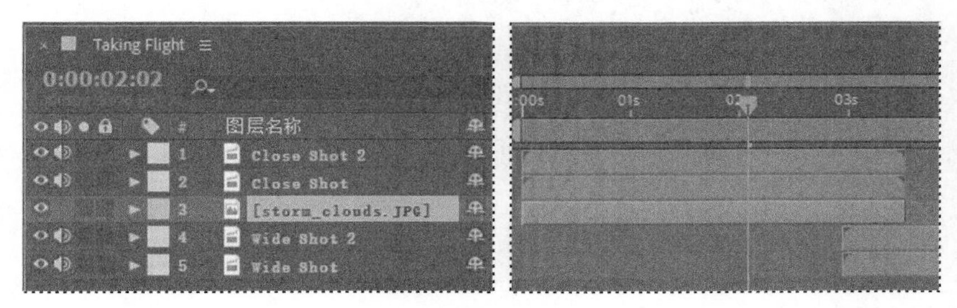

图10.23

现在添加了云，但是还不生动。接下来放大云，并调整它们的位置。

3. 按 S 键显示图层的“缩放”属性，将其值修改为 222%。

4. 按 Shift + P 键显示图层的“位置”属性，将其值修改为（580.5，255.7），如图 10.24 所示。

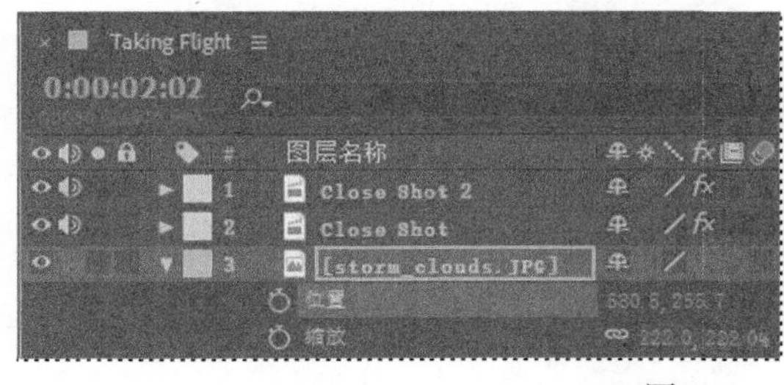

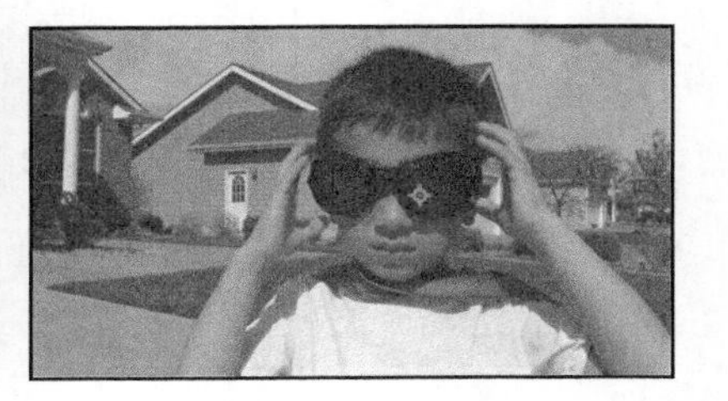

图10.24

10.5 使用“自动色阶”进行色彩校正

虽然暴风云显得很生动，但图像对比度和色偏与建筑物并不匹配。我们将使用“自动色阶”

特效校正它。

“自动色阶”通过将各个色彩通道中最亮和最暗的像素定义为白色和黑色，来自动设置高光和阴影，然后它重新按比例调整图像中的中间像素值。因为“自动色阶”单独调整各个色彩通道，所以它可能会移除或引入色偏。本例中应用了默认设置，“自动色阶”移除了橘色色偏，对画面进行了平衡处理。

1. 选择“时间轴”面板中的 storm_clouds 图层，然后选择“效果”>“色彩校正”>“自动色阶”命令。

2. 为了使云朵亮一些，可将“修剪白色”值修改为 1.00%，如图 10.25 所示。

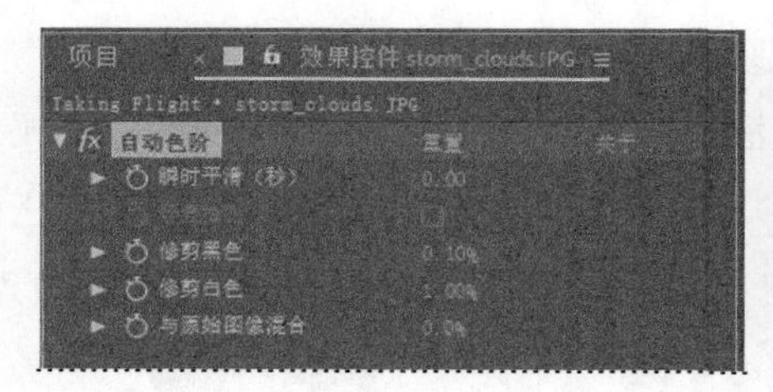

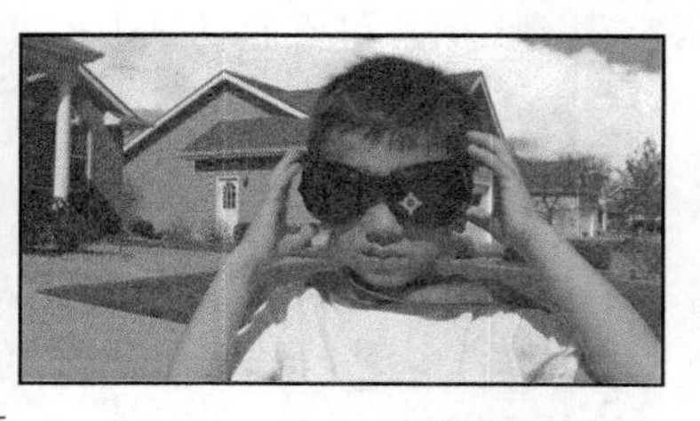

图10.25

“修剪黑色”和“修剪白色”值决定了图像中的阴影和高光（各自）有多少被裁剪到新的极端阴影和高光色彩中。裁剪值设置得太大，将降低阴影或高光的细节，通常建议将其设置为 1%。

3. 选择“文件”>“保存”命令，保存作品。

10.6 对云进行运动跟踪

现在云已经就位，而且看起来也不错。但是如果我们浏览这个视频剪辑，将注意到在前景跟随摄像机的运动而移动时，云是保持静止的。云应该也跟着前景运动。我们将使用运动跟踪来解决这个问题。

After Effects 通过将一个帧中某一选定区域的像素与每一个后续帧中的像素进行匹配，来跟踪运动。跟踪点指定了要跟踪的区域。

1. 按 Home 键或将当前时间指示器移动到时间标尺的开始位置。

2. 选择“时间轴”面板中的 Close Shot 图层，右键单击或按住 Control 键单击图层，然后选择“跟踪运动”选项。

After Effects 在“图层”面板中显示 Close Shot 图层，然后使“跟踪器”面板成为活动的。

3. 在“跟踪器”面板中，选择“位置”“旋转”和“缩放”选项。

After Effects 在“图层”面板中显示两个跟踪点。每一个跟踪点的外框表示搜索区域（After Effects 扫描的区域）；内框是特征区域（After Effects 要搜索的内容）；中间的 X 是附加点。

4. 在第一个跟踪点内框（特征区域）中单击一个空白区域，将整个跟踪点拖动到左侧房子的角上。我们想跟踪具有强对比度的一个区域。

5. 在第二个跟踪点的特征区域中单击一个空白区域，然后将整个跟踪点拖动到对面的屋顶位置，如图 10.26 所示。

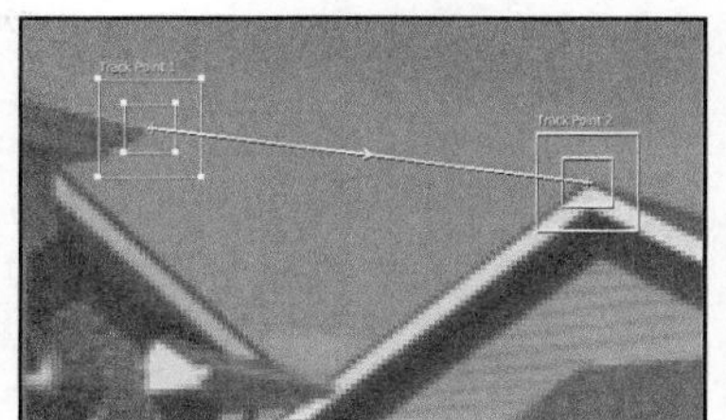

图10.26

6. 在“跟踪器”面板中，单击“编辑目标”，如图 10.27 所示。然后在“运动目标”对话框中，从“图层”下拉列表中选择 3.storm_clouds.jpg，单击“确定”按钮，如图 10.28 所示。

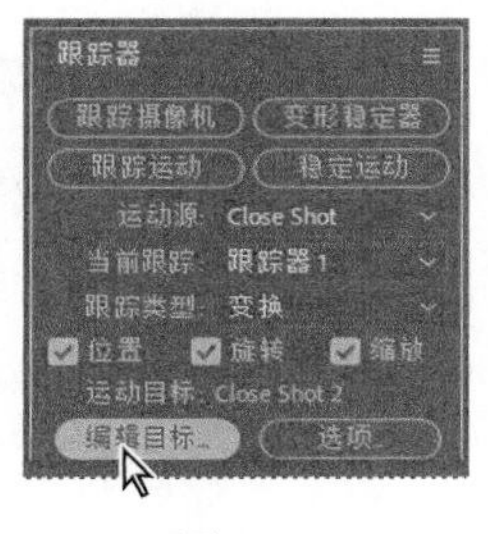

图10.27

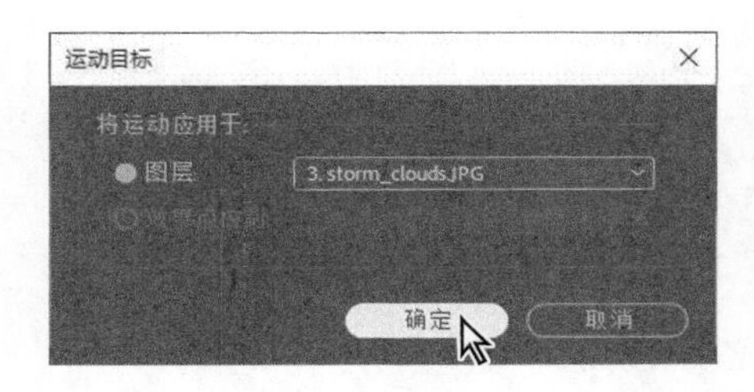

图10.28

After Effects 将跟踪数据应用到目标图层上。在本例中，它将跟踪 Close Shot 图层的运动，然后将跟踪数据应用到 storm_clouds.jpg 图层，以便两者同步移动。

7. 单击“跟踪器”面板中的“向前分析”按钮（▶）。

After Effects 逐帧分析跟踪区域的位置，以跟踪视频剪辑中摄像机的移动。

8. 在分析结束之后，单击“跟踪器”面板中的“应用”按钮。单击“确定”按钮，将数据应用到 x 和 y 方向。

9. 切换回“合成”面板，然后拖动时间轴进行预览。云现在与前景元素一起运动。隐藏 Close Shot 图层的属性，使时间轴面板看起来更简洁。

因为在“跟踪器”面板中选择了“缩放”选项，After Effects 会根据需要调整图层的大小，使其与 Close Shot 图层同步。云不再位于同一个位置。接下来调整图层的锚点。

10. 选中“时间轴”面板中的 storm_clouds.jpg 图层，然后按 A 键显示其“锚点”属性。将“锚点”的位置修改为（313，601）。

11. 按 A 键隐藏“锚点”属性，然后选择“文件”>“保存”命令保存作品。

10.7 替换第二个视频剪辑中的天空

我们将使用类似的操作来替换第二个视频剪辑中的天空，但是有一些差异。我们将使用“颜色范围”特效来键出天空，而不是使用 Keylight(1.2) 特效。

10.7.1 创建蒙版

与在第一个视频剪辑中一样，先绘制一个蒙版来隔离天空，这将不会键出图像中的所有蓝色。我们将使用蒙版跟踪器来确保蒙版在整个视频剪辑中位于正确的位置。

1. 移动到时间标尺的 2:23 位置，也就是第二个视频剪辑的第一帧。
2. 在“时间轴”面板中单击 Close Shot、Close Shot 2 和 storm_clouds.jps 图层的视频开关（一个眼睛图标），将它们隐藏，以便清晰地看到整个 Wide Shot 视频剪辑。
3. 选择“时间轴”面板中的 Wide Shot 图层。
4. 选择“工具”面板中的钢笔工具（），然后沿着建筑物的边缘在图层的底部绘制蒙版，删除天空。确保小男孩的蓝裤子在绘制的蒙版外面，以防止与天空一起被键出。
5. 在选中 Wide Shot 图层的情况下，按 Ctrl + D（Windows）或 Command + D（macOS）组合键，复制图层，如图 10.29 所示。

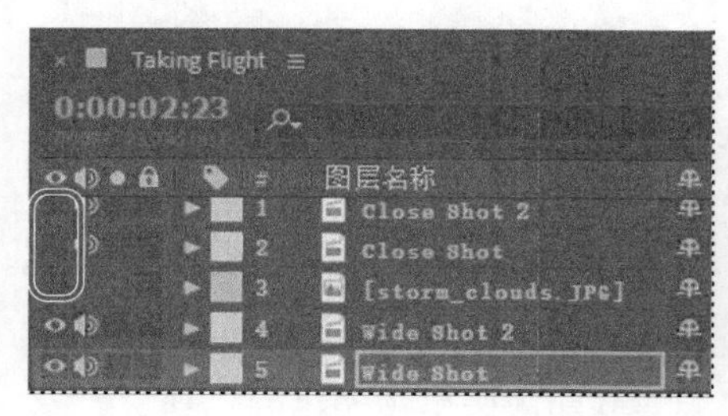

图10.29

一个新的 Wide Shot 2 图层出现在“时间轴”面板中原始 Wide Shot 图层的上面。

6. 选择原始的 Wide Shot 图层，然后按两次 M 键，显示图层的蒙版属性。将“蒙版扩展”值修改为 1 像素。

蒙版的影响将在其轮廓位置向外扩展 1 像素。

7. 选择 Wide Shot 2 图层，然后按两次 M 键，显示图层的蒙版属性，然后选择“反转”选项，如图 10.30 所示。

在 Wide Shot 2 图层中应用了蒙版的区域将发生反转：Wide Shot 图层中的蒙版区域不会在 Wide Shot 2 图层上出现，反之亦然。为了看得更清楚一些，可以临时隐藏 Wide Shot 图层，然后再将其显示出来。

8. 在 Wide Shot 2 图层中选择“蒙版 1”，右键单击或按住 Control 键单击“蒙版 1”，然后选择“跟踪蒙版”。
9. 在“跟踪器”面板中，从“方法”下拉列表中选择“位置”选项，然后单击“向前跟踪选中蒙版”按钮（▶）。

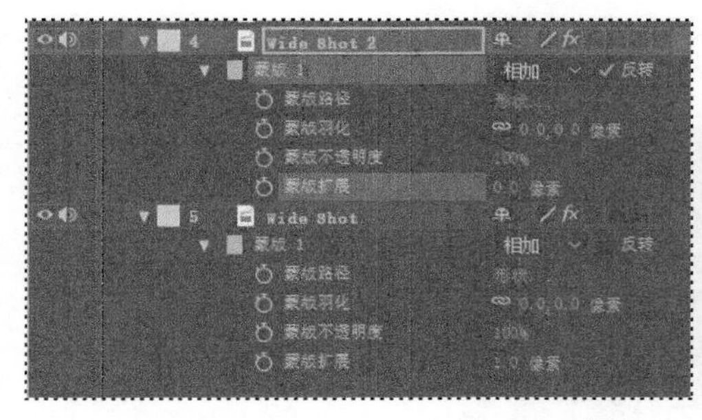

图10.30

当摄像机移动时，蒙版跟踪器将跟踪蒙版的移动。

10. 分析结束后，再次移动到时间标尺的 2:23 位置。在 Wide Shot 图层下面右键单击或按住 Control 键单击“蒙版 1”，选择“跟踪蒙版”选项。

11. 在“跟踪器”面板中，从“方法”下拉列表中选择“位置”，然后单击“向前跟踪选中蒙版”按钮（▶）。

12. 隐藏所有图层的属性。

10.7.2 使用“颜色范围”特效键出一个区域

使用“颜色范围”特效可以键出一个指定的颜色范围。当要键出的区域的色彩的亮度不均匀时，该特效相当有用。Wide Shot 视频剪辑中的天空，其颜色范围从深蓝到浅色分布（靠近地平线的位置为浅色），对它使用“颜色范围”特效再好不过。

1. 移动到时间标尺的 2:23 位置。

2. 选中“时间轴”面板中的 Wide Shot 2 图层，然后选择“效果”>“键出”>“颜色范围”选项。

3. 选择 Key Color 滴管，它位于“效果控件”面板中“预览”窗口的附近。然后在“合成”面板中单击天空中中间色调的蓝色，进行取样，如图 10.31 所示。

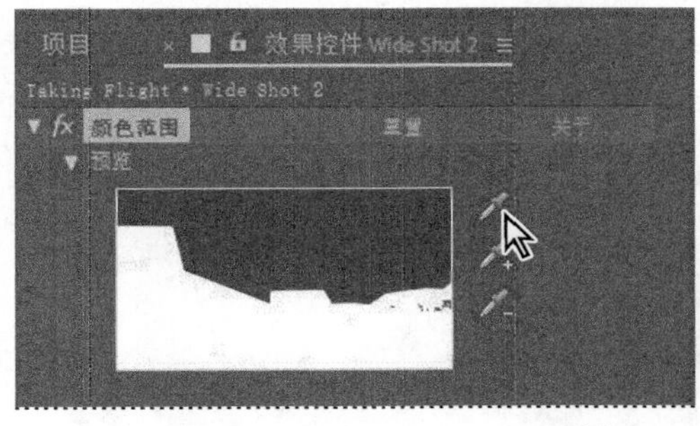

图10.31

键出区域在“效果控件”面板中的“预览”窗口中显示为黑色。

4. 选择“效果控件”面板中的“添加到键控色”滴管，然后单击“合成”面板中天空的另外一个区域，如图 10.32 所示。

图10.32

5. 重复步骤 4，直到整个天空被键出。

提示：要选择天空的蓝色区域，而不是云朵的蓝色区域。你肯定不想键出小男孩身上穿的衬衫。

10.7.3 添加新背景

在最初的天空被键出之后，接下来准备在场景中添加云。

1. 单击“项目”选项卡，显示“项目”面板。然后将 storm_clouds.jpg 素材从“项目”面板拖动到“时间轴”面板，将其放到 Wide Shot 图层的下面。

2. 选择“时间轴”面板中的 storm_clouds 图层，按 S 键显示“缩放”属性，然后将“缩放”的值增加到（150，150%）。

3. 继续选中“时间轴”面板中的 storm_clouds 图层，按 P 键显示“位置”属性，然后将“位置”的值修改为（356，205）或者其他值。

提示：如果是手动输入这些数值，按 Tab 键可以在这些字段之间切换。

4. 在选中 storm_clouds 图层的情况下，选择“效果”>“色彩校正”>“自动色阶”。将“修剪白色”值修改为 1.00%，如图 10.33 所示。

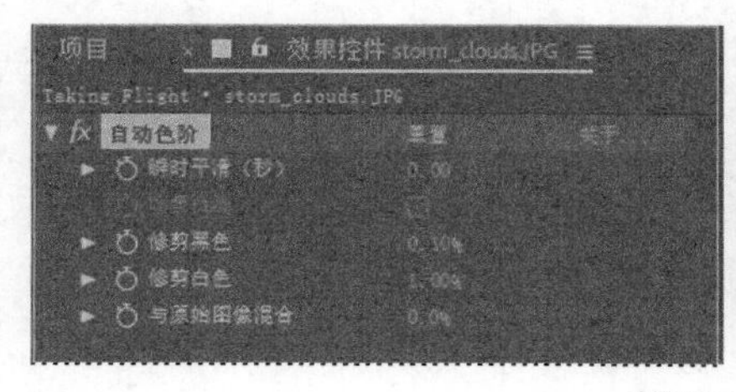

图10.33

10.7.4 跟踪拍摄视频中的运动

由于视频剪辑是在没有使用三脚架的情况下拍摄的，因此摄像机会移动。云也应该随之运动。如同在其他视频剪辑中做的那样，我们对运动进行跟踪，让云与前景元素的运动保持同步。

1. 确保当前时间指示器位于 2:23 位置，然后选择 Wide Shot 图层，右键单击或按住 Control 键单击，选择“跟踪运动”选项。
2. 在“跟踪器”面板中，选择“位置”“旋转”和“缩放”选项。
3. 单击第一个跟踪点的功能区域（里面的框），将它拖动到画面中房顶的右侧顶点，然后再拖动第二个跟踪点的功能区域到对面房子的顶点，如图 10.34 所示。

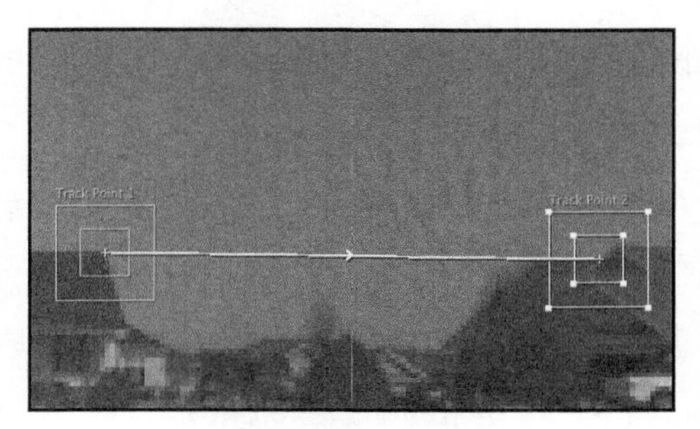

图10.34

4. 在“跟踪器”面板中单击“编辑目标”选项。在“移动目标”对话框中，从“图层”下拉菜单中选择 6.storm_clouds.jpg，然后单击“确定”按钮。确保选择了第二个 storm_clouds.jpg 文件，而不是第一个（layer 3）；我们需要的是与 Wide Shot 图层建立关联的文件。
5. 单击“跟踪器”面板中的“向前分析”按钮。
6. 在分析完毕之后，单击“跟踪器”面板中的“应用”按钮。单击“确定”按钮，将数据应用到 x 和 y 维度。
7. 单击“合成”面板中的“Composition: Taking Flight”选项卡，使其处于活动状态，然后预览视频剪辑，查看云与其他元素的同步运动。

云跟随着摄像机的移动而运动，但是因为图层被缩放了，所以云的位置可能不对。

8. 隐藏所有图层的属性。
9. 确保没有选择任何图层。然后在图层堆栈的底部选择 storm_clouds.jpg 图层，按 A 键显示“锚点”属性。对它进行调整，使其看起来不错。我们使用的是（941，662）。
10. 再次将 Close Shot、Close Shot 和第一个 storm_clouds.jpg 图层显示出来。
11. 选择“文件”>“保存”命令保存工作。

10.8 色彩分级

目前为止，我们所做的色彩变更要么是纠正不准确的白平衡，要么是使两个视频剪辑中的色彩相匹配。我们还可以修改颜色和色调来创建一种意境，或者是增强影片的效果。我们将对整个影片进行最后的调整，为其应用一种暗蓝色，使图片看起来格外柔和梦幻，并添加虚光。

10.8.1 使用 CC Toner 来映射色彩

CC Toner（调色剂）是一种基于源图层亮度的色彩映射特效。你可以映射 2 种（duotone，两色调）、3 种（tritone，三色调）或 5 种（pentone，五色调）色彩。我们将使用它将冷蓝色映射到视频剪辑中的明亮区域，将暗蓝色映射到中间色调，将深蓝色映射到视频区域的暗色区域。

1. 选择“图层” > “新建” > “调整图层”命令。

你可以使用一个调整图层，一次性将特效应用到该图层下方的所有图层上。因为这是一个单独的图层，你可以隐藏或编辑该图层，并自动将其影响应用到其他图层上。

2. 将 Adjustment Layer 1 图层移动到“时间轴”面板的顶部（如果还没有在这里的话）。

3. 选择 Adjustment Layer 1 图层，按 Enter 或 Return 键，将图层重命名为 Steel Blue，然后再次按 Enter 或 Return 键接受这一变更。

4. 选择 Steel Blue 图层，然后选择“效果” > “色彩校正” > CC Toner。

5. 在“效果控件”面板中，从 Tones 下拉列表中选择 Pentone，然后执行如下操作，如图 10.35 所示。

- 单击 Brights 色板，选择一种冷蓝色（我们使用的是 R=120，G=160，B=190）。
- 单击 Midtones 色板，选择一种暗蓝色（我们使用的是 R=70，G=90，B=120）。
- 单击 Darktones 色板，选择一种深蓝色（我们使用的是 R=10，G=30，B=60）。
- 将 Blend With Original 值修改为 75%。

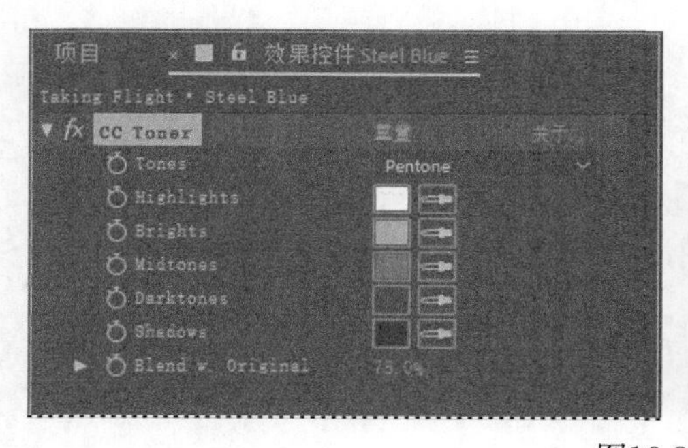

图10.35

10.8.2 添加模糊

我们将对整个项目添加模糊。首先需要预合成图层，然后创建一个部分可见的模糊图层。

1. 选择“时间轴”面板中的所有图层，然后选择“图层”>“预合成”命令。

预合成图层会将图层合并一个新的合成图像，从而可以很容易地将影响一次性全部应用到合成图像中的所有图层上。

2. 在“预合成”对话框中，将合成图像命名为 Final Effect，然后选择“将所有属性移动到新合成”选项。然后单击“确定”按钮，如图 10.36 所示。

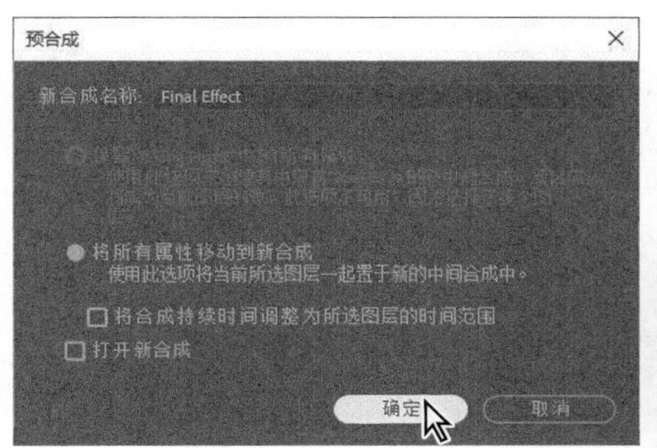

图10.36

After Effects 将使用这个 Final Effect 图层取代 Taking Flight 合成图像中的所有图层。

3. 选择 Final Effect 图层，然后选择“编辑”>“复制”命令，进行复制。

4. 在选中顶部图层的情况下，选择“效果”>“模糊和锐化”>“高斯模糊”选项。

5. 在“效果控件”面板中，将“模糊度”修改为 40，如图 10.37 所示。

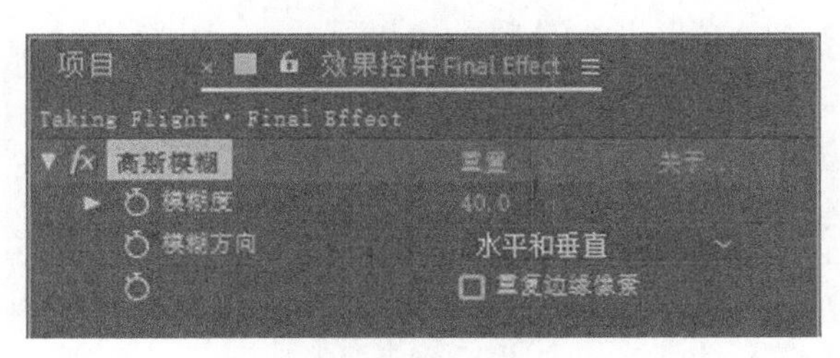

图10.37

图像太模糊了。需要降低包含特效的图层的不透明度。

6. 在选中顶部图层的情况下，按 T 键显示图层的“不透明度”属性，将其值修改为 30%，如图 10.38 所示，最终的结果如图 10.39 所示。

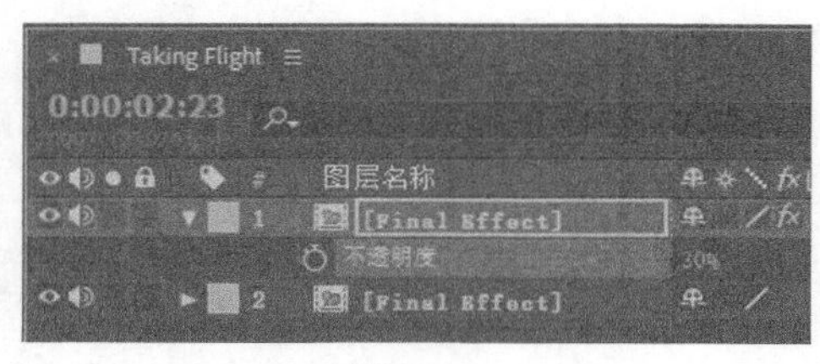

图10.38

图10.39

10.8.3　添加虚光

我们将使用一个新的纯色图层来为影片创建虚光。

1. 选择“图层”>“新建”>“纯色”选项。
2. 在“纯色设置”对话框中，执行如下操作，如图 10.40 所示：
    - 将图层命名为 Vignette；
    - 单击“制作合成大小”按钮；
    - 将颜色修改为黑色（R=0，G=0，B=0）；
    - 单击“确定”按钮。

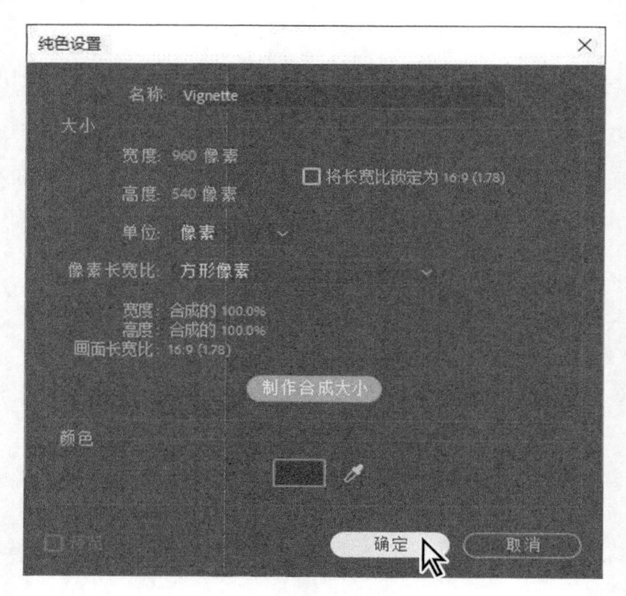

图10.40

3. 选择“工具”面板中的“椭圆”工具（![]），它隐藏在“矩形”工具（![]）后面。然后双击“椭圆”工具添加一个椭圆蒙版，该蒙版会自动调整大小来适应图层。

4. 在“时间轴”面板中，选择 Vignette 图层，然后按两次 M 键来显示蒙版属性。将“蒙版模式”修改为“相减”，然后将“蒙版羽化”值修改为 300 像素。

5. 按 T 键显示“不透明度”属性，将其值修改为 50%，结果如图 10.41 所示。

图10.41

6. 隐藏所有图层的属性。

7. 预览你的影片。

8. 保存文件。

在场景中克隆对象

我们可以复制一个对象，然后使用对象跟踪来确保它与场景中的其他对象保持同步。我们将使用“克隆图章”工具在Close Shot视频剪辑背景中门的另外一侧放置第二个灯。在After Effects中进行克隆与在Photoshop中克隆类似，但是在After Effects中，可以在整个时间轴上克隆，而不是在单个图像上克隆。

1. 按 Home 键，或者移动当前时间指示器到时间标尺的开始位置。
2. 双击“时间轴”面板中底层的 Final Effect 图层，打开 Final Effect 合成图像。

   我们想对没有进行模糊处理的合成图像副本进行修改。
3. 双击“时间轴”面板中的 Close Shot 图层，然后在“图层”面板中打开。

   我们只能在单个图层上绘制，而不是在合成图像中绘制。
4. 选择“工具”面板中的“克隆图章”工具，如图 10.42 所示。

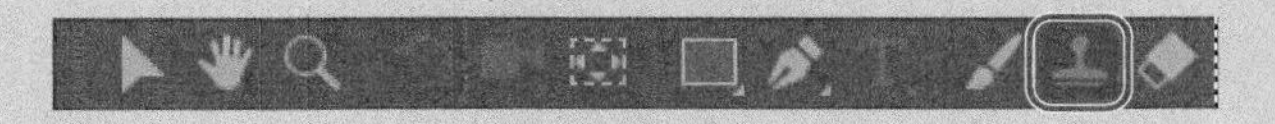

图10.42

“克隆图章”工具会对源图层上的像素进行取样，然后将取样像素应用到目标图层上；目标图层可以是同一个合成图像中的同一个图层，也可以是不同的图层。在选择“克隆图章”工具时，After Effects将“笔刷和绘画”面板添加到面板堆栈中。

5. 如果有必要，增大“笔刷”，然后将“直径”修改为10像素，将“硬度”值修改为60%，如图10.43所示。

6. 增大“绘画”面板。确保“模式”被设置为“正常”，“持续时间”被设置为“固定”。“源”应该被设置为“当前图层”。选择“已对齐”和“锁定源时间”选项，然后确保“源时间”被设置为0帧，如图10.44所示。

“固定”设置从当前时间往后开始应用“克隆图章”特效。因为我们是从时间轴的起始位置开始的，因此所做的改变将会影响到图层中的每一帧。

在“绘画”面板中选中“已对齐”选项时，取样点（Clone Position，克隆位置）的位置将针对后续的描边发生改变，来匹配“克隆图章”工具在目标“图层”面板中的运动，这样可以使用多个描边来绘制整个克隆的对象。“锁定源时间”选项可以让我们克隆单个源帧。

7. 在“图层”面板中，将鼠标移动到灯的顶部位置。按住Alt键单击（Windows）或Option键单击（macOS），指定要克隆的源点。

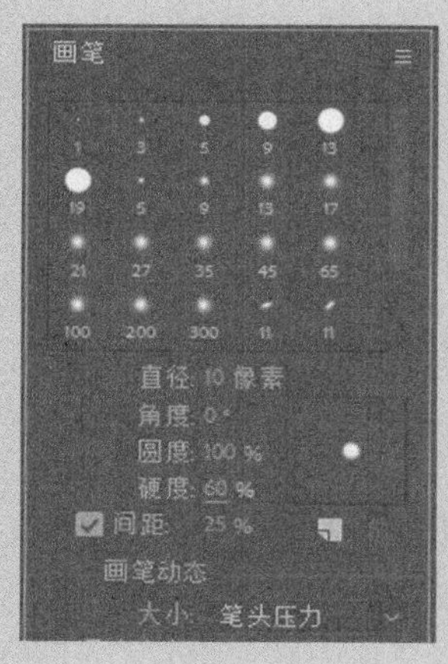

图10.43

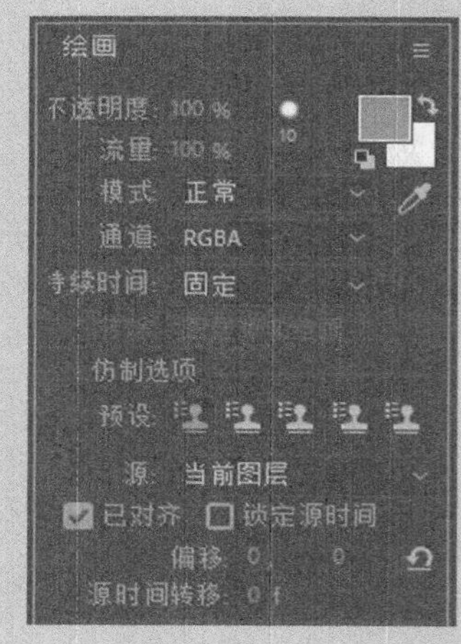

图10.44

8. 单击靠近门左侧的位置，然后单击并拖动来克隆灯，如图10.45所示。在处理过程中需要小心操作，不要克隆到门。如果发生了错误，撤销操作然后再从一个新的源点重新开始。

图10.45

提示: 如果发生了错误，只需按住 Ctrl + Z（Windows）或 Command + Z（macOS）组合键来撤销描边操作，然后再重新开始。

9. 当第二个灯克隆完毕后，预览视频剪辑。在场景中的其他元素移动时，克隆的这个灯保持不动；它没有与建筑物保持同步。我们经常使用跟踪数据来解决这个问题。
10. 在“时间轴”面板中，展开 Close Shot 图层的属性，然后展开“运动跟踪器”>Tracker 1>Track Point 1 属性。继续在 Close Shot 图层中，展开“效果”>“绘画”>Clone 1>“变换 Clone 1”属性。
11. 按住 Alt 或 Option 键单击“Transform Clone 1 位置”属性的秒表，打开该属性的表达式。将它的关联器拖动到“Track Point 1：附加点”属性，然后释放（你可能需要增大“时间轴”面板才能同时看到这两个属性），如图 10.46 所示。

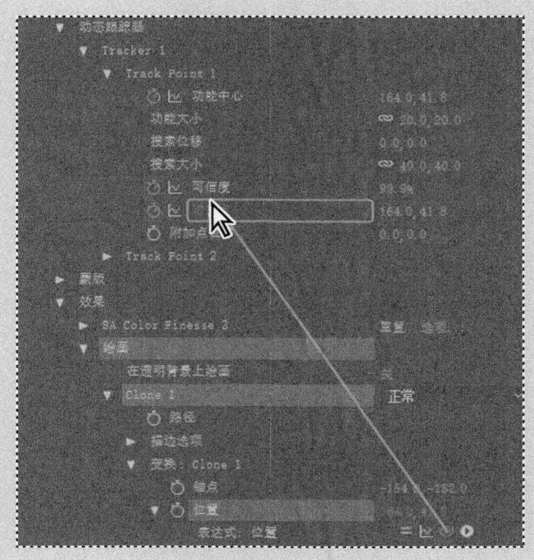

图10.46

我们创建的表达式将克隆的灯的位置与本课前面为视频剪辑创建的跟踪数据关联了起来。灯将在画面中移动，但是位置不对，我们需要移动它的锚点，来调整它与门的关系。

12. 调整“变换：Clone 1”的“锚点”属性，直到将灯放到靠近门的位置。在调整锚点的值时，可能需要在缩小之后才能看到灯的位置。你得到的值可能与这里的值不一样。
13. 预览视频剪辑，查看灯的位置是否正确。当感到满意之后，关闭“图层”面板中的 Close Shot 选项卡以及“时间轴”面板中的 Final Effect 合成对象选项卡。然后预览整个合成图像，查看你的工作。
14. 选择“文件”>“保存”命令保存工作。

10.9 复习题

1. 色彩校正和色彩分级的区别是什么？
2. SA Color Finesse 3 特效有什么功能？
3. 什么时候使用蒙版跟踪器？

10.10 复习题答案

1. 色彩校正用来校正白平衡和曝光中的错误，或者确保不同画面之间的色彩具有一致性。色彩分级则更为主观，其目的是优化源素材，将注意力集中到画面中的关键元素上，或者为导演喜欢的视觉外观创建一个调色板。
2. SA Color Finesse 3 是随同 After Effects CC 一起安装的第三方插件。它可以执行多种色彩编辑特效，例如，隔离并增强特定范围的色彩。SA Color Finesse 3 只影响原来的图层，而忽略已应用到图层的任何特效。
3. 当你需要跟踪一个蒙版，而且该蒙特版的形状不发生改变，只有位置、大小和旋转在视频剪辑中发生变化时，就使用蒙版跟踪器。例如，你可以使用它来跟踪一个动态视频中的人脸、车轮或者天空的一个区域。

第11课 创建运动图形模板

课程概述

本课介绍的内容包括：

- 在“基本图形”面板中添加控件；
- 通过添加控件来修改图层的位置或大小；
- 通过添加控件来修改图层的颜色；
- 创建一个滑块控件来修改背景图像；
- 导出“运动图形”模板（.mogrt）文件；
- 在 Adobe Premiere Pro 中处理运动图形模板。

本课大约要用 1 小时完成。启动 After Effects 之前，请先将本书的课程资源下载到本地硬盘中，并进行解压。在学习本课并按步骤执行相关操作时，相应的课程文件将被覆盖。建议先做好原始课程文件的备份工作，以免后期用到这些原始文件时还需重新下载。

PROJECT: MOTION GRAPHICS TEMPLATE FOR TV SHOW TITLE SEQUENCE

借助于运动图形模板，你可以在保留项目样式和设置的同时，允许同事在 Adobe Premiere Pro 中控制特定的编辑决策。

11.1 开始

在 After Effects 中使用“基本图形”面板，可以创建“运动图形”模板，使得同事可以在 Adobe Premiere Pro 中对部分合成图像进行编辑。在创建模板时，你可以确定哪些属性是可以编辑的，然后使用 Creative Cloud 库来共享模板，也可以将“运动图形”模板（.mogrt）文件发送给同事，从而实现共享。

我们将为一个季节性的花园节目的标题序列创建运动图形模板，其中主标题文字需要保持不变，而季节子标题和背景图像可以改变。

首先预览最终影片并设置项目。

1. 确认硬盘上的 Lessons\Lesson11 文件夹中存在以下文件。
   - Assets 文件夹内：blue_flowers_spring.psd、crocosmia_summer.psd、pumpkin_fall.psd、red_leaves_fall.psd、snow_winter.psd、sunflower_summer.psd 和 tulips_spring.psd。
   - Sample_Movies 文件夹内：Lesson11.avi 和 Lesson11.mov。
2. 使用 Windows Media Player 打开并播放影片示例文件 Lesson11.avi，或者使用 QuickTime Player 打开并播放影片示例文件 Lesson11.mov，以查看本课将创建的效果。播放完后，关闭 Windows Media Player 或 QuickTime Player。如果硬盘空间有限，也可以将影片示例文件从硬盘中删除。

开始本课前，请恢复 After Effects 应用程序的默认设置。详情请参见前言中的“恢复默认参数”。

3. 启动 After Effects 时请立即按住 Ctrl + Alt + Shift（Windows）或 Command + Option + Shift（macOS）组合键，准备恢复默认的参数设置。系统询问是否删除参数文件时，单击“确定”按钮。关闭“开始”窗口。

After Effects 打开后显示一个空的无标题项目。

4. 选择“文件”>“保存为”>“另存为”命令。
5. 在“另存为”对话框中，导航到 Lessons\Lesson11\Finished_Project 文件夹。将该项目命名为 Lesson11_Finished.aep，然后单击“保存”按钮。

11.2 准备主合成图像

要创建模板，首先需要创建一个 After Effects 合成图像，模板将以这个合成图像为基础。我们将创建一个包含背景图像素材的主（master）合成图像，然后在这个合成图像中添加动画标题和子标题。

11.2.1 创建合成图像

首先，创建合成图像并添加素材。

1. 在“合成”面板中单击“新建合成”按钮。
2. 在“合成设置”对话框中，执行如下操作，然后单击“确定”按钮，如图 11.1 所示。
   - 将合成图像命名为 Title Sequence。
   - 从“预设”下拉列表中选择 HDTV 1080 29.97。
   - 在“持续时间”字段中输入 10:00。
   - 将“背景颜色”设置为白色。

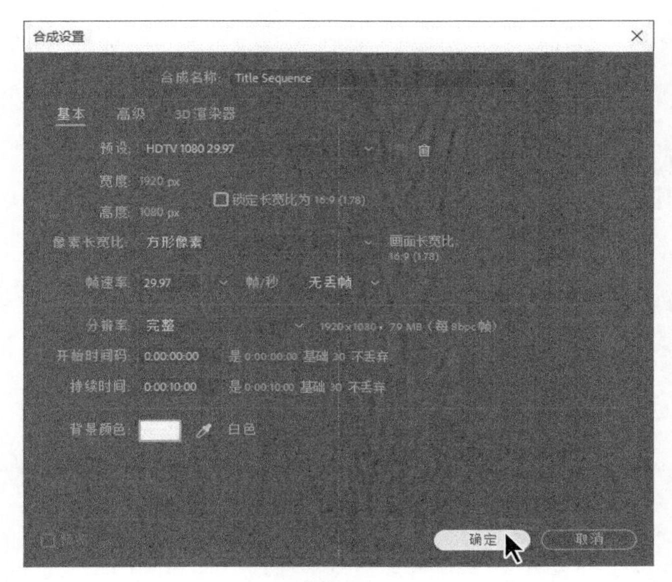

图11.1

3. 双击“项目”面板中的空白区域，然后打开“导入文件”对话框。
4. 导航到硬盘中的 Lessons\Lesson11\Assets 文件夹，然后按住 Shift 键单击，选择 7 个 PSD 文件，然后单击“导入”或“打开”按钮。
5. 将导入的 7 个素材拖放到 Title Sequence 时间轴中，如图 11.2 所示。

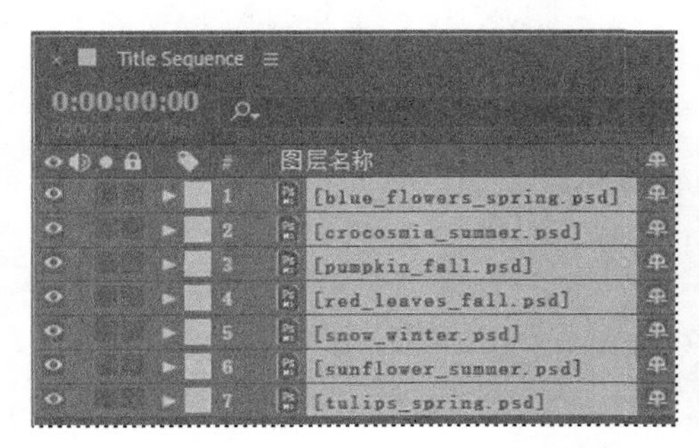

图11.2

11.2.2 添加动画文本

项目中包含的一个系列标题（series title）将出现在屏幕的中心，并移动到屏幕的左上角。此外，项目中还包含了一个集标题（episode title），这个标题将移动到屏幕的中央位置。下面为这两个标题创建图层，并进行动画处理。

1. 在“工具”面板中选择“横排文字”工具（T），然后在“合成”面板中单击，出现一个插入点。

After Effects 在“时间轴”面板中添加一个新的图层，并打开“字符”面板。

2. 在“合成”面板中输入 In the Garden。
3. 选中“合成”面板中的文本，然后在“字符”面板中选择如下设置，如图 11.3 所示。
   - 字体家族：Minion Pro。
   - 字体样式：Bold。
   - 填充颜色：白色。
   - 描边：无。
   - 字体大小：250 像素。
   - 字间距：75%。
4. 选择 Small Caps（小型大写字母）。要看到所有的设置，需要拖动“字符”面板的底部，增大面板。
5. 选择“选取”工具（▶），然后将标题放到“合成”面板的中央，如图 11.4 所示。

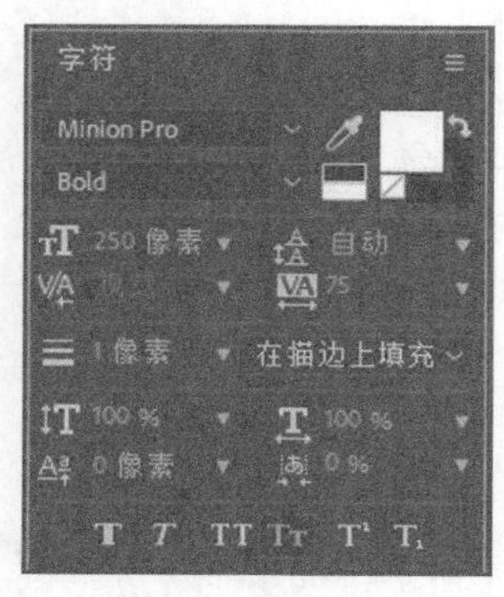

图11.3

图11.4

6. 在“效果和预设”面板中，在搜索框中输入“解码淡入”，然后选择“解码淡入”动画预设，并将其拖放到“合成”面板的 In the Garden 图层上，如图 11.5 所示。
7. 移动到 2:00。选中 In the Garden 图层，按 P 键，然后再按 Shift +S 组合键，同时查看“位置”和“缩放”属性。单击这两个属性旁边的秒表图标，创建初始关键帧。

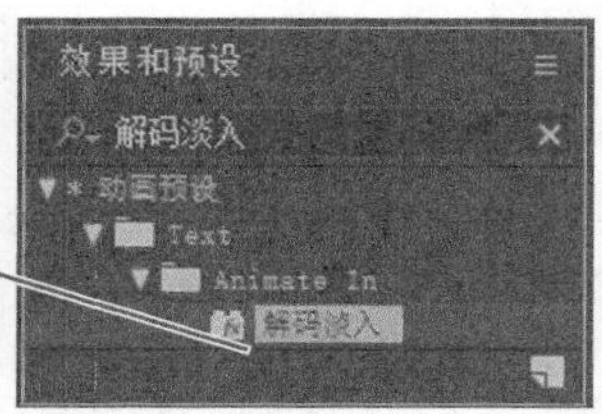

图11.5

8. 移动到 4:00. 将缩放值修改为 55%。使用“选取”工具将标题拖放到“合成”面板的左上角，如图 11.6 所示。After Effects 为“缩放”属性和“位置”属性分别创建关键帧。

图11.6

9. 再次在“工具”面板中选择“横排文字”工具，然后在“合成”面板中输入 Spring。

10. 在“合成”面板中选择文本，然后在“字符”面板中选择如下设置。

- 字体家族：Myriad Pro。
- 字体样式：Semibold。
- 填充颜色：白色。
- 描边：无。
- 字体大小：300 像素。
- 字间距：0%。

11. 选择“全部大写”选项，如图 11.7 所示。

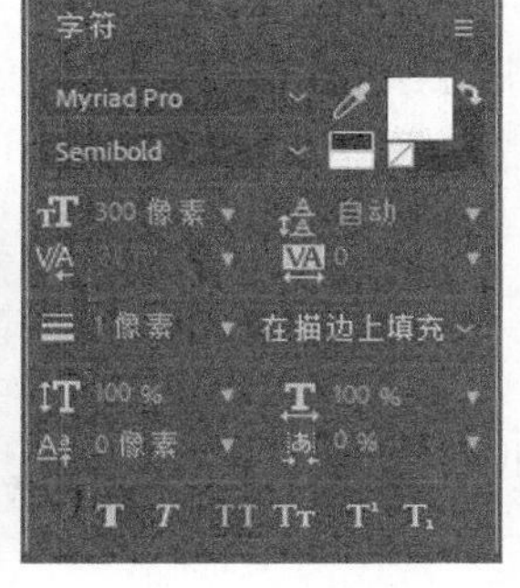

图11.7

12. 在“工具”面板中选择选取工具，将文本放到屏幕的中央位置。然后移动到 6:00. 在选中 Spring 图层的情况下，按 P 键显示其“位置”属性，单击其秒表图标创建一个初始关键帧，如图 11.8 所示。

13. 移动到 2:10，然后向下拖放 Spring 图层，使其完全在屏幕之外，如图 11.9 所示。

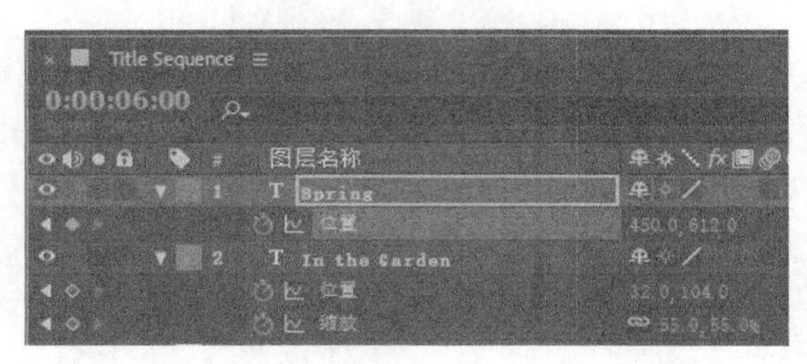

图11.8

图11.9

14. 按 Home 键或移动当前时间指示器到时间标尺的开始位置。然后按空格键预览视频，如图 11.10 所示。预览完成后再次按空格键停止播放。

图11.10

15. 隐藏两个文本图层的属性，然后选择“文件”>“保存”命令，保存目前为止的工作。

11.3 建立模板

我们使用“基本图形”面板来创建自定义控件，并将它们作为“运动图形”模板来共享。将属性拖放到“基本图形”面板中，添加想要进行编辑的控件。在“基本图形”面板中，可以自定义控件的名字，以便其他人可以理解控件的功能。可以单独打开基本图形面板，或者选择基本图形工作区，打开在创建模板时最有可能用到的面板（包括“效果和预设”面板）。

1. 选择“窗口”>“工作区”>“基本图形”选项。

2. 在“基本图形”面板中，从“主合成”下拉列表中选择 Title Sequence。我们的模板将以 Title Sequence 合成图像为基础。

3. 将模板命名为 In the Garden Title Sequence，如图 11.11 所示。

图11.11

Ae **提示：**要查看合成图像中的哪些属性可以添加到模板中，需要在“基本图形”面板中单击“独奏支持的属性”选项。

11.4 创建图像滑块

对这个模板来说，我们希望编辑可以选择背景图像，以便适应不同的季节。有多种方法可以实现该目的，最简单的方法则是使用带有滑块的表达式控件，它可以影响选中图像的不透明度。

表达式将在特定的时间点为一个图层图形分配一个值，而且在分配时通常以该图层属性和其他图层的关系为基础。使用关联器可以创建表达式，也可以复制简单的案例然后根据自己的需求进行修改，从而创建表达式。

提示：在 After Effects 中，表达式的功能相当强大。有关如何高效使用表达式的更多信息，请参阅 After Effects 用户指南。

我们将在一个空图层中应用一个滑块控件，然后使用表达式将滑块的值应用到“时间轴”面板中的图像上。

1. 在“时间轴”面板中单击，使合成图像为活跃状态，然后按 F2 键取消选中所有图层。
2. 选择“图层”>“新建”>“空对象”选项。After Effects 在图层堆栈的顶部添加一个 Null 1 图层。
3. 选择 Null 1 图层，按 Enter 或 Return 键，然后输入 Background 修改图层名称，再次按 Enter 或 Return 键接受这一更改。
4. 选中 Background 图层，然后选择“效果”>“表达式控件”>“滑块控制”选项。
5. 在“时间轴”面板中，展开 Background 图层，然后展开“效果”>“滑块控制”选项。
6. 在“滑块控制”选项下选择滑块，然后选择“动画”>“添加表达式”选项。

After Effects 将在“时间轴”面板中为滑块添加一个表达式。

7. 选择默认的表达式文本，然后输入 `Math.floor (clamp (value, min=1, max =7));`，如图 11.12 所示。

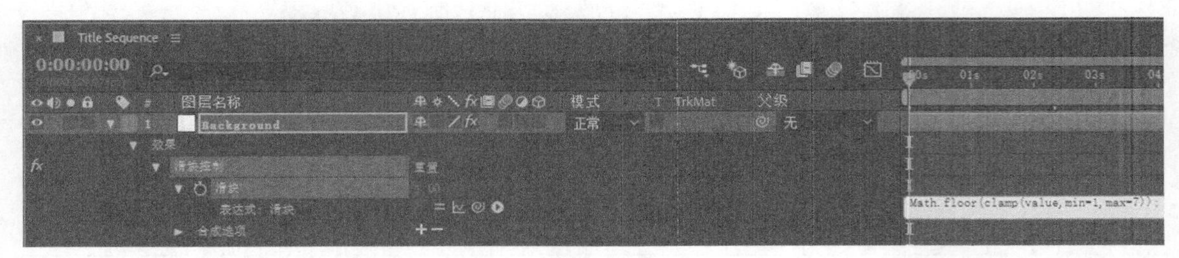

图11.12

该表达式将滑块的值限定为 1 ～ 7 之间的整数。现在已经创建了一个滑块，接下来需要为每一个图像图层创建表达式。

8. 选择 blue_flowers_spring 图层，然后按住 Shift 键选择 tulips_spring 图层，这样一来，就选中了所有的图像图层。

9. 按 T 键显示每一个图像图层的“不透明度”属性。

10. 选择 blue_flowers_spring 图层的不透明度属性，然后选择“动画”>“添加表达式”选项。

11. 选择不透明度图形的默认表达式文本，然后输入 `slider = thisComp.layer ("Background").effect("Slider Control")("Slider"); if (slider == 1) 100 else 0;`。

该表达式将应用于 Background 图像图层上的滑块控件。如果滑块值等于 1，则图像的不透明度为 100%；否则，不透明度为 0%。我们将为每一个图像添加相同的表达式，但是每一个图像所使用的滑块值不同。

> Ae | **注意：** 千万不要复制和粘贴本书电子版中的表达式文本。直接复制文本的话，可能会引入隐藏的字符，从而导致表达式出错。

12. 为每一个图像重复步骤 10 和步骤 11，每次将滑块值增加 1（也就是说，针对第二个图像图层，slider = 2；针对第 3 个图像图层，slider = 3；以此类推），如图 11.13 所示。

13. 隐藏所有图层属性的属性。

14. 取消选中 Background 图层的视频图标（👁），在“合成”面板中隐藏红框。

15. 将 Slider 属性从 Background 图层拖放到“基本图形”面板中，从而将其添加到模板中，如图 11.14 所示。

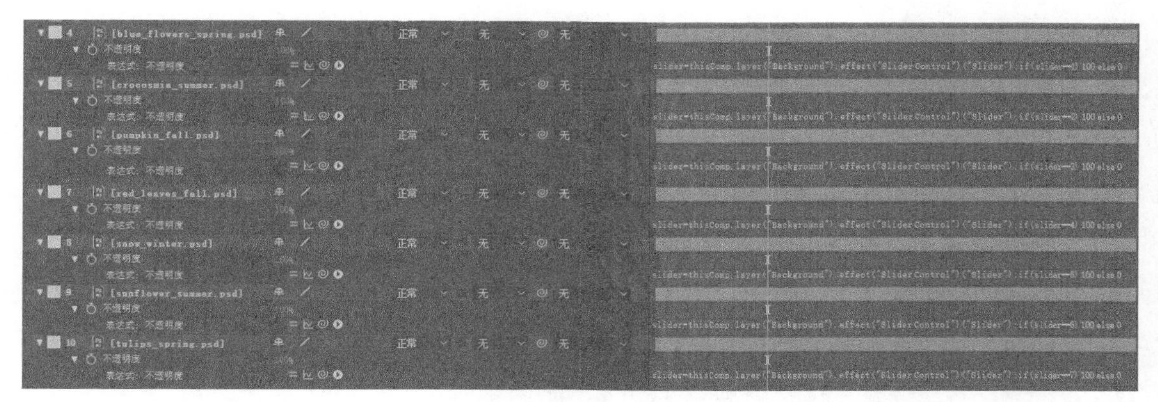

图11.13

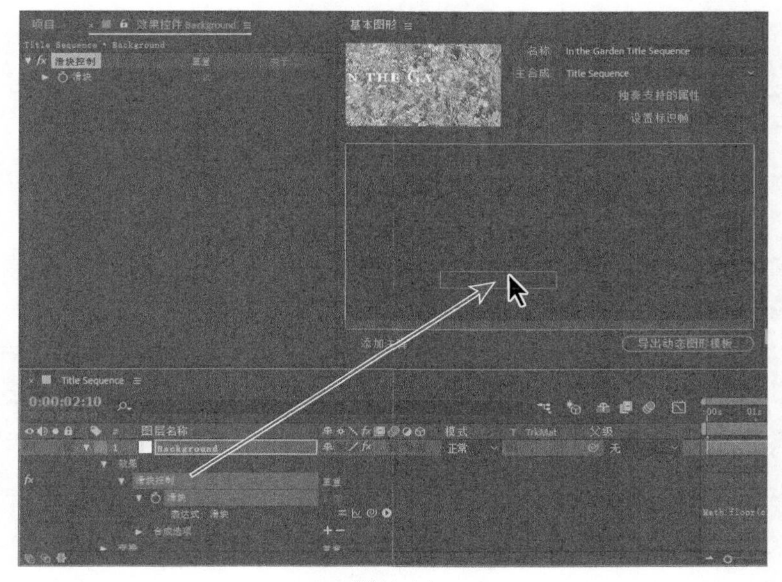

图11.14

16. 单击“编辑范围”选项，将滑块范围设置为 1 ～ 7，然后单击“确定”按钮，如图 11.15 所示。

17. 单击“滑块”标签，选中文本。输入 Background image，然后按 Enter 或 Return 键。

18. 修改“基本图形”面板中滑块的值，查看其效果，如图 11.16 所示。

当在滑块中选择不同的数值时，“合成”面板中将出现不同的图像。

19. 隐藏 Background 图层的属性。

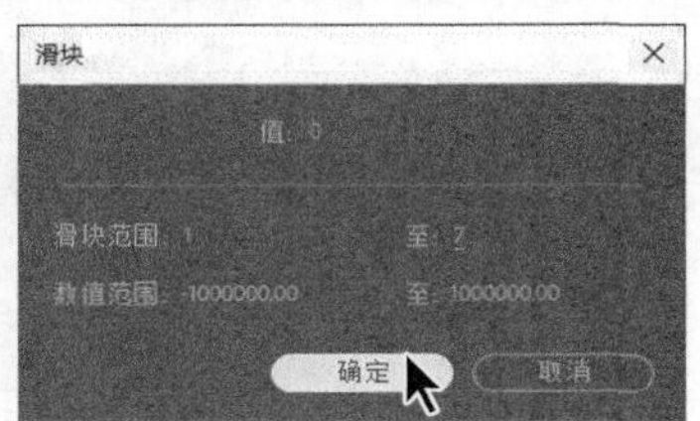

图11.15

图11.16

11.5 淡入 / 淡出背景图像

制作编辑（production editor）可能想淡入 / 淡出背景图像，使文本更生动一些。由于我们使用了不透明度属性来控制要选择哪个图像，因此还需要寻找另外一种方法来控制背景图像。我们将在图像上面创建一个白色的纯色图层，并使用不透明度控件。

1. 确保没有选中任何图层，然后选择“图层”>“新建”>“纯色”命令。

2. 在“纯色设置”对话框中，将图层命名为 Background Fade，然后单击“制作合成大小”选项，将颜色修改为白色。然后单击“确定”按钮。

3. 单击“时间轴”面板底部的“切换开关 / 模式”。

4. 针对 Background Fade 图层，从“模式”栏中选择“柔光”，如图 11.17 所示。

图11.17

5. 在“时间轴”面板中选中 Background Fade 图层，按 T 键显示其“不透明度”属性，然后将“不透明度”属性拖放到“基本图形”面板中。

当不透明度为 100% 时，白色的纯色图层会使背景图像的效果比较差。如果减小纯色图层的不透明度，背景图层的色彩得以增强。下面我们在“基本图形”面板中对控件进行重命名，使其与其效果相匹配。

6. 在“基本图形”面板中单击“不透明度”标签，选中文本。输入 Fade Background，然后按 Enter 或 Return 键。

7. 将 Fade Background 滑块移动到“基本图形”面板中，查看它给“合成”面板中的图像造成的影响，如图 11.18 所示。

图11.18

8. 选择“文件”>“保存”命令保存目前为止的工作。

11.6 将文本属性添加到基本图形面板

可以将大多数特效的控件添加到“运动图形”模板中，但是当前“不透明度”是唯一支持的“变换”属性。我们使用特效将许多文本编辑功能添加到模板中，其中也包括通常可以通过“时间轴”面板中的“变换”属性来编辑的属性。这样一来，你的同事也可以选择编辑季节子标题的文本、颜色、位置、缩放，以及不透明度。

11.6.1 将文本变为可编辑的

当前这个标题序列的子标题将会根据季节发生变化，所以编辑人员需要能够编辑文本。对于每一个文本图层来说，都有一个源文本属性可以添加到基本图形面板中。

1. 在“时间轴”面板中，选择 Spring 图层，按 Enter 或 Return 键，输入 Season，然后再次按 Enter 或 Return 键。
2. 展开 Season 图层，然后展开其“文本”属性。
3. 选择“源文本”属性，将其拖放到“基本图形”面板中。
4. 在“基本图形”面板中单击“源文本”标签，然后输入 Season。
5. 确保当前时间指示器位于时间标尺的开始位置。
6. 在“基本图形”面板中单击 Season 文本框，输入 Summer，然后单击“基本图形”面板中的空白区域，退出编辑模式，如图 11.19 所示。

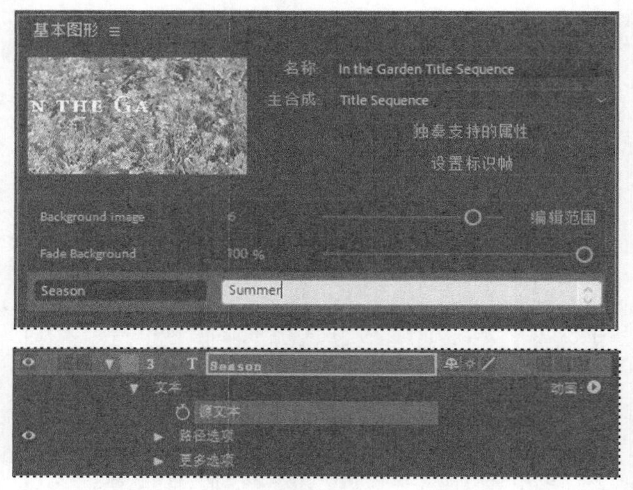

图11.19

7. 按空格键预览新的季节子标题，如图 11.20 所示。然后再次按空格键停止播放。

图11.20

8. 隐藏“时间轴”面板中所有图层的属性。

11.6.2 将位置变为可编辑的

对于有些背景图像，可能需要重新定位季节子标题的位置，使其更加生动。“运动图形”模板当前并不支持“位置”属性，但是我们可以应用一个预设，将位置选项添加到模板中。

1. 在“效果和预设”面板中，在搜索框中输入 separate，或者导航到“动画预设” > “变换” > “分离 XYZ 位置”。

2. 将“分离 XYZ 位置”预设拖放到“时间轴”面板中的 Season 图层上。

“分离 XYZ 位置”预设可以单独控制图层每一个轴的位置。

3. 在“时间轴”面板中，展开 Season 图层，然后展开“效果” > “分离 XYZ 位置”属性。

4. 将 X 位置和 Y 位置属性从“时间轴”面板拖放到“基本图形”面板中。

5. 单击“基本图形”面板中的 X 位置标签，选中文本，然后输入 Move season left or right。

6. 单击 Y 位置标签，选中文本，然后输入 Move season up or down，如图 11.21 所示。

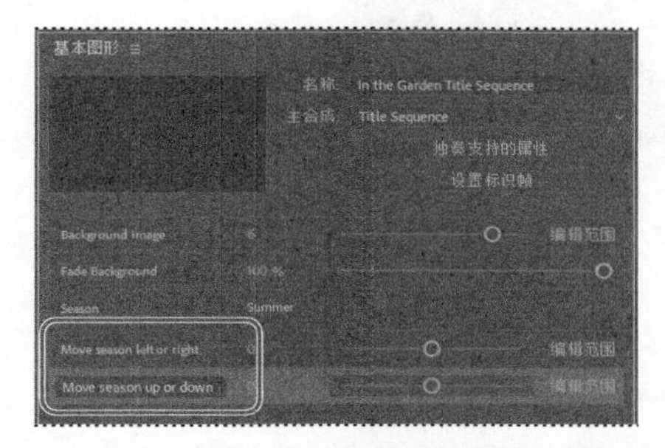

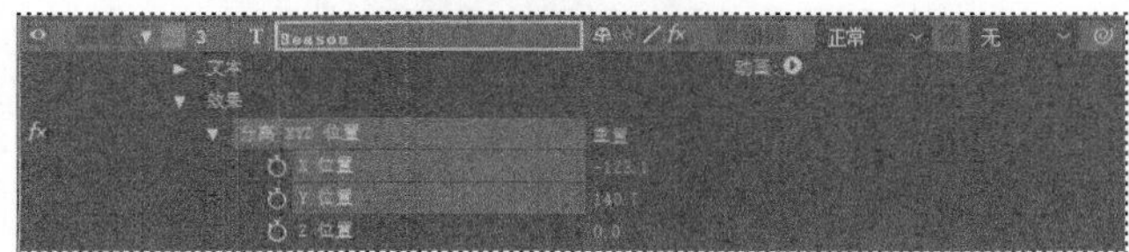

图11.21

7. 移动到 6:00，可以看到屏幕上的季节子标题，然后移动刚才添加的滑块，查看效果。

8. 隐藏 Season 图层的属性。

11.6.3 将缩放变为可编辑的

项目编辑人员可能想改变季节子标题的缩放。我们可以添加一个效果实现该目的。

1. 在“效果和预设”面板中，导航到“扭曲” > “变换”特效。

2. 选中 Season 图层，双击“变换”以引用该特效。

3. 在“时间轴”面板中，展开 Season 图层，然后展开“效果” > “变换”属性。

4. 将“缩放”属性拖放到“基本图形”面板中。

5. 移动“缩放”滑块查看其效果。

6. 在“基本图形”面板中选择文本“缩放”，输入 Scale season name，然后单击“基本图形”面板中的空白区域，如图 11.22 所示。

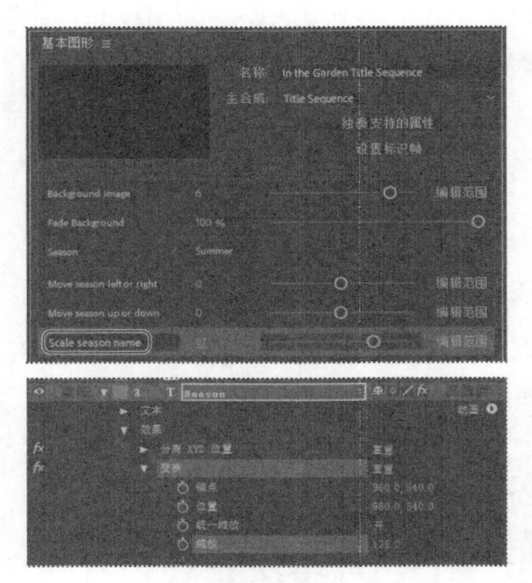

图11.22

7. 隐藏 Season 图层的属性。

11.6.4 提供颜色选项

背景图像有不同的配色方案，不同的颜色与不同的季节进行了关联，如果项目编辑人员能够修改季节子标题的颜色，则是再好不过。我们将使用“填充”特效来实现该目的。

1. 在“效果和预设”面板中，导航到“生成”>“填充”。

2. 在“时间轴”面板中选择 Season 图层，然后双击“填充”。

3. 在“时间轴”面板中，展开 Season 图层，然后展开“效果”>“填充”属性。

4. 单击调色板，选择白色为默认色，然后单击“确定”按钮。

5. 将“颜色”属性拖放到“基本图形”面板中。

6. 在“基本图形”面板中单击“颜色”调色板，然后选择一种不同的颜色。文本的颜色将发生改变。现在将其重新修改为白色。

7. 在“基本图形”面板中选择文本 Color，输入 Color of season name，然后按 Enter 或 Return 键，如图 11.23 所示。

8. 隐藏 Season 图层的属性。

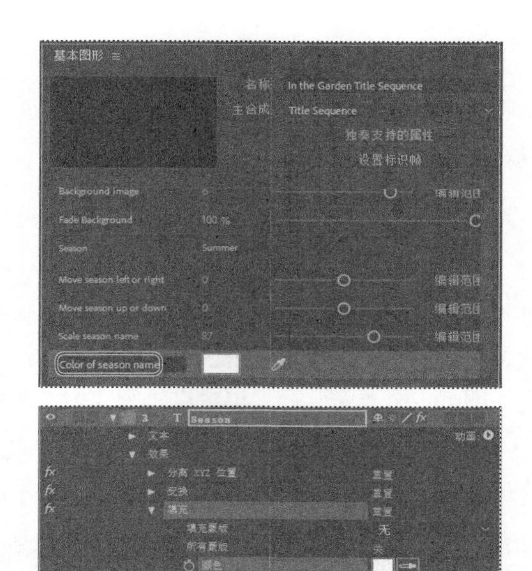

图11.23

11.6.5　将不透明度变为可编辑的

“不透明度”属性得到了“运动图形”模板的支持，因此很容易将该属性添加到“基本图形”面板中。

1. 在“时间轴”面板中，选择 Season 图层，按 T 键显示其“不透明度”属性。
2. 将“不透明度”属性拖放到“基本图形”面板中。
3. 选择“不透明度”标签，输入 Opacity of season name，按 Enter 或 Return 键，如图 11.24 所示。

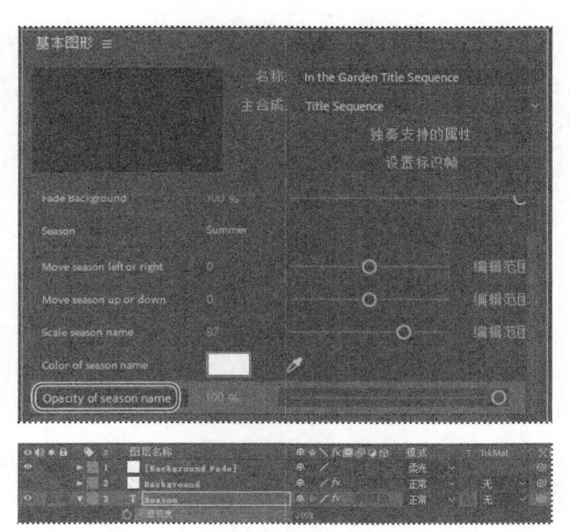

图11.24

4. 移动新添加的滑块，查看效果。

5. 隐藏 Season 图层的属性。

6. 选择“文件”>“保存”命令保存工作。

11.7 导出模板

我们已经将属性添加到“基本图形”面板中，并进行了重命名，以便使用 Adobe Premiere Pro 的编辑人员能够明白其用途，我们还测试了它们的效果。现在准备导出模板，以便同事也可以使用它。我们可以通过 Creative Cloud 库来共享它，也可以将它作为“运动图形”模板（.mogrt）文件保存到本地硬盘上。模板包含所有的源图像、视频和属性。

1. 在“基本图形”面板中单击“导出动态图形模板”按钮，如图 11.25 所示。

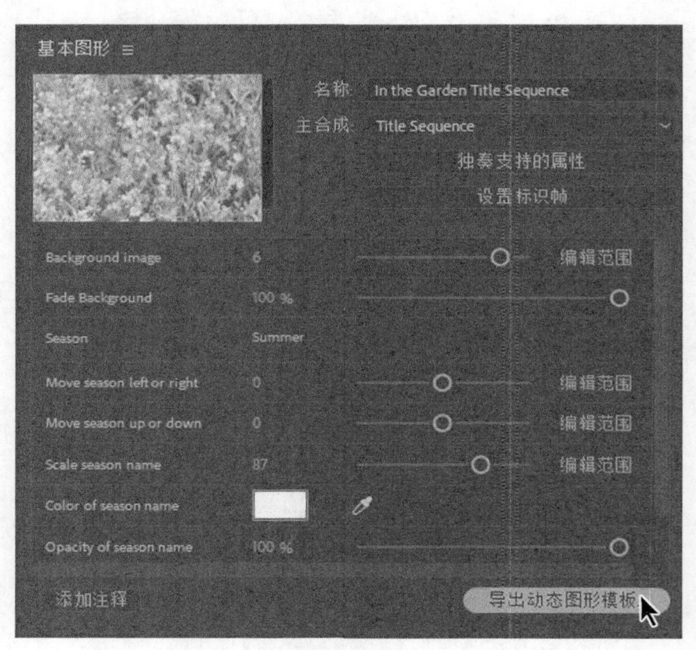

图11.25

2. 在“导出为动态图形模板”对话框中，选择一个 Creative Cloud 库，然后单击“确定”按钮，如图 11.26 所示。

在选择了一个 Creative Cloud 库之后，模板将直接保存到这个库中，你可以通过任何一台计算机上的 Creative Cloud 来访问它，只要这台计算机连接到了 Internet。如果选择“基本图形”，After Effect 会将模板保存到本地硬盘上的 Essential Graphics 文件夹中；如果计算机中安装了 Adobe Premiere Pro，你可以通过该软件来访问模板。

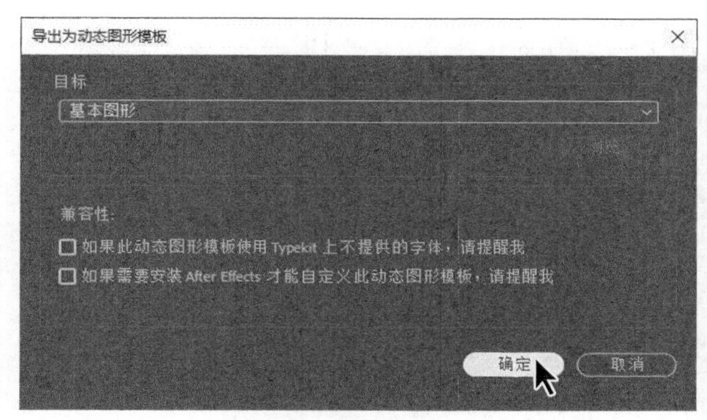

图11.26

3. 选择“窗口”>“库”命令查看 Creative Cloud Libraries，然后打开保存有模板的库。

After Effects 将显示模板。如果将鼠标移动到模板上，可以看到一条消息，显示 After Effects 不支持模板。你可以在 After Effects 中编辑主合成图像，但是只能在 Adobe Premiere Pro 中打开模板自身。

4. 选择“文件”>“保存”命令。关闭项目和 After Effects。

在Adobe Premiere Pro中使用运动图形模板

在Premiere Pro中可以使用模板来编辑标题序列。

1. 打开 Premiere Pro。如果 Premiere Pro 显示教程选项，则单击 Skip(略过)按钮。
2. 在“开始”窗口中单击“新建项目”选项。
3. 将项目命名为 In the Garden Fall opening，然后将其保存在 Lessons\Lesson11\Finished_Project 文件夹中，再单击“确定”按钮。
4. 选择“窗口”>“工作区”>“图形”选项，打开“基本图形”面板以及可能会用到的其他面板。
5. 选择“文件”>“新建”>“序列”选项，选择 HDV >“HDV 108030 预设”，然后单击“确定”按钮。
6. 从当前显示“基本图形”的下拉列表中选择“库”，然后选择保存有模板的库。
7. 将模板从“基本图形”面板拖放到“时间轴”面板中的新序列上面。如果看到系统提示，则单击“更改序列设置”选项，以匹配剪辑。

在载入模板时，Premiere Pro将显示一条媒体离线消息。

8. 在载入模板之后，按空格键预览剪辑，然后返回到 0:00 位置。
9. 在“基本图形”面板中单击“编辑”选项卡，如果在“基本图形”面板中没有看到模板控件，则双击“项目监视器”面板，然后将源文本修改为 Fall，如图 11.27 所示。

10. 按空格键查看这一更改。

11. 随意进行更改，然后保存文件，并关闭 Premiere Pro。

图11.27

11.8　复习题

1. 为什么要在 After Effects 中保存“运动图形”模板？
2. 如何在“基本图形”面板中添加控件？
3. 如何添加用来更改图层位置的控件？
4. 如何共享“运动图形”模板？

11.9　复习题答案

1. 保存运动图形模板可以由你的同事编辑合成图像的特定属性，而不会牺牲风格控制。
2. 要在“基本图形”面板中添加控件，可以直接从“时间轴”面板中拖放过去。
3. 要添加用来更改图层位置的控件，首先将分离 XYZ 位置预设应用到图层中，然后将 x 轴、y 轴或者 z 轴属性拖动到基本图形面板中。
4. 共享“运动图形”模板的方式有下面这些：将它导出到共享的 Creative Cloud 库中；导出到本地计算机的 Essential Graphics 文件夹中；或者导出为 .mogrt 文件并分发给同事。

第12课 使用3D特性

课程概述

本课介绍的内容包括：

- 在 After Effects 里创建 3D 环境；
- 用多个视图查看 3D 场景；
- 创建 3D 文本；
- 沿着 *x*、*y* 和 *z* 轴旋转和定位图层；
- 对镜头图层做动画处理；
- 添加灯光以创建阴影和景深；
- 在 After Effects 中挤压 3D 文本；
- 创建在 After Effects 中使用的 Cinema 4D 图层。

本课大约要用 1 个小时完成。启动 After Effects 之前，请先将本书的课程资源下载到本地硬盘中，并进行解压。在学习本课并按步骤执行相关操作时，相应的课程文件将被覆盖。建议先做好原始课程文件的备份工作，以免后期用到这些原始文件时还需重新下载。

PROJECT: TITLE CARD FOR A PRODUCTION COMPANY

只需在 After Effects 的“时间轴”面板中单击一个开关，就能将 2D 图层转换为 3D 图层，从而开启了一个富有创造性的新世界。After Effects 中包含的 Maxon Cinema 4D Lite，能够带来更加灵活的效果。

12.1 开始

Adobe After Effects 可以在二维（x，y）或三维（x，y，z）空间中操作图层。本书目前讲述的内容，基本上使用的都是二维空间。如果将图层指定为三维（3D），After Effects 将增加 z 轴，它允许用户在空间中向前或向后移动对象（即控制图层的景深）。将图层的景深与不同的光照和摄像角度结合，可以创建出利用自然运动、光照和阴影、透视以及聚焦效果的 3D 动画作品。本课将研究怎样创建 3D 图层并对 3D 图层进行动画处理。然后我们将使用 Maxon Cinema 4D Lite（与 After Effects 一起安装）来为一家虚构的产品公司的字幕卡片上的 3D 文本添加纹理。

首先，预览最终影片效果，然后设置项目。

1. 确认硬盘上的 Lessons\Lesson12 文件夹中存在以下文件。
   - Assets 文件夹：Lunar.mp3、Space_Landscape.jpg。
   - Sample_Movie 文件夹：Lesson12.avi 和 Lesson12.mov。
2. 使用 Windows Media Player 打开并播放影片示例文件 Lesson12.avi，或者使用 QuickTime Player 打开并播放影片示例文件 Lesson12.mov，以查看本课将创建的效果。播放结束后，关闭 Windows Media Player 或 QuickTime Player。如果硬盘空间有限，也可以将影片示例文件从硬盘中删除。

开始本课前，请恢复 After Effects 应用程序的默认设置。详情请参见前言中的“恢复默认参数”。

3. 启动 After Effects 时请立即按住 Ctrl + Alt + Shift（Windows）或 Command + Option + Shift（macOS）组合键，准备恢复默认的参数设置。系统询问是否删除参数文件时，单击“确定”按钮。关闭“开始”窗口。

After Effects 打开后显示一个空的无标题项目。

4. 选择“文件”>“保存为”>“另存为”命令。
5. 在“保存项目为”对话框中，导航到 Lessons\Lesson12\Finished_Project 文件夹。将该项目命名为 Lesson12_Finished.aep，然后单击“保存”按钮。
6. 单击“项目”面板底部的“创建新合成”按钮（）。
7. 在“合成设置”对话框中，执行以下步骤，然后单击“确定”按钮，如图 12.1 所示：
   - 将合成图像命名为 Lunar Landing Media；
   - 从“预设”菜单中选择 HDTV1080 24；
   - 在“持续时间”数值框中输入 3:00；
   - 确保背景颜色为黑色。
8. 选择“文件”>“保存”命令。

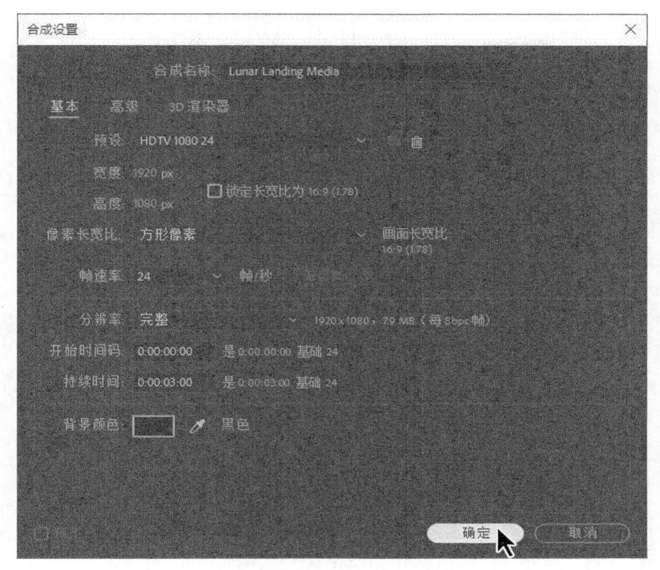

图12.1

12.2 创建 3D 文本

为了能在 3D 空间内移动，需要创建 3D 对象。起初，所有图层都是平面的，只有 x（宽）和 y（高）二维，且只能沿这些轴进行移动。要使图层能在 After Effects 的三维空间内移动，我们要做的只是打开其 3D 图层开关，然后就能沿 *z* 轴（景深）操纵该对象。我们将创建文本，然后将其处理为 3D 的。

1. 在“时间轴”面板中单击，使其处于活跃状态。

2. 在“工具”面板中选择“横排文字”工具（T）。

After Effects 将“字符”和“段落”面板添加到面板堆栈中，并打开“字符”面板。

3. 增大“字符”面板的宽度，然后在“字符”面板中执行以下操作，如图 12.2 所示。

- 字体：Futuna PT Heavy。
- 填充颜色：白色。
- 描边：无。
- 字体大小：140 像素。
- 行距：70 像素。
- 字间距：20%。

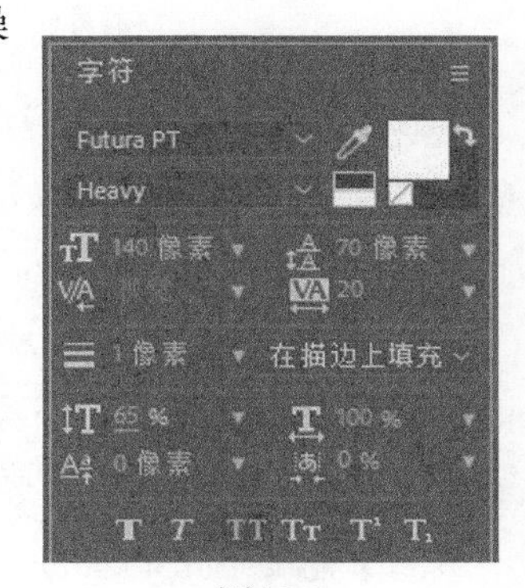

图12.2

• 水平比例尺：65%。

注意：如果 Futura PT 不可用，可以使用 Typekit 将其安装。选择“文件”>“从 Typekit 中添加字体”，搜索 Futura PT，然后使用 Creative Cloud 进行同步。字体被同步之后，就可以在你系统中的所有应用中使用它了。

4. 选择“全部大写”选项（可能需要拖动“字符”面板的底部将其扩展，之后才能看到所有设置）。

5. 打开“段落”面板，选择“文本居中对齐”选项，如图 12.3 所示。

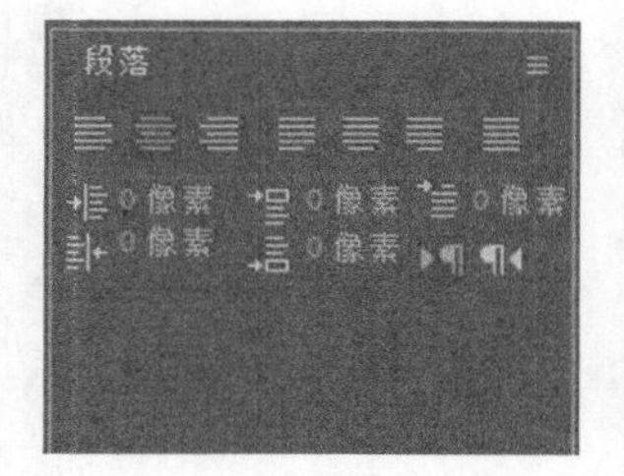

图12.3

6. 单击“合成”面板的任意位置，输入 Lunar Landing Media，每个单词都在一条线上。

7. 选择“选取”工具（▶）。

8. 在“时间轴”面板中，展开 Lunar Landing Media 图层的变换属性，然后设置“位置”属性为（960，470）。

文本大致位于合成图像的中心。

9. 在“时间轴”面板中，选择 Lunar Landing Media 图层的 3D Layer 开关（），使该图层成为三维图层，如图 12.4 所示。

图12.4

3 个 3D 旋转属性将显示在该图层的变换组中，而之前仅支持二维属性，现在显示出代表 *z* 轴的第三个值。此外，还显示出一个名为“材料选项”的新属性组。

在选中图层时，在“合成”面板中可以看到用颜色标记的 3D 轴显示在该图层的锚点上。红色箭头控制 *x* 轴，绿色箭头控制 *y* 轴，蓝色箭头控制 *z* 轴。此时，*z* 轴显示在 *x* 轴和 *y* 轴的交叉点，也许在黑色的背景下很难看到 *z* 轴。当将“选取”工具定位到相应轴上时，将显示出字母 *x*、*y* 和 *z*。移动或者旋转图层时，将鼠标指针置于特定轴上，图层的运动将被限制在该轴上。

10. 隐藏 Lunar Landing Media 图层的属性。

12.3 使用 3D 视图

3D 图层的外观有时具有欺骗性。例如，图层可能看起来沿着 x 轴和 y 轴好像缩小了，而实际上它是沿着 z 轴移动。我们并不是总能从“合成”面板的默认视图中看清真相。“合成”面板底部的“选择视图布局”下拉列表使我们能够将该面板分成单个帧的不同视图，这样就可以从多个角度观察作品。可以使用“3D 视图”下拉列表选择不同的视图。

1. 在“合成”面板底部，单击选择“视图布局”下拉列表，如果你的屏幕足够大，就选择“4 视图”。否则的话，选择“2 视图 - 水平”，如图 12.5 所示。

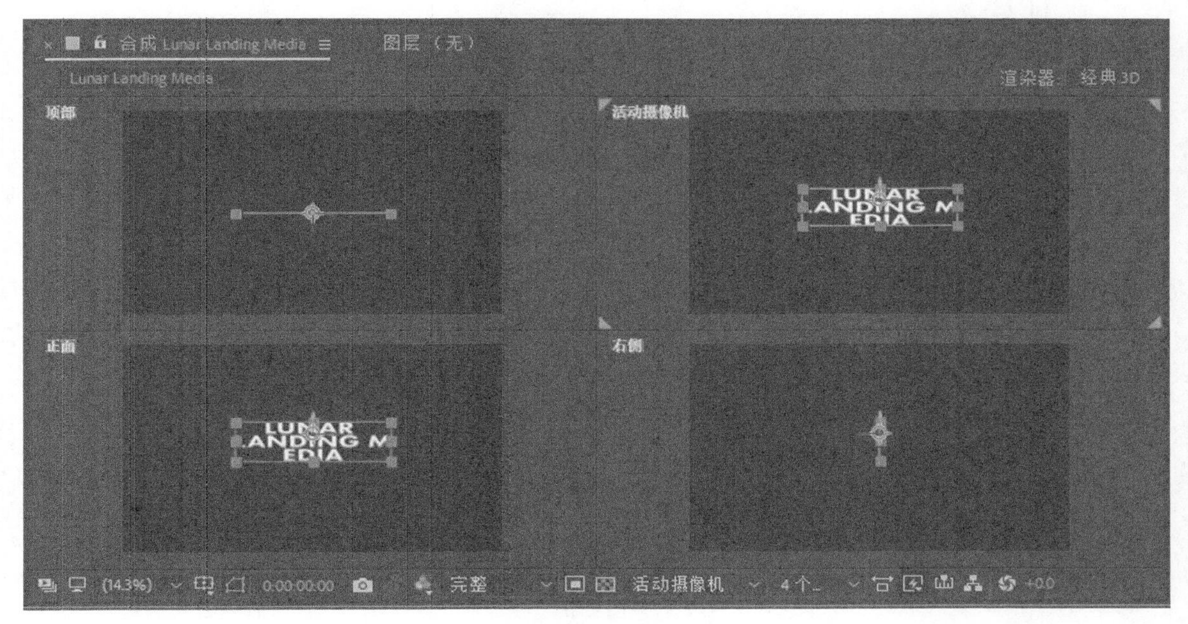

图12.5

选择“4 视图”的话，左上方的象限显示俯视图（沿着 y 轴）。我们可以看到 z 轴，很明显文本图层没有景深。左下方的象限显示前视图。右上方的象限显示相机中的场景，但是因为场景中没有相机，它显示的场景与前视图相同。右下方的象限显示右视图，就像沿着 x 轴观察一样。

选择“2 视图 - 水平”的话，左边显示俯视图，右边显示相机中的场景（现在就是前视图）。

2. 单击正面视图激活它（激活的视图周围将显示蓝色角标）。然后，从“3D 视图”下拉列表中选择“自定义视图 1”，从不同的角度观察场景，如图 12.6 所示（如果合成窗口只显示两个视图，单击顶部视图，然后从“3D 视图”下拉列表中选择“自定义视图 1”）。

从不同的角度观察 3D 场景有助于我们更精确地把元素对齐，观察图层之间是如何相互作用的，理解对象、灯光和相机是如何在 3D 空间里定位的。

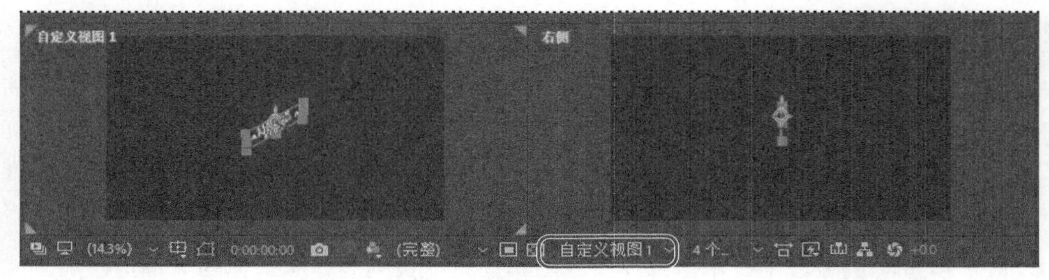

图12.6

12.4 导入背景

字幕卡片里的文本应该看起来向外移动。我们将导入一个图像作为背景。

1. 双击“项目”面板的空白区域，打开“导入文件”对话框。
2. 导航到 Lesson 12/Assets 文件夹，然后双击 Space_Landscape.jpg 文件，结果如图 12.7 所示。

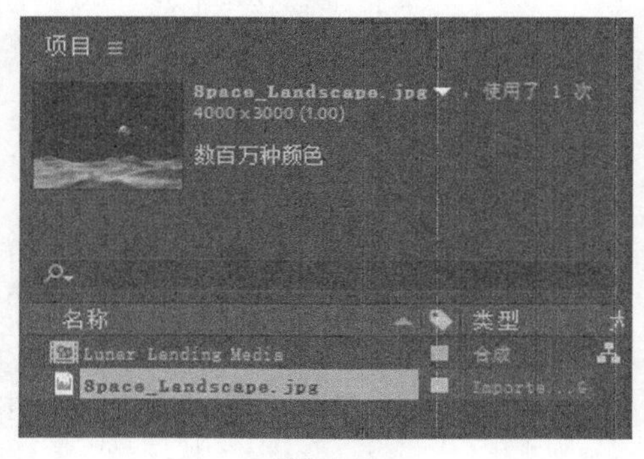

图12.7

3. 把 Space_Landscape.jpg 素材拖放至“时间轴”面板，把它放在图层堆栈的底部。
4. 将 Space_Landscape.jpg 图层重命名为 Background。
5. 在“时间轴”面板中选择 Background 图层，然后单击 3D Layer 开关（ ），把它转换为 3D 图层。
6. 确保 Background 图层被选中。然后在“合成”面板的“右侧视图”中，把 *z* 轴方向（蓝色箭头）拖到右边，使 Background 图层移动到文本后面更远的位置。拖动的时候观察其他图层，看看图层与 3D 空间是如何交互的。

注意：如果只显示了两个视图，就选择“活动摄像机”视图，然后从“3D 视图”的下拉列表中选择“右侧视图”。然后完成第 6 步。

7. 在“时间轴”面板中，按 P 键显示 Background 图层的位置属性。将“位置”值改为（960，300，150），如图 12.8 所示。

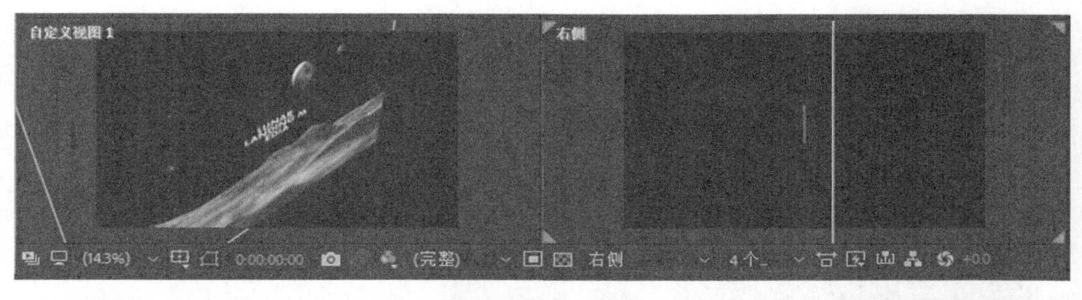

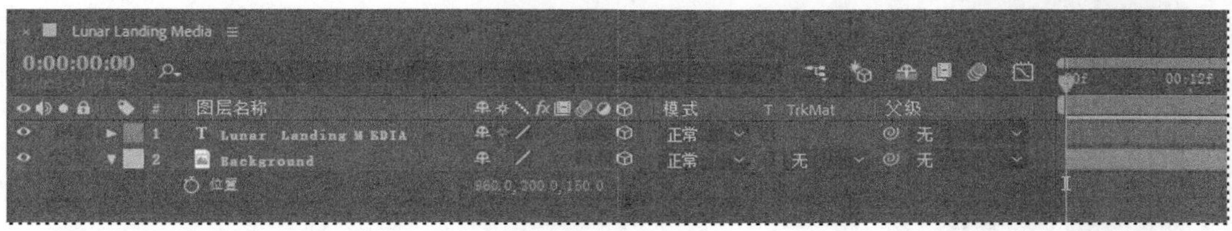

图12.8

8. 按 P 键隐藏“位置”属性，然后选择“文件” > “保存”命令保存目前的作品。

12.5 添加 3D 灯光

我们已经创建了 3D 场景，但是从前面看上去似乎不太像三维的。为合成图像添加灯光制造阴影效果，能够使场景具有景深。我们将为合成图像创建两束新的灯光。

12.5.1 创建灯光图层

在 After Effects 中，灯光图层把光照耀在其他图层上。我们可以从 4 种不同的灯光图层中选择“平行光”“聚光”“点光源”和“环境光”选项，然后使用不同的设置修改它们。默认情况下，灯光指向一个感兴趣的点，也就是场景的焦点区域。

1. 取消选中所有图层，以便你创建的新图层能够显示在图层堆栈的顶部。

2. 按下 Home 键或者移动当前时间指示器到时间标尺的起点。

3. 选择“图层” > “新建” > “灯光”命令。

4. 在“灯光设置”对话框种执行以下步骤，如图 12.9 所示，其结果如图 12.10 所示 ：

- 将图层命名为 Key Light ；
- 从“灯光类型”下拉列表中选择“聚光”；
- 把“颜色”设置为浅黄色（R=255，G=235，B=195）；
- 确保“强度”的值设置为 100%，“锥形角度”为 90° ；
- 确保“锥形羽化”的值为 50% ；

- 选择“投影”选项；
- 将“阴影深度”的值设置为 50%，“阴影扩散”的值设置为 150 像素；
- 单击“确定”按钮，创建灯光图层。

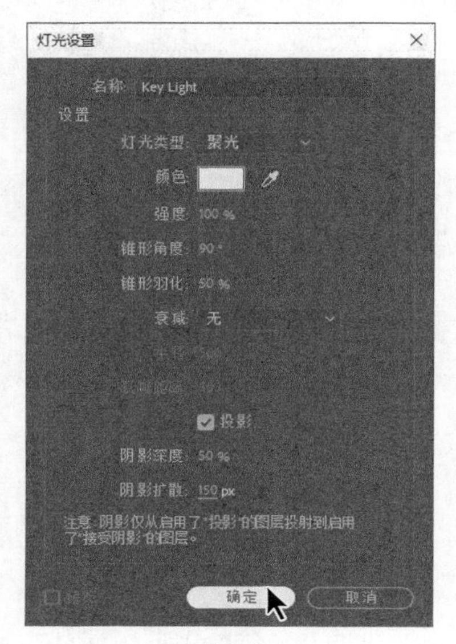

图12.9

图12.10

在“时间轴”面板中，灯光图层由灯泡图标（💡）表示。在“合成”面板中，线框图表明灯光的位置，十字图标（⊕）来表示焦点。

12.5.2 焦点的定位

灯光的焦点现在被定位在场景的中心位置。因为文本图层就在中心位置,因此不需要再做调整。但是，我们需要改变灯光的位置，使场景看上去不那么单调。

1. 在“时间轴”面板中选择 Key Light 图层，然后按 P 键显示灯光图层的“位置”属性。

2. 在“时间轴”面板中，在“位置”属性中输入（955，-102，-2000）。灯光位于物体的前上方，正在对准下方照明，如图 12.11 所示。

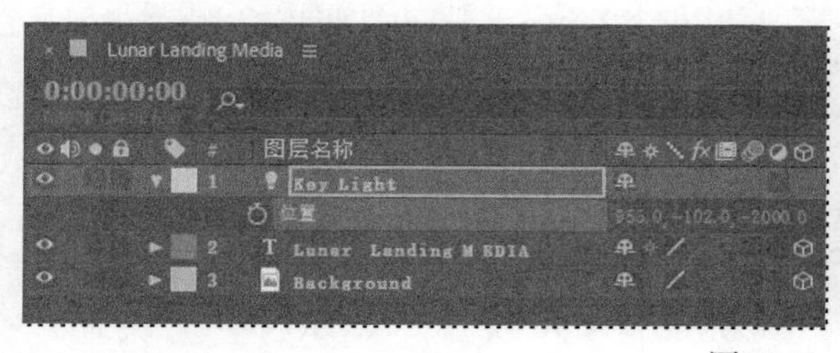

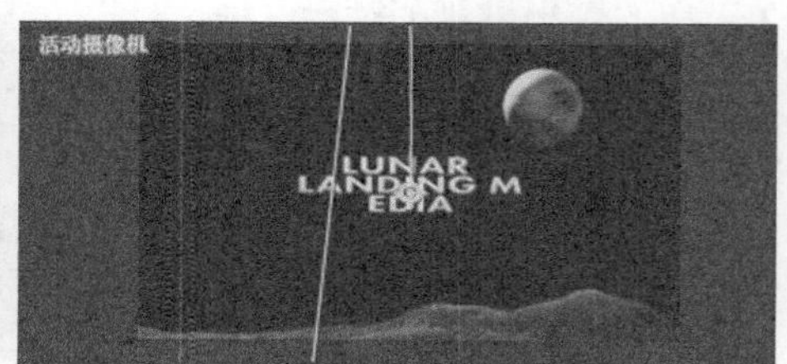

图12.11

12.5.3 创建并定位填充光

主光源（key light）能为场景创建一种意境，但是现在还是非常暗。我们将添加一个填充光（fill light）来照亮较暗的区域。

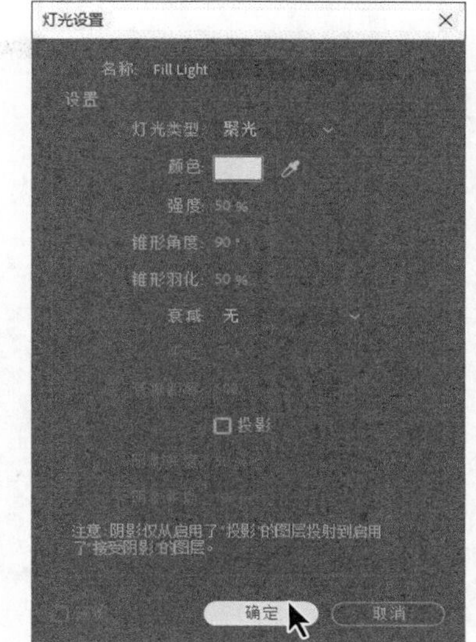

图12.12

1. 选择“图层” > “新建” > “灯光”命令。
2. 在“灯光设置”对话框中，执行以下步骤，如图 12.12 所示：
   - 将图层命名为 Fill Light；
   - 从“灯光类型”下拉列表中选择“聚光”选项；
   - 把“颜色”设置为浅蓝色（R=205，G=238，B=251）；
   - 确保“强度”的值设置为 50%，“锥形角度”值为 90°；
   - 确保“锥形羽化”的值为 50%；
   - 取消选中“投影”选项；
   - 单击“确定”按钮，创建灯光图层。
3. 在“时间轴”面板中，选择 Fill Light 图层，按 P 键显示其“位置”属性。

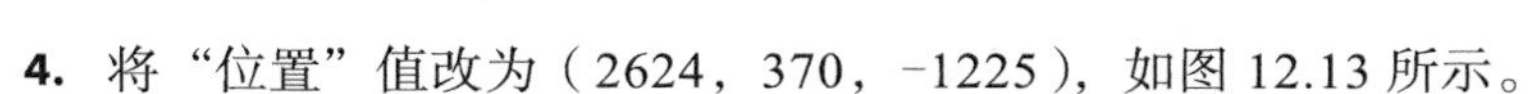

4. 将“位置”值改为（2624，370，-1225），如图 12.13 所示。

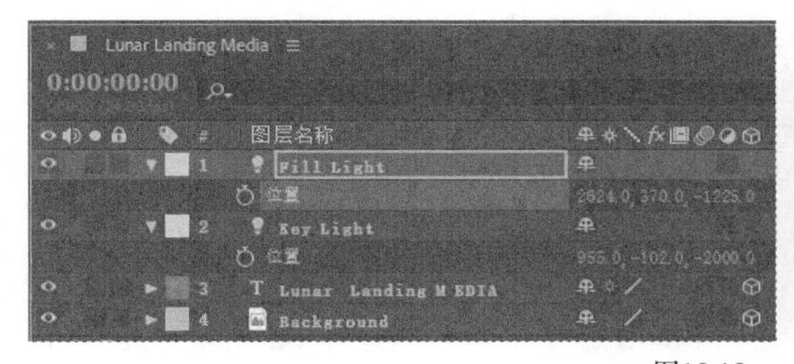

图12.13

文本字体、星星和月亮的位置现在更明亮了。

5. 隐藏所有图层的打开属性，然后选择“文件” > “保存”命令。

12.5.4 投射阴影和设置材料属性

混合了暖色和冷色之后，场景效果好了很多，但是看上去还不是三维的。我们将改变“材质选项”属性，来决定 3D 图层是如何与灯光和阴影相互作用的。

1. 在“时间轴”面板中选择 Lunar Landing Media 图层，连按两次 A 键（AA）显示图层的

“材质选项”属性。

“材质选项”属性组能够定义出 3D 图层的表面属性。用户也可以设置阴影和光线传输的数值。

2. 将“投影”设置为“开”。

文本图层现在是在场景灯光的基础上投射阴影的。

3. “漫射”值修改为 60%，“镜面强度”值修改为 60%，使文本图层反射场景中更多的光。

4. 将“镜面反光度”值修改为 15%，这样表面看上去就会更加具有金属光泽，如图 12.14 所示。

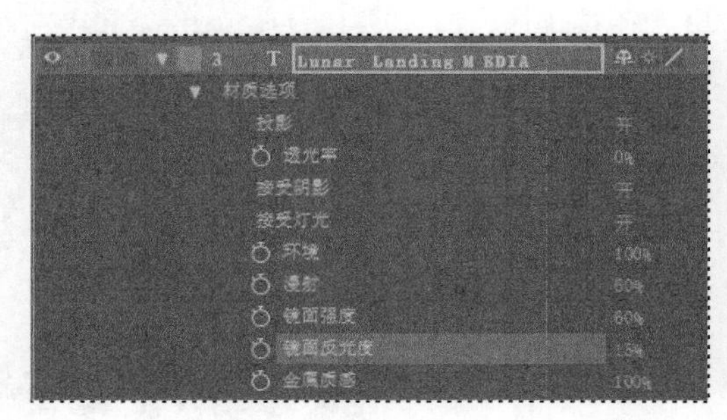

图12.14

5. 隐藏 Lunar Landing Media 图层的属性。

12.6 添加摄像机

我们已经可以从不同的角度观看 3D 场景。使用摄像机图层，我们可以从不同的角度和距离观察 3D 图层。为合成图像设置摄像机视图后，我们就可以像通过那台摄像机一样观察图层。观察合成图像时，我们可以选择是通过“活动摄像机”还是通过命名的自定义摄像机进行观察。如果还没有创建自定义摄像机，则“活动摄像机”与默认的合成图像视图相同。

到目前为止，我们主要通过前视图、右视图和“自定义视图 1”角度观察合成图像。而现在，“活动摄像机”视图无法从一个特定的角度查看合成图像。为了看到你想要看到的任意元素，我们将自行创建一台摄像机。

1. 取消选中所有图层，选择“图层”>“新建”>“摄影机”命令。

2. 在“摄像机设置”对话框中，从“预设”下拉列表中选择“20 毫米”，然后单击“确定”按钮，如图 12.15 所示。

“摄像机 1”图层将显示在“时间轴”面板图层堆栈的顶部（图层名旁边有一个摄像机图标），“合成”面板将更新，以反映新的摄像机图层的角度。视图应该发生微小变化，这是因为 20 毫米摄像机预设比默认的视图使用更广阔的视角。如果没有注意到场景的变化，切换“摄像机 1”图层来查看，并确保场景是可见的。

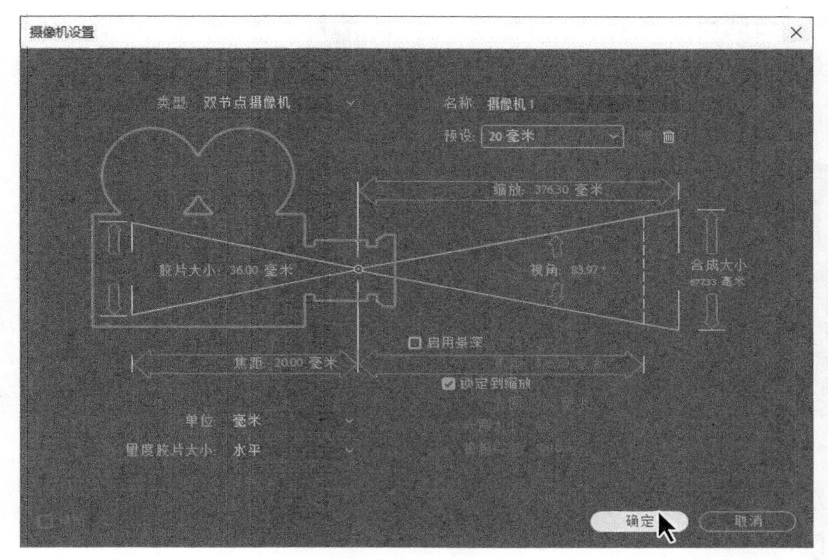

图12.15

> **提示：**默认情况下，After Effects 将摄像机显示为线框图。我们可以使 After Effects 只有在选中摄像机（或聚光灯）的时候才显示线框图。从“合成”面板菜单中选择“视图选项”，然后从 Camera Wireframes 和 Spotlight Wireframes 菜单中选择你想要的选项，然后单击“确定”按钮。

3. 在“合成”面板底部的“选择视图布局”下拉列表中选择“2 视图－水平”。将左视图更改为“右侧”，确保右视图更改为“活动摄像机”，如图 12.16 所示。

图12.16

就像灯光图层一样，摄像机图层也有一个焦点，它可以用来决定摄像机的拍摄对象。默认情况下，摄像机的焦点位于合成图像的中央，也就是现在文本当前所在的位置，因此我们不需要重新设置焦点。

4. 确保当前时间指示器位于时间标尺的起点。选择“摄像机 1”图层，按 P 键显示图层的“位置”属性。单击“位置”属性旁边的秒表图标（ ），创建一个初始关键帧。

5. 将 *z* 轴的值设置为 -1000，如图 12.17 所示。

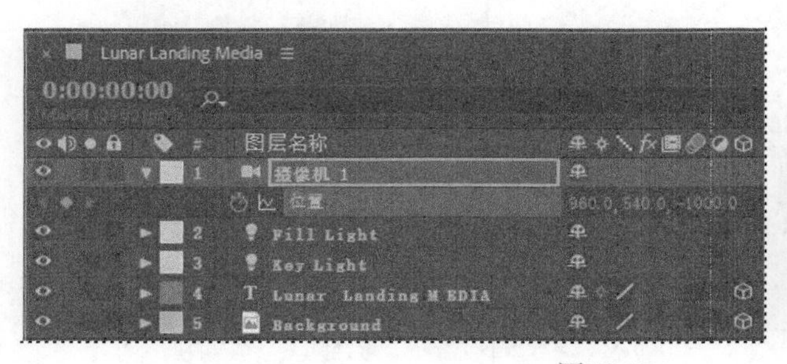

图12.17

摄像机缓慢地向文本移动。

6. 移到 1:00 处。

7. 将 *z* 轴的值修改为 -590，如图 12.18 所示。

图12.18

摄像机离文本更近了。

8. 右键单击（Windows）或者按住 Control 键单击（macOS）第二个位置关键帧（见图 12.29），选择“关键帧辅助”>“淡入”命令。

9. 将当前时间指示器沿着时间轴拖放到 1:00 位置。随着摄像机在场景中移动，注意灯光是如何反射到文本图层的，以及广角摄像机镜头是如何影响整体图像的。效果如图 12.19 所示。

图12.19

10. 隐藏“摄像机 1”图层的“位置”属性，然后选择“文件”>“保存”命令。

12.7 在 After Effects 中挤压文本

使用 Cinema 4D 渲染器，可以在 After Effects 内挤压文本和形状。我们将使用“几何选项”属性使文本更有趣。

1. 在“时间轴”面板中展开 Lunar Landing Media 图层。

2. 在靠近“几何选项”（当前为灰色不可用）的地方，单击“更改渲染器”选项，如图 12.20 所示。

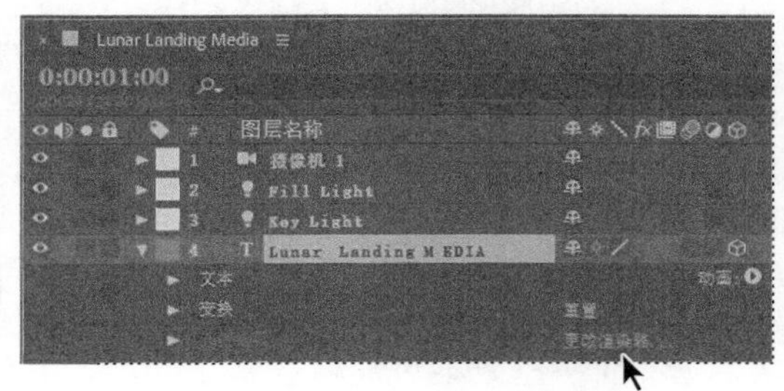

图12.20

这将打开“合成设置”对话框，而且其中“3D 渲染器”选项卡为活跃状态。

3. 从“渲染器”下拉列表中选择 CINEMA 4D，然后单击“选项”按钮，如图 12.21 所示。

4. 将“品质”滑块移动到“32”位置，如图 12.22 所示。

图12.21

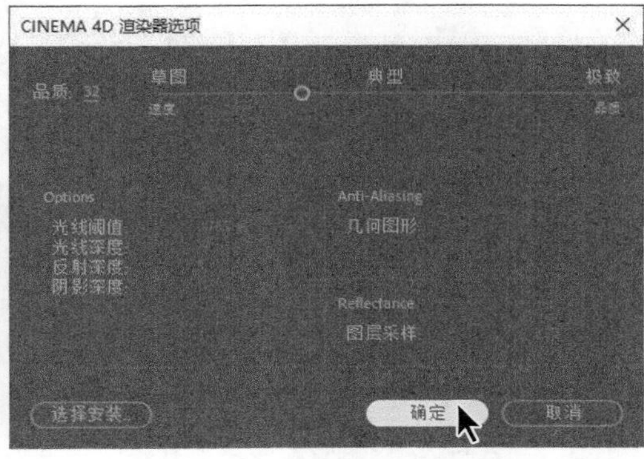

图12.22

> **提示：**要快速地打开“选项”对话框，可以单击“合成”面板顶部靠近渲染器名字的扳手图标。

5. 单击“确定”按钮关闭“Cinema 4D 渲染器选项”对话框，然后再次单击“确定”按钮，关闭“合成设置”对话框。

“Cinema 4D 渲染器选项”对话框包含一个“品质”值，这个值决定了 CINEMA 4D 渲染器如何绘制 3D 图层。如果这个值较小，则渲染速度会比较快，但是渲染质量较低。在选择“品质”值时，要确保在渲染速度和你想要的 3D 渲染质量之间达到平衡。

6. 展开 Lunar Landing Media 图层的“几何选项”。

7. 从“斜面样式”下拉菜单中选择“凹面”。

8. 将“凸出深度”修改为 50，如图 12.23 所示。

图12.23

9. 选择 Lunar Landing Media 图层，按 R 键显示“旋转”属性。

文本的挤压效果可能看起来不明显。我们将调整文本的角度来显示挤压效果，使场景看上去更加有趣。

10. 将“Y 轴旋转”修改为 +17.0° ，如图 12.24 所示。

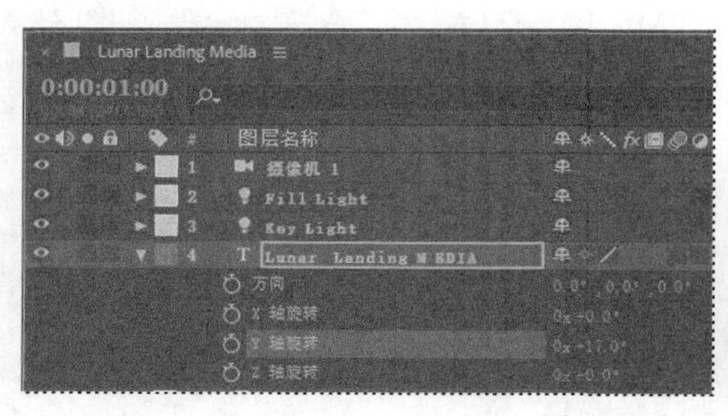

图12.24

11. 隐藏图层的所有属性。

12.8 使用 Cinema 4D Lite

After Effects 安装了 Maxon Cinema 4D 的一个版本，允许运动图像艺术家和动画师将 3D 对象直接插入到 After Effects 场景中，而不用预先渲染通行证（pre-rendering passes），也不存在潜在的复杂的文件交换。在将 3D 对象添加到 After Effects 合成图像中后，可以继续在 Cinema 4D Lite 中进行编辑。

我们将使用 Cinema 4D Lite 来创建带纹理的字幕，这个字幕将被添加到 After Effects 场景的主文本的下面。

注意：After Effects 使用的坐标编号规则与 After Effects 中其他 3D 应用程序不同，合成图像的左上角是坐标（0，0）。在许多 3D 应用程序中（包括 Maxon Cinema 4D），屏幕的中心是原点，即坐标为（0，0，0）。此外，当光标在 After Effects 中向屏幕下方移动时，y 轴的取值增加。

12.8.1 创建新的 Cinema 4D 图层

在 After Effects 中，可以将一个 Cinema 4D 图层添加到合成图像中。在添加图层时，After Effects 打开 Cinema 4D Lite，这样就可以在一个新的 C4D 文件中创建 3D 场景。在 Cinema 4D 中结束工作并保存文件时，它将在 After Effects 中自动更新。你可以返回 Cinema 4D 对图层进行其他修改。

1. 在“时间轴”面板中取消选中所有图层，然后选择“图层” > “新建” > “Maxon Cinema 4D 文件”，After Effects 将显示“另存为”对话框。
2. 将文件命名为 subtitle.c4d，保存在 Lesson12\Finished_Project 文件夹中。
3. 单击“保存”按钮。

在保存文件时，将会在“时间轴”面板中添加一个 C4D 文件，After Effects 在“效果控件”面板中打开 Cineware 特效。Cineware 创建并管理 After Effects 和 Cinema 4D 之间的链接。

Cinema 4D 打开一个空的场景，其中只显示 3D 网格，如图 12.25 所示。

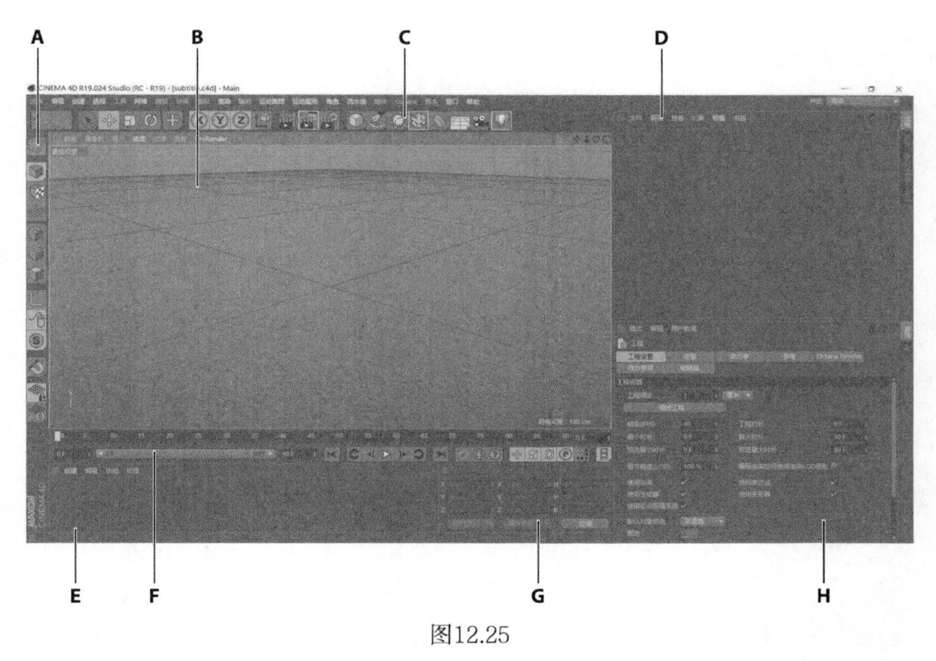

图12.25

A. 模式图标调色板　B. 视口　C. 工具图标调色板　D. 对象管理器
E. 素材管理器　F. 时间轴　G. 坐标管理器　H. 属性管理器

注意：系统可能会提示你升级 Cinema 4D，或者进行注册，然后才能访问额外的功能。你可以在无需升级或注册的情况下完成这里的练习，但是如果你计划在自己的项目中使用 Cinema 4D，建议考虑注册或升级应用程序。

12.8.2 在 Cinema 4D 中创建 3D 文本

接下来将创建文本。

1. 在工具图标调色板中（位于菜单栏下面），单击并按住画笔图标右下角的三角形，显示其菜单，然后选择“文本”工具，如图 12.26 所示。

在屏幕中央出现一个基本的文本样条。

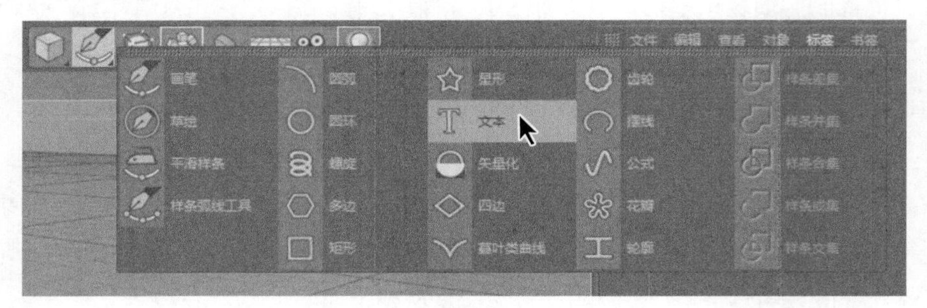

图12.26

2. 在“属性管理器”的文本框中，输入 A Space Pod LLC。

3. 在“属性管理器”中，按照如下操作修改文本设置，如图 12.27 所示。

- 字体：Chapparal Pro。
- 对齐：中对齐。
- 高度：40 cm。

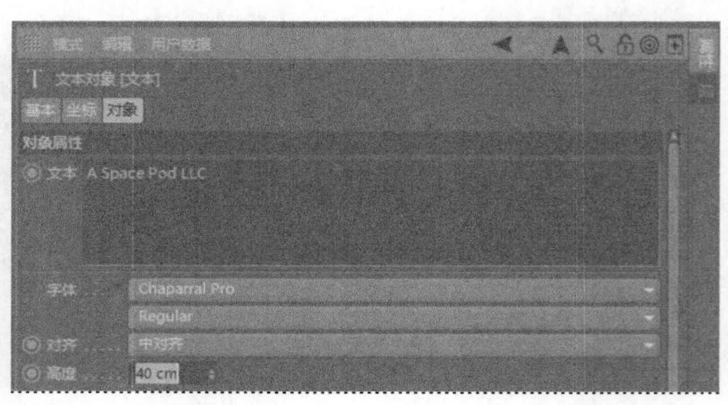

图12.27

当前的视图是通过某个角度呈现出来的。你可能想从前面查看文本样式，所以需要修改摄像机视图。

4. 从视口上面的“摄像机”菜单中选择“正视图”，如图 12.28 所示。

5. 在工具图标调色板中，单击并按住“细分曲面”选项右下角的三角形，查看其菜单，然后选择“挤压”，如图 12.29 所示。

图12.28

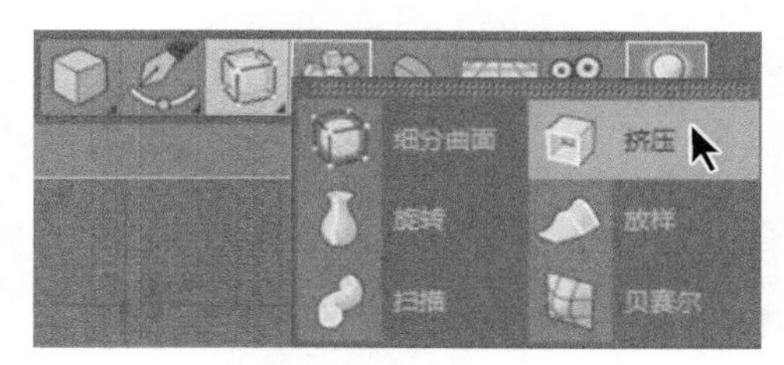

图12.29

6. 在“对象管理器”中选择文本对象，然后将它拖放到“挤压”右侧的中间栏上，对其进行父化处理。当光标变成一个带有向下箭头的方框时，就说明你已经将它放置到正确的位置上了，如图 12.30 所示。

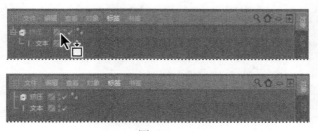

图12.30

在“对象管理器”中，文本对象看起来是嵌套在挤压对象的下面，这表明了两者的父化关系。文本现在变成挤压文本，但是因为你是从前面观看文本，所以效果并不明显。

7. 在“对象管理器”中，单击“挤压”对象，使其变成活跃的（它呈现出亮橙色），如图 12.31 所示。

图12.31

8. 在“属性管理器”中，选择“对象”选项卡，然后将 z 轴的移动值修改为 10 cm，降低挤压深度，如图 12.32 所示。

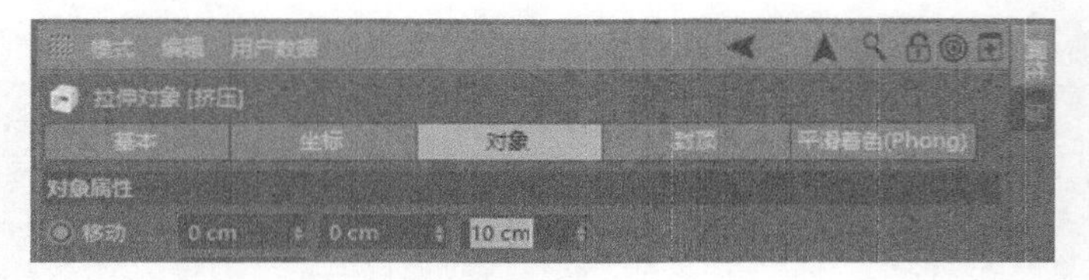

图12.32

现在，通过倾斜文本的边缘进行某些调整，就可以进一步增强文本的显示效果。

9. 在“属性管理器”中，选择“封顶”选项卡，然后执行如下操作，如图 12.33 所示，结果如图 12.34 所示：
   - 从“顶端”下拉列表中选择“圆角封顶”选项；
   - 将“步幅”的值修改为 2；
   - 将“半径”的值修改为 3 cm；
   - 从“圆角类型”下拉列表中选择“凹陷”选项。

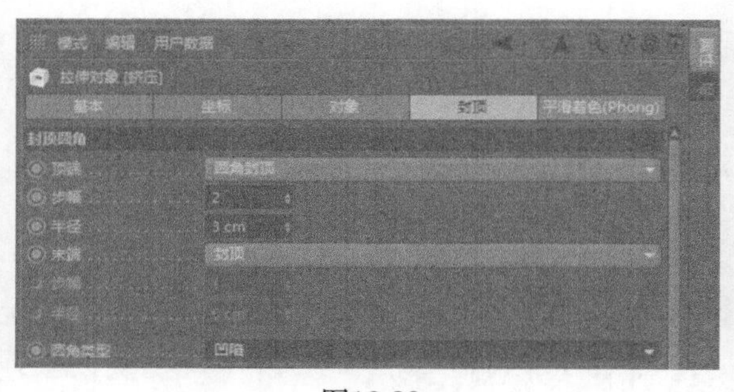

图12.33

图12.34

以上设置将会为文本添加一个有趣的边缘。

12.8.3 给对象添加纹理

Cinema 4D Lite 带有很多预设的表面，可以把它们应用到 3D 对象上。我们可以为文本添加一个巧妙的水面纹理。

1. 在“素材管理器”中单击“创建”按钮，然后选择“加载材质预置”>Lite>Materials>Liquids>Water Turbulent 命令，如图 12.35 所示。

2. 在“素材管理器”中，单击刚刚添加的表面，把它拖放到视口中的文本上，如图 12.36 所示。

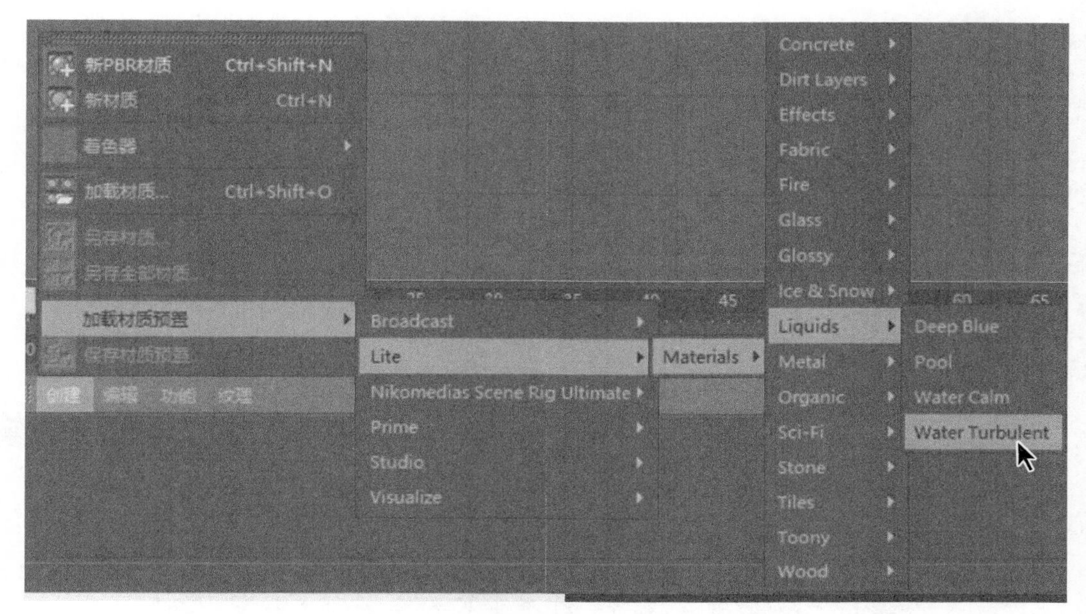

图12.35

图12.36

3. 选择“文件”>“保存”命令。

12.8.4 放置3D对象

因为我们将在After Effects中使用Cinema 4D摄像机，所以可以使用全方位的3D工具在Cinema 4D中放置文本。我们将在Cinema 4D中调整文本，使文本看起来出现在After Effects中字幕文本的下面，并且使文本的倾斜角度与其他文本的倾斜角度一样。

1. 在工具图标调色板中选择移动工具，如图12.37所示。

图12.37

2. 向下拖动绿色箭头（*y*轴），直到“位置”的Y值在坐标管理器

（Coordinates Manager）中大约为 -165 cm，如图 12.38 所示。

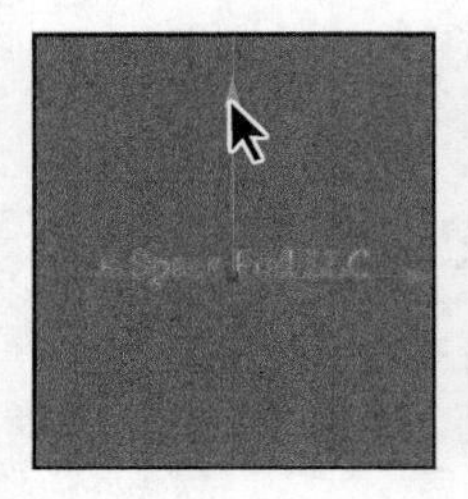

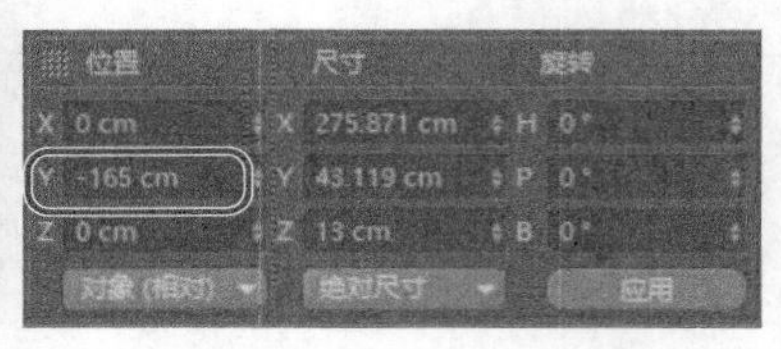

图12.38

3. 在工具图标调色板中选择“缩放”工具，如图 12.39 所示。

图12.39

4. 向右上方拖动蓝色三角形，直到工具提示的显示值大约为 163%（在坐标管理器中的“尺寸”栏中，X、Y、Z 的值应该大致为 452 cm、70 cm、21 cm），如图 12.40 所示。

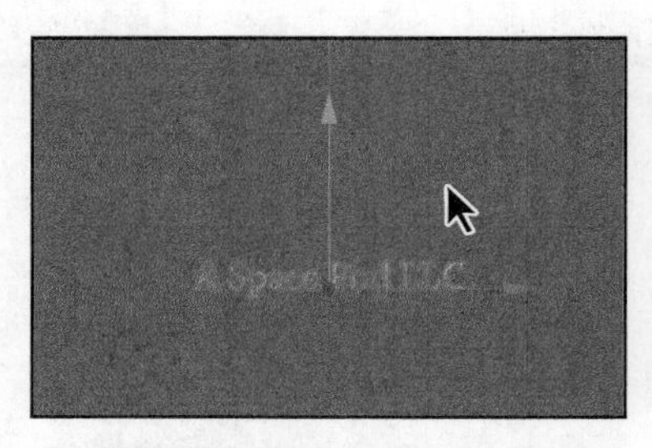

图12.40

5. 选择“文件”>“保存”命令保存目前为止的文件。

6. 返回 After Effects，查看当前文本在场景中的位置，如图 12.41 所示。

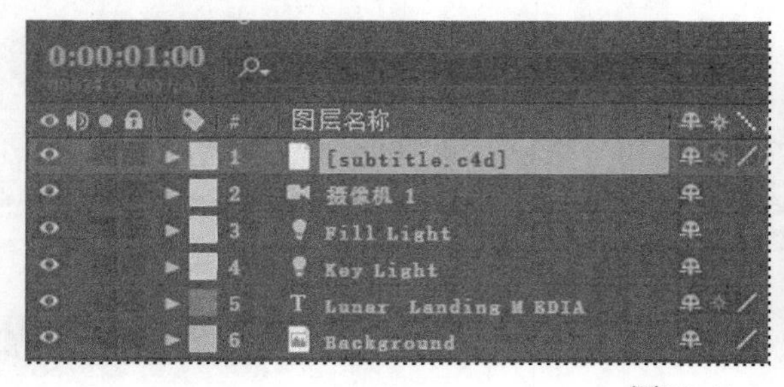

图12.41

文本看起来相当不错，但是角度不对。接下来需要调整角度。

7. 返回 Cinema 4D Lite。

图12.42

8. 在工具图标调色板中选择“旋转”工具，如图 12.42 所示。

9. 向左侧拖动绿色水平条，使 H 的旋转值大约为 -22。

10. 调整内部的蓝色圆圈，将文本的右边缘向下倾斜一些，使得 B 的旋转值大约为 2.6°，如图 12.43 所示。

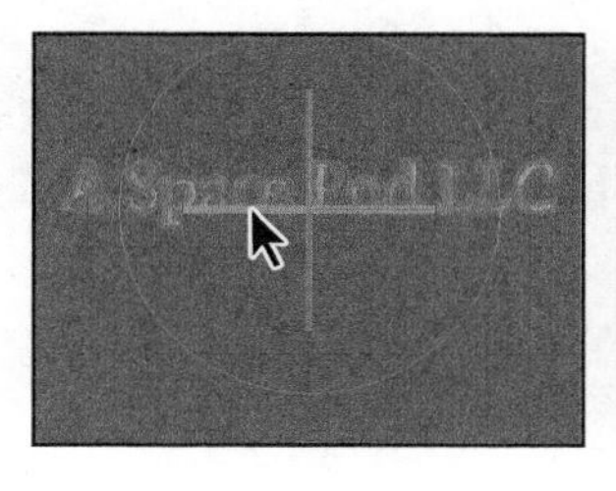

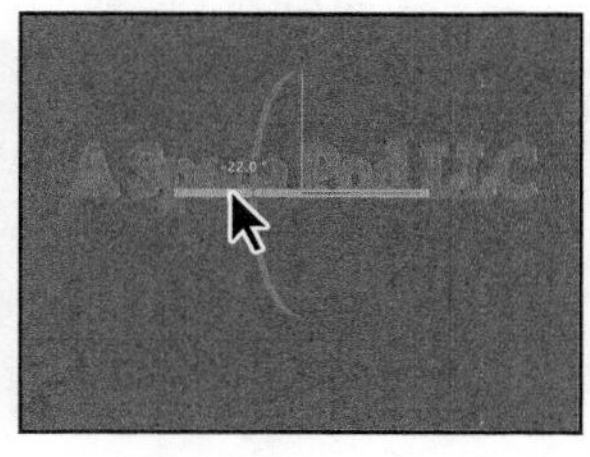

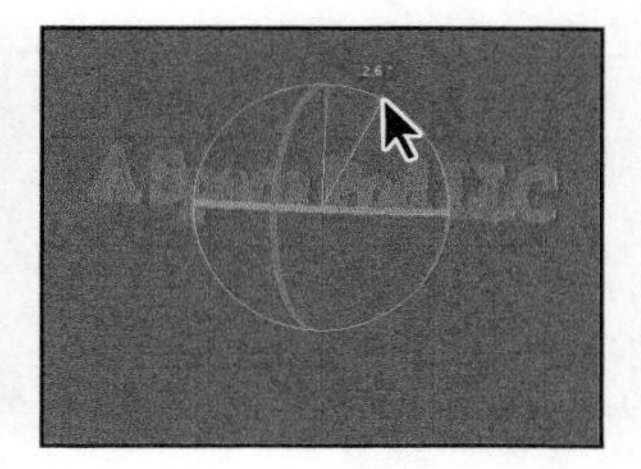

图12.43

注意：Cinema 4D Lite 针对旋转显示 H（heading）、P（pitch）和 B（bank）的值。

12.9 在 After Effects 中集成 C4D 图层

现在，我们将返回 After Effects，在项目中处理 3D 文本。我们已经在 Cinema 4D 中放置好了图层。在 After Effects 中，我们将对图层的不透明度进行动画处理。

1. 在 Cinema 4D Lite 中保存文件，然后返回 After Effects。

2. 在“时间轴”面板中选择 subtitle.c4d 图层，以便在“效果控件”面板中显示 Cineware 特效。

在 After Effects 中处理 Cinema 4D 文件时，通常应该从 Cineware 特效的“渲染器”菜单中选择 Software 或 Standard（Draft）。当然，在准备渲染最终项目时，也可以从“渲染器”菜单中选择 Standard（Final）。

Software 选项使用了更快的渲染器，但是它不会包含文件的所有特性。Standard（Final）选项的渲染速度要慢一些，但是 Cinema 4D 文件的显示效果要好一些。选择 Standard（Draft）选项隐藏网格。

3. 在“效果控件”面板中，从“渲染器”菜单中选择 Standard（Draft）。

4. 确保当前时间指示器位于时间轴的 1:00 位置，以便看到整个摄像机视图。

5. （可选）如果想要调整文本位置，可以返回 Cinema 4D 进行调整，然后保存文件，并再次返回 After Effects。

12.10 结束项目

下面将为字幕卡片添加音频文件。你已经准备好导入音频文件，并准备了用于渲染的文件。

1. 选择“项目”选项卡，双击“项目”面板中的空白区域，然后导航到 Lesson12\Assets 文件夹。双击 Lunar.mp3 文件，将其导入。

2. 将 Lunar.mp3 文件从“项目”面板拖放到“时间轴”面板中图层堆栈的底部。

3. 在“时间轴”面板中选择 subtitle.c4d 图层。

4. 单击“效果控件”选项卡，然后在“效果控件”面板中，从“渲染器”菜单中选择 Standard（Draft），如图 12.44 所示。

图12.44

5. 选择“文件”>“保存”命令，然后浏览作品，如图 12.45 所示。

图12.45

我们已经使用 After Effects 和 Cinema 4D Lite 创建了一个简单的 3D 场景，但是这些只是一些皮毛。用户可以自己的项目中进行各种体验，探索各种选项的用法。

在Cinema 4D中保存多镜头场景

电影导演通常会为一个场景拍摄多个镜头，以便在剪辑时能有所选择。在3D场景中能做的事情，使用Cinema 4D也可以做到。保存的多镜头场景可以在运动变化、相机角度、颜色、材质和其他属性上有所不同。

每次只能有一个镜头是活跃的，活跃的镜头将成为当前项目。

要打开Take Manager（镜头管理器），可单击Object Manager（对象管理器）右边缘的Takes选项卡。有关处理镜头的更多信息，请参见Cinema 4D文档。

12.11 复习题

1. 选择 3D 图层开关后，图层将发生什么变化？
2. 为什么说用多个视图查看包含 3D 图层的合成图像非常重要？
3. 什么是摄像机图层？
4. After Effects 中的 3D 灯光是什么？

12.12 复习题答案

1. 当在“时间轴”面板中选择图层的 3D 图层开关后，After Effects 将对图层添加第三个轴——*z* 轴。然后，我们可以在三维空间内移动和旋转图层。此外，该图层还将增加几个 3D 图层特有的新属性，如“材质选项”属性组。
2. 根据在“合成”面板中所使用的视图不同，你所看到的 3D 图层效果可能具有欺骗性。而启用 3D 视图后，就可以观察到一个图层相对于合成图像内其他图层的真实位置。
3. 使用摄像机图层，我们可以从不同的角度和距离观察 3D 图层。为合成图像设置摄像机视图后，就好像通过那台摄像机一样观察图层。观察合成图像时，我们可以选择是通过“活动摄像机”还是通过命名的自定义摄像机进行观察。如果还没有创建自定义摄像机，则“活动摄像机”与默认的合成图像视图相同。
4. 在 After Effects 中，灯光图层把光照耀在其他图层上。我们可以从 4 种不同的灯光图层中选择——“平行光”“聚光”“点光源”和“环境光”，然后使用不同的设置修改它们。

第13课 使用3D摄像机跟踪器

课程概述

本课介绍的内容包括：

- 使用“3D 摄像机跟踪器”特效来跟踪画面；
- 把摄像机和文本元素添加到跟踪的场景中；
- 设置平面和原点；
- 为新的 3D 元素创建真实的阴影；
- 使用空对象锁定平面的元素；
- 调整摄像机设置，使其与真实画面相匹配；
- 从 DSLR 画面中删除滚动快门失真。

本课大约要用 1 个半小时完成。启动 After Effects 之前，请先将本书的课程资源下载到本地硬盘中，并进行解压。在学习本课并按步骤执行相关操作时，相应的课程文件将被覆盖。建议先做好原始课程文件的备份工作，以免后期用到这些原始文件时还需重新下载。

PROJECT: OPENING SEQUENCE FOR TV SHOW

“3D 摄像机跟踪器”特效通过分析二维画面来创建虚拟的 3D 摄像机，与原型相匹配。我们可以使用这些数据来添加 3D 对象，这样能够使场景逼真。

13.1 关于“3D 摄像机跟踪器”特效

“3D 摄像机跟踪器”特效自动分析 2D 画面中出现的运动，提取位置和拍摄现场的真实摄像机的镜头类型，然后在 After Effects 里创建新的 3D 摄像机，与其相匹配。该特效也会在 2D 画面上覆盖 3D 跟踪点，这样我们就可以很容易在原来的画面上添加新的 3D 图层。

这些新的 3D 图层具有与原始画面相同的运动和角度变化。“3D 摄像机跟踪器”特效甚至可以创建“影子捕手”，这样新的 3D 图层就可以把真实的阴影和反射投射到现有的画面上了。

3D 摄像机跟踪器在后台进行分析。因此，我们可以在分析画面的同时处理其他合成图像。

13.2 开始

在本课，我们将为一家虚构的真人秀节目创建开场画面，节目内容是估算办公桌上的日常物品的价值。我们将首先导入素材，然后用“3D 摄像机跟踪器”特效跟踪它。接着，添加 3D 文本元素，这些元素能够精确地跟踪场景。最后，对文本做动画处理，添加音频，增强画面效果，从而完成该真人秀的介绍。

首先，预览最终影片效果，然后设置项目。

1. 确认硬盘上的 Lessons\Lesson13 文件夹中存在以下文件。
    - Assets 文件夹：Desktop.mov、Treasures_Music.aif、Teasures_Title.psd。
    - Sample_Movies 文件夹：Lesson13.avi 和 Lesson13.mov。
2. 使用 Windows Media Player 打开并播放影片示例文件 Lesson13.avi，或者使用 QuickTime Player 打开并播放影片示例文件 Lesson13.mov，以查看本课将创建的效果。播放完后，关闭 Windows Media Player 或 QuickTime Player。如果硬盘空间有限，也可以将影片示例文件从硬盘中删除。

开始本课前，请恢复 After Effects 应用程序的默认设置。详情请参见前言中的“恢复默认参数”。

3. 启动 After Effects 时请立即按住 Ctrl + Alt + Shift（Windows）或 Command + Option + Shift（macOS）组合键，准备恢复默认的参数设置。系统询问是否删除参数文件时，单击“确定”按钮。关闭“开始”窗口。

After Effects 打开后显示一个空的无标题项目。

4. 选择“文件”>“保存为”>“另存为”命令。
5. 在“另存为”对话框中，导航到 Lessons\Lesson13\Finished_Project 文件夹。
6. 将该项目命名为 Lesson13_Finished.aep，然后单击“保存”按钮。

13.2.1 导入素材

本课需要导入 3 项素材并给它们创建文件夹。在一个复杂的真实项目中，对素材进行合理组织，可以节省大量时间。

1. 选择“文件”> “导入”> “文件”命令。
2. 导航到 Lessons\Lesson13\Assets 文件夹，按下 Shift 键单击选择 Desktop.mov、Treasures_Music.aif 和 Teasures_Title.psd 文件，然后单击“导入”或者“打开”按钮。
3. 选择“文件”> “新建”> “新文件夹”命令，或者单击“项目”面板底部的“创建新文件夹”按钮（ ），在该面板中创建一个新文件夹。
4. 输入 Footage 命名新文件夹，按 Enter 或 Return 键接受该名称，然后将 Desktop.mov 文件和 Teasures_Title.psd 文件拖放到 Footage 文件夹内。
5. 确保没有选中任何内容，然后创建另一个新文件夹，并将它命名为 Audio。然后将 Treasures_Music.aif 文件拖放到 Audio 文件夹内。
6. 展开该文件夹，以查看其中的内容，如图 13.1 所示。

图13.1

13.2.2 创建合成图像

现在，我们将基于 Desktop.mov 文件的长宽比和时长创建新的合成图像。

1. 将 Desktop.mov 文件拖放到“项目”面板底部的“创建新合成”按钮上（ ）。After Effects 创建新的合成图像，并将它命名为 Desktop，然后将它显示在“合成”面板和“时间轴”面板中，如图 13.2 所示。

图13.2

2. 将 Desktop 合成图像拖放到“项目”面板中的空白区域，将它移出 Footage 文件夹。
3. 在时间标尺上拖动当前时间指示器，预览视频剪辑。

摄像机围绕桌子移动，这样就能看到桌子上的物品了。我们将增加标签和金额，并配合背景音乐做一些动画。

4. 选择“文件”>“保存”命令保存作品。

修复滚动快门失真

带有CMOS传感器的数码相机——包括带有视频功能的数码单反相机（DSLR），它们越来越受到电影、商业广告和电视节目的欢迎，通常被称为“滚动”快门，它能够一次捕获一帧视频的一个扫描线。由于扫描线之间有时间差，并不是图像的所有区域都能在完全相同的时间被准确记录下来，这就导致运动落后于帧。如果摄像机或者对象正在移动，滚动快门就会引起失真，例如倾斜的建筑物和其他倾斜的图像。

“滚动快门修复”特效尝试自动解决这个问题。要使用它，可以选择“时间轴”面板中的问题图层，然后选择“效果”>“扭曲”>“滚动快门修复”命令，结果如图13.3所示。

因为滚动快门失真，建筑物的柱子看起来倾斜了

运用了该特效后，建筑物的柱子看起来更稳定

图13.3

一般采用默认设置，但是可能需要改变扫描方向或者用来分析画面的方法。

如果打算在已经使用“滚动快门修复”特效的画面上使用“3D摄像机跟踪器”特效，首先要预先合成画面。

13.3 素材跟踪

2D 画面已经就位。现在我们将用 After Effects 跟踪它，然后在 3D 摄像机应该放置的位置插入 3D 摄像机。

1. 在“时间轴”面板中，单击 Desktop.mov 图层的“音频”图标，使音频静音。

稍后将要添加配乐，我们不希望这个视频剪辑中包含任何环境噪声。

2. 在“时间轴”面板中，右键单击（Windows）或者按住 Control 键单击（macOS）Desktop.mov 图层，选择“跟踪摄像机”，如图 13.4 所示。

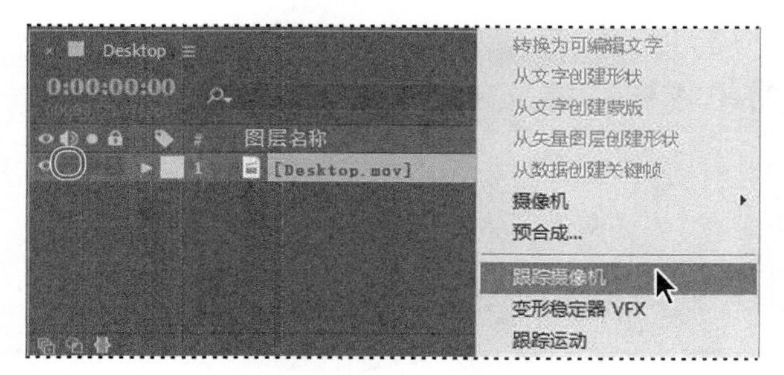

图13.4

在 After Effects 中打开“效果控件”面板，在后台分析素材的同时显示其进度。分析完成后，许多跟踪点就会出现在“合成”面板中。跟踪点的大小表明其与虚拟摄像机的距离：大的跟踪点离摄像机更近，小的跟踪点离摄像机更远。

对图像的默认分析往往产生令人满意的结果，但是我们还可以进行更详细的分析，从而更好地解决摄像机位置的问题。

3. 在“效果控件”面板中，展开“高级”类别，然后选择“详细分析”选项，如图 13.5 所示。

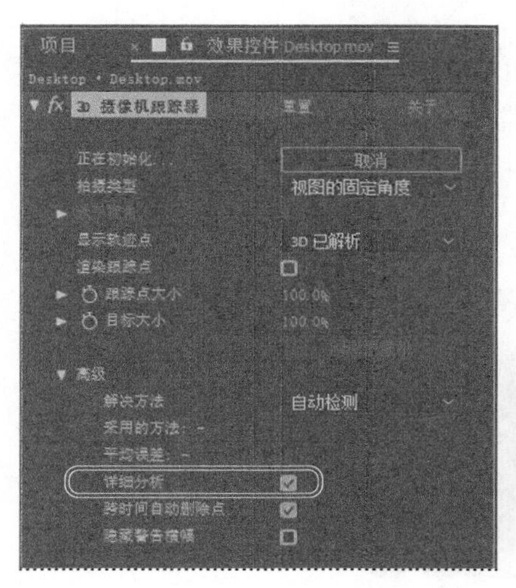

图13.5

> Ae | **提示：** 详细的分析可能会花几分钟的时间，这取决于用户的系统。

After Effects 再次分析了画面。如果你正在使用较慢的机器，而且并不需要详细的分析，你可以在 3D 摄像机跟踪器执行最初的分析时，通过选择“详细分析”选项来节省时间。详细的分析可能会花几分钟的时间，这取决于你的系统。因为分析是在后台进行的，所以在分析时可以处理项目的其他方面。

4. 分析完成之后，选择“文件”>“保存”命令保存作品。

13.4 创建平面、照相机和初始文本

现在我们有了一个3D场景，但是需要一个3D相机。当你创建第一个文本元素的时候，就要添加一个相机，然后添加与第一个文本元素相关联的第二个文本元素。

1. 按Home键，或将当前时间指示器移动到时间标尺的起点。

注意：你也可以在“效果控件”面板中通过单击“创建摄像机”按钮的方式添加相机。

2. 在“合成”面板中，把光标放在唱片中心的圆孔上，直到显示的目标与平面和角度相匹配（如果看不见跟踪点和目标，可以在“效果控件”面板中，单击“3D摄像机跟踪器”特效激活它）。

注意：如果目标的大小使得我们很难看到平面，可以按住Alt或者Option键从目标的中心位置拖动，从而调整目标的大小。

当你的光标在定义平面的三个或者更多相邻跟踪点之间悬停的时候，跟踪点之间会出现一个半透明的三角形。此外，红色的目标表示3D空间中平面的方向。

3. 右键单击（Windows）或者按住Control键单击（macOS）平面，选择“设置地平面和原点”选项，如图13.6所示。

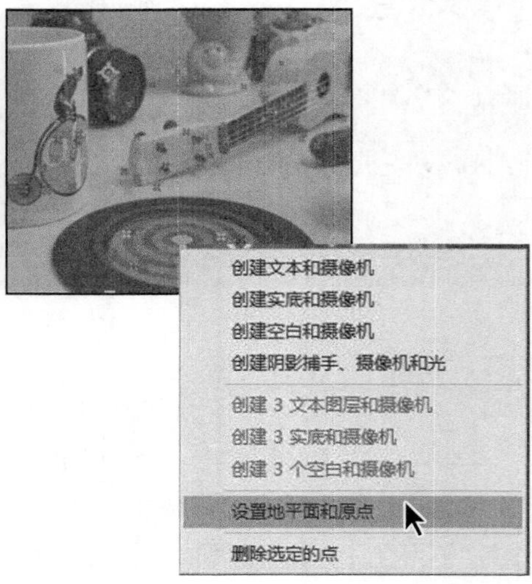

图13.6

地平面和原点提供了一个参考点，将一个点的坐标设置为（0，0，0）。虽然在“合成”面板中，使用“活动摄像机”视图没有什么发生改变，但是地平面和原点使得改变相机的旋转和位置更加容易。

4. 右键单击（Windows）或者按住 Control 键单击（macOS）同一个地平面，然后选择“创建文本和摄像机”选项，如图 13.7 所示。

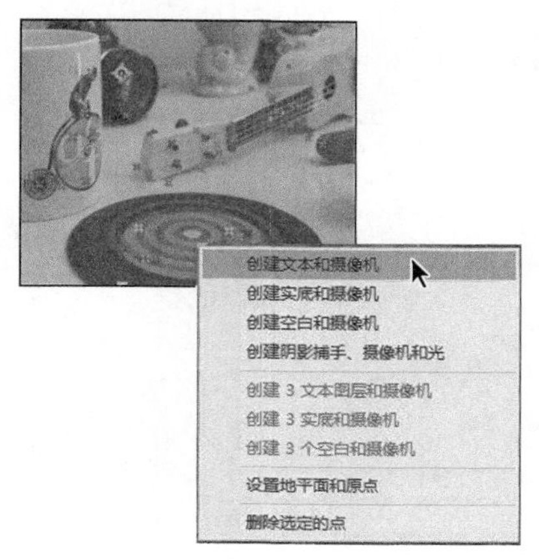

图13.7

After Effects 在“合成”面板中显示了一个大文本项。另外还给“时间轴”面板添加了两个图层：“文本”和“3D 跟踪器摄像机”图层。针对 Text 图层启用 3D 开关，但是 Desktop.mov 图层仍然是 2D。因为文本元素是唯一需要在 3D 空间中定位的元素，所以没有必要使背景画面图层成为 3D 图层。

5. 在时间标尺上移动当前时间指示器。在使用摄像机跟踪时，文本的位置不变。将当前时间指示器返回到时间标尺的起点处。

6. 在“时间轴”面板中双击“文本”图层，将“字符”和“段落”面板添加到右侧的面板堆栈中，如图 13.8 所示。

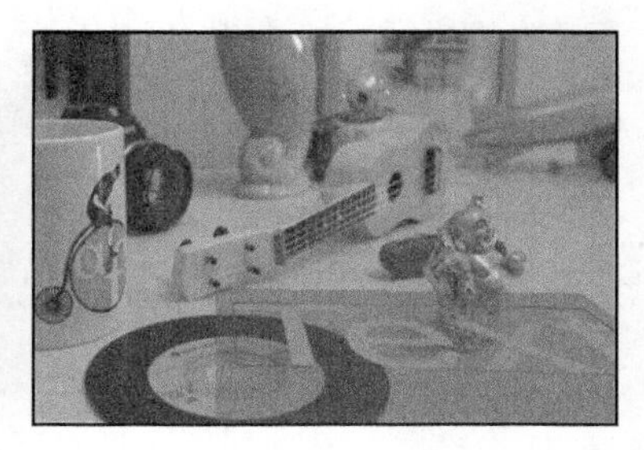

图13.8

7. 打开“段落”面板，对齐方式选择“居中对齐”。这样文本就位于唱片的中心了，如图 13.9 所示。

8. 打开“字符”面板，将字体更改为无衬线的字体，例如 Arial Narrow 或者 Helvetica Light。然后将字体大小改为 20 像素，画笔宽度改为 1 像素，画笔类型改为“在描边上填充”。确保填充颜色是白色，画笔的颜色是黑色（默认颜色），如图 13.10 所示。

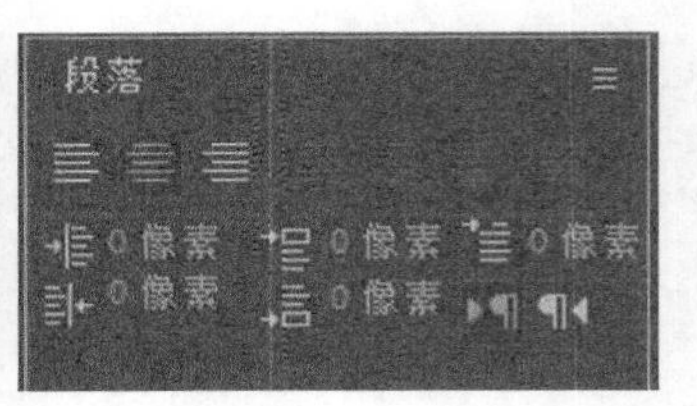

图13.9

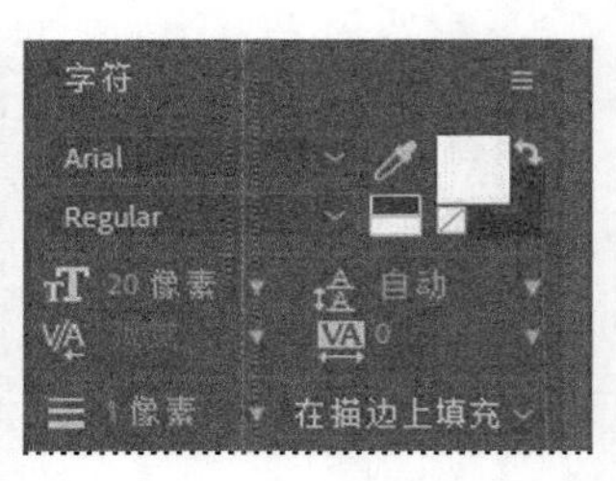

图13.10

文本看起来相当不错，但是我们希望它一直存在。我们将要在 3D 空间中修改其位置，然后使用对象的价格来替换它。

9. 选择“时间轴”面板中的“文本”图层，退出文本编辑模式。然后按 R 键显示图层的“旋转”属性，将“方向”值改为（0°，350°，0°），如图 13.11 所示。

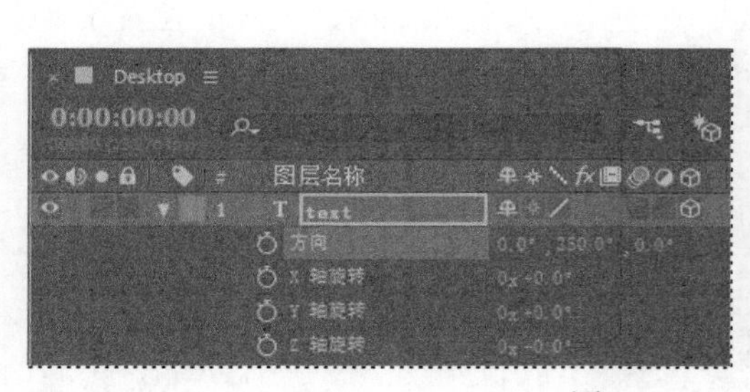

图13.11

> **注意：** 用户可以不用输入数值，而是使用“旋转”工具调整“合成”面板中的单个轴。

我们创建的任何新 3D 图层都使用地平面和原点来确定场景中的图层方向。“文本”图层最初是水平的，*x* 轴上的“方向”值为 270°。如果把这个值改为 0，文本会变成垂直的。

10. 在“时间轴”面板中双击“文本”图层，使“合成”面板中的“文本”图层成为活跃状态。

当文本是可编辑状态时，它的周围出现淡红色的边框。

11. 在“合成”面板中选中文本，输入 $35.00 替代原文本，如图 13.12 所示。

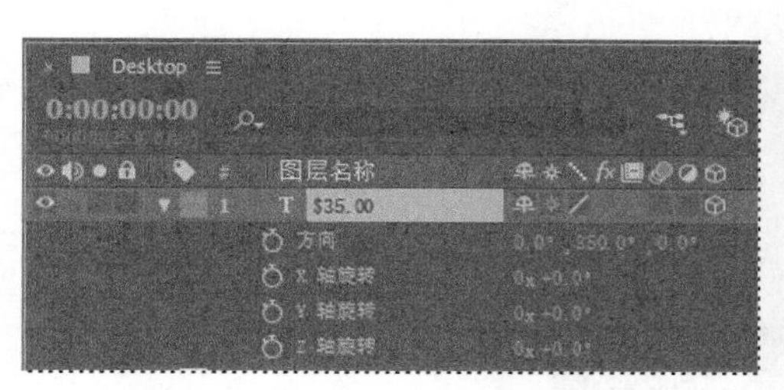

图13.12

目前为止一切顺利。接下来，要给物品添加标签，随着相机的移动，标签需要和价格在一起。我们将复制该图层，修改它，然后使两个图层形成父化关系。

12. 在“时间轴”面板中选择 $35.00 图层，按 Ctrl + D（Windows）或 Command + D（macOS）组合键复制图层。

13. 双击 $35.2 图层，在“合成”面板中输入 HENDRIX 45 RPM（全部用大写字母），如图 13.13 所示。

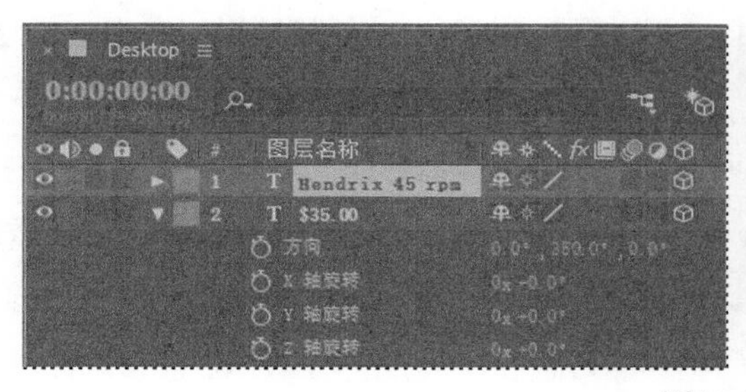

图13.13

文本太大，文本的尺寸和价格文本的尺寸应该是相同的。我们要将该“文本”图层设置为 $35.00 图层的子图层，然后进行缩放。

14. 在“时间轴”面板中选择 HENDRIX 45 RPM 图层，按 P 键显示图层的“位置”属性。从 HENDRIX 45 RPM 图层把关联器拖动到 $35.00 图层，如图 13.14 所示。

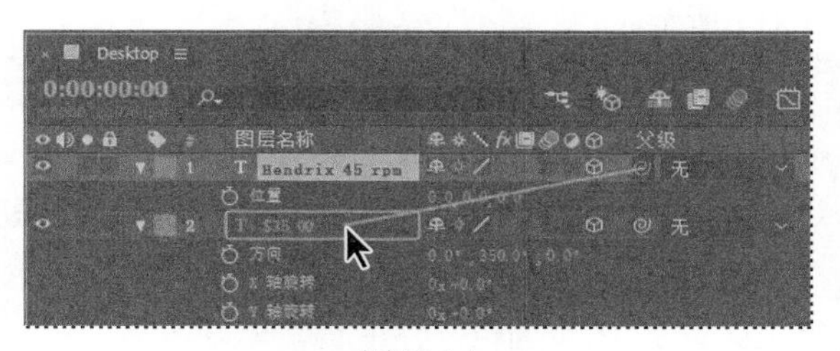

图13.14

把 HENDRIX 45 RPM 图层的“位置”值改为（0，0，0），因为它的位置与父图层的位置有关联。但是，我们想要让 HENDRIX 45 RPM 图层出现在 $35.00 图层上面，而不是在它前面。

15. 把 y 轴位置的值修改为 -18，把 Hendrix 标签移动到价格文本上面。

16. 选中 HENDRIX 45 RPM 图层，按 S 键显示“缩放”属性，把“缩放”值修改为（37.4，37.4，37.4%），如图 13.15 所示。

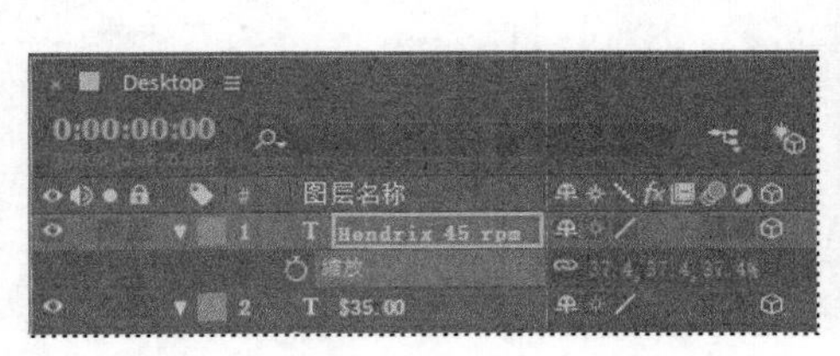

图13.15

17. 关闭打开的属性，然后选择“文件”>“保存”命令保存作品。

13.5 创造真实的阴影

我们已经建立了第一个文本元素，但是与 3D 对象不同，它们没有任何阴影。我们将创建一个影子捕手和灯光，为视频增加景深。

1. 按 Home 键或者移动当前时间指示器到时间标尺的起点。

2. 在“时间轴”面板中选择 Desktop.mov 图层，按 E 键显示“3D 摄像机跟踪器”特效，然后选择“3D 摄像机跟踪器”特效，如图 13.16 所示。

3. 在“工具”面板中选择“选取”工具（▶）。然后，在“合成”面板中，找到创建文本图层时所使用的相同面板。

注意：一定要在 Desktop.mov 图层（而不是“3D 摄像机跟踪器”图层）选择“3D 摄像机跟踪器”效果。

4. 右键单击（Windows）或按 Control 键单击（macOS）目标，然后选择“创建阴影捕手和光”选项，如图 13.17 所示。

After Effects 在场景中添加一个光源。由于使用的是默认设置，所以影子会在“合成”面板中出现。但是，我们还需要对光源重新定位，使得光源与源场景的灯光相匹配。After Effects 添加到“时间轴”面板中的 Shadow Catcher 1 图层是一种可以设置材质选项的形状图层，这样它只接受来自场景的阴影。

5. 在“时间轴”面板中选择 Light 1 图层，按 P 键显示图层的“位置”属性。

6. 在“位置”属性中输入以下各值重新定位光源的位置：1900、-2500、-375。

7. 选择“图层”>“灯光设置”命令。

图13.16

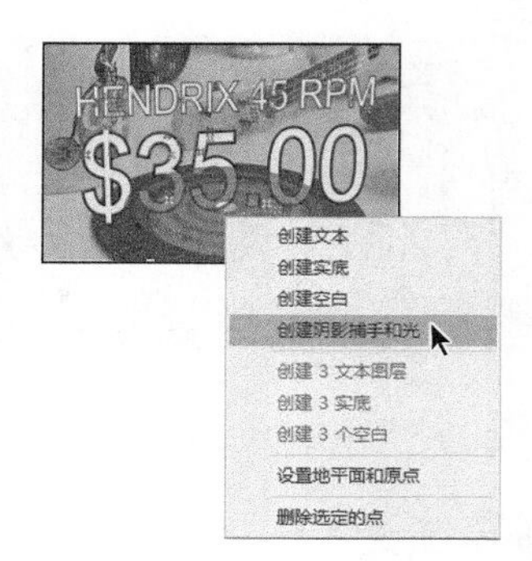

图13.17

用户可以在“灯光设置”对话框中改变光源的强度、颜色和其他属性。

> **提示：**在真实的项目中，最理想的是使用拍摄原始 2D 场景的照明计划，这样做的目标是使新的 3D 光源尽可能地与原始光源相匹配。

8. 将光源命名为 Key Light。从“灯光类型”下拉列表中选择“点”选项，然后选择淡红色（R=232，G=214，B=213）与房间里的浅颜色相匹配。将“阴影深度”修改为 15%，将“阴影扩散”修改为 100 px。单击“确定”按钮，如图 13.18 所示。

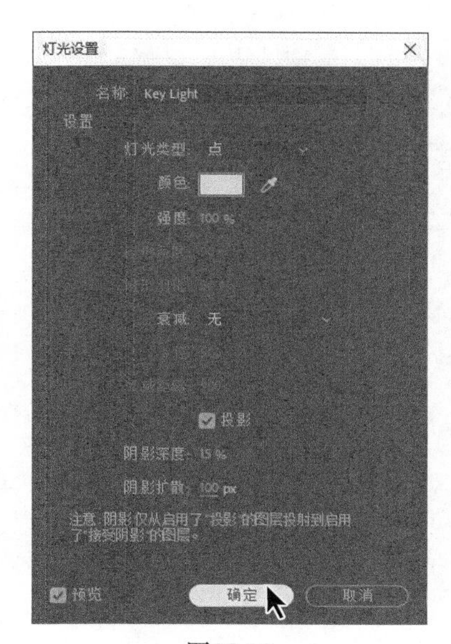

图13.18

9. 在“时间轴”面板中选择“阴影捕手 1”图层，按 S 键显示其“缩放”属性。

10. 将“缩放”值修改为 340%，如图 13.19 所示。

改变“阴影捕手 1”图层的大小，使得阴影可以在创建的光源上显现出来。

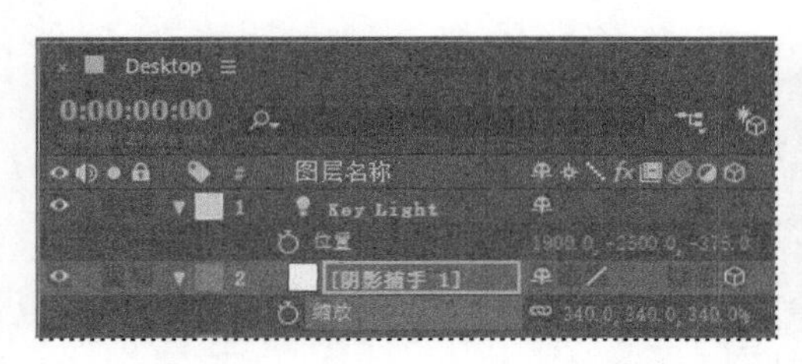

图13.19

13.6 添加环境光

对光源进行调整之后，阴影看上去好多了，但是会导致文本看上去很暗。我们需要添加周围环境光来解决这个问题。与点光源不同，环境光在整个场景中能够创造更多的散射光。

1. 取消选中所有图层，然后选择“图层”>“新建”>“灯光”命令。
2. 把光源命名为 Ambient Light，从“灯光类型”下拉列表中选择“环境”，将“强度”值修改为 80%。光源颜色应该与点光源的颜色相同。
3. 单击“确定”按钮在场景中添加光源，如图 13.20 所示。

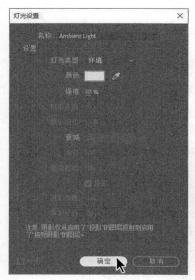

图13.20

4. 在“时间轴”面板中，隐藏除了 Desktop.mov 图层之外的其他图层的属性。

13.7 创建额外的文本元素

我们已经为 Hendrix 唱片创建了标签。现在我们需要对摄像机、黄金雕像、小刀和尤克里里琴执行相同的任务，即创建标签。创建每个标签的步骤是相同的，但是因为物品位于桌子上不同的地方，我们需要使用不同的方向和尺寸值，如表 13.1 所示。我们还会发现，在时间标尺上的不同点为平面上的每个物品添加标签是非常容易的。

表 13.1

物品	在时间标尺上的位置（步骤1）	方向（步骤5）	价格（步骤6）	价格范围（步骤7）	标签（步骤9）
摄像机	3:00	0，310，0	$298.00	3000	35MM CAMERA
黄金雕像	5:00	0，325，0	$613.00	2000	GOLD STATUE
小刀	7:00	0，340，0	$75.00	2500	POCKET KNIFE
尤克里里	9:00	0，310，0	$500.00	3000	1942 UKULELE

提示：如果 3D 对象应该被背景中的某个物品掩盖的话，复制背景图层，把它移动到图层堆栈的顶部，然后使用蒙版工具在前景元素的周围创建蒙板。我们需要随着时间的推移对这些蒙版进行动画处理，如果仔细地做，你可以创建一个无缝的合成图像。

1. 移动当前时间指示器，以便能够更好地观看物品。
2. 在“时间轴”面板中，选中“3D 摄像机跟踪器”（在 Desktop.mov 图层下面），使其处于活跃状态（按 E 键显示“3D 摄像机跟踪器”），如图 13.21 所示。

图13.21

注意：确保是在 Desktop.mov 图层（而不是“3D 跟踪器摄像机”图层）中选择“3D 摄像机跟踪器”特效。

3. 确保选中“选取”工具（▶）。然后在“合成”面板中，在一个区域上方移动鼠标，以便红色的目标与物品的前面平行。
4. 右键单击（Windows）或按 Control 键单击（macOS）目标，选择“创建文本”命令。
5. 在“时间轴”面板中选择“文本”图层，按 P 键显示“旋转”值，然后改变“方向”值，如图 13.22 所示。

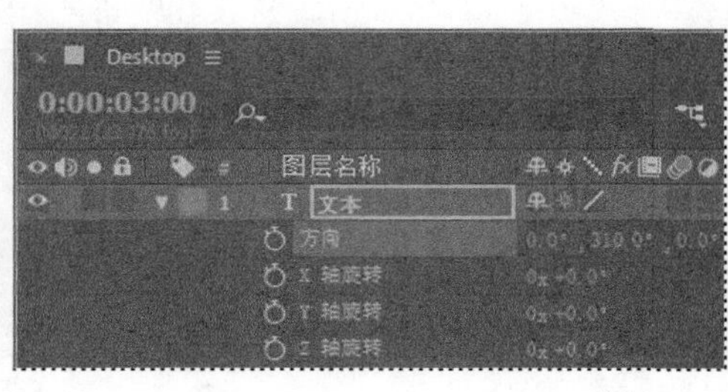

图13.22

6. 双击“文本”图层使其可编辑，然后在“合成”面板中输入价格。

7. 在“时间轴”面板中选择价格图层，按 S 键显示“缩放”属性。改变“缩放”值。

8. 选中价格图层，按 Ctrl + D（Windows）或者 Command + D（macOS）组合键复制图层。

9. 在“时间轴”面板中双击复制的图层，然后在“合成”面板中输入标签。

> **注意：**一定要再把大写锁定键关闭，否则会得到意想不到的结果，而且 After Effects 将无法更新图层的名称。

10. 在“时间轴”面板中选择标签图层，按 P 键显示“位置”属性。然后从标签图层（例如 35MM CAMERA）把关联器拖动到价格图层（如 $298.00）。

11. 把标签图层“位置”属性的 y 值修改为 -18，把标签移动到价格的上面。

12. 再次选择标签图层，按 S 键显示“缩放”属性。把“缩放”值修改为（50，50，50%），如图 13.23 所示。

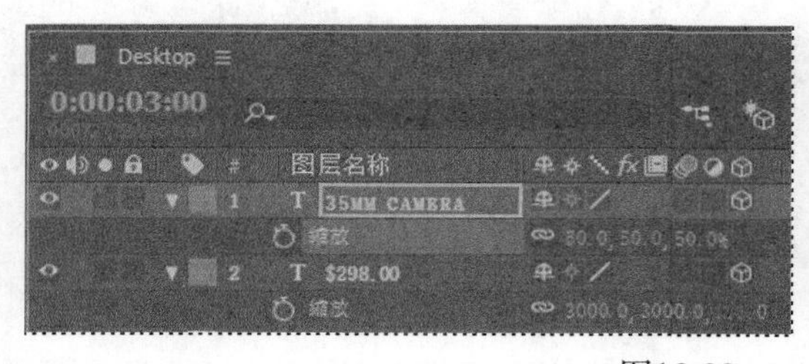

图13.23

13. 隐藏刚刚创建的图层属性。

14. 重复步骤 1 ～步骤 13，使用表 13.1 中的值，为其他对象添加标签。

标签看上去都不错，但是它们有重叠的地方，很难分辨。我们要根据需要进行调整。

15. 如果需要调整一个标签，可选中该物品的价格图层，然后使用“选取”工具来调整其位置。因为我们已经将价格图层设置为标签图层的父图层，因此价格图层的调整也会反映在标签图层上，如图 13.24 所示。

图13.24

> **注意：**你的标签可能与这里的不同，这与你将每一个平面定位在哪里有关。

16. 选择“文件”>“保存”命令保存作品。

13.8 用空对象锁定图层

真人秀的标题卡应该平放在桌子上，它使用的平面与将文本附在唱片上的平面相同。我们将使用空对象把标题卡附在那个平面上。标题卡是一个 Adobe Photoshop 文件。

1. 按 Home 键或者将当前时间指示器移动到时间标尺的起点。
2. 在“时间轴”面板中，选择“3D 摄像机跟踪器”（在 Desktop.mov 图层下面），使其处于活跃状态（按 E 键显示“3D 摄像机跟踪器”）。
3. 选择“选取”工具（▶），然后移动光标，使目标位于唱片表面。
4. 右键单击（Windows）或按 Control 键单击（macOS）目标，选择“创建空白”选项，如图 13.25 所示。

在“时间轴”面板中，After Effects 在图层堆栈的顶部添加了一个 Track Null 1 图层（见图 13.26）。因为我们知道唱片和桌子处于同一个平面，我们可以使用这个空对象将真人秀的标题定位到桌面的一个空区域，还可以把它正确地移动到与场景中其他元素和摄像机相关联的位置。

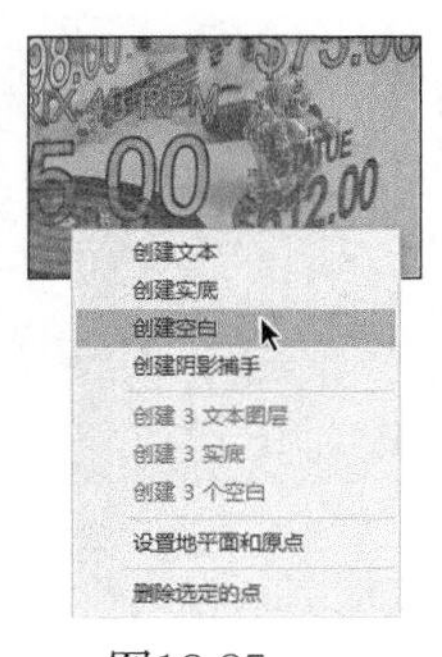

图13.25

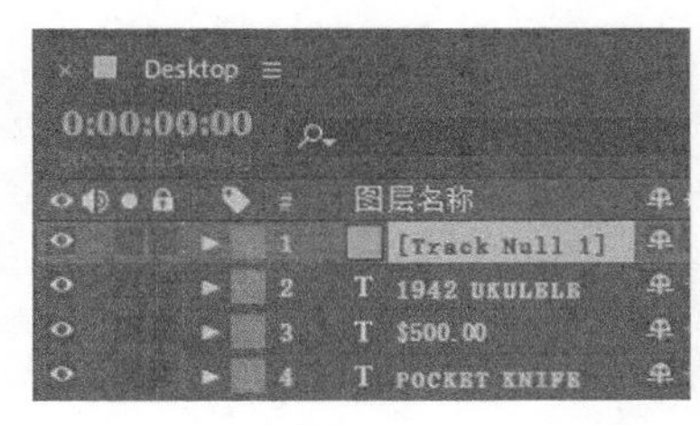

图13.26

5. 在“时间轴”面板中选择 Track Null 1 图层，按 Enter 或 Return 键，将名称修改为 Desktop

Null。再按 Enter 或 Return 键接受名称的更改。

6. 把 Treasures_Title.psd 素材从“项目”面板中拖动到“时间轴”面板中，把它直接放在 Desktop Null 图层上面。

7. 从 Treasures_Title 图层拖动关联器到 Desktop Null 图层，使其成为 Desktop Null 图层的子图层。

> **提示：**如果不想拖动关联器，可以在 Treasures_Title 图层中的父级下拉列表中选择 2.Desktop Null。

8. 单击 Treasures_Title 图层的 3D 开关，使其成为 3D 图层，如图 13.27 所示。

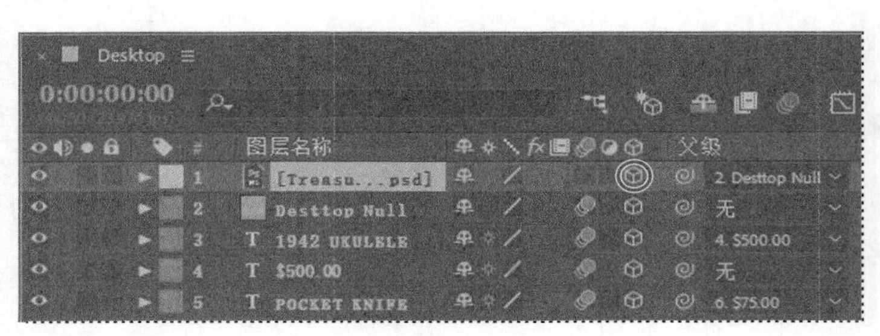

图13.27

因为标题图层已经成为空对象的子图层，所以当它成为 3D 图层时会自动确定方向，平放在桌面上。

9. 移动到时间标尺的终点处，这样就能看到标题卡是如何定位的了。

我们需要将标题移动到桌面上的空白区域，然后旋转并调整它的大小。

10. 在“时间轴”面板中选择 Treasures_Title 图层，按 R 键显示其“旋转”属性。然后将 Z 旋转的值修改为 305°。

11. 按 S 键显示其“缩放”属性，然后把“缩放”值增加到 625%。

12. 选中“选取”工具，将标题文本移动到位。如果需要调整文本大小，使用“选取”工具来调整物品的角柄。

13. 在“时间轴”面板底部单击“切换开关 / 模式”按钮。在 Treasures_Title 图层中，从“模式”下拉列表中选择 Luminosity。

图13.28

14. 再次单击“切换开关 / 模式”按钮。

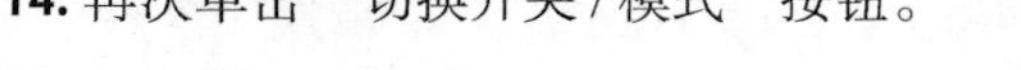

15. 选择“文件”>“保存”命令保存作品，最终结果如图 13.28 所示。

13.9 对文本做动画处理

3D 文本元素、摄像机和灯光都已经完成了，用户还可以使文本根据配乐呈现出动态效果，这会使介绍更有趣。用户可以添加音轨，然后使标签在收银机发出声音的时候动态地出现。

13.9.1 对第一个文本元素做动画处理

我们将对唱片标签和价格做动态处理，使它们能够在介绍中早点出现，价格在字母之间循环穿过，然后到达最终的位置。

1. 在“项目”面板中，把 Treasures_Music.aif 文件从 Audio 文件夹拖动到 Timeline 面板中图层堆栈的底部。
2. 把当前时间指示器移动到时间标尺的起点，然后按空格键，将合成图像的前几秒钟移动到 RAM 中。然后按空格键停止缓存，并移动到时间标尺的起点，再次按空格键预览缓存的内容。

注意收银机是定期发出声音的。我们将在发声的时刻使文本动态出现。

3. 移动到 1:00 位置，选择 $35.00 图层。按 S 键显示“缩放”属性，然后将“缩放”值修改为 0%。单击秒表图标（ ）创建一个初始关键帧。
4. 移动到 1:08 位置，将 $35.00 图层的“缩放”值修改为 3200%，使文本就比最终尺寸更大。
5. 移动到 1:10 位置，将“缩放”值改为 3000%，即文本的最终值，如图 13.29 所示。

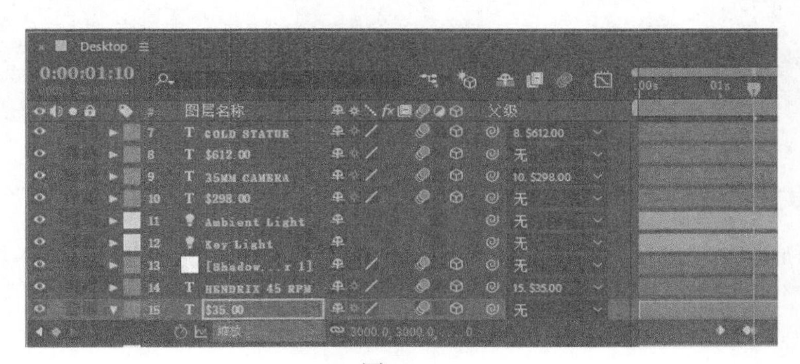

图13.29

6. 移动到 1:00 位置，按 S 键隐藏“缩放”属性。然后单击 $35.00 图层旁边的箭头，显示其所有属性。
7. 在“文本”属性旁边，从“动画”下拉列表中选择“字符位移”选项，如图 13.30 所示。
8. 在 Animator 1 属性中展开 Range Selector 1。然后单击 Offset 旁边的秒表创建一个初始关键帧，确保值为 0%。
9. 为“字符位移”（在“字符范围”下面）创建一个初始关键帧，确保其值为 0。

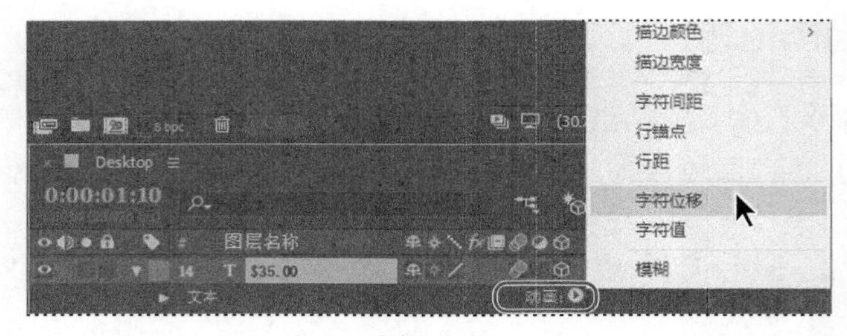

图13.30

10. 移动到 1:12 位置，将 Range Selector 1“偏移”值修改为 -100%。

11. 单击“偏移”属性选择所有关键帧，右键单击（Windows）或按 Control 键单击（macOS）其中一个关键帧，然后选择“关键帧辅助”>“淡入淡出”命令。

12. 移动到 1:17 位置，将“字符位移”值修改为 20，如图 13.31 所示。

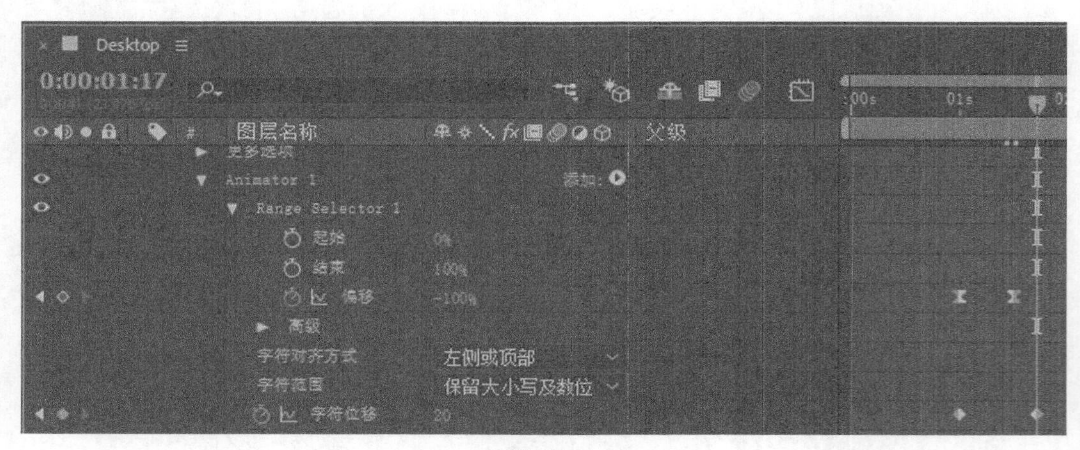

图13.31

13. 预览合成图像的前两秒。

当文本循环通过估计价格的时候，将弹出唱片的标题。字符偏移值决定了文本是如何循环字符，直到到达最后一个字符的。

13.9.2 复制动画到其他文本元素

现在已经对唱片上的文本做了动画处理，通过将关键帧放置在时间标尺上合适的位置，我们可以复制动画到其他物品上。

1. 选择 $35.00 图层，按 U 键只显示具有关键帧的属性。

2. 在时间轴中，拖动关键帧附近的选框选中它们，如图 13.32 所示。

3. 选择“编辑”>“复制”命令复制关键帧和它们的值。

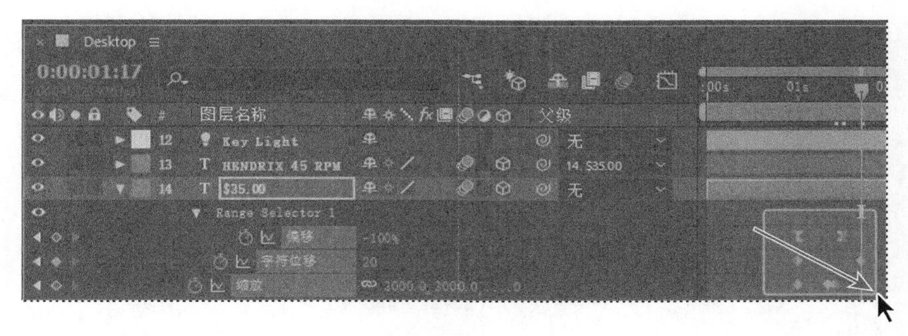

图13.32

4. 移动到 3:00 位置，选择 $298.00 图层。在当前时间的起点处（3:00），选择“编辑”>“粘贴”命令粘贴关键帧和它们的值。

5. 移动到 5:00 位置，选择 $613.00 图层。按 Ctrl + V(Windows ）或者 Command + V(macOS ）组合键粘贴关键帧和它们的值。

6. 移动到 7:00 位置，选择 $75.00 图层。按 Ctrl + V（Windows）或者 Command + V（macOS）组合键。

7. 移动到 9:00 位置，选择 $500.00 图层。按 Ctrl + V(Windows ）或者 Command + V(macOS ）组合键。

8. 隐藏所有图层的属性，然后选择“文件”>“保存”命令。

13.10 调整摄像机的景深

真人秀的介绍看上去很好，但是如果调整 3D 摄像机的景深，可以使得计算机生成的元素与源画面更紧密地相匹配。我们将使用摄像机在拍摄原始画面时所使用的值，所以远离摄像机的文本看上去似乎更模糊了。

1. 在“时间轴”面板中，选择 3D Tracker Camera 图层。

2. 选择“图层”>“摄像机设置”命令。

3. 在“摄像机设置”对话框中，执行以下步骤，然后单击“确定”按钮，如图 13.33 所示：

   - 选择“启用景深”选项；
   - 将“焦距”设置为 200 mm；
   - 将“光圈大小”修改为 5.6；
   - 将“焦距”设置为 27.2。

4. 在“时间轴”面板中选中除音频图层外的其他图层。然后选择其中一个图层的“运动模糊”开关，把它应用到所有选中的图层上。

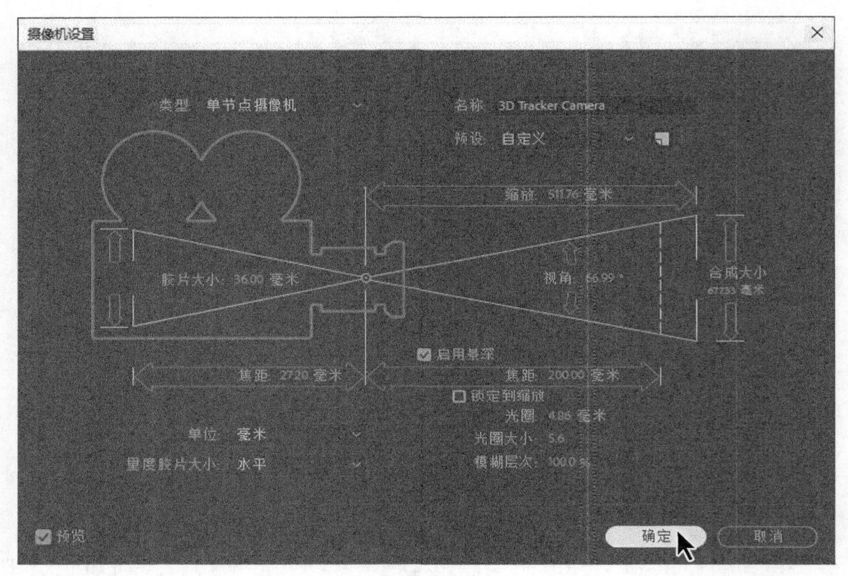

图13.33

5. 在“时间轴”面板的顶部单击“启用运动模糊”按钮（ ），为所有图层启用运动模糊。

6. 选择“文件” > “保存”命令保存作品。

13.11　渲染合成图像

我们已经完成了一些复杂的工作，创建了一个将添加的组件和现有画面合并在一起的场景。现在进行预览，查看最后的结果。

1. 按 Home 键或移动当前时间指示器到时间标尺的开始位置。

2. 按空格键预览最终项目。我们先完整地播放一次，以便缓存视频和音频；在缓存完毕之后，它将实时播放。

3. 再次按空格键停止播放。

4. 关闭项目。

13.12 复习题

1. “3D 摄像机跟踪器”特效的作用是什么？
2. 如何使添加的 3D 元素看上去和远离相机的元素一样大？
3. 什么是“滚动快门修复”特效？

13.13 复习题答案

1. “3D 摄像机跟踪器”特效自动分析 2D 画面中出现的运动，提取位置和拍摄现场的真实摄像机的镜头类型，然后在 After Effects 中创建新的 3D 摄像机，与其相匹配。该特效也会在 2D 画面上覆盖 3D 跟踪点，这样我们就可以很容易地在原来的画面上添加新的 3D 图层。
2. 为了使添加的 3D 元素看上去在后退，使其好像离摄像机越来越远，需要调整“缩放”属性。调整“缩放”属性可以使视角锁定在合成图像的剩余部分上。
3. 当使用带有 CMOS 传感器的数码相机拍照时，每次捕获一帧视频的一个扫描线，通常会发生“滚动”快门问题，“滚动快门修复”特效就是来解决这个问题的。由于扫描线之间有时间差，并不是图像的所有区域都能在完全相同的时间被准确记录下来，这就导致运动落后于帧。如果摄像机或者对象正在移动，滚动快门就会引起失真，例如倾斜的建筑物和其他倾斜的图像。要使用该特效，选择“时间轴”面板中的问题图层，然后选择“效果”>“扭曲”>“滚动快门修复”命令即可。

第14课 高级编辑技术

课程概述

本课介绍的内容包括：

- 稳定抖动的镜头；
- 应用单点运动跟踪使素材中的一个对象跟踪素材中的另一个对象；
- 使用透视边角定位进行多点跟踪；
- 使用 Imagineer Systems 公司的 Mocha 进行运动跟踪；
- 创建粒子运动系统；
- 应用“时间扭曲”特效创建慢动作视频。

本课大约要用 2 小时完成。启动 After Effects 之前，请先将本书的课程资源下载到本地硬盘中，并进行解压。在学习本课并按步骤进行相关操作时，相应的课程文件将被覆盖。建议先做好原始课程文件的备份工作，以免后期用到这些原始文件时还需重新下载。

PROJECT: SPECIAL EFFECTS AND EDITING TECHNIQUES

After Effects 提供了高级的运动稳定、运动跟踪、高端特效以及最苛刻制作环境下所需的其他功能。

14.1 开始

前几课中，我们已经使用过动态图像设计所需的多种基本 2D 和 3D 工具，但是 Adobe After Effects 还提供了运动稳定、运动跟踪、高级键控工具、扭曲特效，并具有使用“时间扭曲”特效对素材进行时间变换的功能，同时它还支持高动态范围（HDR）彩色图像、网络渲染等功能。本课将学习怎样使用变形稳定器 VFX 来稳定手持摄像机拍摄的素材，并在图像中设置一个对象跟踪另一个对象，使它们的运动保持同步，以及使用边角定位来跟踪具有透视效果的对象。最后，我们将研究 After Effects 中的高端数字特效：粒子系统发生器和“时间扭曲”特效。

本课包含多个项目。开始前请浏览所有项目。

1. 确认硬盘上的 Lessons\Lesson14 文件夹中存在以下文件。

   - Assets 文件夹：flowers.mov、Group_Approach[DV].mov、majorspoilers.mov、metronome.mov、mocha_tracking.mov、multipoint_tracking.mov。
   - Sample_Movies 文件夹的 AVI 和 MOV 子文件夹中：Lesson14_Multipoint、Lesson_14_Particles、Lesson14_Stabilize、Lesson14_Timewarp.mov 和 Lesson14_Tracking。

> Ae **注意**：你可以一次性看完所有这些影片，如果你想分多次完成这些练习，则可以在每次准备做练习前查看相应的影片。

2. 使用 Windows Media Player 打开并播放 Lesson14\Sample_Movies/AVI 文件夹中的影片示例文件，或者使用 QuickTime Player 打开并播放 Lesson14\Sample_Movies/MOV 文件夹中的影片示例文件，以查看本课将创建的效果。

3. 播放完后，退出 Windows Media Player 或 QuickTime Player。如果硬盘空间有限，也可以将影片示例文件从硬盘中删除。

14.2 对图像进行稳定处理

如果使用手持摄像机拍摄素材，拍摄到的图像可能会抖动。除非刻意要制造这样的效果，否则你一定想稳定图像，消除图像中的抖动现象。

After Effects 中的变形稳定器 VFX 可以自动移除不相关的抖动。当播放时，因为图层本身增加的缩放和移动抵消了不应有的抖动，所以图像变得平稳了。

双三次缩放

当缩放视频素材或者图像到较大的尺寸时，After Effects必须先抽样数据，添加之前不存在的信息。在缩放图层时，可以选择After Effects的抽样方法。想要获取更多信息，请参考After Effects Help。

After Effects传统上使用双线性抽样。双三次抽样采用比较复杂的算法，在颜色转换缓慢时，通常能提供更好的结果，看上去就像是真实的摄影图像。双线性缩放对具有锐利边缘的图像可能是一个好的选择。

要为图层选择一种抽样方法，首先选择图层，然后选择“图层”>“品质”>Bicubic or Bilinear>Quality>Bilinear命令。双三次和双线性抽样只有“图层”设为最佳质量时才能使用（选择“图层”>“品质”>“最佳”选项，可将图层的质量设置为最佳状态）。你也可以使用“品质”和“抽样”图层开关，在双线性抽样和双三次抽样之间切换。

如果需要在放大一个图像的同时保留细节，可以使用“细节保护缩放”特效。该特效可以保留锐利线条和曲线的锐度。例如，可以从SD帧大小放大到HD帧大小，或者从HD帧大小放大到数字电影帧大小。该特效与Photoshop中“图像大小”对话框中的保留细节重抽样选项密切相关。注意，针对图层使用“细节保护缩放”特效要比使用双线性或双三次缩放的速度慢。

14.2.1 设置项目

启动 After Effects 时，请恢复 After Effects 应用程序的默认设置。详情请参见前言中的“恢复默认参数”。

1. 启动 After Effects 时请立即按住 Ctrl + Alt + Shift（Windows）或 Command + Option + Shift（macOS）组合键，准备恢复默认的参数设置。系统询问是否删除参数文件时，单击“确定”按钮。
2. 在“开始”窗口中单击“新建项目”按钮。

After Effects 打开后显示一个空的无标题项目。

3. 选择“文件”>“保存为”>“另存为”命令。
4. 在“另存为”对话框中，导航到 Lessons\Lesson14\Finished_Project 文件夹。
5. 将该项目命名为 Lesson14_Stabilize.aep，然后单击“保存”按钮。

14.2.2 创建合成图像

开始本项目前需要导入一项素材。

1. 在“项目”面板中单击“从素材创建新合成”按钮。
2. 导航到硬盘的 Lessons\Lesson14\Assets 文件夹，选择 flowers.mov 文件，再单击“导入”

或“打开”按钮，如图 14.1 所示。

After Effects 创建了一个名为 flowers 的新合成图像，该合成图像的像素大小、长宽比、帧速率和时长与源视频剪辑相同。

3. 在“预览”面板中单击“播放”按钮预览素材。在播放完整个视频剪辑之后，按下空格键停止预览。

该视频剪辑是在黄昏时分由手持摄像机拍摄。徐徐的微风吹动着植物，摄像机也在抖动。

14.2.3 应用变形稳定器 VFX

变形稳定器 VFX 一旦被应用就开始分析素材，因为稳定化处理过程是在后台运行，所以在完成之前，你可以去处理其他合成图像。处理时间取决于系统性能。在变形稳定器分析素材时，After Effects 会显示一个蓝色条幅，而在应用稳定器时，则会显示橙色的条幅。

1. 在“时间轴”面板中选择 flowers.mov 图层，并选择“动画”>“变形稳定器 VFX”命令，此时会立即出现蓝色的条幅，如图 14.1 所示。
2. 当变形稳定器 VFX 完成稳定化后，橙色的条幅就会消失，按空格键预览这一变化，如图 14.2 所示。

图14.1

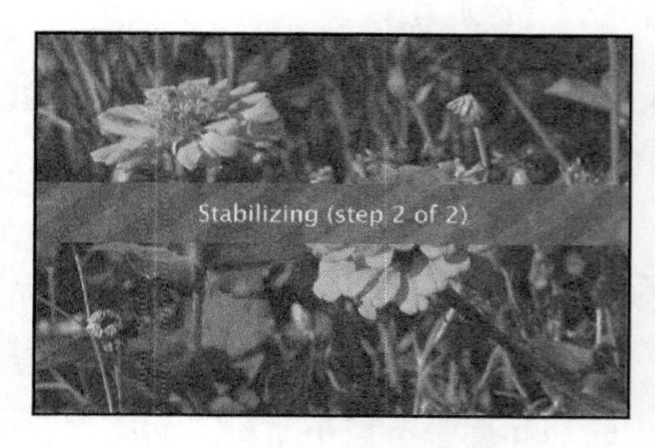

图14.2

3. 再次按空格键停止预览。

该视频剪辑仍然抖动，不过已经比刚开始时平稳多了。Warp Stabilizer VFX 移动并重新定位了素材。为了查看它是如何应用这一改变的，可在“效果控件”面板查看效果。例如，视频剪辑的边界扩大（大约 103%），以隐藏在稳定化处理过程中重新定位图像时产生的黑色空隙。可以调整 Warp Stabilizer VFX 使用的设置。

14.2.4 调整变形稳定器 VFX 的设置

我们将在“效果控件”面板中调整设置，使拍摄的视频看上去更平稳。

1. 在“效果控件”面板中，提升“平滑度”的数值到 75%，如图 14.3 所示。

变形稳定器 VFX 立即再次开始稳定化。因为初始的分析数据存放在内存中，所以这次不需要分析素材。

图14.3

变形稳定器VFX的设置

下面是变形稳定器VFX设置的概述，旨在帮助用户入门。若想获悉更多的内容，以及想了解成功使用特效的更多技巧，请参阅After Effects帮助文档。

- “结果”：控制预期结果。“平滑运动”选项虽然可以使摄像机更为平滑地移动，但是不能消除晃动。使用“平滑度”设置可以控制平滑移动的效果。“无运动”可以消除所有的摄像机移动。
- “方法”：指定了变形稳定器 VFX 在素材上执行的最复查的操作，旨在对素材进行稳定化处理。“位置”选项只基于位置数据；“位置、缩放和旋转”选项使用这三类数据；“透镜”选项有效地对整个帧进行边角定位；“默认值”选项试图扭曲帧的不同部分以稳定化整个帧。
- “边界”：在稳定化素材时调整对待素材边界（移动的边缘）的方式。帧控制边缘如何出现在稳定化的结果中，并确定特效否采用其他帧的材料来修剪、缩放或合成边界。
- “自动缩放”：显示当前自动缩放的量，并允许你对自动缩放的量进行限制。
- “高级”：使用户更有效地控制变形稳定器 VFX 特效的行为。

2. 当变形稳定器 VFX 完成后，预览该变化。

3. 预览完成后，按下空格键停止播放。

效果得以显著改善，不过仍然有点粗糙。“效果控件”面板中的“自动缩放”设置当前显示为103.7%；这个特效使得画面效果更为显著了，需要更大的缩放比例来消除边界周围的黑色空隙。

我们不是改变变形稳定器 VFX 的量来平滑素材，而是通过改变它的目标。

4. 在“效果控件”面板中，从“结果”下拉列表中选择“无运动”选项。

完成该设置之后,变形稳定器 VFX 试图锁定摄像机的位置。这需要更多缩放比例。当选择“无运动”选项后，“平滑度”选项将失效。

5. 当橙色条幅消失后，再次进行预览。结束后按下空格键停止播放。

现在摄像机处于指定位置，可以注意到只有花在风中移动，而摄像机没有抖动。为了达到这种效果，变形稳定器 VFX 需要将视频剪辑缩放到原来大小的 112%。

14.2.5 优化结果

虽然在多数情况下，默认分析运行得很好，但是有时可能需要进一步优化最终结果。在本项目中，视频剪辑在一些地方会稍微地倾斜，大约在 5 秒钟标记位最为明显。虽然一般的观众可能不会注意到这个问题，但是敏锐的制片人能够发现。我们将更改变形稳定器 VFX 使用的方法来消除倾斜。

1. 在“效果控件”面板中，从“方法”下拉列表中选择“位置、缩放、旋转”选项。

2. 从“取景”下拉列表中选择“仅稳定”选项。

3. 将“其他缩放”值增加到 114%，如图 14.4 所示。

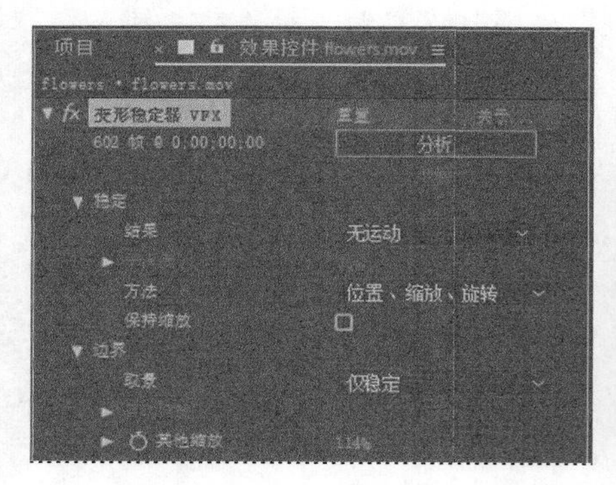

图14.4

4. 进行预览。

> **注意：** 放大视频图层会降低图像质量。一个好的经验法则是，将图层放大到不超过源图层大小的 115%。

现在的画面看起来比较稳定。唯一的运动是被风吹动的花。

5. 完成后，按下空格键停止播放。

6. 选择“文件” > “保存”命令保存工作，然后选择“文件” > “关闭项目”命令。

可以看出，对视频进行稳定化处理不是没有缺点。为了补偿应用到图层中的移动或旋转数据，必须缩放画面，这将会降低素材的质量。如果确实需要在作品中使用拍摄的视频，这可能是最好的折中办法了。

提示：我们可以使用变形稳定器 VFX 高级设置来实现更为复杂的特效。更多内容，请参见 Adobe Press 出版的 After Effects CC Visual Effects and Compositing Studio Techniques。

移除运动模糊

如果在对视频进行了稳定化处理之后，有些地方比较模糊，可以尝试使用“去除相机抖动模糊”特效。该特效会分析位于模糊帧前后的帧的视锐度（apparent sharpness），然后将没有运动模糊的帧混合到模糊帧中。

如果运动模糊是由风或摄像机的碰撞而引起的，而且比较短暂，此时“去除相机抖动模糊”特效的处理效果最好。

14.3 使用单点运动跟踪

随着将数字元素集成到最终拍摄视频中的产品数量越来越多，创作人员需要一种简单的方法将计算机生成的特效与电影或视频背景同步。After Effects 的实现方法是通过跟随（或跟踪）画面内的指定区域，并将其运动应用到其他图层。这些图层可以包含文字、特效、图像或其他素材，这些图层的最终视觉效果与原始运动素材精确匹配。

当在包含多个图层的 After Effects 合成图像中进行运动跟踪时，默认的跟踪类型是“变换”。这种类型的运动跟踪将跟踪图层的位置和（或）旋转，并将其应用到其他图层。跟踪位置时，该选项创建一个跟踪点，并生成“位置”关键帧；跟踪旋转时，该选项创建两个跟踪点，并生成“旋转”关键帧。

本练习中，我们将使用形状图层跟踪节拍器摆臂。由于摄像师拍摄时未使用三脚架，所以上述处理尤其具有挑战性。

14.3.1 设置项目

如果你前面完成了第一个项目，且当前 After Effects 是打开的，请直接跳转到第 3 步。否则，请恢复 After Effects 应用程序的默认设置。详情请参见前言中的“恢复默认参数”。

1. 启动 After Effects 时请立即按住 Ctrl + Alt + Shift（Windows）或 Command + Option + Shift（macOS）组合键，准备恢复默认的参数设置。系统询问是否删除参数文件时，单击“确定”按钮。

2. 关闭“开始”窗口。

After Effects 打开后显示一个空的无标题项目。

3. 选择“文件”>“保存为”>“另存为”命令。

4. 在“将项目另存为”对话框中，导航到 Lessons\Lesson14\Finished_Project 文件夹。

5. 将该项目命名为 Lesson14_Tracking.aep，然后单击“保存”按钮。

14.3.2 创建合成图像

在开始该项目之前，需要导入素材。我们将使用它创建新合成图像。

1. 在“合成”面板中单击“从素材创建新合成”按钮。

2. 导航到 Lessons\Lesson14\Assets 文件夹，选择 metronome.mov 文件，然后单击“导入”或“打开”按钮。

After Effects 新建一个名为 Metronme 的合成图像，它与源视频剪辑具有同样的像素大小、长宽比、帧速率和时长。

3. 在时间标尺上拖动当前时间指示器，手动预览素材。

14.3.3 创建形状图层

我们将在节拍器末端添加一个星形，先使用形状图层创建星形。

1. 按 Home 键，或将当前时间指示器移动到时间标尺的起点。

2. 单击“时间轴”面板中的空白区域，取消选中该图层，如图 14.5 所示。

3. 在“工具”面板中选择星形工具（★），它隐藏在矩形工具（■）后面，如图 14.6 所示。

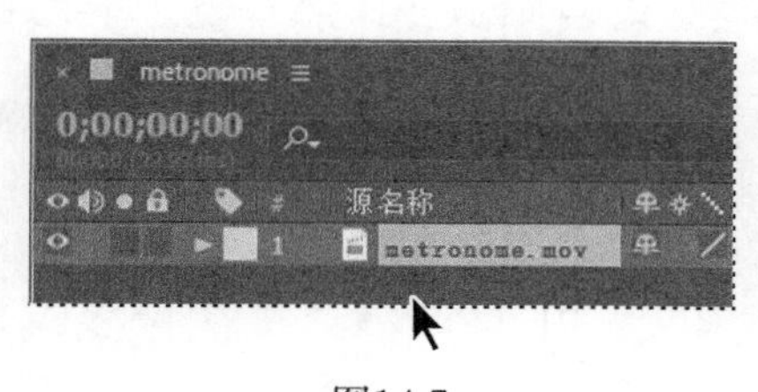

图14.5

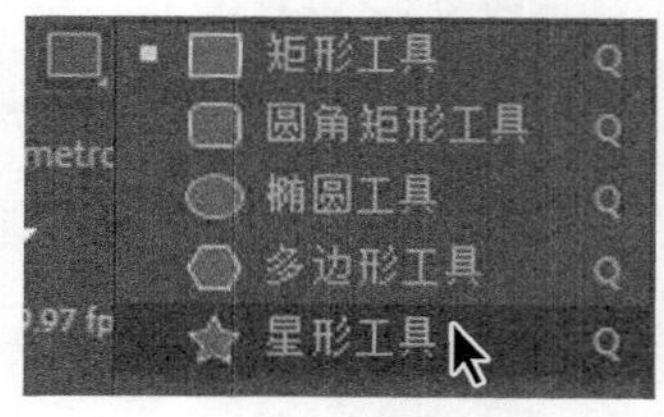

图14.6

4. 单击“填充颜色”色板，选择浅黄色（如 R=220，G=250，B=90）。单击“描边”属性，在“描边选项”对话框中选择“无”，单击“确定”按钮，如图 14.7 和图 14.8 所示。

> Ae **注意**：如果没有看到“填充颜色”色板，确定你没有选中任何图层。在选中图层时，形状工具绘制的是蒙版。

图14.7　　图14.8

5. 在“合成”面板中，绘制一颗小星星。
6. 使用“选取”工具将星星定位在节拍器摆臂末端上面，如图 14.9 所示。
7. 选择 Shape Layer 1，以便查看该图层的锚点。使用“定位点”工具（ ）将锚点移动到星星的中央（如果锚点不在那儿的话），如图 14.10 所示。

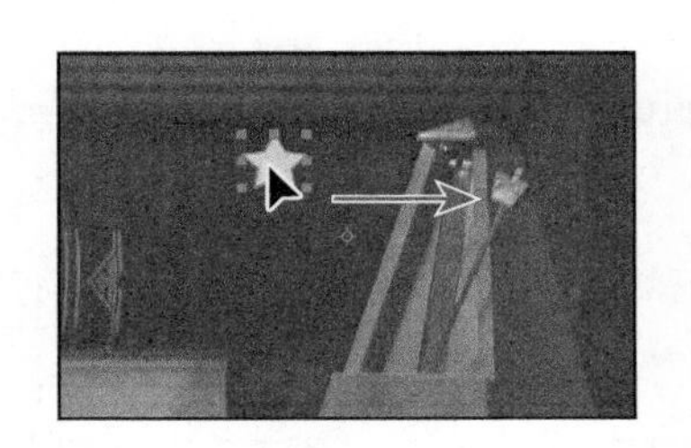

图14.9

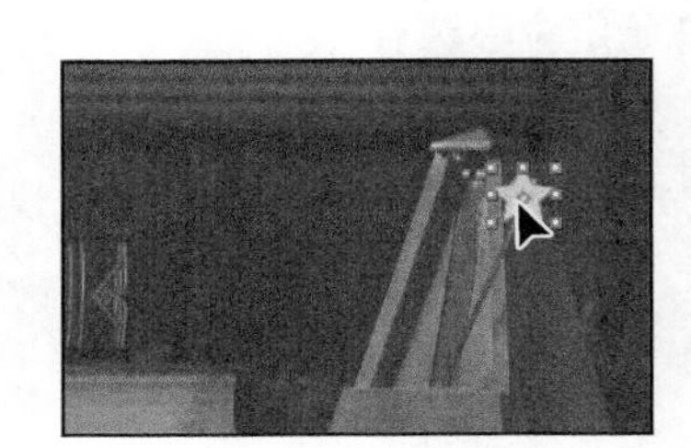

图14.10

14.3.4 定位跟踪点

After Effects 通过将一个帧内被选择区域的像素和每个后续帧内的像素进行匹配，来实现对运动的跟踪。我们可以创建跟踪点来指定要跟踪的区域。跟踪点包含特征区域、搜索区域和连接点。跟踪期间 After Effects 在“图层”面板中显示跟踪点。

我们将对节拍器的滑块（节拍器摆臂末端的菱状物）进行跟踪，需要将跟踪区域放置到我们要跟踪的另一图层的相应区域周围。将星星形状添加到 Tracking 合成图像后，我们准备定位跟踪点。

1. 在“时间轴”面板中选择 metronome.mov 图层。
2. 选择“动画” > “跟踪器运动”命令。打开“跟踪器”面板，如图 14.11 所示。如果看不到所有的选项，可以放大面板。

After Effects 在“图层”面板中打开选中的图层。“跟踪器 1”指示器显示在图像中央，如图 14.12 所示。

请注意“跟踪器”面板中的设置:“运动源”下拉菜单中选择的是 metronome.mov，“当前跟踪”设置为“跟踪器 1”，“运动目标”设置为 Shape Layer 1。这是因为 After Effects 自动将“运动目标”

设置为紧靠源图层上方的那个图层。

图14.11

图14.12

现在开始定位跟踪点。

3. 用“选取”工具（▶）在“图层”面板中将“跟踪器 1”指示器移动（拖动特征区域 [内框] 的空白部分）到节拍器的滑块上。

4. 将搜索区域（外框）扩大到包围节拍器周围的区域，然后在节拍器的滑块内调整特征区域（内框），如图 14.13 所示。

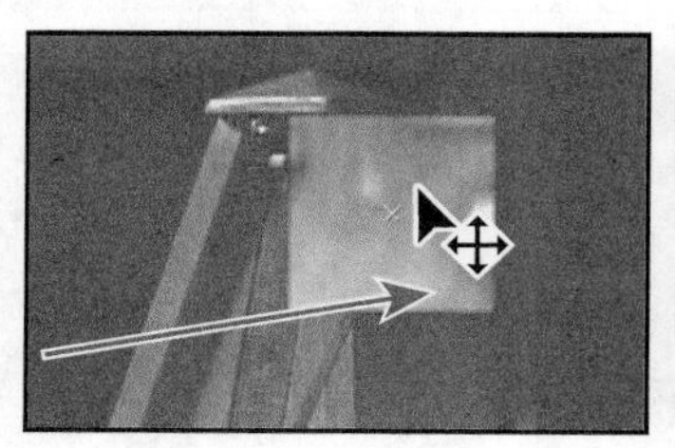

图14.13

注意：在这个练习中，我们希望星星移动到节拍器的滑块上面。但如果你希望对象与跟踪区域的运动关联，而又不在该跟踪区域上面，需要相应地重新定位连接点。

移动跟踪器和调整其尺寸

在设置运动跟踪时，常常需要通过调整特征区域、搜索区域和连接点来进一步调整跟踪点。我们可以用“选取”工具单独或成组拖动这些项来移动它们，或调整它们的尺寸，拖动时鼠标指针图标将改变，以反映不同的操作，如图14.14所示。

- 从“跟踪”面板菜单中选择“拖动时放大特征区域”选项，将打开或关闭特征区域放大开关。如果该选项旁显示选取标志，它处于打开状态。

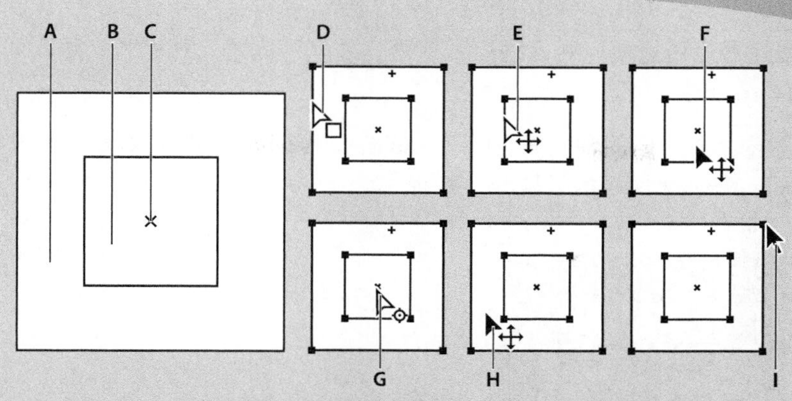

跟踪器组件（左）和选取工具图标（右）：

A. 搜索区域　B. 特征区域　C. 连接点　D. 移动搜索区域　E. 移动两个区域

F. 移动整个跟踪点　G. 移动连接器　H. 移动整个跟踪器　I. 调整区域大小

图14.14

- 为了仅移动搜索区域，可以使用“选取”工具拖动搜索区域的边缘；此时将显示出移动搜索区域指针（）（见图 14.14 中的 D）。
- 为了只移动特征区域和搜索区域，需要使用“选取”工具在特征区域或搜索区域内按住 Alt 键拖动（Windows）或按住 Option 键拖动（macOS），此时将显示出移动两个区域指针（）（见图 14.14 中的 E）。
- 为了仅移动连接点，可以使用“选取”工具拖动连接点，此时将显示出移动连接点指针（）（见图 14.14 中的 G）。
- 为了调整特征区域或搜索区域的大小，可以拖动角柄（见图 14.14 中的 I）。
- 为了一起移动特征区域、搜索区域和连接点，可以使用“选取”工具在跟踪点区域内拖动（避开区域的边缘及连接点），此时会显示出移动跟踪点指针（）。

关于跟踪器的更多信息，请参见After Effects帮助文档。

14.3.5　分析和应用跟踪

现在已经定义了搜索区域和特征区域，接下来可以应用跟踪了。

1. 单击“跟踪器”面板中的“向前分析”按钮（）。查看分析结果，确认跟踪点位于节拍器滑块上面。否则，按空格键停止分析并重定位特征区域（请查看“校正飘移”）。

注意：跟踪分析需要较长时间。搜索区域和特征区域越大，After Effects 进行跟踪分析所花费的时间就越长。

2. 分析完成后，单击“应用”按钮，如图 14.15 所示。

3. 在“运动跟踪器应用选项”对话框中，单击“确定”按钮，对 x 维度和 y 维度应用跟踪，结果如图 14.16 所示。

运动跟踪数据被添加到“时间轴”面板中，在该面板中可以看到跟踪数据位于节拍器图层内，但结果被应用到 Shape Layer 1 图层的“位置”属性。

图14.15

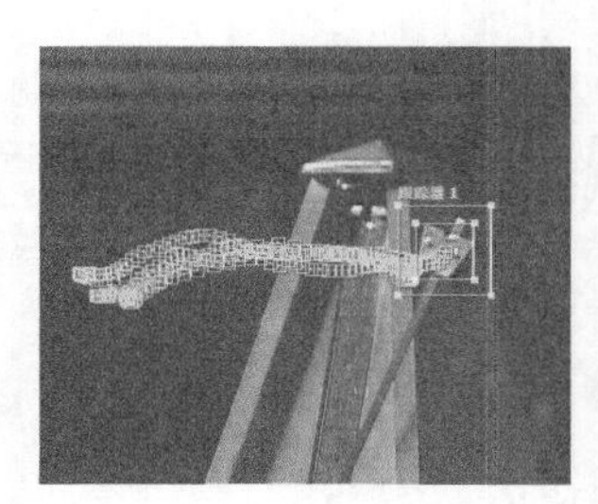

图14.16

校正飘移

视频中的图像移动时，常伴随着灯光、周围对象以及对象角度的变化，这将使曾经明显的特征在亚像素级别上不可识别。所以需要精心选择可跟踪的特征区域。即使经过精心的计划和练习，特征区域也常会偏离期望的特征。所以对于数字跟踪处理来说，重新调整特征区域和搜索区域、改变跟踪选项以及再次重试是它的标准流程。如果发现飘移，请按照如下步骤操作。

1. 按下空格键立即停止分析。
2. 将当前时间指示器移回到最后一个好的跟踪点上。可以在“图层”面板中看到这个点。
3. 对特征区域和搜索区域进行重定位并（或）调整大小，请注意不要无意中移动连接点。移动连接点将导致在被跟踪的图层内图像出现明显的跳动。
4. 单击“向前分析”按钮恢复跟踪处理。

4. 按空格键预览视频。可以看到星星不仅跟着节拍器摆动，而且随着摄像机的移动而移动，如图 14.17 所示。

图14.17

5. 完成预览后，按空格键停止播放。
6. 隐藏“时间轴”面板中这两个图层的属性，选择“文件”>“保存”命令，然后再选择“文件”>“关闭项目”命令。

移动跟踪背景素材上的元素很有趣。只要有一个稳定的用于跟踪的特征区域，单点运动跟踪就很容易实现。

14.4 多点跟踪

After Effects 还提供另外两种更高级的跟踪类型，它们使用多点跟踪：平行边角定位和透视边角定位。

使用平行边角定位进行跟踪时，将同时跟踪源素材中的 3 个点。After Effects 计算出第四个点的位置，使 4 个点之间的连线保持平行。当跟踪点的移动被应用到目标图层时，“边角定位”特效扭曲图层，以模拟斜切、缩放和旋转效果，但不模拟透视效果。跟踪过程中平行线保持平行，相对距离保持不变。

使用透视边角定位进行跟踪时，将同时跟踪源素材中的 4 个点。当“边角定位”特效被应用到目标图层时，它根据 4 个跟踪点的移动来扭曲图层，并模拟透视的变化。

我们将采用透视边角定位方法将动画显示到计算机屏幕上。该特效的效果与第 7 课中的项目中呈现的很类似，但是我们使用的是不同的技术。如果你还没有预览该练习的示例影片，现在请预览该影片。

14.4.1 设置项目

首先启动 After Effects 并创建新项目。

1. 启动 After Effects，立即按住 Ctrl + Alt + Shift（Windows）或 Command + Option + Shift（macOS）组合键，准备恢复默认的参数设置。系统询问是否删除参数文件时，单击“确定”按钮。关闭“开始”窗口。

After Effects 打开后显示一个空的无标题项目。

2. 选择“文件” > “保存为” > “另存为”命令。

3. 在“保存项目”为对话框中，导航到 Lessons\Lesson14\Finished_Project 文件夹。

4. 将该项目命名为 Lesson14_Multipoint.aep，然后单击“保存”按钮。

5. 双击“项目”面板中的空白区域，打开“导入文件”对话框。导航到 Lessons\Lesson14\Assets 文件夹。

6. 按住 Ctrl 键单击（Windows）或按住 Command 键单击（macOS）选择 majorspoilers.mov 和 multipoint_tracking.mov 文件，再单击“导入”或“打开”按钮。

7. 按 Ctrl + N（Windows）或 Command + N（macOS）组合键新建合成图像。

8. 在“合成设置”对话框中，完成下面的设置，然后单击“确定”按钮，如图 14.18 所示。

   - 在“合成名称”字段中输入 Multipoint_Tracking。
   - 从“预设”下拉列表中选择 NTSC DV。
   - 将“持续时间”设置为 7:05——majorspoilers.mov 文件的时长。

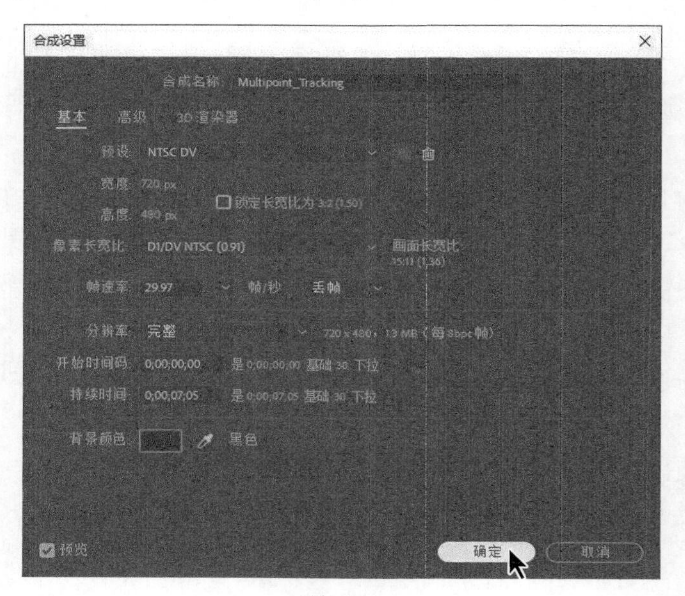

图14.18

9. 将 multipoint_tracking.mov 文件从“项目”面板拖放到“时间轴”面板。手动预览素材，因为这是手持摄像机拍摄的，所以画面存在抖动现象。

因为我们将 majorspoilers.mov 图层放置在计算机显示器中，所以可以很方便地在平面上放置跟踪标志。默认情况下，跟踪器根据亮度进行跟踪，所以我们选择屏幕周围反差强烈的区域进行跟踪。

10. 按 Home 键，或将当前时间指示器移动到时间标尺的起点。

11. 将 majorspoilers.mov 文件从“项目”面板拖放到“时间轴”面板中，并将其置于图层堆栈的顶部，如图 14.19 所示。

12. 为了在放置跟踪点时方便查看其下方的影片，在“时间轴”面板中关闭 majorspoilers.mov 图层的 Video 开关，结果如图 14.20 所示。

图14.19

图14.20

14.4.2 定位跟踪器

现在，可以向 multipoint_tracking.mov 图层添加跟踪器了。

1. 在“时间轴”面板中选择 multipoint_tracking.mov 图层。

2. 选择“窗口”> “跟踪器”命令，打开“跟踪器”面板（如果当前未打开的话）。

3. 在“跟踪器”面板中，从“运动源”下拉列表中选择 multipoint_tracking.mov。

4. 再次选择 multipoint_tracking.mov 图层，然后单击“跟踪运动”按钮，如图 14.21 所示。

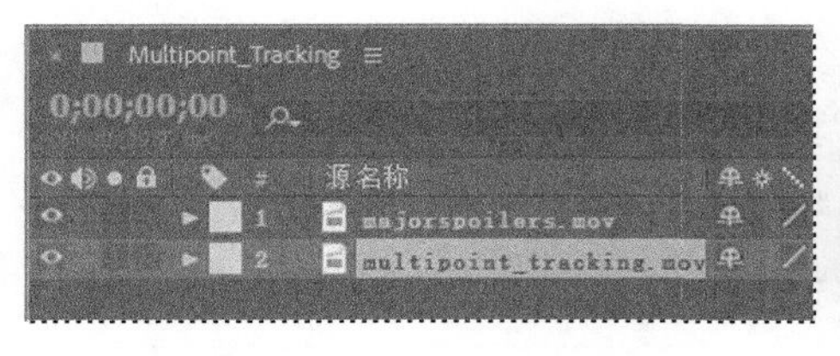

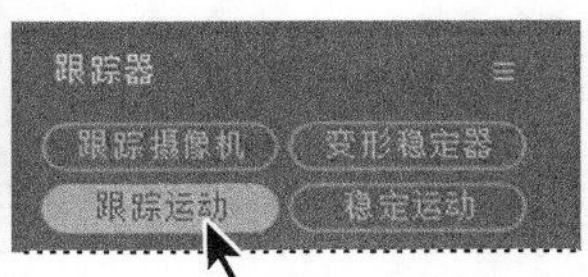

图14.21

此时，“图层”面板将打开书桌场景，跟踪器指示器显示在画面中央。但是，我们将跟踪 4 个点，以便将动画影片添加到计算机屏幕上。

5. 从“跟踪类型”下拉列表中选择“透视边角定位”，如图 14.22 所示。

“图层”面板将显示出另外 3 个跟踪器指示器。

6. 将跟踪器拖放到图像中 4 个不同的高对比度区域。计算机屏幕 4 个角的对比度很高，如图 14.23 所示（因为高对比度区域就是我们要连接 majorspoilers 图层的位置，所以不需要移动连接点）。

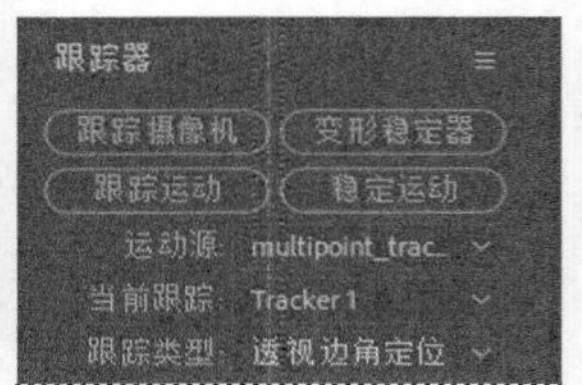

图14.22

图14.23

> **提示：**关于移动跟踪器区域的知识，请参阅“移动跟踪器和调整其尺寸”。

14.4.3 应用多点跟踪

现在，我们准备进行数据分析，并应用跟踪。

1. 单击“跟踪器”面板中的“向前分析”按钮（▶）。当数据分析完成后，单击“应用”按钮计算跟踪。
2. 请注意“时间轴”面板中的结果：可以看到 majorspoilers 图层的“边角定位”和“位置”属性关键帧，以及 motion_tracking 图层的跟踪点数据。

> **注意：**如果“合成”面板中未显示出合成图像，请单击“时间轴”窗口，移动当前时间指示器，并刷新显示。

3. 再次确认 majorspoilers 图层是可见的，将当前时间指示器移动到时间轴的起点。然后预览影片，查看跟踪结果。
4. 预览完成后，按空格键停止播放。

如果对处理结果不满意，可返回“跟踪器”面板，单击“重置”按钮，再试一次。通过练习，我们将熟悉怎样选择合适的特征区域。

5. 隐藏图层属性，以保持“时间轴”面板的整洁，然后选择“文件”>“保存”命令保存作品。

6. 选择“文件” > “关闭项目”命令。

After Effects中的Mocha

多数情况下，采用Imagineer Systems公司的Mocha跟踪视频中的点，可以得到更理想、更精确的跟踪结果。After Effects中包含了Mocha的一个版本。要使用Mocha进行跟踪，选择“动画”>Track In Mocha AE命令。

在After Effects中使用Mocha的一个好处是，不需要准确地放置跟踪点就能实现完美跟踪。Mocha不使用跟踪器，而是使用平面跟踪，它将根据用户所定义平面的运动来跟踪对象的位置变换、旋转以及缩放数据。与单点跟踪及多点跟踪工具相比，平面跟踪将为计算机提供更多的细节信息。

在After Effects中使用Mocha时，需要确认视频剪辑中的平面，该平面应与你要跟踪的对象同步运动。跟踪平面不一定是桌面或墙。例如，如果有人正挥手告别，可以将他的上下臂作为两个跟踪平面。对平面进行跟踪后，可以导出跟踪数据，以便在After Effects中使用。

After Effects中的Mocha采用两种不同的样条跟踪技术：X样条和Bezier（贝塞尔）样条。采用X样条跟踪的效果可能较理想，尤其适用于透视运动跟踪。而采用Bezier样条的跟踪效果也不错，并且它已成为业界标准。

要了解关于After Effects中的Mocha的更多知识，请在Mocha程序中选择Help > Online Help或Help > Offline Help命令。

我们已将计算机屏幕的一些跟踪数据保存在After Effects的Mocha中，如果愿意的话，可以将它们应用到After Effects中。要应用这些数据，请执行如下操作。

1. 在 After Effects 中创建一个新项目，从 Lesson14\Assets 文件夹导入 majorspoilers.mov 和 mocha_tracking.mov 文件。采用 mocha_tracking.mov 文件创建一个新合成图像，然后在“时间轴”面板中将 majorspoilers.mov 文件拖放到图层堆栈的顶部。
2. 在诸如 WordPad 或 TextEdit 等文本编辑器（在 Windows 系统中不要使用 Notepad 软件，它不会保留 Mocha 的格式信息，因此 After Effects 无法识别剪贴板中的内容）中打开 mocha_data.txt 文件（位于 Lesson14\Optional_Mocha_Tutorial 文件夹）。选择“编辑” > “全部选中”命令，然后选择“编辑” > “复制至”命令，复制所有数据。
3. 在 After Effects 中，在“时间轴”面板中选择 majorspoilers.mov 图层，选择“编辑” > “粘贴”命令。所有数据将被应用到该图层。
4. 预览结果。

14.5 创建粒子仿真效果

After Effects 提供的几种特效可以很好地模拟粒子运动效果。其中的两种特效——CC Particle Systems II 和 CC Particle World——是基于同样的引擎，二者之间的主要差别在于 Particle World 能够在 3D 空间内（而不是 2D 图层空间）移动粒子。

在本练习中，我们将学习怎样使用 CC Particle Systems II 特效创建超新星，它可以用作科学节目的片头或者作为视频运动背景。如果还未预览本练习的影片示例，请在继续练习前预览该影片。

14.5.1 设置项目

启动 After Effects，创建一个新的合成图像。

1. 如果还未启动 After Effects，现在就启动它。启动 After Effects 时请立即按住 Ctrl + Alt + Shift（Windows）或 Command + Option + Shift（macOS）组合键，准备恢复默认的参数设置。系统询问是否删除参数文件时，单击“确定”按钮。关闭“开始”窗口。

After Effects 打开后显示一个空的无标题项目。

2. 选择“文件” > “保存为” > “另存为”命令。

3. 在“另存为”对话框中，导航到 Lessons\Lesson14\Finished_Project 文件夹。

4. 将该项目命名为 Lesson14_Particles.aep，然后单击“保存”按钮。

本练习中我们不需要导入任何素材项，但是需要创建合成图像。

5. 在“合成”面板中单击“新建合成”按钮。

6. 在“合成设置”对话框中，完成下面的配置，然后单击“确定”按钮，如图 14.24 所示。

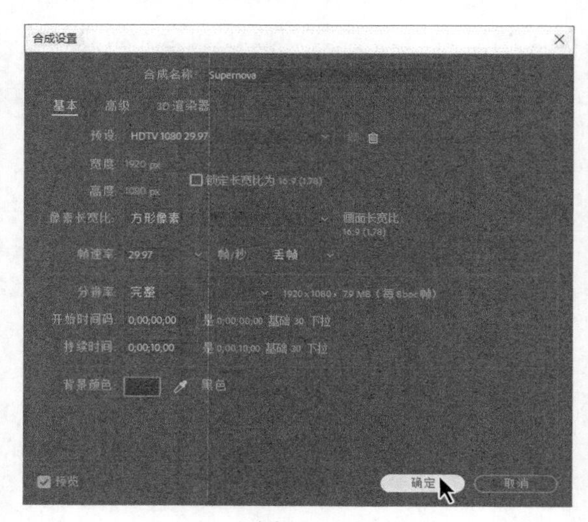

图14.24

- 在“合成名称”字段中输入 Supernova。
- 从“预设”下拉列表中选择 HDTV 1080 29.97。
- 将“持续时间”字段设置为 10:00。

14.5.2 创建粒子系统

我们将从纯色图层创建粒子系统，所以接下来创建纯色图层。

1. 选择“图层”>“新建”>“纯色”命令创建一个新纯色图层。
2. 在“纯色设置”对话框的“名称”字段中输入 Particles。
3. 单击“制作合成大小”按钮，使该图层尺寸与合成图像相同。然后单击“确定”按钮，如图 14.25 所示。

图14.25

理解Particle Systems II属性

粒子系统具有独特的词汇，这里解释其中的一些关键设置，以供参考。下面按照它们在“效果控件”面板中的显示顺序列出（从上到下）。

产生率：控制每秒产生的粒子数。该数值本身是个估计值，而不是实际产生的粒子数。但该数值越大，粒子密度将越大。

寿命：决定粒子生存期。

发生点位置：控制粒子系统的中心点或原点。该位置是基于x、y坐标设置的。所有粒子将从这个点发射出来。调节x和y半径设置可以控制发生点的尺寸，这些值越高，发生点将越大。如果将x半径设为较大数值，而y半径设为0，就会产生一条直线。

速度：控制粒子的速度。该值越高，粒子移动就越快。

固有速率百分比：当“发生点位置”改变时，该值决定传递到粒子的速度。如果该属性为负值，将导致粒子反向运动。

重力：该值决定粒子坠落速度的快慢。该值越高，粒子坠落的速度越快。负值将导致粒子上升。

阻力：模拟粒子与空气或水相互作用，逐渐变慢的过程。

方向：决定粒子流动的方向。该属性和“方向动画”类型一起使用。

例外：向粒子的运动引入的随机量。

产生/衰亡尺寸：决定粒子创建和衰亡时的尺寸。

不透明映射：决定粒子生存期内不透明度的变化。

颜色映射：该属性与Birth和Death颜色属性一起使用，决定粒子亮度随时间的变化情况。

4. 选择“时间轴”面板中的Particles图层，再选择“效果”>Simulation>CC Particle Systems II命令。

5. 移动到4:00查看粒子系统，如图14.26所示。

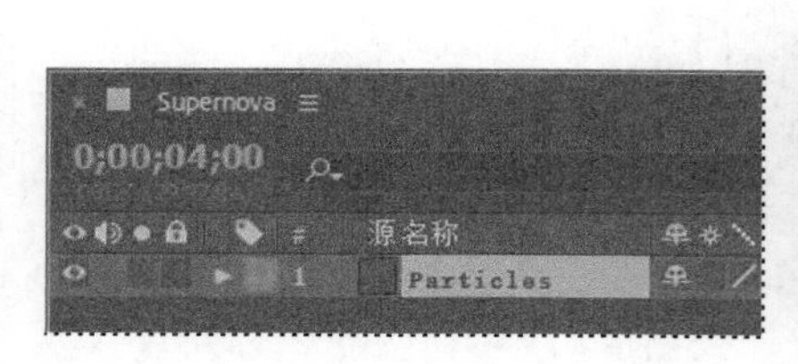

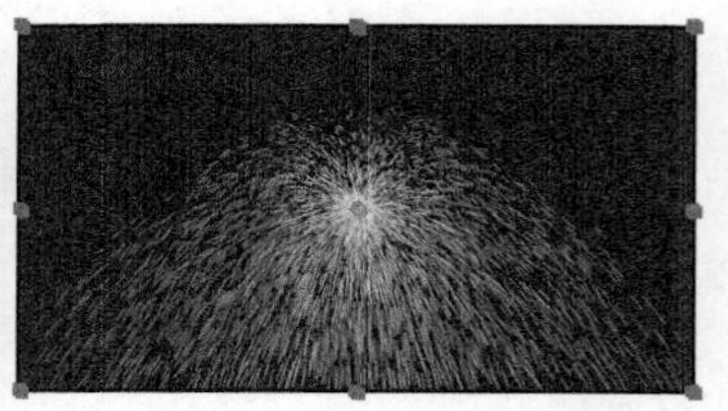

图14.26

可以看到“合成”面板中显示出一股巨大的黄色粒子流。

14.5.3 自定义粒子特效

下面我们通过在“效果控件”面板自定义设置，将这股粒子流转换成一颗超新星。

1. 在“效果控件”面板中展开Physics属性组。Animation属性采用Explosive（爆炸）选项很适合本项目的需求，但我们不想让粒子向下落，而是向各个方向流动，所以请将Gravity（重力）属性值设为0.0，如图14.27所示。

2. 隐藏Physics属性组，并展开Particle属性组。然后，从Particle Type下拉列表中选择

Faded Sphere（渐隐的球体）。

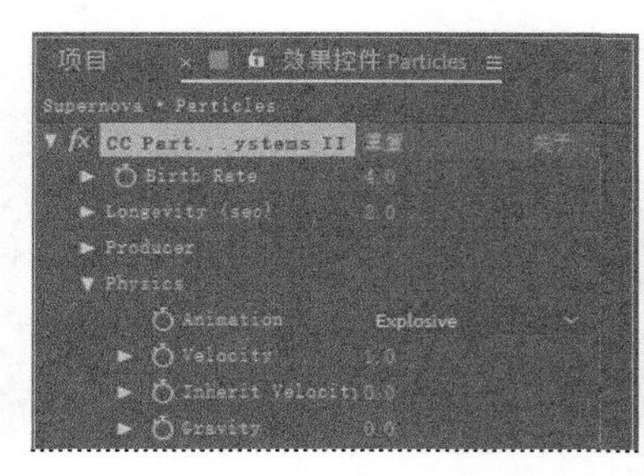

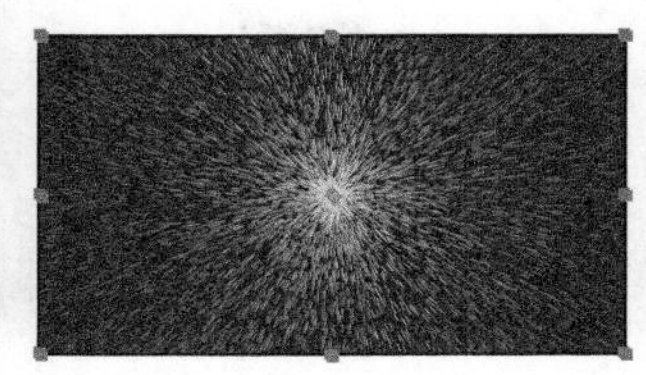

图14.27

现在的粒子系统看起来如同银河系一般。我们继续对其进行处理。

3. 将 Death Size 修改为 1.50，Size Variation（尺寸变化）调高到 100%。

这将随机改变粒子创建时的尺寸。

4. 将 Max Opacity（最大不透明度）值减小到 55%，使粒子变为半透明，如图 14.28 所示。

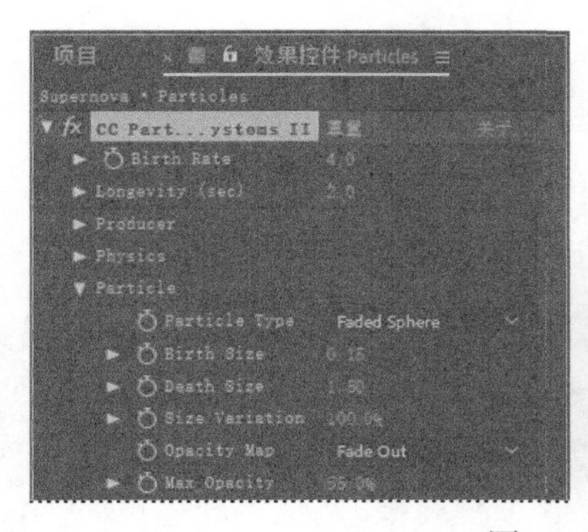

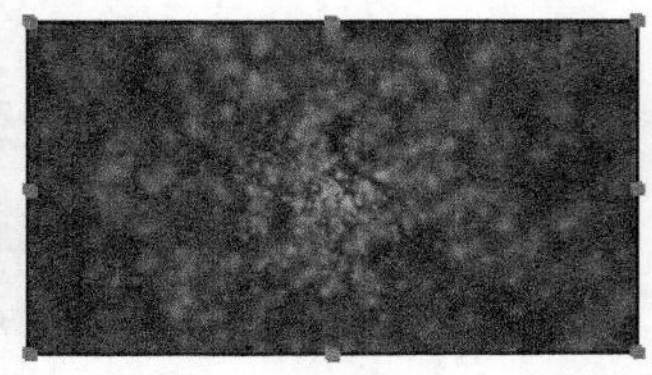

图14.28

5. 单击 Birth Color 色板，将颜色修改为（R=255，G=200，B=50），使粒子在产生时为黄色，然后单击“确定”按钮。

6. 单击 Death Color 色板，将颜色修改为（R=180，G=180，B=180），使粒子在淡出时为浅灰色，然后单击“确定”按钮，如图 14.29 所示。

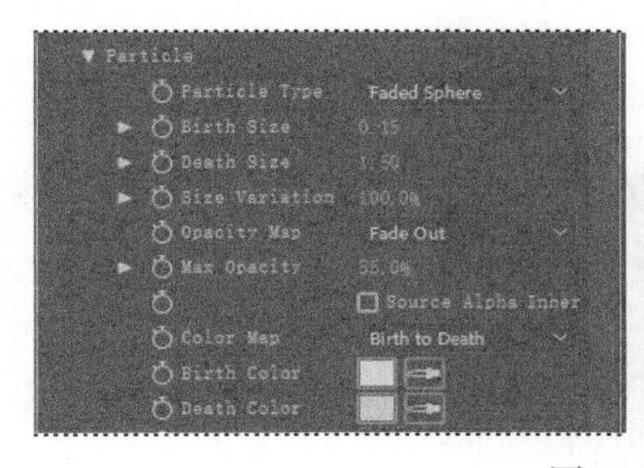

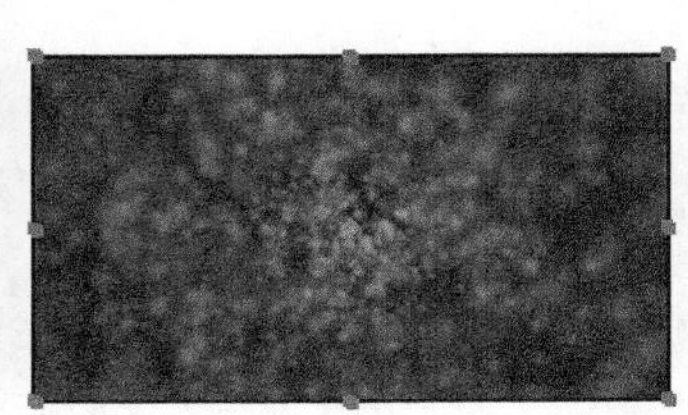

图14.29

7. 为了使粒子不至于在屏幕上停留时间太长，我们将 Longevity 值减小到 0.8 秒，如图 14.30 所示。

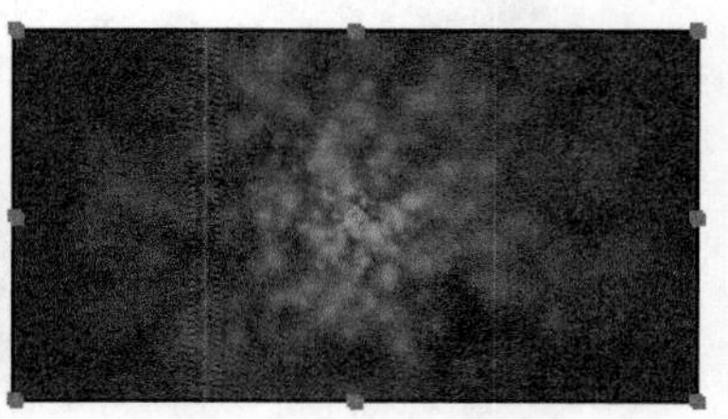

图14.30

> **注意**：虽然 Longevity 和 Birth Rate 设置位于“效果控件”面板的顶部，但在设置好其他粒子属性后，这两个属性常常更容易调整。

Faded Sphere 类型粒子看起来较柔和，但粒子形状仍然太清晰。下面将通过模糊图层，使粒子相互混和来解决这个问题。

8. 隐藏 CC Particle Systems II 特效属性。

9. 选择“效果”>“模糊与锐化”>“高斯模糊”命令。

10. 在“效果控件”面板的“高斯模糊”区域，将“模糊度”值调高到 10。然后选择“重复边缘像素”复选框，以防位于图像帧边缘的粒子被裁切，如图 14.31 所示。

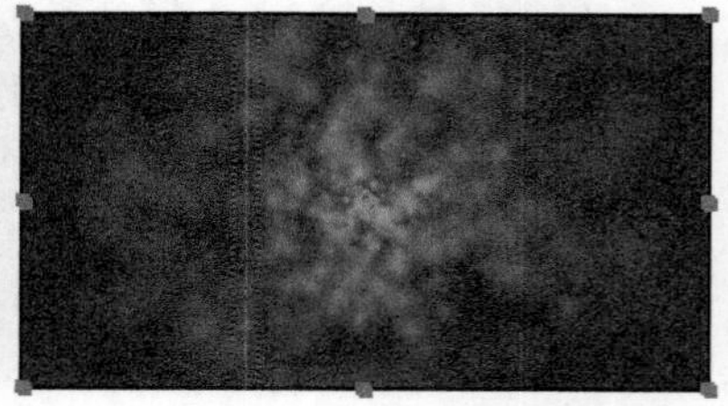

图14.31

14.5.4 创建太阳

现在将在粒子后面创建明亮的光环。

1. 移动到 0:07 位置。

2. 按 Ctrl + Y（Windows）或 Command + Y（macOS）组合键，创建新的纯色图层。

3. 在“纯色设置”对话框内执行以下操作，如图 14.32 所示。

- 在“名称”字段中输入 Sun。
- 单击“制作合成大小”按钮，使该图层尺寸与合成图像相同。

- 单击色板，使该图层的颜色与粒子的 Birth Color 属性具有相同的黄色（255，200，50）。
- 单击“确定”按钮，关闭“纯色设置”对话框。

4. 在“时间轴”面板中将 Sun 图层拖放到 Particles 图层的下面。

5. 选择“工具”面板中的椭圆工具（ ），它隐藏在矩形工具（ ）或星形工具（ ）的后面。按住 Shift 键，在“合成”面板内拖动，绘制出一个半径约为 100 像素（也就是约占合成图像宽度的 1/4）的圆。蒙版创建完成。

6. 用“选取”工具（ ）将蒙版形状拖放到“合成”面板的中央，如图 14.33 所示。

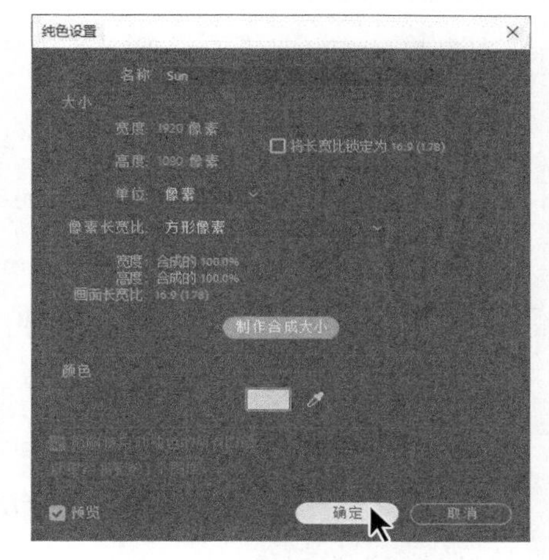

图14.32

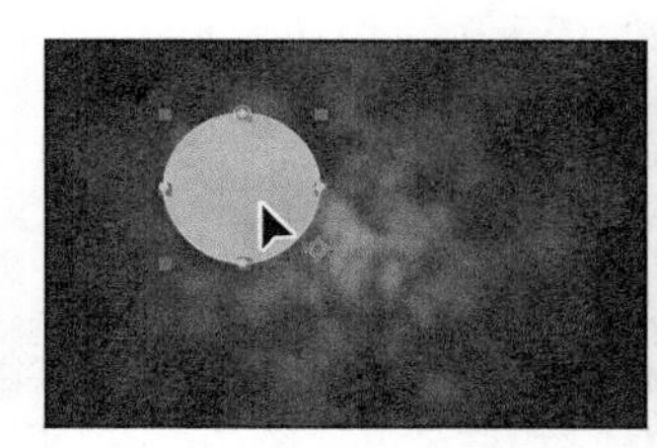
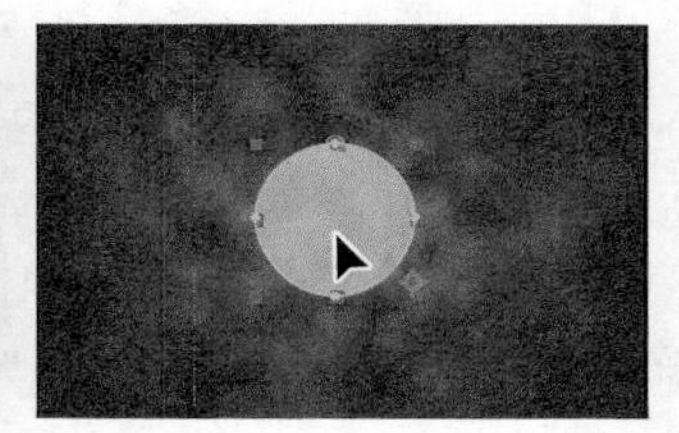
图14.33

7. 选中“时间轴”面板中的 Sun 图层，按 F 键显示其“蒙版羽化”属性。将“蒙版羽化”值调高到（100，100）像素，如图 14.34 所示。

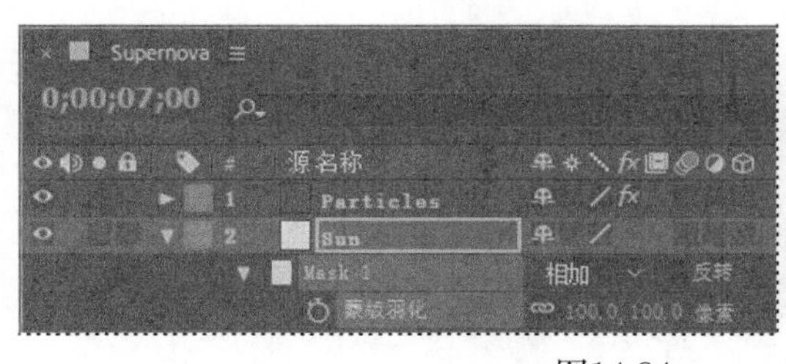

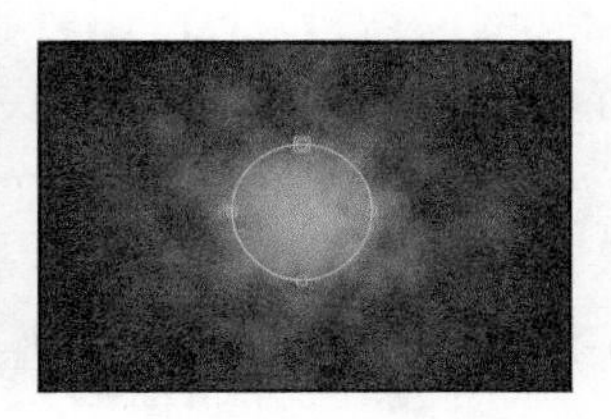
图14.34

8. 按 Alt + [（Windows）或 Option + [（macOS）组合键，将该图层的“入”点设置到当前时间，如图 14.35 所示。

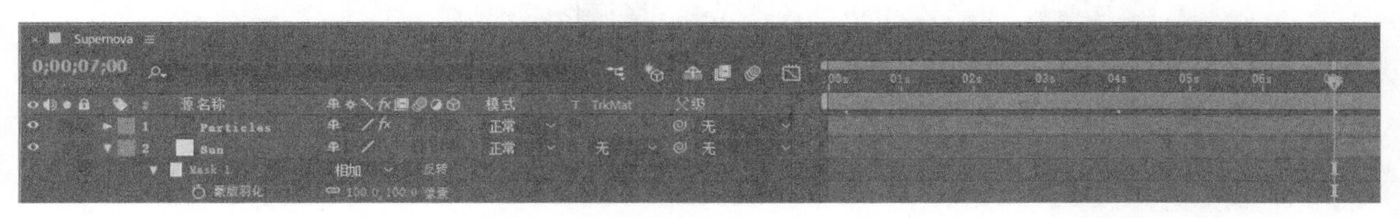

图14.35

9. 隐藏 Sun 图层的属性。

14.5.5 照亮黑暗部分

因为太阳是明亮的，所以它应该照亮周围的黑暗。

1. 确保当前时间指示器仍位于 7:00 位置。

2. 按 Ctrl + Y（Windows）或 Command + Y（macOS）组合键，创建新的纯色图层。

3. 在“纯色设置”对话框中，将图层命名为 Background，单击“制作合成大小”按钮，使图层尺寸与合成图像相同，然后单击“确定”按钮创建图层。

4. 在“时间轴”面板中，将 Background 图层拖放到图层堆栈的底部。

5. 选择“时间轴”面板中的 Background 图层，然后选择“效果”>“生成”>“梯度渐变”命令，如图 14.36 所示。

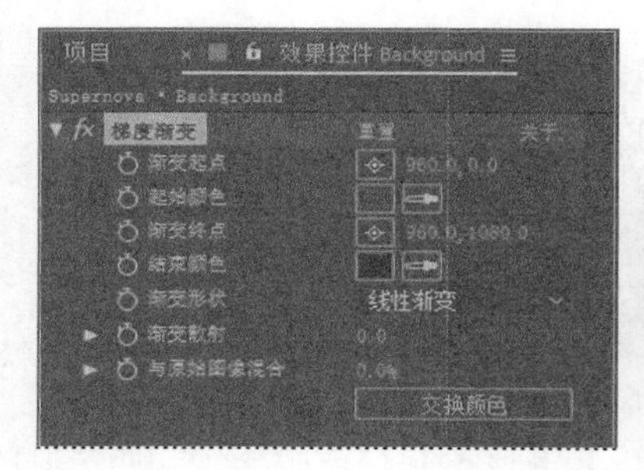

图14.36

“梯度渐变”特效创建彩色渐变，并将它与原来的图像相混合。我们可以创建线性或径向渐变，随时间改变渐变的位置和颜色。用“渐变起点”和“渐变终点”设置指定渐变的起点和终点，用渐变扩散设置分散渐变颜色，消除色块。

6. 在“效果控件”面板的“梯度渐变”区域，执行如下操作，如图 14.37 所示。

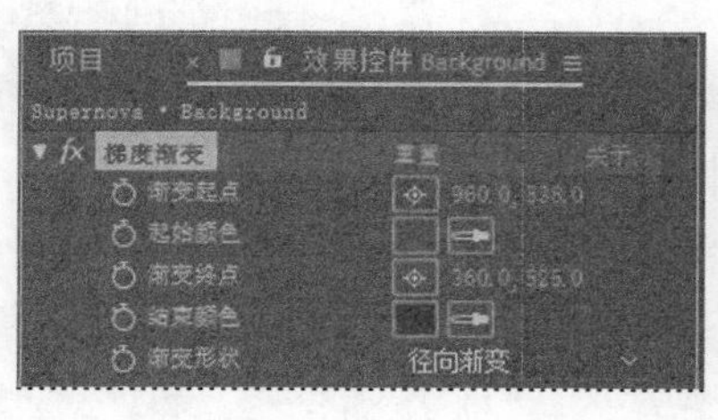

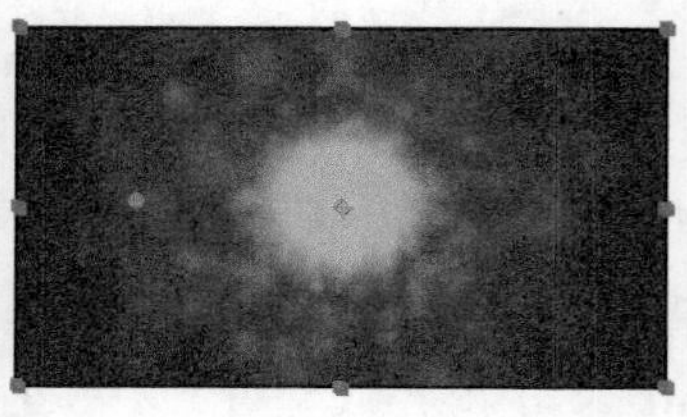

图14.37

- 将“渐变起点”修改为（960，538），将“渐变终点”修改为（360，525）。
- 从“渐变形状”下拉列表中选择“径向渐变”选项。
- 单击“起始颜色”色板，将渐变起始颜色设置为深蓝色（R=0，G=25，B=135）。

- 将渐变结束颜色设置为黑色（R=0，G=0，B=0）。

7. 按 Alt + [（Windows）或 Option + [（macOS）组合键，将该图层的 In 点设置为当前时间。

14.5.6 添加镜头眩光

为了将所有图像元素结合在一起，现在添加镜头眩光，模拟爆炸效果。

1. 按 Home 键，或将当前时间指示器移动到时间标尺的起点。

2. 按 Ctrl + Y（Windows）或 Command + Y（macOS）组合键，创建一个新纯色图层。

3. 在“纯色设置”对话框中，将图层命名为 Nova。单击“制作合成大小”按钮，使图层尺寸与合成图像相同。将“颜色”设置为黑色（R=0，G=0，B=0），然后单击“确定”按钮。

4. 将 Nova 图层拖动到“时间轴”面板中图层堆栈的顶部。然后选中 Nova 图层，选择“效果”>“生成”>“镜头光晕”命令，如图 14.38 所示。

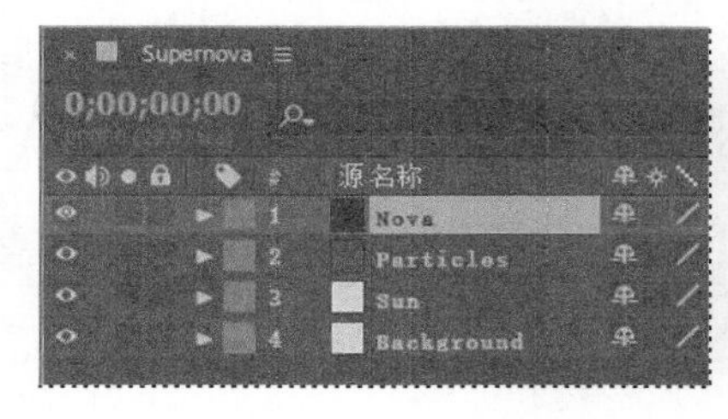

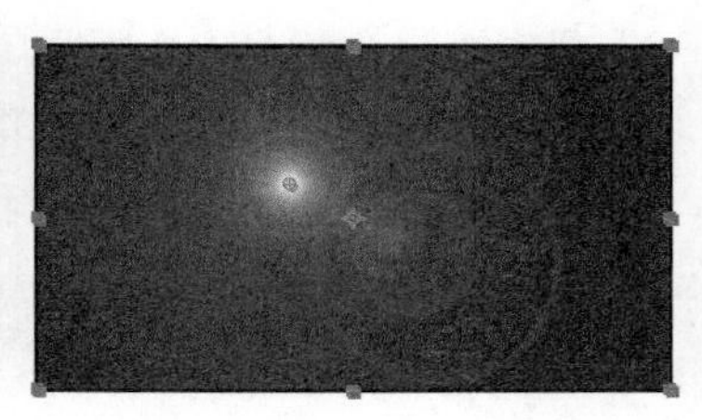

图14.38

5. 在“效果控件”面板中的“镜头光晕”区域，执行如下操作。

- 将“光晕中心”修改为（960，538）。
- 从“镜头类型”下拉列表中选择“50-300 毫米变焦”选项。
- 将“光晕亮度”降低到 0%，然后单击“光晕亮度”的秒表图标（ ），创建一个初始关键帧。

6. 移动到 0:10 位置。

7. 将“光晕亮度”调高到 240%。

8. 移动到 1:04 位置，将“光晕亮度”调低到 100%，如图 14.39 所示。

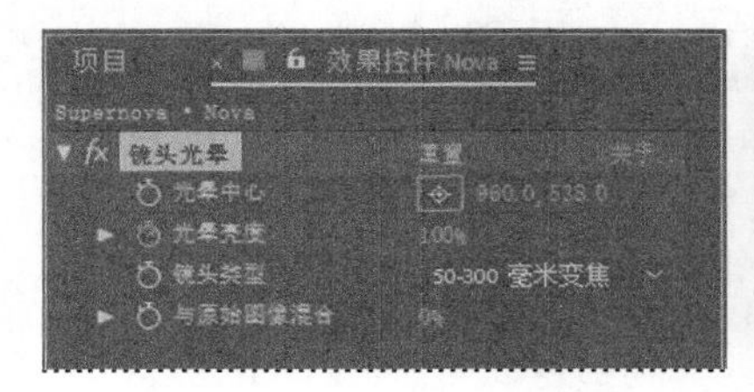

图14.39

9. 在“时间轴”面板中选择 Nova 图层，然后按 U 键显示其经动画处理的“镜头光晕”属性。

高动态范围（HDR）素材

After Effects还支持高动态范围（HDR）颜色。

现实世界中的动态范围（亮暗区域间的比值）远远超过人类视觉的范围、打印的或在显示器上显示的图像的范围。但人眼能适应差别很大的亮度级别，大多数摄像机和计算机显示器仅能捕捉和再现有限的动态范围。摄影师、动画师以及其他从事数字图像处理工作的人必须对场景中的重要对象做出抉择，因为他们面对的是有限的动态范围。

HDR素材开启了一个新领域，因为它能用32位浮点数表示很宽的动态范围。采用相同的位数时，浮点数表示的数值范围远大于整数（定点）值表示的数值范围。HDR值包含的亮度级别（包括像蜡烛光焰或太阳这样明亮的对象）远远超过8bpc（每通道8位）或16bpc（非浮点）模式所包含的亮度级别。8bpc和16bpc模式的低动态范围仅能表示从黑到白这样的RGB色阶，这仅表示现实世界中很小的一段动态范围。

After Effects以多种方式来支持HDR图像。例如，我们可以创建32pbc的项目来处理HDR素材，在After Effects中处理HDR图像时，可以调节其曝光，即图像所捕获的光量。关于After Effects支持HDR图像的更多信息，请参见After Effects帮助文档。

10. 右键单击（Windows）或按住 Control 键单击（macOS）“光晕亮度”的结束关键帧，并选择“关键帧辅助”>“淡入”命令。

11. 右键单击（Windows）或按住 Control 键单击（macOS）“光晕亮度”的开始关键帧，并选择“关键帧辅助”>“淡出”命令，如图 14.40 所示。

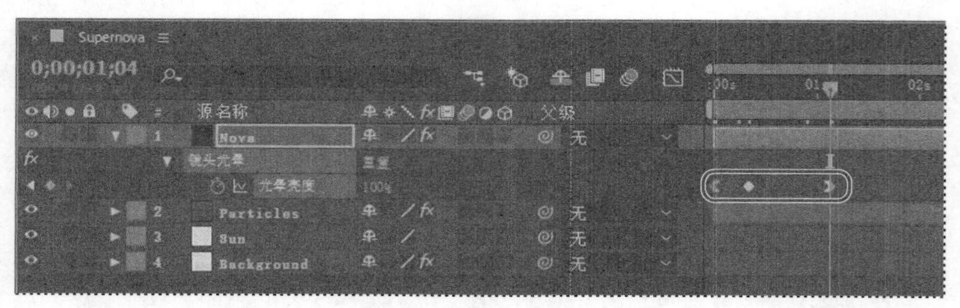

图14.40

最后，需要让合成图像中位于 Nova 图层下面的图层是可见的。

12. 按 F2 键取消选中所有图层，并从“时间轴”面板菜单中选择“栏目”>“模式”命令，然后从 Nova 图层的“模式”下拉列表中选择“屏幕”，如图 14.41 所示。

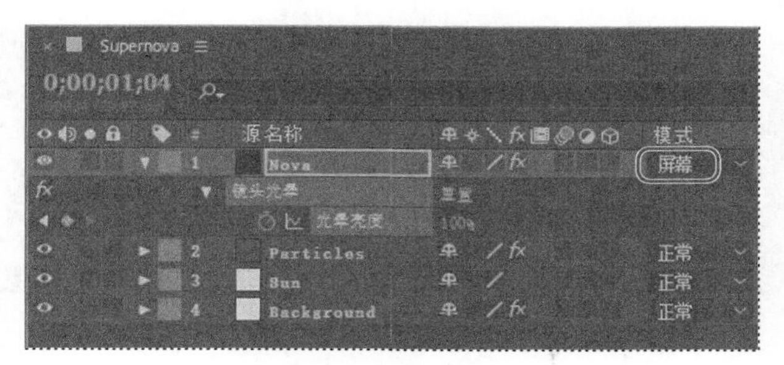

图14.41

13. 预览影片。预览完成后，按空格键停止预览。

14. 选择“文件”>“保存”命令，再选择“文件”>“关闭项目”命令。

14.6 使用“时间扭曲”特效调整播放速度

After Effects 中的“时间扭曲”特效可以在改变图层的播放速度时，精确地控制很多参数，包括插值方法、运动模糊以及剪切源素材，以去除不需要的修饰痕迹。

本练习将使用“时间扭曲”特效改变素材的播放速度，生成一个戏剧性的慢动作播放。开始之前需要先预览本练习的影片示例。

14.6.1 设置项目

首先启动 After Effects，创建新项目。

1. 如果还未启动 After Effects，现在就启动它。启动 After Effects 时请立即按住 Ctrl + Alt + Shift（Windows）或 Command + Option + Shift（macOS）组合键，准备恢复默认的参数设置。系统询问是否删除参数文件时，单击“确定”按钮。关闭“开始”窗口。

After Effects 打开后显示一个空的无标题项目。

2. 选择“文件”>“保存为”>“另存为”命令。

3. 在“将项目保存为”对话框中，导航到 Lessons/Lesson14/Finished_Project 文件夹。

4. 将该项目命名为 Lesson14_Timewarp.aep，然后单击“保存”按钮。

5. 在“合成”面板中单击“从素材创建合成”按钮，导航到硬盘的 Lessons/Lesson14/Assets 文件夹，选择 Group_Approach[DV].mov 文件，然后单击“导入”或“打开”按钮。

6. 在“解释素材”对话框中单击“确定”按钮。

After Effects 创建一个以源文件命名的新合成图像，并将其显示在“合成”面板和“时间轴”面板中，如图 14.42 所示。

图14.42

7. 选择“文件”>“保存”命令保存作品。

14.6.2 使用“时间扭曲”特效

在源素材中，一群年轻人稳步走向摄像机。导演希望在2秒左右的时间位置，人群运动速度减慢到10%，然后逐渐恢复行走速度，在7:00时达到原来的行走速度。

1. 在“时间轴”面板中选择Group_Approach [DV]图层，再选择“效果”>“时间”>“时间扭曲”命令。
2. 在“效果控件”面板的“时间扭曲”区域内，请从“方法”下拉列表选择“像素运动”，从“调整时间方式”下拉列表选择“速度”选项。

在选择“像素运动”时，“时间扭曲”特效会通过分析相邻帧内像素的移动和创建运动矢量来创建新的帧。“速度”选项使“时间扭曲”按照百分比（而不是具体的帧）来控制时间调整。

3. 移动到2:00位置。
4. 在“效果控件”面板中，将“速度”设置为100，单击秒表图标（⏱）设置关键帧，如图14.43所示。

图14.43

这将使“时间扭曲”特效在2秒时间点之前将视频的速度保持在100%。

5. 在“时间轴”面板中选中Group_Approach[DV]图层，按U键查看经过动画处理后的“时间扭曲速度”属性。
6. 移动到5:00位置，将速度修改为10。After Effects添加一个关键帧。
7. 移动到7:00位置，将速度修改为100。After Effects添加一个关键帧，如图14.44所示。

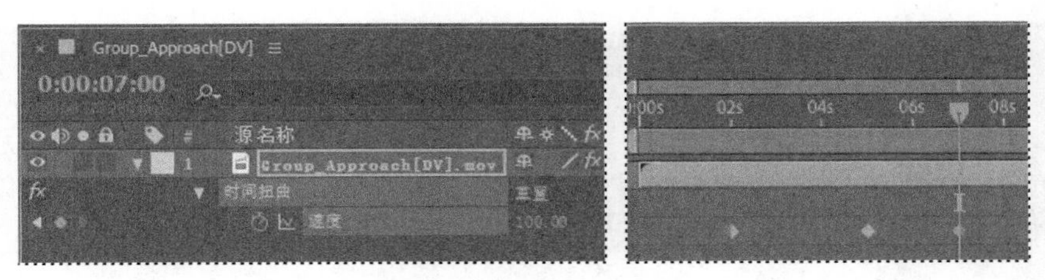

图14.44

8. 按 Home 键，或将当前时间指示器移动到时间标尺的起点。然后预览该特效。

> **注意：**一定要有耐心。第一次预览时，After Effects 需要将信息缓存到 RAM 中。在第二次播放时，After Effects 将提供更为精确的画面。

你将发现速度的变化很突然，而不是我们希望在专业特效中看到的平滑的、慢动作曲线。这是因为关键帧是线性的，而不是曲线的。接下来将解决这个问题。

9. 完成预览后按空格键停止播放。

10. 单击“时间轴”面板中的“图像编辑器”按钮，显示“图像编辑器”，而不是图层持续时间条。确保选中了 Group_Approach[DV] 图层的“速度”属性名。“图像编辑器”显示其曲线，如图 14.45 所示。

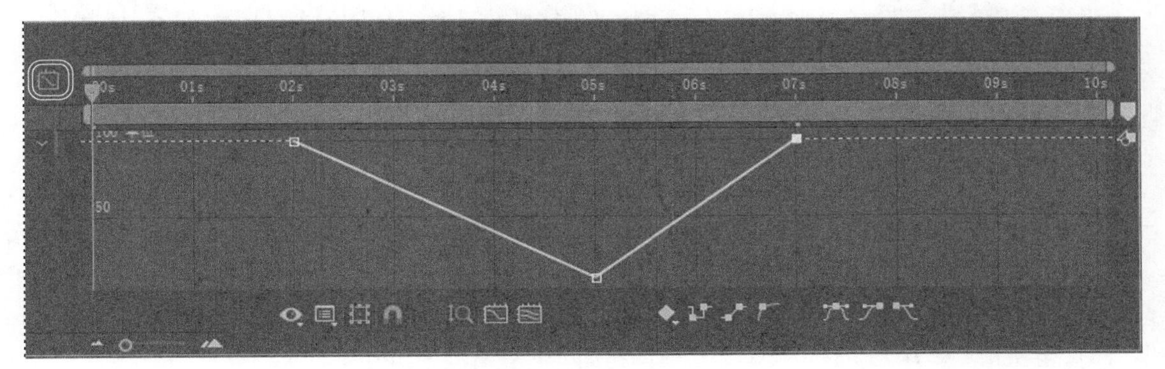

图14.45

11. 单击选择第一个“速度”关键帧（在 2:00 位置），然后单击“图像编辑器”底部的“淡入淡出”按钮（）。

这将改变对关键帧入、出点的影响，使突然的变化变得平滑。

> **提示：**请关闭 Timeline 面板中显示的列，以便看到“图像编辑器”中的更多图标。你还可以按 F9 键应用“淡入淡出”调整。

12. 在运动曲线上对另两个“速度”关键帧（分别位于 5:00 和 7:00 位置）重复步骤 11 的操作，如图 14.46 所示。

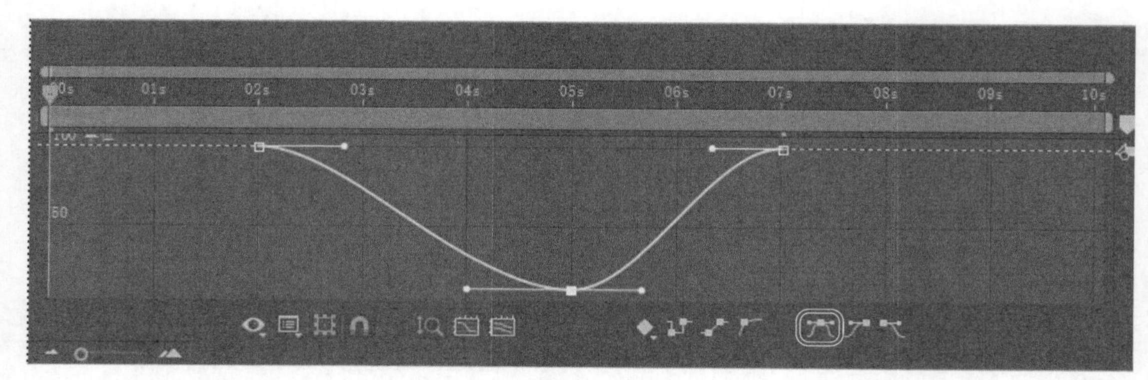

图14.46

运动曲线现在变得较平滑了，但拖动贝塞尔手柄还可以进一步调整它。

13. 用 2:00 和 5:00 位置关键帧的贝塞尔手柄调整曲线，使它与图 14.47 中的曲线形状类似。

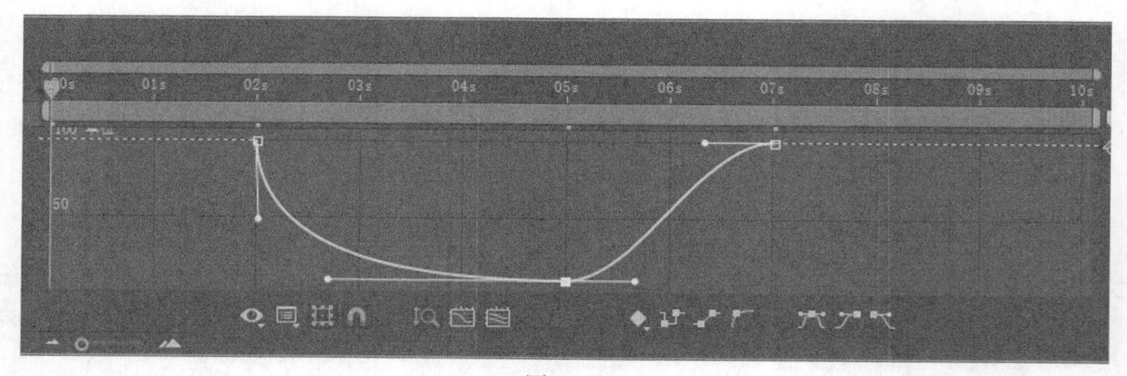

图14.47

> **注意**：如果需要复习贝塞尔手柄的使用方法，请查阅第 7 课。

14. 再次预览影片。现在，慢动作“时间扭曲”特效看起来很专业。

15. 选择“文件”>“保存”命令，保存项目，然后选择“文件”>“关闭项目”命令。

现在我们已经体验了 After Effects 中的一些高级功能，包括运动稳定处理、运动跟踪、粒子系统以及“时间扭曲”特效。如果想对本课完成的任何一个或全部项目进行渲染并导出，请参考第 15 课的内容。

14.7 复习题

1. 什么是变形稳定器 VFX，什么时候需要使用它？
2. 对图像进行跟踪时为什么会产生飘移？
3. 粒子特效中的“产生率”是什么？
4. “时间扭曲”特效有什么功能？

14.8 复习题答案

1. 用手持摄像机拍摄素材通常会导致画面抖动。除非要刻意制造这种效果，否则你一定想稳定画面，消除不必要的抖动现象。After Effects 中的变形稳定器 VFX 会分析目标图层的运动和旋转，然后做出调整。当播放时，因为图层本身增加的缩放和移动抵消了不应有的抖动，所以图像变得平稳了。可以通过修改变形稳定器 VFX 特效的设置，来改变变形稳定器 VFX 裁剪、缩放和执行其他调整的方式。
2. 当特征区域失去被跟踪的特征时将产生漂移。视频中的图像移动时，常伴随着灯光、周围对象以及对象角度的变化，这将使曾经明显的特征在亚像素级别上无法识别。即使经过精心的计划和练习，特征区域也常会偏离期望的特征。所以对于数字跟踪处理来说，重新调整特征区域和搜索区域、改变跟踪选项以及再次重试是它的标准流程。
3. 粒子特效中的“产生率”决定新粒子产生的速率。
4. 在使用“时间扭曲”特效改变图层的播放速度时，可以精确控制很多参数，包括插值方法、运动模糊以及剪切源素材，以去除不需要的修饰痕迹。

第15课 渲染和输出

课程概述

本课介绍的内容包括：

- 创建渲染队列的渲染设置模板；
- 创建渲染队列的输出模块模板；
- 使用 Adobe 媒体编码器输出视频；
- 为交付的文件格式选择合适的压缩编码；
- 使用像素长宽比校正；
- 输出 HDTV 1080p 分辨率的最终合成图像；
- 创建合成图像的测试版本；
- 在 Adobe 媒体编码器中创建自定义的编码预设；
- 渲染并输出最终合成图像的 Web 版本。

完成本课所需的总时间与用户的计算机处理器的速度以及用于渲染的内存大小有关。完成本课所需要的实际动手时间不到 1 小时。启动 After Effects 之前，请先将本书的课程资源下载到本地硬盘中，并进行解压。在学习本课并按步骤执行相关操作时，相应的课程文件将被覆盖。建议先做好原始课程文件的备份工作，以免后期用到这些原始文件时，还需重新下载。

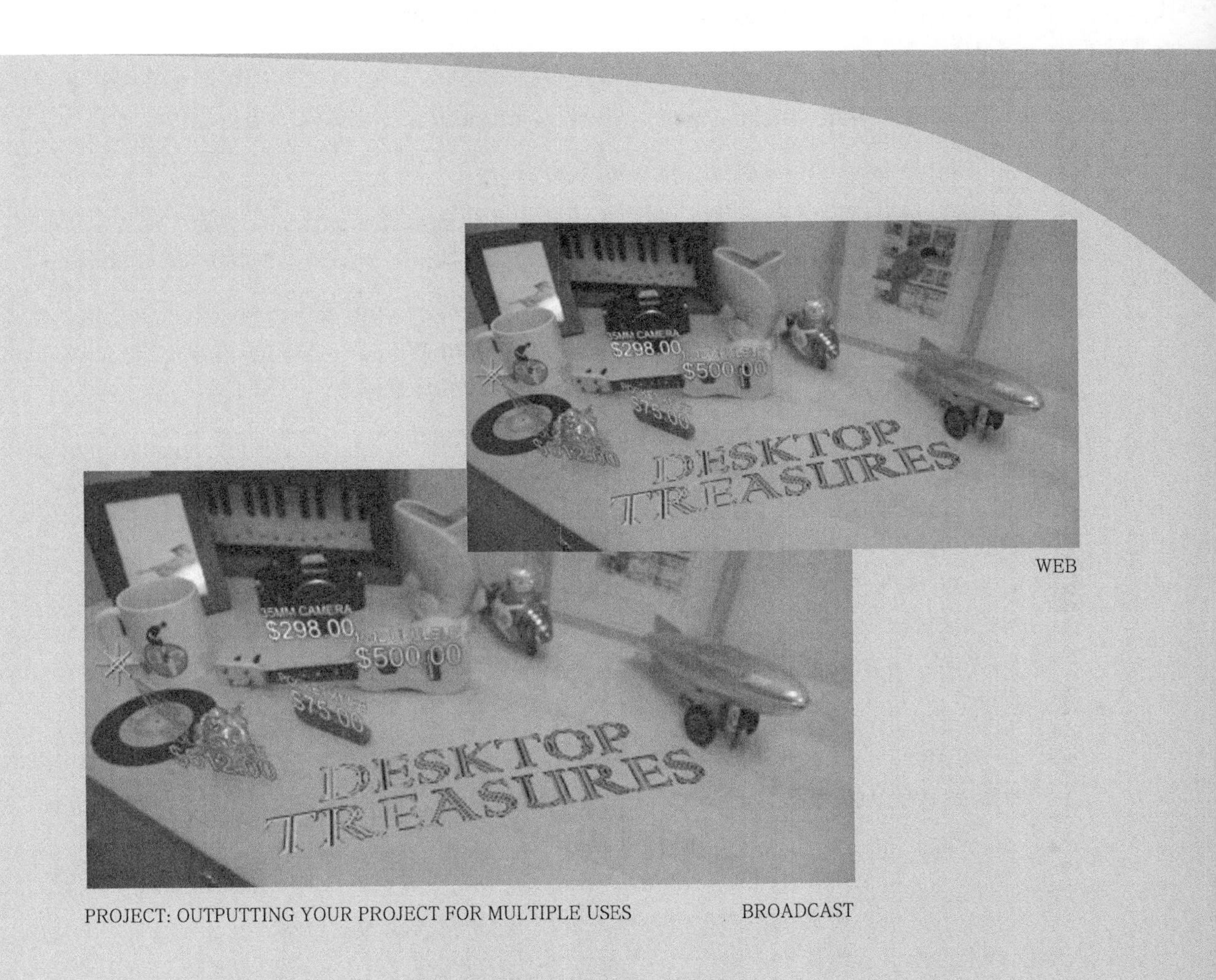

WEB

PROJECT: OUTPUTTING YOUR PROJECT FOR MULTIPLE USES

BROADCAST

任何项目的成功与否取决于用户以所需格式将其交付的能力，无论这个影片是用于网页还是用于播出。使用 Adobe After Effects 和 Adobe Media Encoder，可以将最终合成图像渲染并导出为各种格式和分辨率的影片。

15.1 开始

本课将继续前面各课的内容，这时我们已准备好输出最终合成图像。为了在本课创建几个不同版本的动画，我们将研究 Render Queue（渲染队列）面板和 Adobe Media Encoder 中提供的选项。在本课中，我们所提供的准备处理的项目文件实际上是本书第 13 课的最终合成图像。

1. 确认硬盘上的 Lessons\Lesson15 文件夹中存在以下文件。

   - Assets 文件夹：Desktop.mov、Treasures_Music.aif、Treasures_Title.psd。
   - Start_Project_File 文件夹：Lesson15_Start.aep。
   - Sample_Movies 文件夹：Lesson15_Final_360p_Web.mp4、Lesson15_Final_1080p.mp4、Lesson15_Final_lowres_Web.mp4、Lesson15_Final_MPEG4.mov、Lesson15_HD_test_1080p.mp4。

2. 打开并播放本课的影片示例，这些影片分别代表第 13 课创建的动画的不同最终版本（使用不同的质量设置进行渲染）。播放完后，退出 Windows Media Player 或 QuickTime Player。如果硬盘空间有限，则可以将该影片从硬盘中删除。

> Ae **注意**：Lesson15_HD_test_1080p.mp4 文件只包含该影片的前 5 秒内容。

> Ae **注意**：取决于用户系统安装的应用程序，你可能无法在 Windows 中播放 .mov 文件。

和往常一样，开始本课前，请恢复 After Effects 应用程序的默认设置。详情请参见前言中的“恢复默认参数”。

3. 启动 After Effects 时请立即按住 Ctrl + Alt + Shift（Windows）或 Command + Option + Shift（macOS）组合键，准备恢复默认的参数设置。系统询问是否删除参数文件时，单击“确定”按钮。

4. 在“开始”窗口中单击“打开项目”命令，如图 15.1 所示。

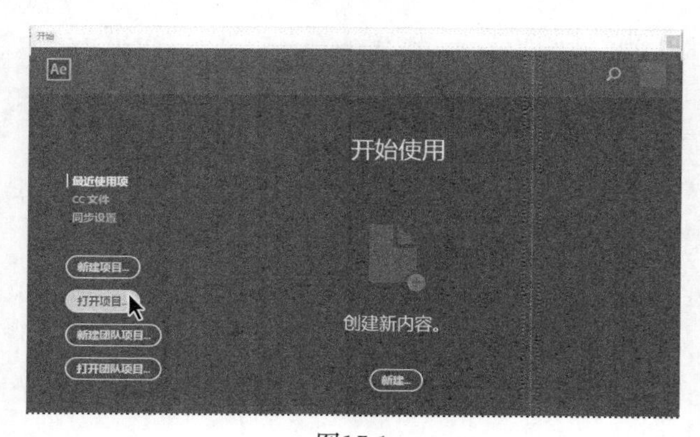

图15.1

5. 导航到 Lessons\Lesson15\Start_Project_File 文件夹，选择 Lesson15_Start.aep 文件，然后单击“打开”按钮。

注意：如果收到关于丢失图层依赖的错误消息（Arial Narrow Regular），单击“确定”按钮。

6. 选择“文件” > “保存为” > “另存为”命令。
7. 在“将项目保存为”对话框中，导航到 Lessons\Lesson15\Finished_Project 文件夹。
8. 将该项目命名为 Lesson15_Finished.aep，然后单击“保存”按钮。
9. 选择“窗口” > “渲染队列”命令，以打开“渲染队列”面板，如图 15.2 所示。

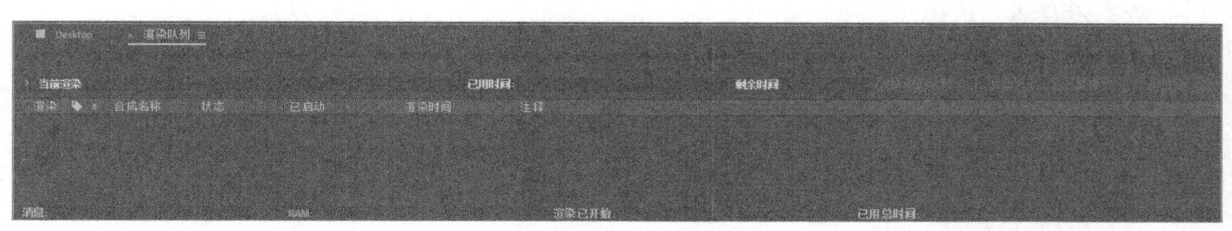

图15.2

15.2 创建渲染队列的模板

在前面课程中输出合成图像时，我们选择单独的渲染和输出模块设置。本课中，我们将为渲染设置和输出模块设置创建模板。这些模板是一些预设，在渲染相同交付格式的素材时，我们可以用这些模版简化设置过程。模板定义完成后，会显示在“渲染队列”面板中的相应下拉列表内（“渲染设置”或“输出模式”下拉列表）。这样，当你准备渲染一个合成图像时，就可以根据项目所需的交付格式简单地选择合适的模板，模板将对项目应用所有设置。

15.2.1 为测试渲染创建渲染设置模板

接下来，我们将创建一个渲染设置模板，选择的设置适合于渲染最终影片的测试版本。测试版影片比全分辨率电影小，所以渲染速度较快。如果你处理的合成图像很复杂，需要花大量时间用于渲染，这时先渲染一个小的测试版本是个好办法。这有助于你在花费大量时间渲染最终影片前发现影片中需要调整的问题。

1. 选择“编辑” > “模板” > “渲染设置”命令，打开“渲染设置模板”对话框。
2. 在“设置”区域，单击“新建”按钮创建新模板，如图 15.3 所示。

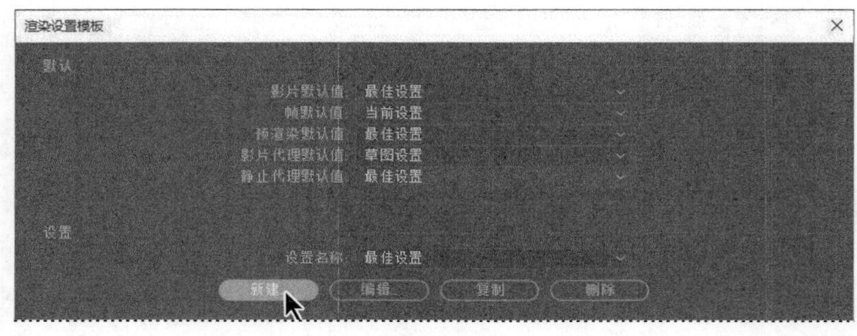

图15.3

3. 在“渲染设置”对话框中，进行如下设置：

- “品质”选择“最佳”；
- “分辨率”选项选择“三分之一”，这将使合成图像的线性尺寸降低到 1/3。

4. 在“时间采样”区域，进行如下设置：

- “帧混合”选择“当前设置”。
- “运动模糊”选择“当前设置”。
- “时间跨度”选择“合成长度”。

5. 在“帧速率”区域，选择“使用此帧速率”，再输入“12”（帧 / 秒）。然后单击“确定”按钮，返回“渲染设置模板”对话框，如图 15.4 所示。

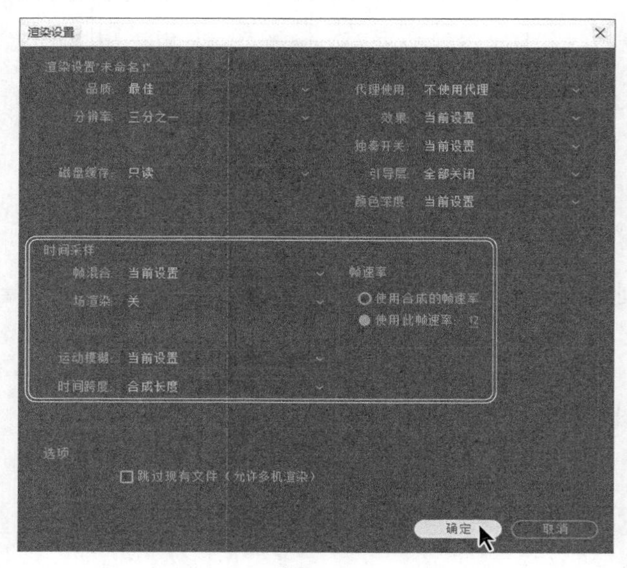

图15.4

6. 在“设置名称”字段中输入 Test_lowres（表示低分辨率）。

7. 检查设置，现在这些设置显示在对话框的下半部分。如果需要修改，单击“编辑”按钮调整设置。然后单击“确定”按钮，如图 15.5 所示。

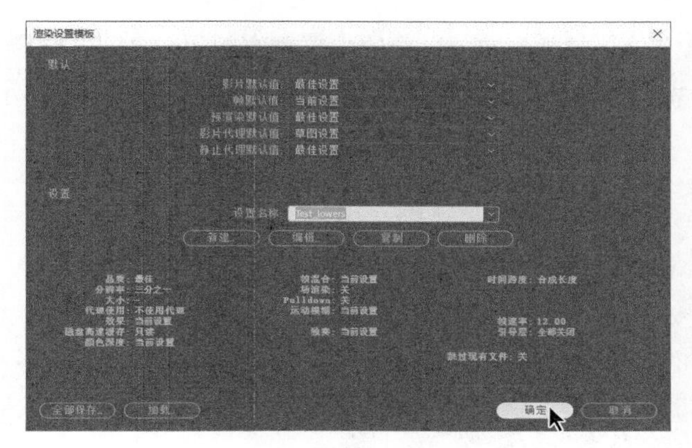

图15.5

现在，Test_lowres 成为“渲染队列”面板中“渲染设置”下拉列表中的可选项。

15.2.2 为输出模块创建模板

我们将使用与前一节相似的方法创建用于输出模块设置的模板。每个输出模块模板都包含独特的设置组合，适合于具体的输出类型。我们将创建一个低分辨率的视频测试版本，以便能够快速看到渲染后的版本，并发现想要修改的地方。

1. 选择“编辑”>“模板”>“输出模块”命令，打开“输出模块模板”对话框。
2. 在“设置”区域，单击“新建”按钮新建一个模板。
3. 在“输出模块设置”对话框内，确保格式为 QuickTime。
4. “渲染后动作”选择“导入”。
5. 在“视频输出”区域，单击“格式选项”按钮，如图 15.6 所示。

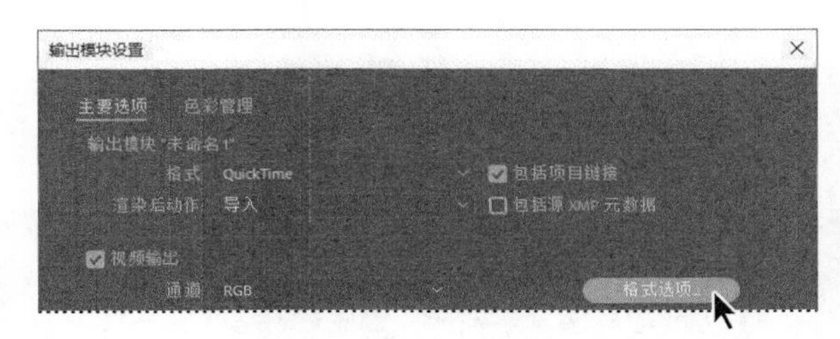

图15.6

6. 在“QuickTime 选项”对话框中，进行如下设置，如图 15.7 所示。
   - “视频编解码器”选择 MPEG-4 Video。这种压缩可以自动决定颜色的深度。

- 设置“品质”滑块为 80。
- 在“高级设置”区域中，选择“关键帧间隔（帧数）”选项，并输入 30（帧）。
- 在“比特率设置”区域，选择“将数据速率限制为”选项，并输入 150kbps。

7. 选择“音频”选项卡，从“音频编解码器”下拉列表中选择 IMA 4:1，如图 15.8 所示。

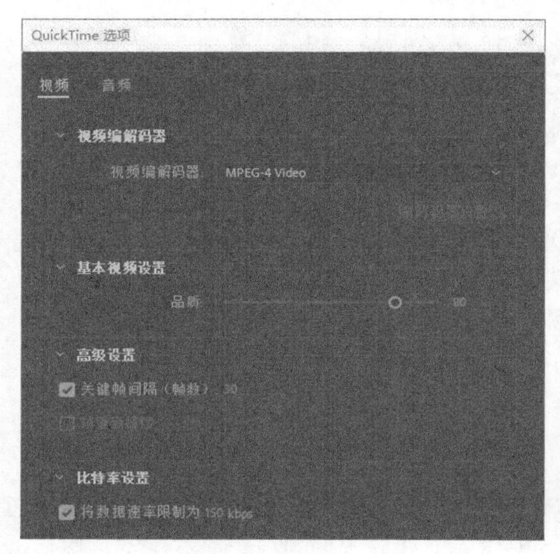

图15.7

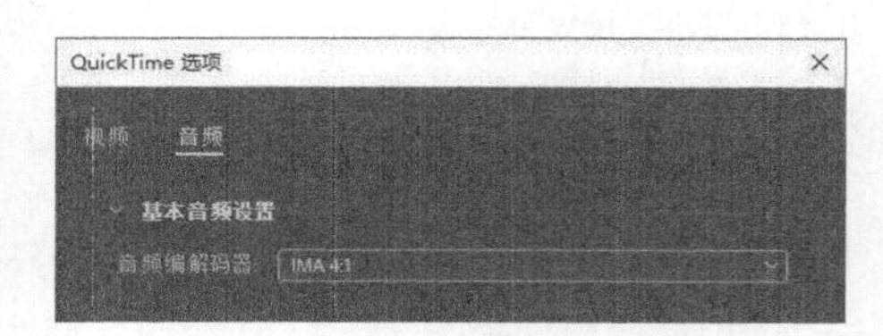

图15.8

注意：在针对 Web 端或桌面端播放而压缩音频时，普遍使用 IMA 4:1 压缩。

8. 单击“确定”按钮关闭 Quick Time 选项对话框，返回到“输出模式设置”对话框。

9. 在对话框底部的下拉列表中选择“打开音频输出”，从左向右选择下面的音频设置，如图 15.9 所示。

- 速率：22.050kHz。
- 采用：立体声。

10. 单击“确定”按钮关闭“输出模式设置”对话框，如图 15.9 所示。

图15.9

11. 在“输出模式模板”对话框中检查设置，如果需要进行修改，单击“编辑”按钮。

12. 在“设置名称”框中输入 Test_MPEG4，然后单击“确定”按钮，如图 15.10 所示，该输出模板位于“渲染队列”面板中的“输出模式”下拉列表中。

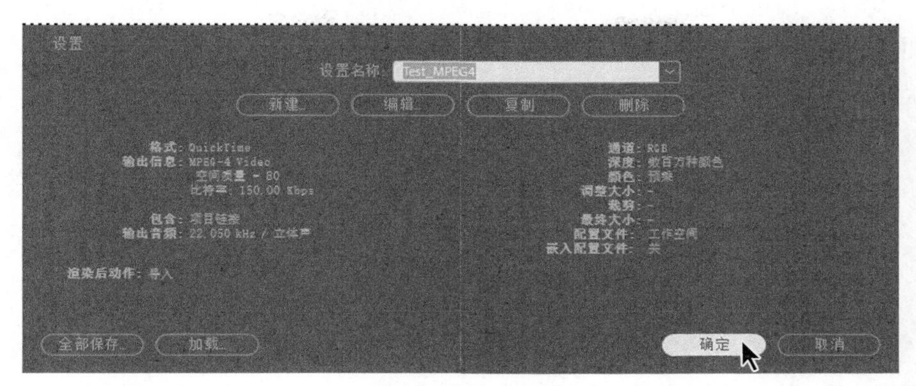

图15.10

我们可以预料到，压缩比越高，音频取样速率越低，创建出的文件就越小，但同时也降低了输出的质量。但是，在进行最终的编辑之前，这个低分辨率模板完全满足创建测试版本的需要。

关于压缩

为了缩小影片的尺寸，有必要进行压缩，这样才能高效地存储、传输和播放影片。当导出或渲染的影片需要在特定类型的设备上以一定的带宽播放时，我们要选择压缩器/解压缩器（即所谓的编码器/解码器），或编解码器（codec），来压缩信息，生成一个能在这种类型的设备上以该带宽播放的文件。

有多种编解码器可供选择，并不存在一种适用于所有情况的最佳编解码器。例如，用最适用于卡通动画片的编解码器来压缩活动视频往往效率不高。对影片文件进行压缩时，可以调整压缩选项，使其在计算机、视频播放设备、Web或DVD播放器上获得最佳的播放质量。根据所使用的编码器的不同，我们可以通过删除影片中影响压缩处理的镜头来降低压缩文件的尺寸，例如，删除影片中随机的摄像机移动和过多的胶片颗粒等。

所使用的编解码器必须对所有观众都适用。例如，如果使用视频采集卡上的硬件编解码器，那么观众就必须安装同样的视频采集卡，或者安装模拟该采集卡硬件功能的软件编解码器。

关于压缩和编解码器的更多知识，请参阅After Effects帮助文档。

15.3 采用渲染队列导出

现在已为渲染设置和输出模块创建了模板，我们可以使用它们导出影片的测试版本了。

1. 在“项目”面板中选择 Desktop 合成图像，然后选择“合成”>“添加至渲染队列”选项，如图 15.11 所示。

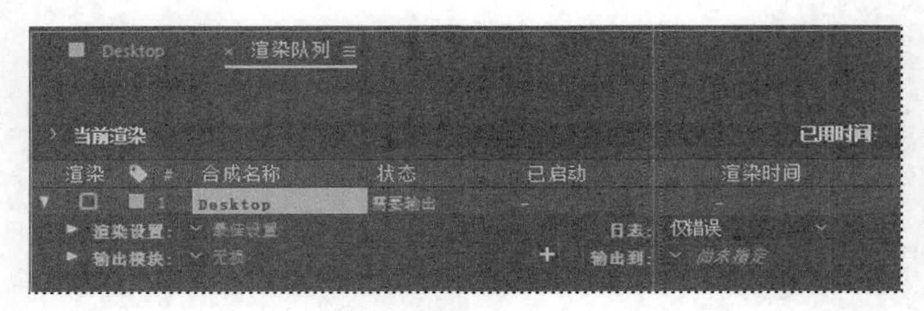

图15.11

> 提示：还可以从“项目”面板中拖放合成图像到“渲染队列”面板中。

在“渲染队列”面板中，注意“渲染设置”和“输出模块”下拉列表中的默认设置。在选择低分辨率模板时，将取代这些设置。

2. 在“渲染设置”下拉列表中选择 Test_lowres。
3. 在“输出模块”下拉列表中选择 Test_MPEG4。
4. 单击“输出到”旁的文本框，如图 15.12 所示。

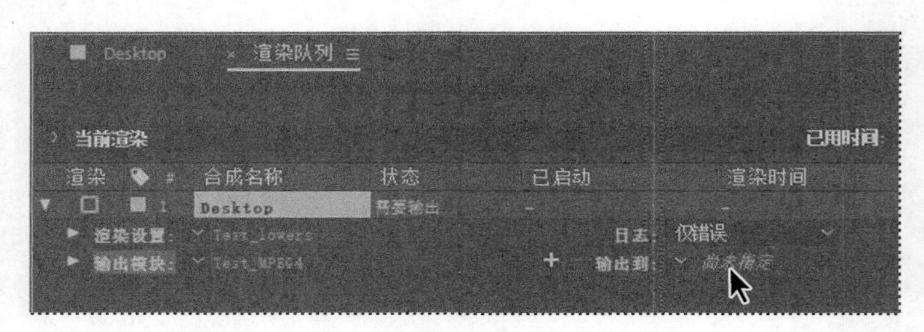

图15.12

5. 在“输出影片到”对话框中，导航到 Lessons\Lesson15 文件夹，然后创建一个名为 Final_Movies 的新文件夹。

- 在 Windows 系统中，单击“新建文件夹”图标，然后输入该文件夹的名称。
- 在 macOS 系统中，单击“新建文件夹”按钮，命名该文件夹，然后单击“创建”按钮。

6. 打开 Final_Movies 文件夹（如果还没有打开的话）。
7. 将文件命名为 Final_MPEG4.mov，然后单击“保存”按钮，返回“渲染队列”面板。

注意：要将影片导出为采用相同渲染设置的多种格式，不需要进行多次渲染。通过在"渲染队列"面板中向渲染项添加输出模块，可以将渲染过的同一影片导出为多个版本。

8. 选择"文件" > "保存"命令保存作品，如图 15.13 所示。

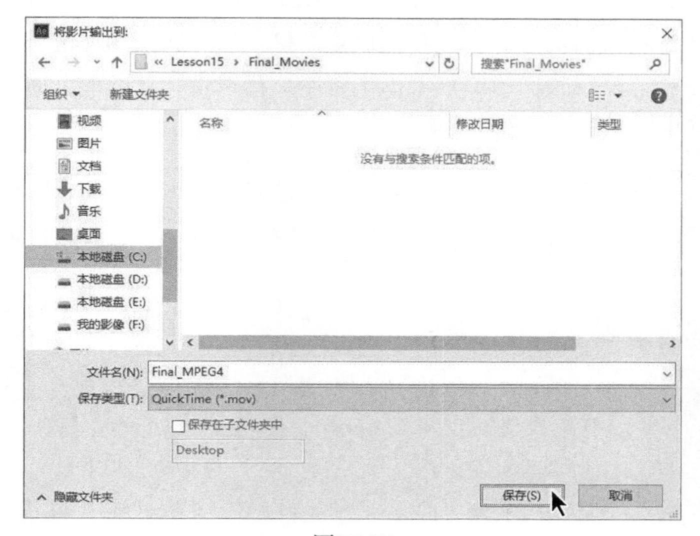

图15.13

9. 在"渲染队列"面板中单击"渲染"按钮，如图 15.14 所示。

图15.14

After Effects 将渲染该影片，如图 15.15 所示。如果在队列中还有其他影片，或者同一影片有不同的设置，After Effects 也将渲染这些内容。

图15.15

处理完成后，Final_MPEG4 影片文件将同时出现在“项目”面板中。

要预览影片，可以在“项目”面板中双击它，然后按空格键进行预览。

注意：在 Windows 中，在 After Effects 中播放 QuickTime 影片时，可能不会听到音频。

如果需要对影片进行最后的修改，现在可以重新打开该合成图像并进行调整。修改完成后保存工作，并再次使用合适的设置输出影片的测试版本。在检查影片的测试版本，并完成所有需要的修改之后，即可输出用于播出的全分辨率影片。

提示：用户几乎可以使用任何简短的电影轻松制作 GIF 动画。为此，只需要将合成图像添加到 Adobe Media Encoder 队列，然后将格式选择为 Animated GIF 即可。

为移动设备准备影片

用户可以在After Effects中创建在移动设备（如平板电脑或智能手机）上播放的影片。要渲染影片，可添加合成图像到Adobe Media Encoder编码队列中，然后选择一种合适的设备特定的编码预设。

为了得到最好的处理结果，拍摄素材以及用After Effects进行处理时，应考虑移动设备的局限性。对于小屏幕尺寸，应注意光照条件，并使用较低的帧速率。更多技巧，请查看After Effects帮助文档。

15.4 使用 Adobe 媒体编码器渲染影片

现在准备将你的影片进行最终输出。Adobe 媒体编码器（在安装 After Effects 时就已经安装了）具有大量的编解码器，可以用于不同的交付格式，其中包括一些流行的视频服务（比如 YouTube）。

注意：如果 Adobe 媒体编码器当前没有安装在你的系统上，则从 Creative Cloud 中进行安装。

15.4.1 渲染播出质量的影片

首先，我们将选择设置来渲染具有播出质量的影片。

1. 在“项目”面板中，选择 Desktop 合成图像，然后选择“合成”>“添加至 Adobe 媒体编码器队列”命令，结果如图 15.16 所示。

After Effects 将打开 Adobe 媒体编码器，使用默认渲染设置添加合成图像。你的默认设置可能与示例中的不同。

图15.16

> **提示**：你也可以将合成图像拖放到“渲染队列”面板上，然后单击“AME 队列”，将其添加到 Adobe 媒体编辑器队列中。

2. 在“预设”栏中单击蓝色链接。如图 15.17 所示。

Adobe 媒体编码器连接到动态链接（Dynamic Link）服务器，这可能需要花费一点时间。

> **提示**：如果在“导出设置”对话框中不需要修改其他选项，那么可以通过“队列”面板中的“预设”下拉列表修改预设。

3. 在出现“导出设置”对话框时，从“格式”下拉列表中选择 H.264，然后从“预设”下拉列表中选择“High Quality 1080p HD”，如图 15.18 所示。

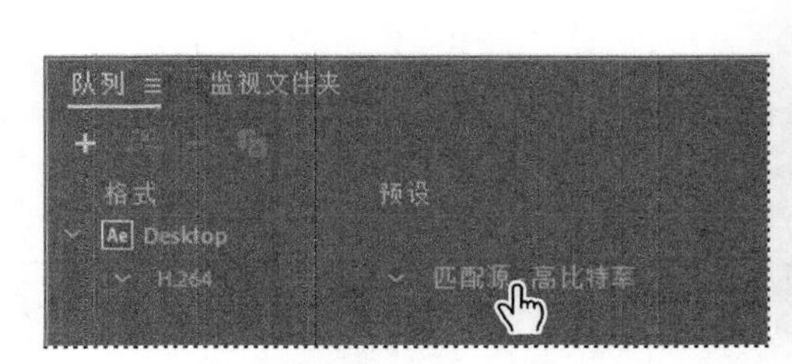

图15.17

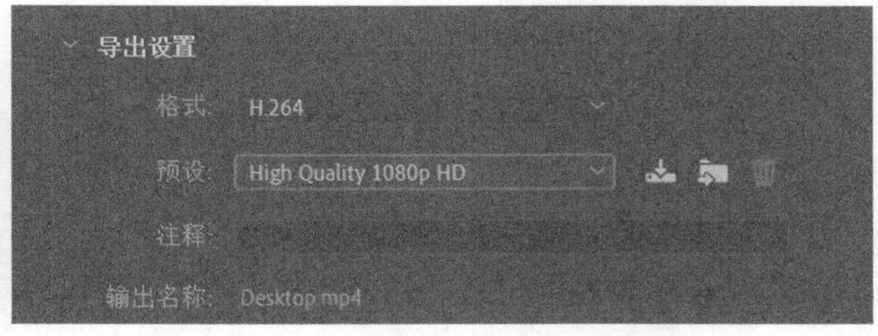

图15.18

使用 High Quality 1080p HD 预设渲染整个影片需要花费几分钟时间。我们将通过更改设置只渲染影片的前 5 秒，以便预览影片的质量。用户可以使用“导出设置”对话框底部的时间标尺修改渲染的范围。

4. 移动当前时间指示器到 5:00 位置，然后单击“选择放大比例”下拉列表左侧的“设置出点”按钮（◣），如图 15.19 所示。

图15.19

5. 单击“确定”按钮关闭“导出设置”对话框。

6. 单击“输出文件”栏的蓝色链接，将影片命名为 HD-test_1080p.mp4，保存到 Lessons\Lesson15\Final_Movies 文件夹，然后单击“确定”或“保存”按钮，如图 15.20 所示。

图15.20

现在我们准备好输出影片，但是在渲染之前，还需要在队列中设置几个额外的影片选项。

15.4.2 为队列添加另外的编码预设

Adobe 媒体编码器内置了很多预设，适用于传统播出、移动设备和 Web。接下来，我们将输出合成图像的一个版本，准备上传到 YouTube。

提示：如果经常渲染文件，可以考虑创建一个 watch folder（观看文件夹）。当在 watch folder（观看文件夹）中添加了一个文件时，Adobe 媒体编码器将自动使用 Watch Folder 面板中指定的设置对文件进行编码。

1. 在“预设浏览器”面板中，导航到“web 视频”>“社交媒体”>“YouTube 480p SD 宽屏”，如图 15.21 所示。

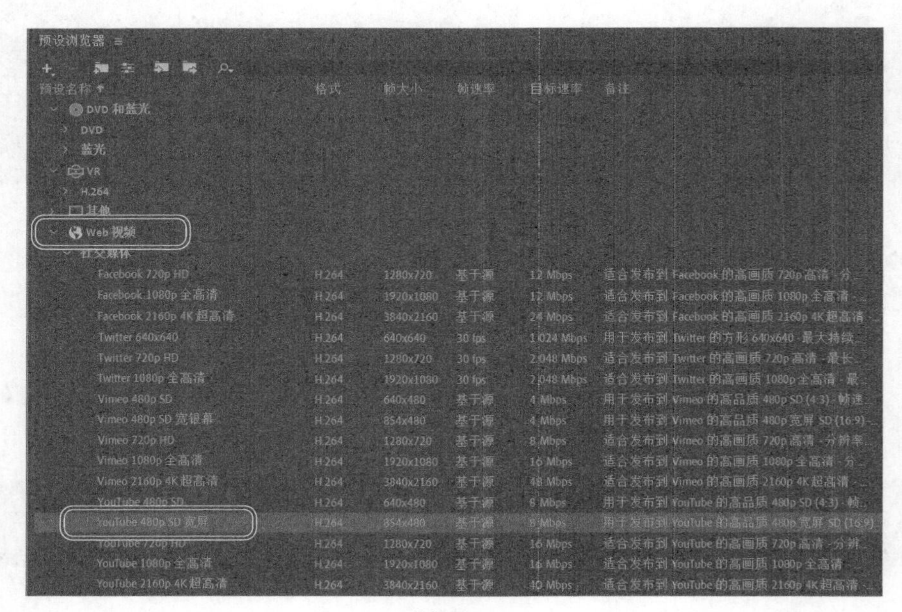

图15.21

2. 在“队列”面板中，拖放“YouTube 480p SD 宽屏”预设到 Desktop 合成图像中，如图 15.22 所示。

图15.22

Adobe 媒体编码器将在队列中添加另外一个输出项。

3. 单击“输出文件”栏中刚添加条目的蓝色链接，然后将文件命名为 Final_Web.mp4，保存在 Lessons\Lesson15\Final_Movies 文件夹中，然后单击“保存”或“确定”按钮，如图 15.22 所示。

15.4.3 渲染影片

我们在队列中创建了两个版本的影片，现在来渲染和观看它们。渲染会占用大量的资源，将花费一定的时间，这具体取决于个人系统、合成图像的复杂度和长度，以及使用的设置。

1. 单击“队列”面板右上角的绿色“启动队列”按钮（▶），如图 15.23 所示。

图15.23

> **提示**：取决于个人系统，这将花费一定的时间。

Adobe 媒体编码器将同时对队列中的影片进行编码，并显示一个状态栏，报告大概的剩余时间，如图 15.24 所示。

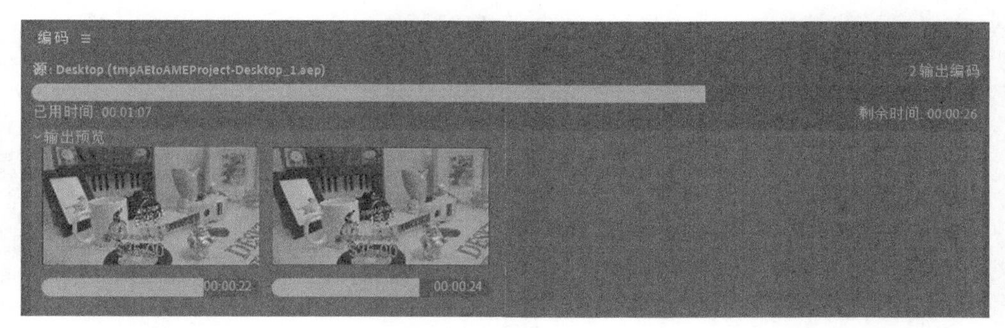

图15.24

2. 在 Adobe 媒体编码器编码完毕之后，在 Finder 或 Explorer 中导航到 Final_Movies 文件夹，双击文件进行播放。

> **提示**：如果忘记编码影片的保存位置，可以单击完成影片旁边的“输出文件”栏中的蓝色链接，Adobe 媒体编码器将打开一个窗口来显示文件的存放位置。

15.4.4 创建自定义的 Adobe 媒体编码器预设

在多数情况下，Adobe 媒体编码器会有适合项目的默认预设。然而，如果你有特殊要求，则可以创建自己的编码预设。在本例中，我们将创建一个预设，与之前使用的预设相比，它可以更快地渲染一个更低分辨率的适用于 YouTube 的文件。

1. 单击“预设浏览器”面板顶部的“新建预设组”按钮（![]），然后为组取一个唯一的名字，例如你的名字，如图 15.25 所示。

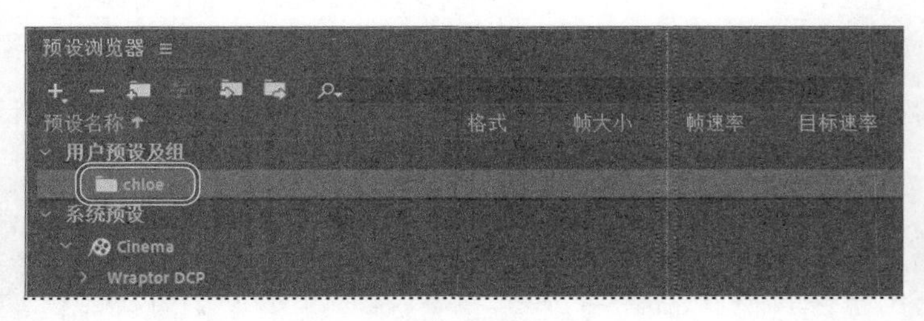

图15.25

2. 单击“新建预设”按钮（+），然后选择“创建编码预设”选项，如图 15.26 所示。

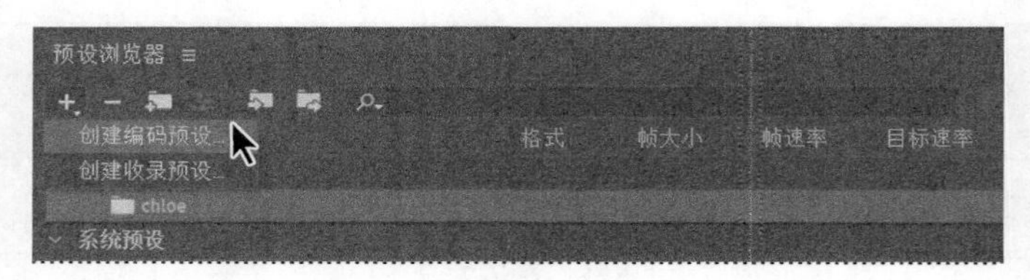

图15.26

3. 在“预设设置”对话框中进行如下配置：

   - 将预设命名为 Low-res_YouTube；
   - 确保在“格式”下拉列表中选择的是 H.264；
   - 从“基于预设”下拉列表中选择“YouTube 480p SD 宽屏”，如图 15.27 所示；
   - 选择“视频”选项卡，如图 15.28 所示；

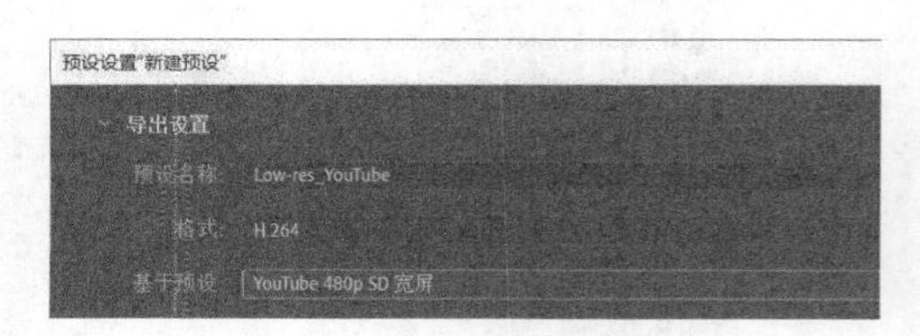

图15.27

- 从“帧速率”下拉列表中取消选中“基于源”；
- 从“配置文件”下拉列表中选择“基线”（可能需要向下滚动，才能看到它以及后面的选项）；
- 从“级别”下拉列表中选择“3.0”；
- 从“比特率编码”下拉列表中选择“VBR，1 次”；
- 单击“音频”选项卡，如图 15.29 所示，从“采样速率”下拉列表中选择“44100Hz”，从“音频质量”下拉列表中选择“中等”。

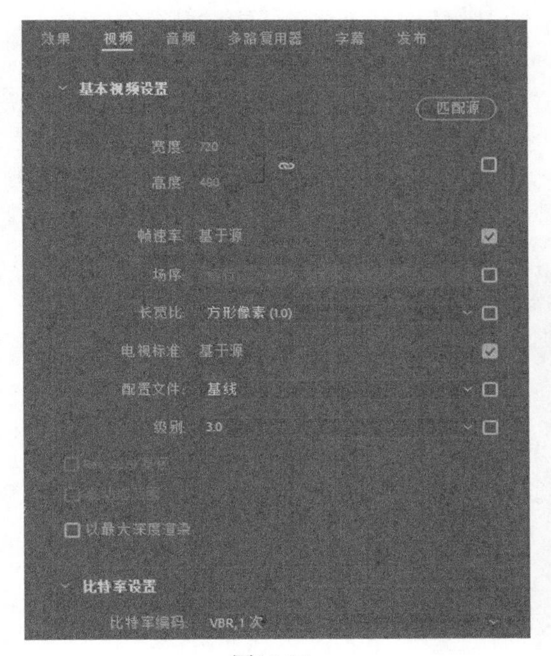

图15.28

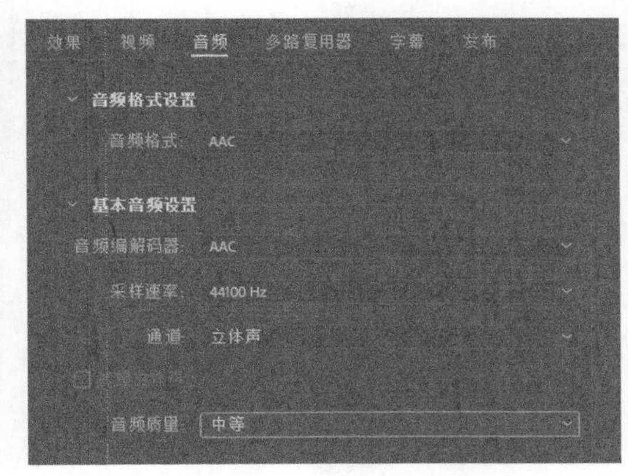

图15.29

4. 单击“确定”按钮关闭“预设设置”对话框。
5. 在“队列”面板中，拖放 Low_res_YouTube 预设到 Desktop 合成图像上。
6. 单击“输出文件”栏中的蓝色链接，将文件命名为 Lowres_YouTube，将文件保存在 Lessons/Lesson15/Final_Movies 文件夹中，然后单击“保存”或“确定”按钮。
7. 单击“启动队列”按钮（▶）。

使用新预设中的设置，影片编码速度会更快速，但是影片质量会有所下降。

8. 在 Adobe 媒体编码器编码完成之后，在 Explorer 或 Finder 中导航到 Final_Movies 文件夹，双击 Lowres_YouTube 影片进行观看。

准备播出影片

本课渲染的项目已经是一个高分辨率且适合播出的影片。然而，你可能需要为了预期的交付格式而调整其他合成图像。

要修改合成图像的大小，可以针对最终的格式，使用适当的设置来新建一个合成图像。然后拖放项目合成图像到新的合成图像中。

如果要把方形像素长宽比的合成图像转换为非方形像素长宽比（播出时使用的是这种格式），"合成"面板中的素材看起来会比原来的宽。为了精确地观看视频，需要启用像素纵横比校正（pixel aspect ratio correction）。像素纵横比校正会轻微挤压合成图像的视图来显示图像，因为图像将在视频监视器上显示。默认情况下，该功能是关闭的，不过可以通过单击"合成"面板底部的Toggle Pixel Aspect Ratio Correction（切换像素纵横比校正）按钮开启该功能。"首选项"对话框预览类别中的Zoom Quality（变焦质量）设置会对用于预览的像素纵横比校正的质量产生影响。

我们现在已经为最终的合成图像创建了两种版本：Web版本和播出版本。

现在，我们已经完成本书所有课程的学习。

15.5 复习题

1. 请说出你可以创建并能在“渲染”面板中使用的两种模板的类型，解释什么时候以及为什么要使用它们。

2. 什么是压缩，在压缩文件时应注意哪些问题？

3. 如何使用 Adobe 媒体编码器输出影片？

15.6 复习题答案

1. 在 After Effects 中，我们可以为渲染设置和输出模块设置创建模板。这些模板是一些预设，在渲染相同交付格式的素材时，我们可以用这些模板简化设置过程。模板定义完成后，它们显示在“渲染队列”面板中的相应下拉列表内（“渲染设置”或“输出模块”下拉列表）。这样，当你准备处理项目时，就可以根据项目所需的交付格式简单地选择合适的模板，模板将对项目应用所有设置。

2. 为了降低影片的文件大小（size），有必要进行压缩，这样才能高效地存储、传输和播放影片。当导出或渲染的影片需要在特定类型的设备上以一定的带宽播放时，我们要选择压缩器 / 解压缩器（即所谓的编码器 / 解码器），或编解码器（codec）来压缩信息，生成一个能在这种类型的设备上以该带宽播放的文件。有多种编解码器可供选择，并不存在一种适用于所有情况的最佳编解码器。例如，用最适用于卡通动画片的编解码器来压缩活动视频往往效率不高。对影片文件进行压缩时，可以调整压缩选项，使其在计算机、视频播放设备、Web 或 DVD 播放器上获得最佳的播放质量。根据所使用的编码器不同，我们可以通过删除影片中影响压缩处理的镜头来降低压缩文件的大小，例如，删除影片中随机的摄像机移动和过多的胶片颗粒等。

3. 要使用 Adobe 媒体编码器输出一个影片，需要在 After Effects 的“项目”面板中选择合成图像，然后选择“合成”>“添加至 Adobe 媒体编码器队列”命令。在 Adobe 媒体编码器中，选择一种编码预设和其他设置，对导出的文件进行命名，最后单击“启动队列”按钮。